应用型高等院校改革创新示范教材

电气控制与PLC程序设计

主　编　胡冠山

副主编　潘为刚　韩耀振

中国水利水电出版社
www.waterpub.com.cn
·北京·

内 容 提 要

本书从工程应用和新工科人才培养的需求出发，讲解了继电器接触器电路的分析设计和可编程控制器的程序设计及其在电气控制中的应用。本书内容突出先进性、系统性，做到重点突出、详略得当，对低压电器元件的基本知识精简提炼，在掌握典型电气控制线路的基础上，对可编程控制器的结构原理、编程方法、应用技术和系统设计进行讲述。在强调基本知识学习运用的同时，本书通过实际案例分析与项目训练，着力培养学生的动手能力、探究问题能力、创新思维能力和综合运用能力。

本书既可以作为普通高等院校电气工程及其自动化、自动化、机电一体化、机械设计与制造自动化等专业教材，也可以作为广大工程技术人员和科技工作者的参考用书。

图书在版编目（CIP）数据

电气控制与PLC程序设计 / 胡冠山主编. -- 北京 : 中国水利水电出版社, 2019.3
应用型高等院校改革创新示范教材
ISBN 978-7-5170-7498-4

Ⅰ. ①电… Ⅱ. ①胡… Ⅲ. ①电气控制－高等学校－教材②PLC技术－程序设计－高等学校－教材 Ⅳ. ①TM571.2②TM571.6

中国版本图书馆CIP数据核字(2019)第041741号

策划编辑：石永峰　责任编辑：张玉玲　加工编辑：高双春　封面设计：李　佳

书　　名	应用型高等院校改革创新示范教材 电气控制与 PLC 程序设计 DIANQI KONGZHI YU PLC CHENGXU SHEJI
作　　者	主　编　胡冠山 副主编　潘为刚　韩耀振
出版发行	中国水利水电出版社 （北京市海淀区玉渊潭南路 1 号 D 座　100038） 网址：www.waterpub.com.cn E-mail：mchannel@263.net（万水） sales@waterpub.com.cn 电话：（010）68367658（营销中心）、82562819（万水）
经　　售	全国各地新华书店和相关出版物销售网点
排　　版	北京万水电子信息有限公司
印　　刷	三河市鑫金马印装有限公司
规　　格	184mm×260mm　16 开本　19.25 印张　472 千字
版　　次	2019 年 3 月第 1 版　2019 年 3 月第 1 次印刷
印　　数	0001—3000 册
定　　价	48.00 元

前　言

随着工业自动化向网络化、开放化、智能化和集成化方向的快速发展，作为工业网络控制系统核心的 PLC 控制器，不但要能完成逻辑控制、顺序控制、定时、计数、模拟回路控制等任务，还要具备强大的数据运算、网络通信等功能，满足电气控制网络化和工厂信息化的需求。掌握先进的 PLC 程序设计与应用技术，是电气自动化类专业学生走向工作岗位或继续专业深造的一项重要技能。

本书以目前国内市场占有率较高、网络功能强大、具有较高性价比的西门子 SIMATIC 系列 S7-1200 为例，对电气控制技术和 PLC 在电气工程设计中的应用进行编写。本书编著过程中注意精选内容，深入浅出，理论联系实际，突出应用，注重对学生的能力培养。本书内容系统全面，学用一致，通俗易懂，便于学习掌握，有如下特点：

（1）适用性。从实际应用和教学的角度，对一般理论以够用为度，对低压电器和典型的继电接触器原理性内容精简扼要，注重电路分析设计，为深入 PLC 程序设计打好基础。

（2）系统性。把电气控制与 PLC 应用技术联系在一起，由浅入深介绍了电气控制、PLC 基础知识、指令系统、模块化程序设计方法及工艺功能设计，知识前后贯通和系统化。

（3）应用性。在强调基本知识、基本操作技能的同时，对程序设计方法、高速计数器、运动控制、PID 控制技术等难点内容结合实例作了详细的介绍，可操作性强，实用价值高。

（4）实践性。注重项目训练，各章配备相应的项目实训，引导学生理论联系实际，增强学生工程应用意识，培养学生解决问题与动手能力。

（5）先进性。以技术先进、功能强大的 S7-1200 系列控制器为对象，培养学生模块化程序设计的思想，对网络通信、人机界面设计深入讲解，符合工厂自动化和电气信息技术的发展需求。

（6）学做一体化。本书内容简明扼要、图文并茂、通俗易懂，绘图上依据国家最新标准，应用上注重学生素质培养，便于课堂教学和学生自学。

本书由山东交通学院胡冠山担任主编，潘为刚、韩耀振担任副主编，张广渊、王常顺、张建军参与了本书的编写工作，全书由胡冠山担任主审并进行校验统稿。

本书是编者从事多年教学工作、教学研究的概括和总结，也参考了多种同类的教材、著作与科技文献，同时得到了山东省本科高校教学改革研究项目“大学生科技竞赛活动组织管理模式研究”（C2016M055）的资助，在此表示衷心的感谢！

由于编者水平有限，虽然在编写中经过多次认真的修改和校正，书中难免存在纰漏和错误，不足之处恳请广大读者给予批评和指正，如有任何问题可发送邮件至 hugshan@126.com。

编　者

2019 年 1 月

目　　录

第 1 章　电气控制中常用低压电器

【本章导读】

本章讲述电气控制线路中常用低压电器的基本结构、工作原理、技术参数及其用途等。通过本章学习，掌握常用低压电器元件的选择和使用，能够对电器元件的常见故障进行分析排查，为进行电气控制线路设计打好基础。

【本章主要知识点】

- 电磁式低压电器的工作原理和基本构成。
- 接触器、中间继电器、时间继电器、热继电器、熔断器的选用与检修。
- 断路器、主令电器的结构原理、选用与检修。

1.1　电磁式低压电器基本知识

1.1.1　电器的概念和分类

电器是指在电能的生产、输送、分配和应用过程中，起着切换、控制、保护、检测、变换和调节作用的电气设备。电器的种类繁多、用途广泛、结构各异，常用的分类有：

（1）按工作电压等级分类。

低压电器，工作于交流 1200V 以下或直流 1500V 以下的电路中的电器。

高压电器，工作于交流 1200V 以上或直流 1500V 以上的电路中的电器。

（2）按动作类型分类。

手动电器，是指需要人工直接操作才能完成指令任务的电器，如按钮、刀开关。

自动电器，是指按照电的或非电的信号自动完成指令任务的电器，如接触器、熔断器等。

（3）按用途分类。

控制电器，用于各种控制电路和控制系统的电器，如接触器、继电器等。

主令电器，用于发送控制指令的电器，如按钮、接近开关等。

保护电器，用于保护电路及用电设备的电器，如熔断器、热继电器等。

配电电器，用于电能输送和分配的电器，如自动空气开关、隔离开关等。

执行电器，用于完成某种动作或传动功能的电器，如电磁铁、电磁离合器等。

（4）按工作原理分类。

电磁式电器，是依据电磁感应原理工作的电器，如交流接触器、电磁继电器等。

非电量控制电器，是靠外力或某种非电物理量的变化而动作的电器，如按钮、热继电器等。

1.1.2　电磁式低压电器

电磁式低压电器在电气控制线路中是使用最多、类型最多的一种，各类电磁式低压电器的原理和结构基本相同。电磁式低压电器由电磁机构、触点系统和灭弧装置三部分组成。经常使用的接触器、继电器、断路器都属于电磁式低压电器。

1.1.2.1　电磁机构

（1）电磁机构的结构。

电磁机构是电磁式低压电器的感测部件，它的作用是将电磁能量转换成机械能量，带动触点动作使之闭合或断开，从而实现电路的接通或分断。电磁机构由吸引线圈、铁芯和衔铁组成。吸引线圈通以一定的电流产生磁场及吸力，并通过气隙转换成机械能，带动衔铁运动完成触点的断开和闭合，实现触头所在电路的分断和接通。根据衔铁相对铁芯的运动方式，电磁机构有直动式与拍合式，拍合式又有衔铁沿棱角转动和衔铁沿轴转动两种，如图 1-1 所示。

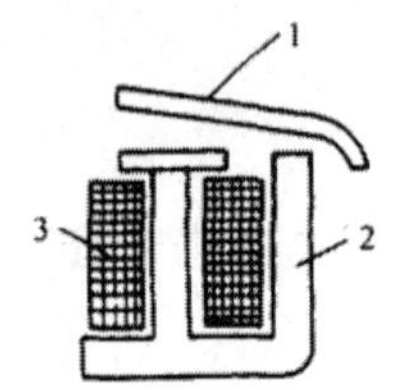

（a）沿棱角转动的拍合式铁芯

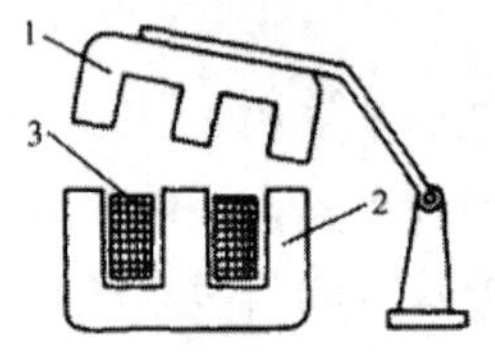

（b）沿轴转动的拍合式铁芯

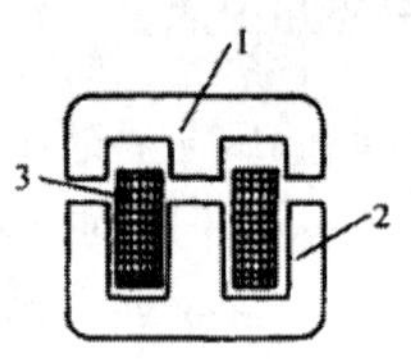

（c）直动式铁芯

1—衔铁；2—铁芯；3—吸引线圈

图 1-1　电磁机构结构形式

吸引线圈用来将电能转换为磁能，按通入电流性质不同，电磁机构分为直流电磁机构和交流电磁机构，其线圈称为直流电磁线圈和交流电磁线圈。直流电磁线圈一般做成无骨架、高而薄的瘦高型，线圈与铁芯直接接触，易于线圈散热；交流电磁线圈由于铁芯存在磁滞和涡流损耗，造成铁芯发热，为此铁芯与衔铁用硅钢片叠制而成，为改善线圈和铁芯的散热，线圈设有骨架使铁芯和线圈隔开，并将线圈做成短而厚的形状。

（2）电磁结构工作原理。

电磁机构的工作原理常用吸力特性和反力特性来表征。电磁机构使衔铁吸合的力与气隙长度的关系曲线称为吸力特性，电磁机构使衔铁释放的力与气隙长度的关系曲线称为反力特性。吸引线圈通入电流后产生电磁吸力，衔铁还受到反作用弹簧的拉力，只有当电磁吸力大于弹簧反力时，衔铁才可靠地被铁芯吸住；当吸引线圈断电时，电磁吸力消失，在弹簧作用下，衔铁与铁芯脱离，即衔铁释放。

1）电磁机构吸力特性。电磁机构的吸力特性反映的是其电磁吸力与气隙长度的关系。由于线圈电流的种类对吸力特性的影响很大，所以对交、直流电磁机构的吸力特性分别讨论。

交流电磁机构吸力特性：交流电磁线圈的阻抗主要取决于线圈电抗，根据电磁理论公式：

$$U \approx E = 4.44 fN\Phi \tag{1-1}$$

$$\Phi = \frac{U}{4.44 fN} \tag{1-2}$$

式中：U 为线圈电源电压；E 为感应电势；f 为电源频率；N 为线圈匝；φ 为线圈磁通。

根据公式（1-2），交流线圈加上一定电压后，Φ 近似为常数，$F \propto \Phi^2$，故而电磁力 F 近似不变。但是根据磁路定律公式：

$$\Phi = IN / R_m = IN / (\delta / \mu_o S) = IN \mu_o S / \delta \tag{1-3}$$

式中：R_m 为线圈磁阻；μ_0 为导磁系数；δ 为气隙长度。

对于交流线圈；Φ 近似为常数，则当线圈气隙 δ 增大时，线圈电流 I 增大。由于交流线圈通电且衔铁尚未动作时的 δ 最大，故线圈电流此时最大，可达到吸合后额定电流的 10～15 倍。所以如果通电后衔铁卡住不能吸合或者衔铁频繁动作，交流线圈长时间通过电流远远大于额定电流，那么很可能发热烧毁。采用交流电磁机构的低电压器必须防止出现衔铁被卡住这一问题。

直流电磁机构吸力特性：直流电磁机构由直流电流激磁，直流电稳态时磁路对电路无影响，电路在恒磁势下工作，即 IN 不变。则由式（1-3）得：

$$F \propto \Phi^2 \propto (1/\delta)^2 \tag{1-4}$$

即直流电磁机构的吸力 F 与气隙 δ 的平方成反比，δ 越小电磁越小吸力越大。由于衔铁闭合前后激磁线圈的电流不变，所以直流电磁机构适合于动作频繁的场合，且吸合后电磁吸力大，工作可靠性高。但是当直流电磁机构的激磁线圈断电时，磁势就由 IN 快速变为接近于零，电磁机构的磁通也发生相应的急剧变化，这样会导致在激磁线圈中感生很大的反电势，可达线圈额定电压的 10 倍以上，会使线圈过压而损坏，为此在直流线圈两侧并联放电保护回路。

2）电磁机构反力特性。电磁机构使衔铁释放的力大多是利用弹簧的反力，由于弹簧的反力 F 与其机械变形的位移量 x 成正比，其反力特性可写成：

$$F = Kx \tag{1-5}$$

3）吸力特性与反力特性的配合。吸力特性与反力特性配合得当才能保证电磁机构的正常工作。当电磁线圈通电，电磁机构欲使衔铁吸合，在整个吸合过程中吸力必须大于反力。但如果吸力过大会造成衔铁吸合时运动速度过大产生很大的冲击力，使衔铁与铁芯柱端面造成严重的机械磨损。此外，过大的冲击力有可能使触点产生弹跳现象，导致触点的熔焊或磨损，降低触点的使用寿命。当电磁线圈断电时，必须使弹簧反力足以断开电磁机构。电磁机构吸力与反力配合如图 1-2 所示。

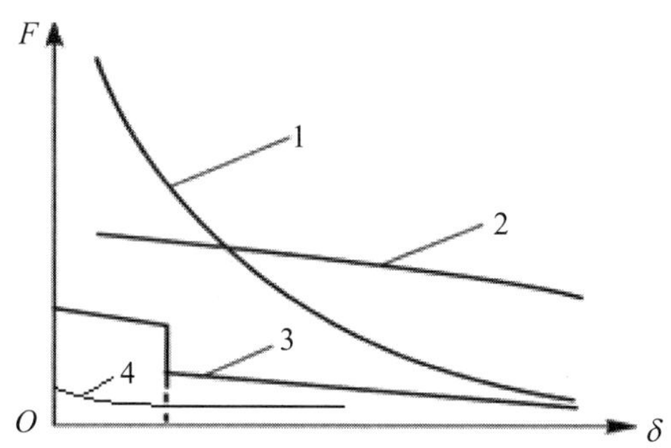

1－直流吸力特性；2－交流吸力特性；3－反力特性；4－剩磁吸力

图 1-2 电磁机构吸力特性与反力特性的配合

由于铁磁物质存有剩磁，它使电磁机构的励磁线圈断电后仍有一定的剩磁吸力存在，剩磁吸力随气隙增大而减小，如图 1-2 中曲线 4 所示。

4）交流电磁机构的过零问题。对于单相交流电磁机构，电磁吸力是一个两倍于电源频率的周期性变量。电磁机构在工作中，衔铁始终受到弹簧反力的作用。电磁吸力存在过零点，过零时吸合后的衔铁在反力作用下被拉开；磁通过零后吸力增大，衔铁又被吸合。这样，在交流电每周期内衔铁吸力要两次过零，如此周而复始，使衔铁产生强烈的振动并发出噪声，容易造成线圈松散。

通常在铁芯上增加短路环解决交流电磁机构过零问题。在铁芯端部开一个槽，槽内嵌入称作短路环的铜环，如图 1-3（a）所示。短路环把铁芯中的磁通分为两部分，不穿过短路环的磁通Φ_1超前于穿过短路环的磁通Φ_2一定的相位，它们产生的电磁力F_1和F_2也存在一定的相位差，二者的合力为电磁线圈的电磁力F，使合成力永远大于反作用力，从而消除了振动和噪声，如图 1-3（b）所示。

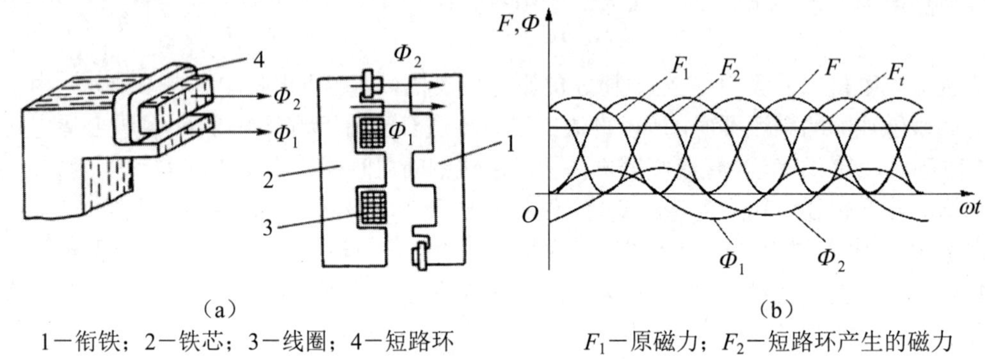

（a）
1—衔铁；2—铁芯；3—线圈；4—短路环

（b）
F_1—原磁力；F_2—短路环产生的磁力

图 1-3 交流电磁铁短路环的作用

5）电磁机构的输入输出特性。电磁机构的吸引线圈加上电压或电流产生电磁吸力，从而使衔铁吸合。因此，也可将线圈电压或电流作为输入量，而将衔铁的位置作为输出量，则电磁机构衔铁位置与吸引线圈电压或电流的关系称为电磁机构的输入输出特性，如图 1-4 所示。

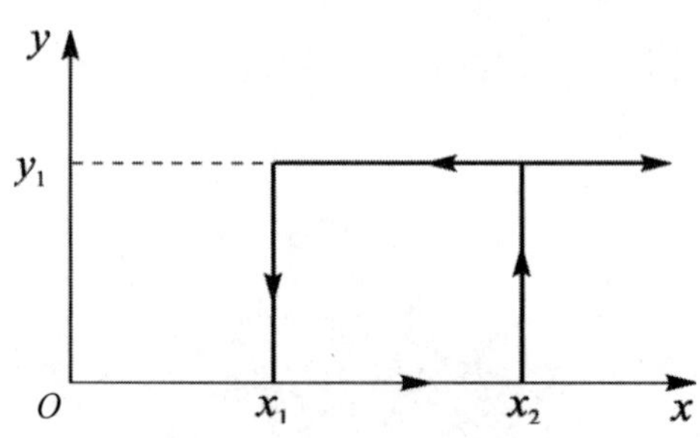

图 1-4 电磁机构的输入输出特性

1.1.2.2 触点系统

触点亦称触头，是电磁式电器的执行部分，起接通和分断电路的作用。由于触点串接在电路中，所以要求其导电导热性能好。触点通常用铜、银、镍及其合金材料制成，对于一些特殊用途的微型继电器和小容量的电器，触点采用银质材料制成。

（1）触点接触形式。触点通常由动、静触点组合而成，接触形式一般有点接触、线接触和面接触三种，如图 1-5 所示。其中，点接触形式的触点只能用于小电流的电器中，如接触器的辅助触点和继电器的触点；线接触形式的触点接触区域是一条直线，其触点在通断过程中有滚动动作；面接触形式的触点允许通过较大的电流，一般在接触表面上镶有合金，以减小触点接触电阻和提高耐磨性，多用于较大容量接触器的主触点。

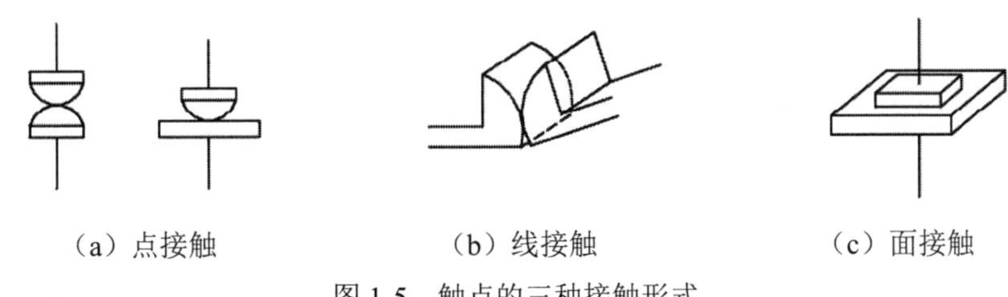

（a）点接触　（b）线接触　（c）面接触

图 1-5　触点的三种接触形式

（2）触点结构。在常用的继电器和接触器中，触点的结构形式主要有单断点指形触点和双断点桥式触点两种。

单断点指形触点只有一个断口，一般多用于接触器的主触点。如图 1-6 所示，开始接触时，动静触点在 A 点接触，靠弹簧的压力由 B 点滚到 C 点，断开时运动方向相反。其优点为：闭合、断开过程中有滚滑运动，能自动清除表面的氧化物，触点接触压力大，电动稳定性高。其缺点是触点开距大，增大了电器体积，触点闭合时冲击能量大，影响机械寿命。

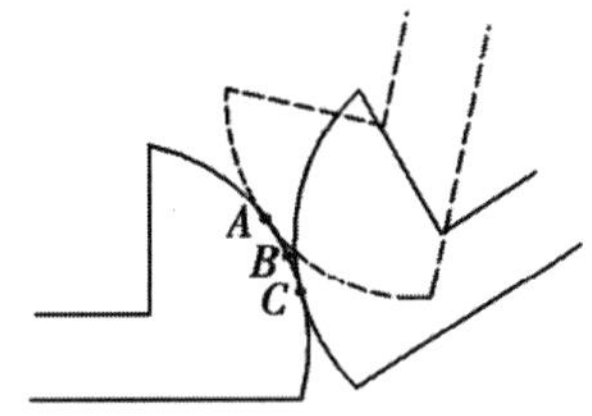

图 1-6　指形触点的接触过程

双断点桥式触点具有两个有效灭弧区域，灭弧效果很好；触点开距小，使电器结构紧凑、体积小，触点闭合时冲击能量小，有利于提高机械寿命，如图 1-7 所示。其缺点是触点不能自动净化，触点材料必须用银或银的合金，每个触点的接触压力小，电动稳定性较低。

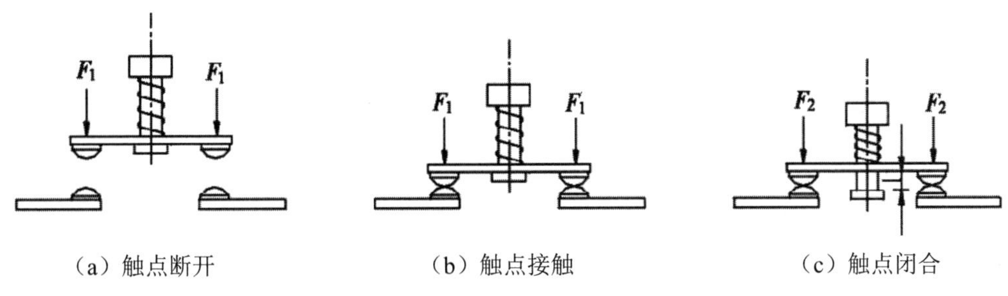

（a）触点断开　（b）触点接触　（c）触点闭合

图 1-7　桥式触点的位置示意图

1.1.2.3　灭弧装置

当动、静触点在通电状态下脱离接触的瞬间，触点的间隙很小，电路电压几乎全部降落在触点之间，形成很高的电场强度，触点间隙中的气体被电离产生大量的电子和离子，在强电场作用下定向运动，使绝缘的气体变成了导体形成放电，这就会在触点间产生强烈的火花，称为电弧。电弧会产生高温并发出强光，使触点烧蚀，并使电路切断时间延长，甚至不能断开，造成严重事故，为此，必须采取措施消灭或减小电弧。

常用的灭弧方法包括以下几种：

（1）快速拉长电弧，降低电场强度，使电弧电压不足以维持电弧的燃烧，从而熄灭电弧。

（2）用电磁力使电弧在冷却介质中运动，降低弧柱周围的温度，使离子运动速度减慢，从而使电弧熄灭。

（3）将电弧挤进绝缘壁组成的窄缝中进行冷却，加快离子复合速度，使电弧熄灭。

（4）将电弧分成许多串联的短弧，增加维持电弧所需的临界电压降。

常用的灭弧装置有如下几种：

（1）磁吹式灭弧。灭弧的原理是使电弧处于磁场中间，电磁场力“吹”长电弧，使其进入冷却装置，加速电弧冷却，促使电弧迅速熄灭。图 1-8 是磁吹式灭弧的原理图，其磁场由与触点电路串联的吹弧线圈 3 产生，当电流逆时针流经吹弧线圈时，其产生的磁通经铁芯 1 和导磁夹板 4 引向触点周围；触点周围的磁通方向为由纸面流入，由左手定则可知，电弧在吹弧线圈磁场中受一向上方向的力的作用，电弧向上运动，被拉长并被吹入灭弧罩 5 中；熄弧角 6 和静触点相连接，引导电弧向上运动，将热量传递给灭弧罩壁，促使电弧熄灭。

这种灭弧装置是利用电弧电流本身灭弧，电弧电流越大，吹弧能力越强，且不受电路电流方向影响，当电流方向改变时磁场方向随之改变，结果电磁力方向不变。该方法被广泛地应用于直流接触器中。

（2）灭弧栅。灭弧栅由多片镀铜的薄钢片（称为栅片）制成，置于灭弧罩内触点的上方，彼此之间相互绝缘，片间距离为 2～5mm，如图 1-9 所示。

当触点分断电路时，触点之间产生电弧，电弧电流产生磁场，由于钢片磁阻比空气磁阻小得多，使灭弧栅上方磁通非常稀疏，而灭弧栅处的磁通非常密集，这种上疏下密的磁场将电弧拉入灭弧罩中，进入灭弧栅后，电弧被栅片分割成许多短电弧，当交流电压过零时电弧自然熄灭。采用灭弧栅，一方面电源电压不足以维持电弧，两栅片间必须有 150～250V 的电压，电弧才能重燃；另一方面由于栅片的散热作用，电弧自然熄火后很难重然。栅片灭弧装置的灭弧效果在电流为交流时要比直流时强得多，此方法常用在交流电磁机构中。

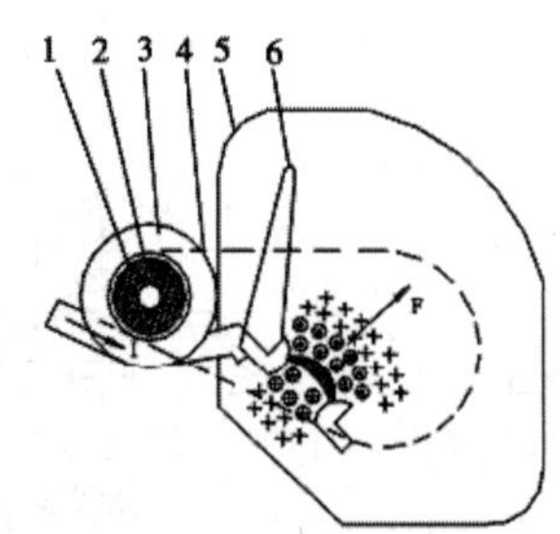

1—铁芯；2—绝缘管；3—吹弧线圈；4—导磁夹板；5—灭弧罩；6—熄弧角

图 1-8　磁吹式灭弧装置

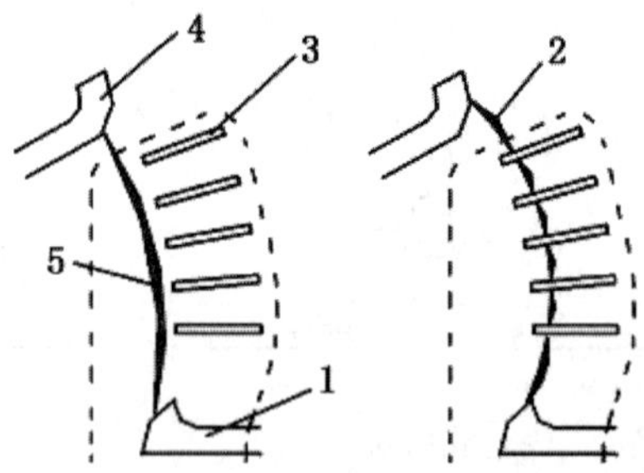

1—静触点；2—短电弧；3—灭弧栅片；4—动触点；5—长电弧

图 1-9　灭弧栅灭弧原理

（3）灭弧罩。在磁吹式灭弧或灭弧栅中一般都带有灭弧罩。灭弧罩由陶土、石棉、水泥或耐弧塑料制成，在灭弧罩内有一个或数个纵缝，当触点断开时电弧在电磁力的作用下进入灭弧罩，与灭弧罩接触，使电弧迅速冷却而熄灭。这种灭弧装置可用于交流和直流灭弧。

（4）多断点灭弧。在交流继电器和接触器中常采用桥式触点，这种触点有两个断点，这种双断口触点在分断时形成两个断点，将一个电弧分为两个电弧来削减电弧的作用以利于灭弧，此种灭弧常用于小容量交流接触器中。

1.2　接触器

接触器是一种可以用来频繁地接通或分断交、直流主电路及大容量控制电路的自动电器元件，是电气线路中使用最广泛的元件之一。

接触器有多种类型，按驱动方式分为电磁式接触器、气动接触器和液压式接触器；按灭弧介质分为空气电磁式接触器、油浸式接触器和真空接触器等；按主触点控制的电流性质分为交流接触器、直流接触器；按电磁机构的励磁方式分为直流励磁操作与交流励磁操作。其中应用较为广泛的是电磁式交流接触器和电磁式直流接触器，简称为交流接触器和直流接触器。

1.2.1 交流接触器

1.2.1.1 交流接触器的结构

交流接触器主要由电磁机构、触点系统、灭弧罩及其他附件组成，其结构如图 1-10 所示。

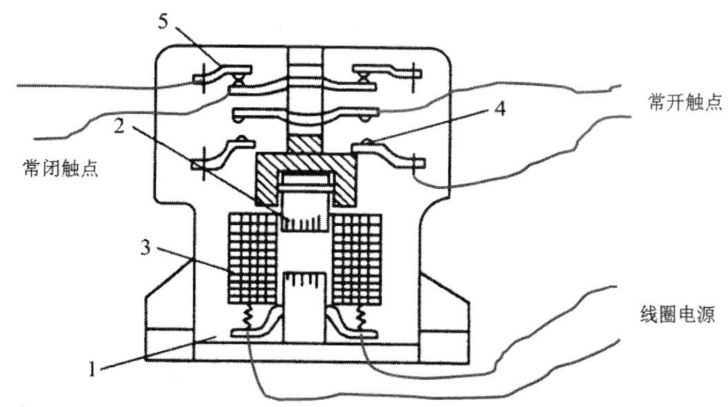

1－铁芯；2－衔铁；3－线圈；4－常开触点；5－常闭触点

图 1-10 交流接触器的结构

（1）电磁机构。电磁机构由线圈、衔铁和铁芯等组成，依靠它产生的电磁吸力可以驱使触点动作。在铁芯头部的平面上装有短路环，能阻止交变电流过零时磁场消失，使衔铁与铁芯始终保持一定的吸力，因此消除了振动现象。

（2）触点系统。触点系统包括主触点和辅助触点。主触点用于接通和分断主电路，常用的是动合触点。辅助触点用于控制电路，起到电气连锁作用，故又称为连锁触点，一般有动合、动断触点。线圈未得电时，处于断开状态的触点称作动合触点，又称作常开触点；线圈未得电时处于闭合状态的触点称作动断触点，又称常闭触点。

（3）灭弧罩。额定电流在 20A 以上的交流接触器通常都设有陶瓷灭弧罩，它能迅速切断触点在分断时所产生的电弧，以避免烧坏触点或熔焊。

（4）其他部分。包括反力弹簧、触点压力簧片、缓冲弹簧、短路环、底座和接线柱等。反力弹簧的作用是当线圈失电时使衔铁和触点复位；触点压力簧片的作用是增大触点闭合时的压力，增大触点的接触面积；缓冲弹簧吸收衔铁被吸合时的冲击力，起到保护底座的作用。

1.2.1.2 接触器的工作原理

当交流接触器线圈通电后，在铁芯中产生磁通，由此在衔铁气隙处产生吸力，使衔铁产生动作，主触点在衔铁的带动下闭合，于是接通了主电路；同时衔铁带动辅助触点动作，使原来断开的辅助触点闭合，而原来闭合的辅助触点断开；当线圈断电或电压显著降低时，吸力消失或减弱，衔铁在释放弹簧作用下打开，主、辅触点恢复到不带电状态。

1.2.1.3 交流接触器的型号、电气图形符号

（1）交流接触器的型号。典型产品有 CJ20、CJ21、CJ26、CJ29、CJ35、CJ40、B、3TB 和 3TF 系列交流接触器等。其中 CJ20 是 20 世纪 80 年代我国统一设计的产品，CJ40 是在 CJ20 基础上更新设计的产品，CJ21 是引进德国芬纳尔公司技术生产的，3TB 和 3TF 是引进德国西门子公司技术生产的，B 系列是引进德国原 BBC 公司技术生产的，此外还有 CJ 系列大功率交流接触器。

CJ20 系列交流接触器技术参数见表 1-1。

表 1-1 CJ20 系列交流接触器的技术参数

型号	频率/Hz	辅助触点额定电流/A	吸引线圈额定电压/V	主触点额定电流/A	额定电压/V	可控制电动机最大功率/kW
CJ20-10	50	5	36、110、127 220、380	10	380/220	4/2.2
CJ20-16				16	380/220	7.5/4.5
CJ20-25				25	380/220	11/5.5
CJ20-40				40	380/220	22/11
CJ20-63				63	380/220	30/18
CJ20-100				100	380/220	50/28
CJ20-160				160	380/220	85/48
CJ20-250				250	380/220	132/80
CJ20-400				400	380/220	220/115

CJ20 系列接触器型号含义如图 1-11 所示。

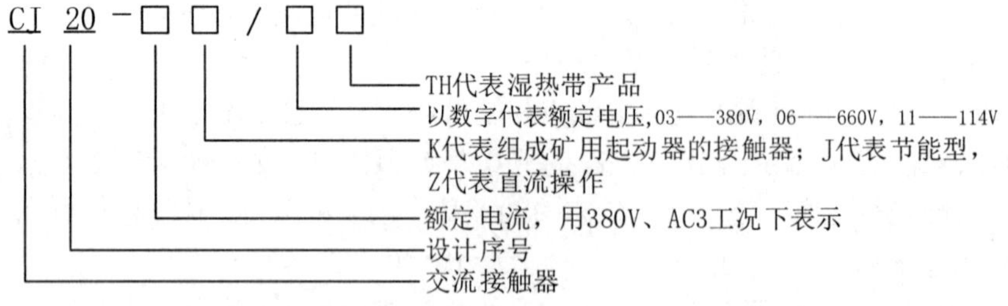

图 1-11 CJ20 交流接触器型号

（2）技术参数。

1）额定电压。接触器铭牌上的额定电压是指接触器主触点的额定电压，交流电压的等级有 220V、380V 和 660V 等。

2）额定电流。接触器铭牌上的额定电流是指主触点工作时的额定电流，交流电流的等级有 5A、10A、20A、40A、60A、100A、150A、250A、400A 和 600A。

3）线圈的额定电压。交流电压的等级有 36V、110V、220V 和 380V 等。

4）接通和分断能力。主触点在规定条件下能可靠地接通和分断的电流值。

（3）接触器的图形文字符号，如图 1-12 所示。

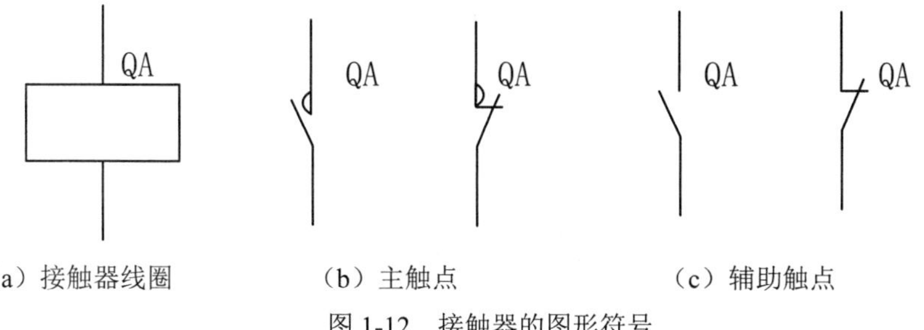

（a）接触器线圈　　（b）主触点　　（c）辅助触点

图 1-12　接触器的图形符号

1.2.1.4　交流接触器的选择和使用维护

交流接触器的选择主要考虑因素：

（1）依据负载电流性质决定接触器的类型，即直流负载选用直流接触器，交流负载选用交流接触器。

（2）根据控制负载的工作任务选择相应使用类别的接触器。电动机有笼型和绕线型电动机，其使用类别分别为 AC2、AC3 和 AC4；生产中广泛使用中小容量的笼型电动机，大部分负载是一般任务，相当于 AC3 使用类别；如果负载明显属于操作复杂的重任务类，比 AC3 工作类别的要求严格得多，则应选用 AC4 类接触器；如果负载为一般任务与重任务混合的情况，则应根据实际情况选用 AC3 或 AC4 类接触器，常见接触器使用类别及其典型用途见表 1-2。

表 1-2　常见接触器使用类别及其典型用途表

电流种类	使用类别	典型用途
交流（AC）	AC1	无感或微感负载、电阻炉
	AC2	绕线式电动机的起动和分断
	AC3	笼型电动机的起动和分断
	AC4	笼型电动机的起动、反接制动、反向和点动

（3）选择接触器主触点的额定电压与额定电流。

$$U_{\mathrm{KMN}} \geqslant U_{\mathrm{CN}} \tag{1-6}$$

$$I_{\mathrm{KMN}} \geqslant I_{\mathrm{N}} = \frac{P_{\mathrm{MN}} \times 10^3}{KU_{\mathrm{MN}}} \tag{1-7}$$

式中：U_{KMN} 为接触器额定电压；U_{CN} 为负载额定线电压；I_{KMN} 为接触器额定电流；I_{N} 为接触器主触点电流；P_{MN} 为电动机功率；U_{MN} 为电动机额定线电压；K 为经验常数（K=1～1.4）。

（4）接触器线圈的额定电压应由控制电路的电压确定，触点数满足主电路和控制电路要求。

（5）三相鼠笼电机控制线路中选择接触器的经验法。额定电压为 AC380V 的接触器，依据电动机功率确定相应接触器额定电流的数值：5.5kW 以下的电动机，其控制接触器的额定电流约为电动机额定数值的 2～3 倍；5.5～11kW 的电动机，接触器的额定电流约为电动机额定数值的 2 倍；11kW 以上的电动机，接触器的额定电流约为电动机额定数值的 1.5～2 倍。

交流接触器的使用及维护：

（1）安装前应先检查线圈的额定电压等技术数据是否与实际相符，然后将铁芯极面上的防锈油脂或锈垢用汽油擦净，以免多次使用后被油垢粘住，造成接触器断电时不能释放。

（2）接触器安装时，一般应垂直安装，如有倾斜，其倾斜角也不得超过 5°。安装有散热孔的接触器时，为了利于散热而降低线圈的温度，应将散热孔放在上下位置处。

（3）接线器的触点应定期清扫和保持整洁，但不允许涂油。触点表面因电弧作用形成金属小珠时，应及时清除。

1.2.1.5　交流接触器的常见故障分析

交流接触器的常见故障现象、故障原因和排除方法分析见表 1-3。

表 1-3　交流接触器的常见故障分析

故障现象	故障原因	故障排除
接触器不吸合	接触器线圈断线或电源电压过低、线圈额定电压低于电源电压、铁芯机械卡阻	检测相应处电压、机械机构
接触器线圈失电，铁芯不释放	极面有油污或尘埃粘着、接触器主触点发生熔焊、反力弹簧损坏	清洁、触点检查、更换弹簧
主触点熔焊	触点弹簧压力过小、负载侧短路、控制回路电压过低或触点表面有突起的金属颗粒	更换元件、检测电压、清洁
电磁铁芯噪声过大	电源电压过低、铁芯短路环断裂、触点弹簧压力过大或铁芯极面油污	检测电压、更换元件、清洁
线圈过热或烧毁	电源电压过高、操作频率过快或线圈匝间短路	检测相应处电压、回路

1.2.2　直流接触器

直流接触器主要用于额定电压至 440V，额定电流至 1600A 的直流电力线路中，作为远距离接通和分断电路，控制直流电动机的频繁起动、停止和反向。

直流电磁机构通以直流电，铁芯中无磁滞和涡流损耗，因而铁芯不发热。触点系统也有主触点与辅助触点，主触点一般做成单极或双极，单极直流接触器用于一般的直流回路中，双极直流接触器用于分断后电路完全隔断的电路以及控制电动机的正反转电路中。由于通断电流大、通电次数多，故采用滚滑接触的指形触点。辅助触点由于通断电流小，常采用点接触的桥式触点。

直流接触器一般采用磁吹灭弧装置，常用的直流接触器有 CZ18、CZ21、CZ22 等系列。

1.3　继电器

继电器是一种根据外界输入的一定信号来控制电路中电流通断的自动切换电器，输入信号可以为电量或非电量。继电器一般由感测机构、中间机构和执行机构组成，当感应元件中的输入量（如电流、电压、温度、压力等）变化时，感测机构把检测到的电量或非电量传递给中间机构，中间机构把检测值与设定值比较，当达到设定值时继电器开始动作，执行元件便接通或断开控制电路。其触点通常接在控制电路中完成一定逻辑控制。

继电器的种类繁多，常用的有电流、电压继电器，时间继电器，热继电器，速度继电器以及温度、压力、计数、频率继电器等。

继电器与接触器都是电磁式器件，用来实现自动闭合或断开电路，但由于自身结构的区别，它们仍有许多不同之处，其主要区别在于：继电器一般用于控制小电流的电路中，触点额定电流不大于 5A，不加灭弧装置；接触器一般用于控制大电流的主电路中，主触点额定电流不小于 5A，往往有灭弧装置；接触器一般只能对电压的变化作出反应，而各种继电器可以在相应的各种电量或非电量作用下动作。

1.3.1　电磁式继电器

电磁式继电器的结构和工作原理与电磁式接触器相似，主要由电磁机构和触点系统组成。

1.3.1.1　电压继电器

电磁式电压继电器按使用特点可分为中间继电器、过电压继电器和欠电压继电器。

（1）中间继电器。

中间继电器（Auxiliary Relay）在结构上是一个电压继电器，是用来转换控制信号的中间元件，它的触点数量较多、动作灵敏。按电压分为两类：一类是用于交直流电路中的 JZ 系列，另一类是只用于直流操作的各种继电保护线路中的 DZ 系列。

中间继电器的主要技术参数有额定电压、额定电流、触点对数以及线圈电压种类和规格等。选用时要注意线圈的电压种类和电压等级应与控制电路一致。另外，要根据控制电路的需求来确定触点的形式和数量，当一个中间继电器的触点数量不够用时，可以将两个中间继电器并联使用，以增加触点的数量。

中间继电器的主要用途有两个，一是当电压或电流继电器触点容量不够时，可借助中间继电器来控制，即中间继电器作为执行元件；二是当其他继电器或接触器触点数量不够时，可用中间继电器来切换电路。中间继电器文字符号为 KF，其型号和图形符号如图 1-13 所示。

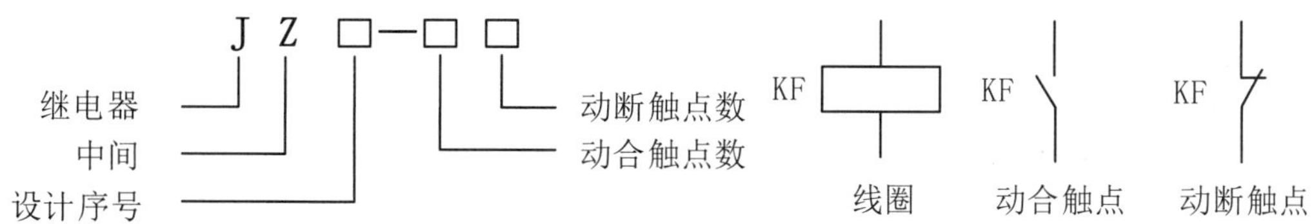

图 1-13　中间继电器型号和符号

（2）过电压继电器。过电压继电器在电路中用于过电压保护。当线圈电压高于其额定电压时（其整定值一般为 105%～120%额定电压），衔铁才吸合动作。当线圈所接电路电压降低到继电器释放电压时，衔铁才返回释放状态，相应触点也返回成原来状态，其符号如图 1-14 所示。

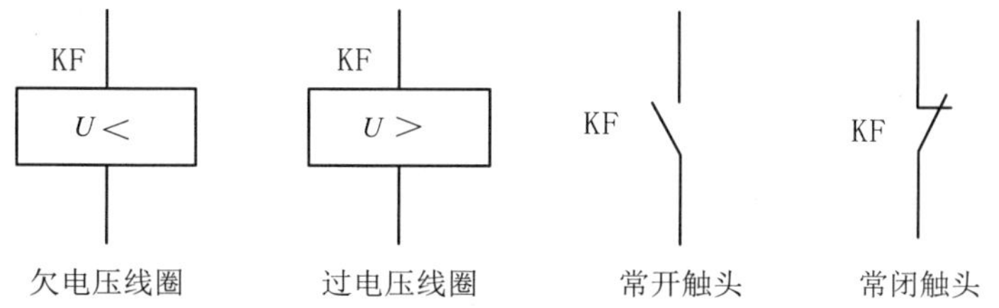

图 1-14　电压继电器的图形与符号

（3）欠电压继电器。欠电压继电器在电路中用于欠电压保护。当线路电压正常时，铁芯与衔铁是吸和的，当线圈电压低于其整定电压值时衔铁就释放，带动触点动作，对电路实现欠电压保护，一般欠电压继电器整定值为额定电压的 40%～70%，其符号如图 1-14 所示。

1.3.1.2 电流继电器

电磁式电流继电器线圈串接在电路中，用来反映电路电流的大小，触点的动作与线圈电流大小直接有关。按线圈电流种类不同，有交流电流继电器与直流电流继电器之分；按吸合电流大小可分为过电流继电器和欠电流继电器。

过电流继电器的任务是当电路发生短路及过电流时立即将电路切断。正常工作时，线圈中流有负载电流，但不产生吸合动作；当出现比负载工作电流大的吸合电流时，衔铁才产生吸合动作，从而带动触点动作。过电流继电器的动作电流整定范围：交流过流继电器为 110%～350%I_N，直流过流继电器为 70%～300%I_N。

欠电流继电器的任务是当电路电流过低时立即将电路切断。欠电流继电器正常工作时，由于电路的负载电流大于吸合电流而使衔铁处于吸合状态；当电路的负载电流降低至释放电流时，则衔铁释放，触点动作。欠电流继电器动作电流整定范围：吸合电流为 30%～50%I_N，释放电流为 10%～20%I_N，欠电流继电器一般是自动复位的。

电流继电器图形符号如图 1-15 所示。

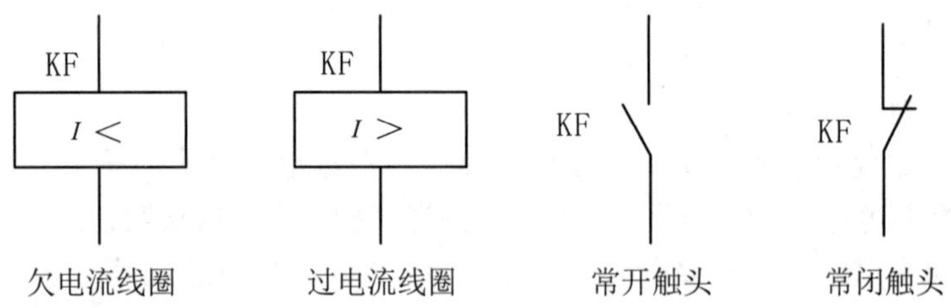

图 1-15 电流继电器图形符号

选用电流继电器时首先要注意线圈电压的种类和等级应与负载电路一致。另外，根据对负载的保护作用（过电流还是低电流）来选用电流继电器的类型。

1.3.2 时间继电器

继电器感受部分在感受外界信号后，经过一段时间才能使执行部分动作的继电器，称为时间继电器，即吸引线圈得电或失电以后，其触点经过一定延时以后接通或分断。

时间继电器延时方式有两种：通电延时、断电延时。通电延时：接收输入信号后延迟一定时间，输出信号才发生变化；当输入信号消失后，输出瞬时复原。断电延时：接收输入信号时，瞬时产生相应的输出信号；当输入信号消失后，延迟定时间，输出才复原。

常用的时间继电器主要有空气阻尼式、直流电磁式、电动式、电子式、数字式等。

空气阻尼式时间继电器又称气囊式时间继电器，是利用气囊中的空气通过小孔节流的原理来获得延时动作的。空气阻尼式时间继电器结构简单，价格低廉，延时范围可到上百秒，但是延时误差较大，难以精确地整定延时时间，常用在延时精度要求不高的交流控制电路。

直流电磁式时间继电器是用阻尼的方法来延缓磁通变化的速度，以达到延时目的的时间继电器。其具有结构简单、运行可靠、寿命长、允许通电次数多等优点，但体积和重量较大。它仅适用于直流电路，延时时间较短。

电动式时间继电器由同步电动机、减速齿轮机构、电磁离合系统及执行机构组成，电动式时间继电器的延时精度高，延时可调范围大（由几分钟到几小时），但结构复杂，价格贵。

随着电子技术的发展，晶体管式时间继电器的应用日益广泛。电子式时间继电器由电子元件组成，具有寿命长、精度高、体积小、延时范围大、控制功率小等优点，已得到广泛应用。

数字式时间继电器较之晶体管式时间继电器来说，延时范围可成倍增加，调节精度可提高两个数量级以上，控制功率和体积更小的特点。这类时间继电器功能特别强，有通电延时、断电延时、定时吸合、循环延时等多种延时形式和十几种延时范围供用户选择。

时间继电器图形符号如图1-16所示，线圈有通电延时、断电延时两种类型，延时触点有：通电延时闭合常开触点、通电延时断开常闭触点、断电延时断开常开触点、断电延时闭合常闭触点。

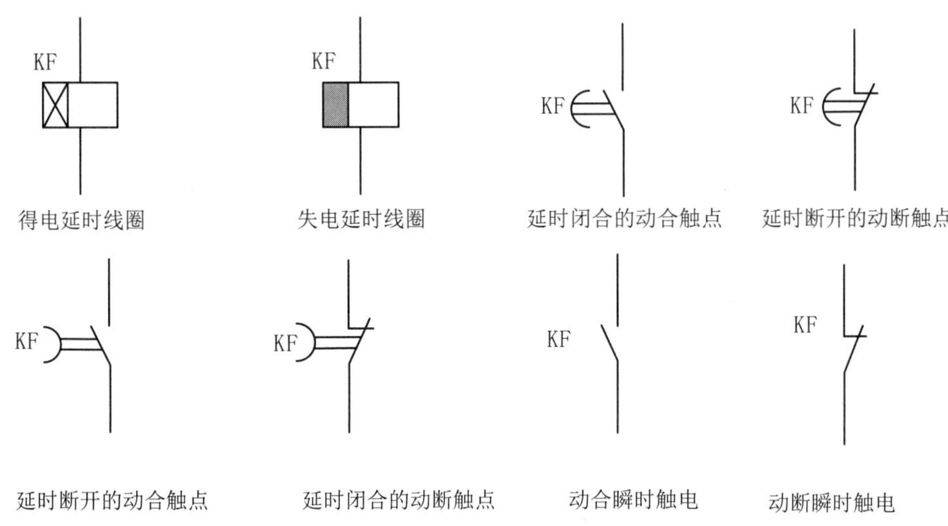

图1-16 时间继电器图形符号

时间继电器选用时应从以下几方面考虑：

（1）电流种类和电压等级：线圈的电流种类和电压等级应与控制电路的相同。

（2）延时方式：根据控制电路的要求来选择延时方式，即通电延时型和断电延时型。

（3）触点形式和数量：根据控制电路要求来选择触点形式及触点数量。

（4）延时精度：电磁阻尼式用于延时精度不高的场合，晶体管式适用于延时精度高的场合。

（5）操作频率：时间继电器的操作频率不宜过高，否则会影响其寿命，甚至导致失调。

1.3.3 热继电器

热继电器是利用电流的热效应对电动机或其他用电设备进行过载保护的控制电器，主要用于电动机的过载保护、断相保护、电流不平衡运行的保护以及其他电气设备发热状态的控制。

热继电器按极数划分，可分为单极式、两极式和三极式，三极式热继电器又有不带断相保护和带断相保护两种类型；按复位方式分，热继电器有自动复位式和手动复位式。

热继电器的外形结构如图1-17所示。

1.3.3.1 热继电器的结构及工作原理

热继电器主要由热元件、双金属片、触点系统等组成。双金属片是热继电器的感测元件，由两种不同线膨胀系数的金属片经机械碾压而成，结构原理如图1-18所示。

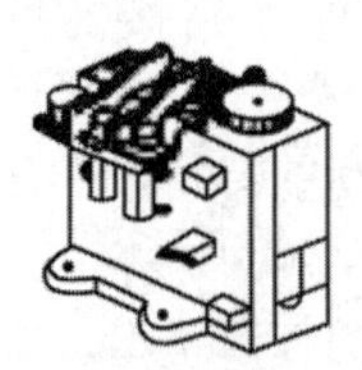

（a）JR0、JR16 系列

（b）JRS 系列

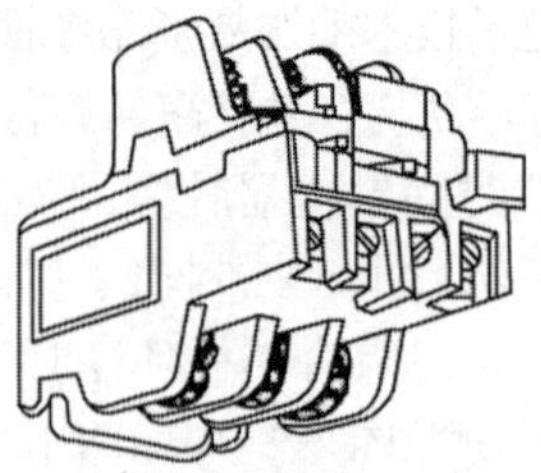

（c）T 系列

图 1-17　热继电器外形结构

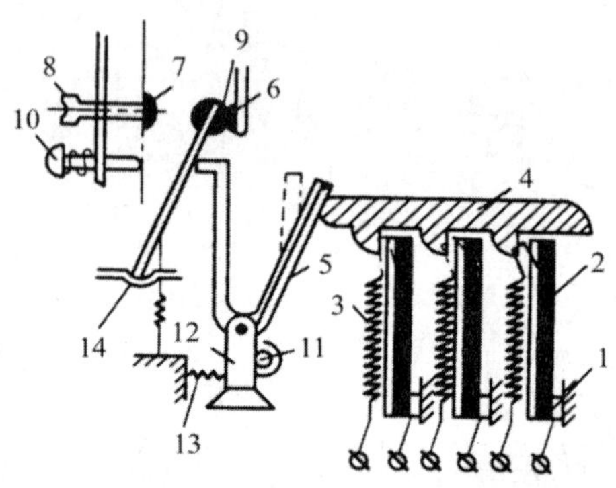

1—支撑件；2—双金属片；3—热元件；4—推动导板；5—补偿双金属片；6、7、9—触点；8—复位螺钉；10—按钮；11—调节旋钮；12—支撑件；13—压簧；14—推杆

图 1-18　热继电器的结构原理图

热元件由双金属片及环绕其上的电阻丝组成，电阻丝发热时可把热能传递到双金属片上。当热元件与电动机定子绕组串接时，定子绕组电流即为流过热元件电流；当电动机正常运行时，热元件产生的热量虽能使双金属片 2 弯曲，但还不足以使继电器动作；当电动机过载时，热元件产生的热量增大，使双金属片弯曲位移增大，经过一定时间后，双金属片弯曲到推动导板 4，并通过补偿双金属片 5 与推杆 14 将触点 9 和 6 分开，触点 9 和 6 串于接触器线圈回路，断开后使接触器线圈失电，接触器主触点断开电动机电源以保护电动机。

调节旋钮 11 是用来调节整定电流的，旋转旋钮 11 改变了补偿双金属片与导板间的距离，也就是改变了热继电器动作时主双金属片所需的弯曲位移，即改变了整定动作电流值。

温度补偿双金属片可在规定范围内补偿环境温度对热继电器的影响。如周围环境温度升高，则双金属片 3 向右弯曲的程度加大，此时温度补偿双金属片也向右弯曲，使导板与温度补偿双金属片的距离不变，从而使环境温度变化获得补偿。

1.3.3.2　热继电器的保护特性

当电动机运行中出现过载电流时，必将引起绕组发热。根据热平衡关系，电动机通电时间与其过载电流的平方成反比，所以电动机的过载特性具有反时限特性，如图 1-19 中的曲线 1 所示，图中 β 为电机工作电流与额定电流之比。

为了适应电动机的过载特性而又起到过载保护作用，要求热继电器也应具有如同电动机过载特性那样的反时限特性。为此，热继电器中有电阻性发热元件，利用过载电流流过电阻发热元件时产生的热效应使感测元件动作，带动触点动作来实现保护作用。热继电器中通过的过载电流与其触点动作时间之间的关系，称作热继电器的保护特性，如图 1-20 中的曲线 2 所示。

考虑各种误差影响，电动机的过载特性和热继电器的保护特性是一条带状线。

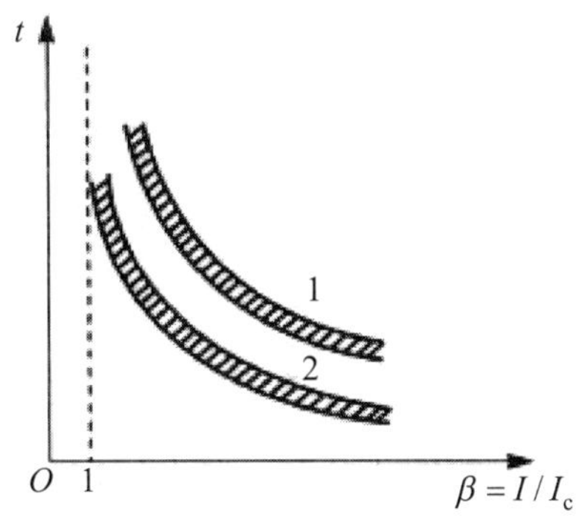

图 1-19 热继电器保护特性与电机过载特性

当电动机出现过载时，图 1-19 中曲线 1 的下方是安全的，如果发生过载，热继电器就会在电动机未达到其允许的过载极限之前动作切断电动机电源，从而完成保护作用。

1.3.3.3 具有断相保护功能的热继电器

当三相电机绕组同时出现过载时，图 1-19 所示的热继电器因为通过热元件电流增大，就能起到保护作用。当单相过载时，Y 形和△形接法的三相电机相电流会存在不同情况。

在 Y 形运行的三相电机控制线路中，当电机三相绕组中有一相出现断路时，另外两相绕组电流增大，流过电动机绕组的电流和流过热继电器的电流增加的比例相同，因此普通的两相或三相热继电器可以对 Y 形运行的电机做出保护。

电动机三角形连接时，当发生一相断路时，电动机的相电流与线电流不等，流过电动机绕组的电流和流过热继电器的电流增加比例不相同。而热元件串联在电动机的电源进线中，按电动机的额定电流即线电流来整定，整定值较大，无法对电动机绕组起到有效保护，便有过热烧毁的危险。所以，三角形接法的电机必须采用带断相保护的热继电器。

带断相保护的热继电器是三相热继电器，即有 3 个热元件分别接于三相电路中，导板采用差动机构，差动机构由上导板 1、下导板 2 及装有顶头 4 的杠杆 3 组成，如图 1-20 所示。

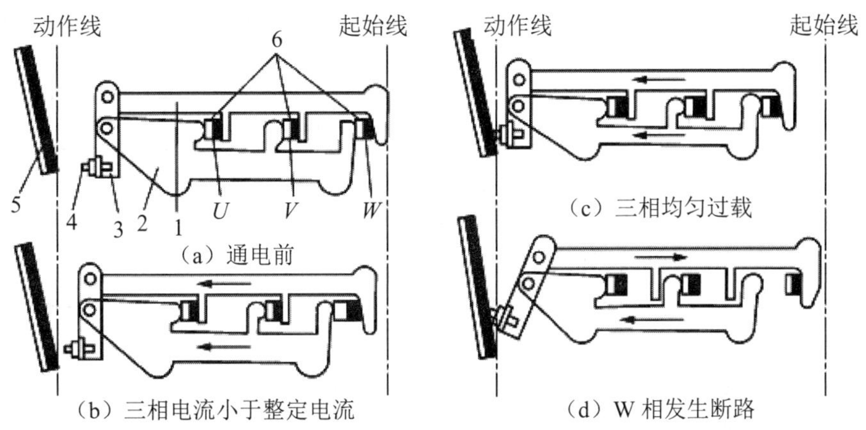

1—上导板；2—下导板；3—杠杆；4—顶头；5—补偿双金属片；6—主双金属片

图 1-20 有断相保护功能的热继电器

1.3.3.4 热继电器型号、电气图形符号

热继电器型号如图 1-21 所示。

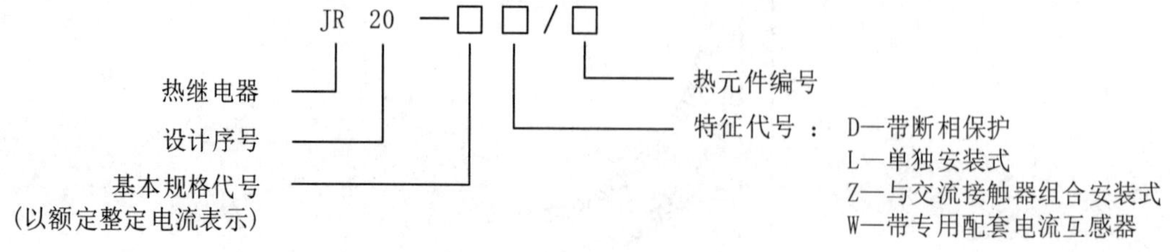

图 1-21 热继电器的型号表示

热继电器的电气图形符号如图 1-22 所示。

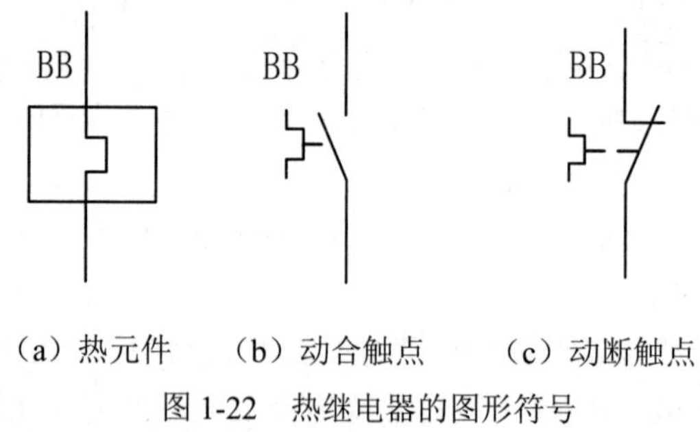

（a）热元件　（b）动合触点　（c）动断触点

图 1-22 热继电器的图形符号

1.3.3.5 热继电器的选择

热继电器选用时应按电动机形式、工作环境、起动情况及负荷情况等综合加以考虑。

（1）选择热继电器作为电动机的过载保护时，应使选择的热继电器的安秒特性位于电动机的过载特性之下，并尽可能地接近，甚至重合，以充分发挥电动机的能力，同时使电动机在短时过载和起动时不受影响。

（2）热继电器的选择：一般轻载起动、长期工作的电动机或间断长期工作的电动机，可选择二相结构的热继电器；三角形联结的电动机，应选用带断相保护装置的热继电器；电源电压的均衡性较差或无人看管的电动机，或多台电动机的功率差别较显著时，应选择三相结构的热继电器。

（3）热继电器的额定电流及型号的选择：原则上热继电器的额定电流应按电动机的额定电流选择。但对于过载能力较差的电动机，其配用的热继电器的额定电流应适当小些，通常选取热继电器的额定电流为电动机额定电流的 60%～80%；在不频繁起动场合，要保证热继电器在电动机的起动过程中不产生误动作，通常当电动机起动电流为其额定电流 6 倍以及起动时间不超过 6 秒且很少连续起动时，就可按电动机的额定电流选取热继电器。

（4）热元件的额定电流选择：热继电器的热元件额定电流应略大于所保护电动机的额定电流。

（5）热元件的整定电流选择：根据热继电器的型号和热元件的额定电流。一般将热继电器的整定电流调整到等于电动机的额定电流；对过载能力差的电动机，热元件整定电流调整到电动机额定电流的 0.6～0.8 倍；对起动时间较长、拖动冲击性负载或不允许停车的电动机，热元件的整定电流调节到电动机额定电流的 1.1～1.15 倍。

1.3.3.6 热继电器的常见故障分析

热继电器的常见故障现象及分析和排除见表 1-4。

表 1-4 热继电器的常见故障分析和排除

故障现象	原因分析	故障排除
电机过载时热继电器不动作	热继电器的动作机构卡死或导板脱出、热继电器的额定值选得太大、整定电流调节太大、热元件烧毁	重新调节、整定热继电器，更换热元件
热继电器误动作	热继电器的整定电流调节偏小、电动机操作频率过快、受强烈的冲击振动	调节整定电流、采取减震措施
热元件烧断	负载侧短路或电流过大	更换合适的热继电器
控制电路不通	热继电器触点接触不良或弹性消失、未复位	更换或复位

1.3.4 速度继电器

速度继电器是将电动机的转速信号经电磁感应原理来控制触点动作的电器，当转速达到规定值时触点动作，其结构主要由定子、转子和触点系统组成，如图 1-23 所示。

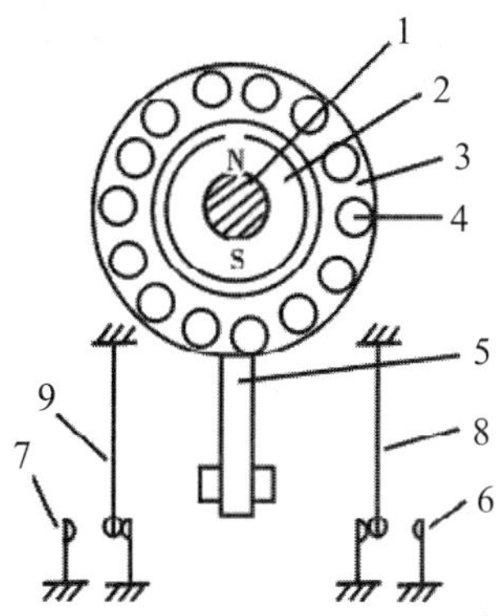

1—转轴；2—转子；3—定子；4—绕组；5—摆锤；6，7—静触点；8，9—簧片

图 1-23 速度继电器原理示意图

定子是一个笼型空心圆环，由硅钢片叠成，并嵌有笼型导条；转子是一个圆柱形永久磁铁；触点系统有正向运转时动作和反向运转时动作的触点各一组，每组分别有一对常闭和常开触点。

电动机旋转时，与电动机同轴相连的速度继电器的转子旋转，产生旋转磁场，从而在定子笼型短路绕组中产生感应电流，感应电流与永久磁铁的旋转磁场相互作用产生电磁转矩，从而使定子随永久磁铁转动的方向偏转；定子偏转到一定角度时，摆杆推动簧片，使触点动作。

速度继电器图形与文字符号如图 1-24 所示。

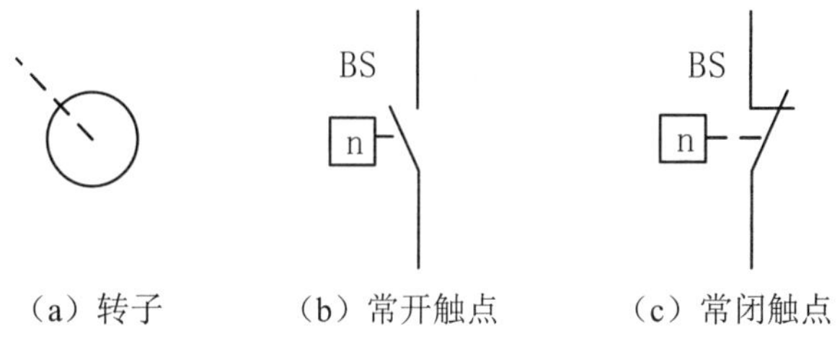

（a）转子　（b）常开触点　（c）常闭触点

图 1-24 速度继电器的图形和文字符号

常用的速度继电器有JY1和JFZO系列。JY1系列可在700～3600r/min范围内可靠地工作，JFZO-1 型适用于 300～1000r/min，JFZO-2 型适用于 1000～3600r/min，两种系列均具有两对常开、常闭触点，触点额定电压为380V，额定电流为2A。

1.4 低压断路器

低压断路器也称为自动空气开关，是一种既有手动开关作用又能自动进行欠电压、失电压、过载和短路保护的开关电器。既可用来接通和分断负载电路，也可用来控制不频繁起动的电动机，功能相当于闸刀开关、过电流继电器、失压继电器、热继电器及漏电保护器等电器部分功能总和，是低压配电网中一种重要的保护电器，其外观如图 1-25 所示。

图 1-25 低压断路器外观

1.4.1 低压断路器结构及工作原理

低压断路器主要有框架式 DW 系列（又称万能式）和塑壳式 DZ 系列（又称装置式）两大类，它们的基本构造和原理相同，主要由触点系统、灭弧装置、操作机构、保护装置及外壳等组成，结构如图 1-26 所示。

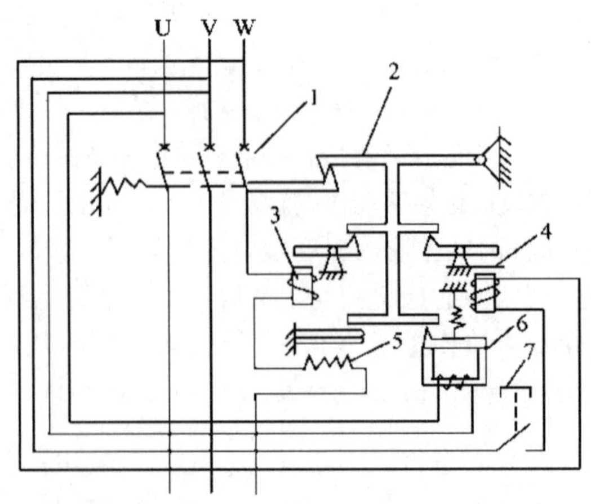

1—主触点；2—脱扣机构；3—过电流脱扣器；4—分励脱扣器；5—热脱扣器；6—失压脱扣器；7—按钮

图 1-26 低压断路器的原理示意图

低压断路器的主触点是靠手动操作或电动合闸的，主触点闭合后，自由脱扣机构将主触点锁在合闸位置上，过电流脱扣器的线圈和热脱扣器的热元件与主电路串联，欠电压脱扣器的线圈和电源并联。过电流脱扣器实现过流保护，当流过断路器的电流在整定值以内时，过电流脱扣器所产生的吸力不足以吸动衔铁；当电流超过整定值时，强磁场的吸力克服弹簧的拉力拉动衔铁，使自由脱扣机构动作，断路器跳闸；热脱扣器用于过载保护，当电路过载时热脱扣器的热元件发热使双金属片向上弯曲，推动自由脱扣机构动作；当电路欠电压时，欠电压脱扣器的衔铁释放，使自由脱扣器机构动作；分磁脱扣器作为远程控制用，在需远程控制时，按下启动按钮，使线圈得电，衔铁带动脱扣器机构动作，使主触点断开。

1.4.2 低压断路器的参数

低压断路器图形与文字符号如图 1-27，主要参数包括：

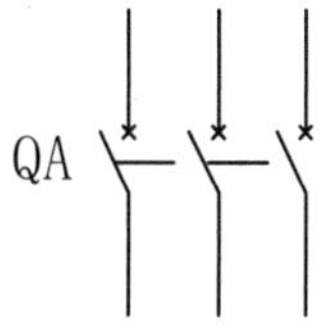

QA

图 1-27　低压断路器的符号

（1）额定电压，断路器在长期工作时的允许电压，通常等于或大于电路的额定电压。

（2）额定电流，断路器在长期工作时的允许持续电流。

（3）通断能力是指断路器在规定的电压、频率以及规定的线路参数下，所能接通和分断的短路电流值。

（4）分断时间是指断路器切断故障电流所需的时间。

1.4.3 低压断路器的选用

（1）断路器的额定电流和额定电压应大于或等于线路、设备的正常工作电压和工作电流。

（2）热脱扣器的整定电流应与所控制负载（比如电动机）的额定电流一致。

（3）欠电压脱扣器的额定电压等于线路的额定电压。

（4）过流脱扣器的额定电流 I_Z 应大于或等于被保护线路的计算电流。对于单台电机来说，$I_Z \geqslant kI_q$，I_q 为单台电机起动电流，k 为安全系数，取值 1.5～1.7；对于多台电机，$I_Z \geqslant kI_{q\max} + \sum I_e$，$I_{q\max}$ 为最大一台电机起动电流，$\sum I_e$ 为其他电机额定电流之和。

（5）断路器的极限分断能力应大于线路的最大短路电流的有效值。

（6）配电线路中的上、下级断路器的保护特性应协调配合，下级的保护特性应位于上级保护特性的下方且不相交。

（7）断路器的长延时脱扣电流应小于导线允许的持续电流。

1.4.4 低压断路器典型产品

低压断路器分类有多种，按极数有单极式、两极式、三极式和四极式；按保护形式有电磁脱扣式、热脱扣式、复合脱扣式和无脱扣式；按结构形式有塑壳式、框架式和模块式。低压断路器典型产品有如下几种：

塑料外壳式断路器是用模压绝缘材料制成封闭外壳将所有构件组装在一起，常用做配电网络的保护和电动机、照明电路及电热器等控制开关。常用型号有 DZ5、DZ10、DZ20 等。

模块化小型断路器由操作机构、热脱扣器、电磁脱扣器、触点系统、灭弧室等部件组成，所有部件都置于一个绝缘壳中。该系列断路器可作为线路和交流电动机等的控制开关及过载、短路等保护用。常用型号有 C45、DZ47、DZ187、MC 等。

智能化断路器是一种新型的断路器，如图 1-28 所示，采用了以微处理器或单片机为核心控制器。它不仅具备普通断路器的各种保护功能，同时还具备实时显示电路中的各种电气参数，对电路进行在线监视、自行调节、测量、自诊断、通信等功能，能对各种保护功能的动作参数显示、设定和修改，保护电路动作时的故障参数能够存储在非易失存储器中以便查询。

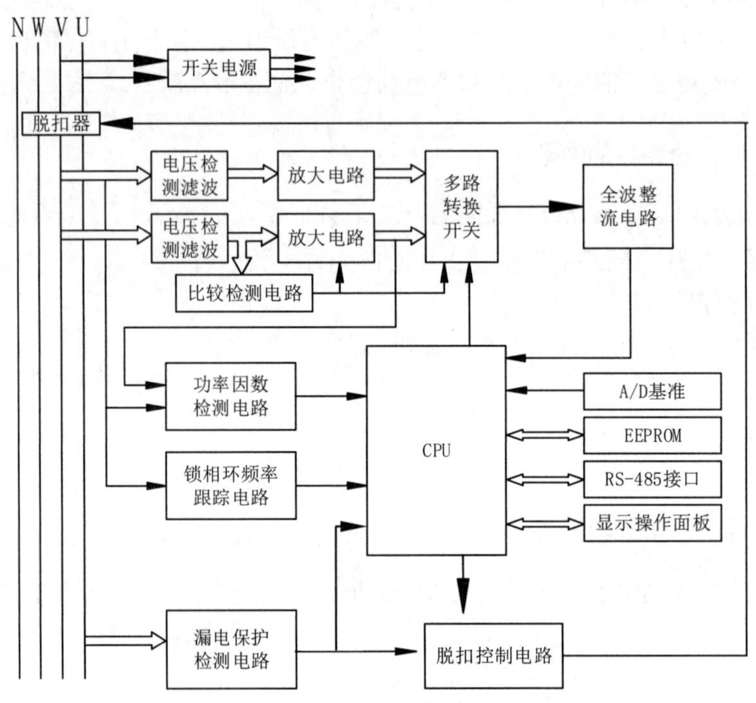

图 1-28　智能化断路器原理框图

1.5　熔断器

熔断器是低压配电网络和电力拖动系统中主要用作短路保护的电器，结构简单、价格低廉。它是根据电流的热效应原理工作的，使用时串接在被保护线路中，当线路发生过载或短路时，熔体产生的热量使自身熔化而切断电路。

1.5.1　熔断器结构与类型

熔断器主要由熔体和绝缘底座组成。熔体为丝状或片状。熔体材料通常有两种：一种由铅锡合金和锌等低熔点金属制成，多用于小电流电路；另一种由银、铜等高熔点金属制成，多用于大电流电路。

熔断器类型包括以下几种：

（1）插入式熔断器，它常用于 380V 及以下电压等级的线路末端，作为配电支线或电气设备的短路保护用。

（2）螺旋式熔断器，熔体上的上端盖有一熔断指示器，一旦熔体熔断，指示器马上弹出，可透过瓷帽上的玻璃孔观察到，常用于机床电气控制设备中。螺旋式熔断器的分断电流较大，可用于电压等级 500V 及其以下、电流等级 200A 以下的电路中，作短路保护。

（3）密闭式熔断器，分无填料熔断器和有填料熔断器两种。无填料密闭式熔断器将熔体装入密闭式圆筒中，分断能力稍小，用于 500V 以下、600A 以下电力网或配电设备中。有填料熔断器一般用方形瓷管，内装石英砂及熔体，分断能力强，用于电压等级 500 V 以下、电流等级 1kA 以下的电路中。

（4）快速熔断器，它主要用于半导体整流元件或整流装置的短路保护。快速熔断器的结构和有填料密闭式熔断器基本相同，但熔体材料和形状不同，它是以银片冲制的有 V 形深槽的变截面熔体。

（5）自复熔断器采用金属钠作熔体，在常温下具有高电导率。当电路发生短路故障时，短路电流产生高温使钠迅速汽化，气态钠呈现高阻态，从而限制了短路电流；当短路电流消失后，温度下降，金属钠恢复原来的良好导电性能。自复熔断器只能限制短路电流，不能真正分断电路，其优点是不必更换熔体，能重复使用。

1.5.2 熔断器符号与型号表示

熔断器图形与文字符号如图 1-29（a）所示，型号表示如图 1-29（b）所示。

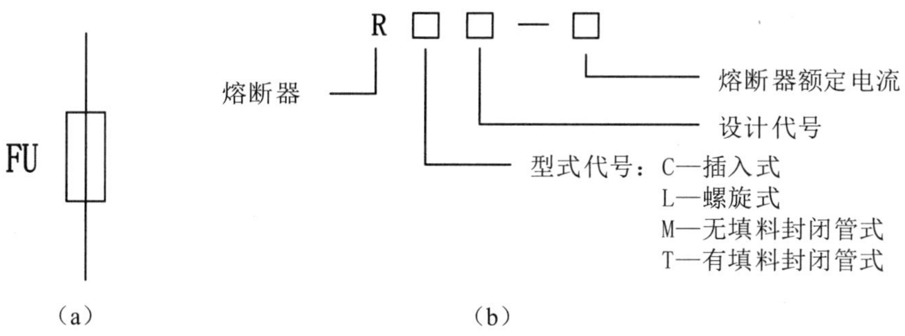

图 1-29 熔断器图形符号与型号表示

1.5.3 熔断器的特性和技术参数

1.5.3.1 熔断器的保护特性

熔断器的保护特性亦称熔化特性（或称安秒特性），是指熔体的熔化电流与熔化时间之间的关系。它和热继电器的保护特性一样，也具有反时限特性，如图 1-30 所示。在保护特性中最小熔化电流 I_r 是熔体熔断与不熔断的分界线。当熔体通过电流等于或大于 I_r 时，熔体熔断。当熔体通过电流小于 I_r 时，熔体不熔断。根据对熔断器的要求，熔体在额定电流 I_{re} 时绝对不应熔断。

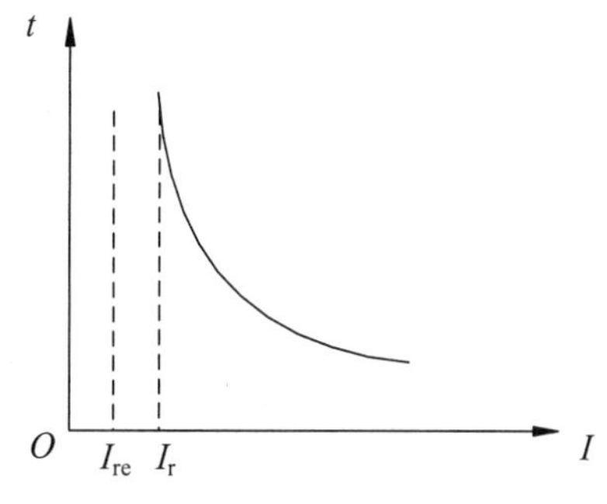

图 1-30 熔断器的保护特性

最小熔化电流 I_r 与熔体额定电流 I_{re} 之比称作熔断器的熔化系数，$K_r = I_r / I_{re}$。熔化系数主要取决于熔体的材料和工作温度以及它的结构。

当熔体采用低熔点的金属材料时，熔化系数较小，有利于过载保护，但电阻系数较大，熔体截面积较大，熔断时产生的金属蒸气较多，不利于灭弧，故分断能力较低；当熔体采用高熔点的金属材料时，熔化系数大，不利于过载保护，但它们的电阻系数低，熔体截面积较小，有利于灭弧，故分断能力较高。

1.5.3.2　熔断器的技术参数

（1）额定电压，保证熔断器能长期工作的电压，其值一般等于或大于电气设备额定电压。

（2）额定电流，熔断器长期工作时，温升不超过规定值时所能承受的电流。为了减少熔断管的规格，在一个额定电流等级的熔断管内可以分几个额定电流等级的熔体，但熔体的额定电流最大不能超过熔断管的额定电流。

（3）极限通断能力，熔断器在规定的额定电压和功率因数条件下，能分断的最大电流值为极限分断能力。在电路中出现的最大电流值一般是指短路电流值，所以极限分断能力也反映了熔断器分断短路电流的能力。

1.5.4　熔断器的选择

熔断器的选择包括熔断器类型的选择和熔体额定电流的选择两部分。

1.5.4.1　熔断器类型的选择

（1）应根据使用场合选择熔断器的类型。电网配电一般用管式熔断器，电动机保护一般用螺旋式熔断器，照明电路一般用瓷插式熔断器。

（2）熔断器的额定电压应大于或等于电路的工作电压，熔断器的额定电流应大于或等于电路的负载电流。

（3）电路上、下两级都设熔断器保护时，为防止发生越级熔断，上、下级熔断器间应有良好的协调配合，应使上一级（供电干线）熔断器的熔体额定电流比下一级（供电支线）大 1～2 个级差。

1.5.4.2　熔断器参数的选择

（1）对于电阻性负载（如电炉、照明电路），熔断器可作过载和短路保护，熔体的额定电流应大于或等于负载的额定电流。

（2）对于电感性负载的电动机电路，只作短路保护而不宜作过载保护。

（3）对于单台电动机保护，熔体的额定电流不小于电动机的额定电流的 1.5～2.5 倍。轻载起动或起动时间较短时系数可取在 1.5 附近，带负载起动、起动时间较长或起动较频繁时，系数可取在 2.5 附近。

（4）对于多台电动机保护，熔体的额定电流不小于最大一台电动机的额定电流的 1.5～2.5 倍，再加上其余同时使用电动机的额定电流之和，即：$I_{RN} \geqslant (1.5-2.5)I_{max} + \sum I_N$ 。

1.6　主令电器

主令电器是在自动控制系统中发出指令或信号的电器，用来控制接触器、继电器或其他电器线圈，使电路接通或分断，从而达到控制生产机械的目的，常用于电力拖动系统中电动机的起动、停车、调速及制动等。主令电器应用广泛、种类繁多，常用的有控制按钮、行程开关、接近开关、转换开关和主令控制器等。

1.6.1　控制按钮

控制按钮是一种以短时接通或分断小电流电路的电器，它不直接去控制主电路的通断，而是在控制电路中发出“指令”去控制接触器、继电器等电器。

1.6.1.1　按钮开关结构组成

按钮由按钮帽、复位弹簧、触点和外壳等组成，外观如图 1-31 所示。

（a）LA10 系列　（b）LA14 系列　（c）LAY1 系列

图 1-31　按钮开关外形图

按钮结构如图 1-32（a）所示，图形符号如图 1-32（b）所示。

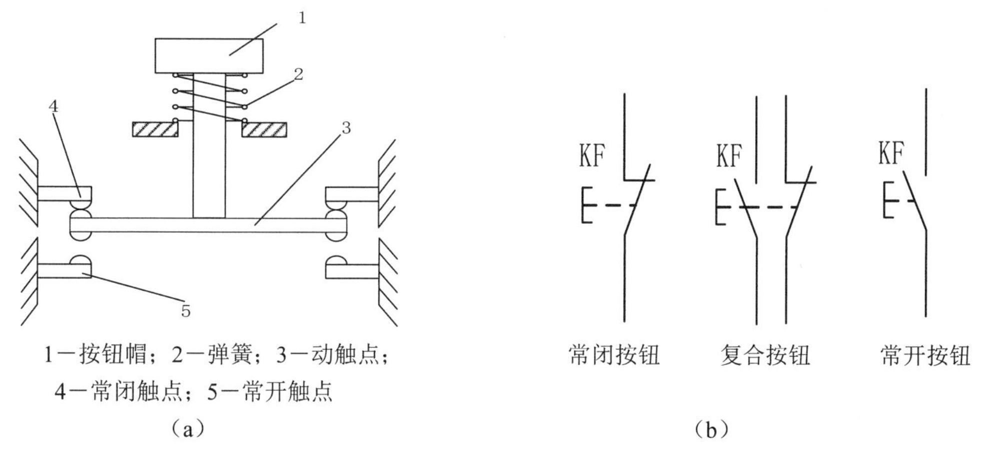

1—按钮帽；2—弹簧；3—动触点；4—常闭触点；5—常开触点

（a）　（b）

图 1-32　按钮结构与符号

按钮按用途和结构不同，分为常开按钮、常闭按钮和复合按钮等。在电器控制线路中，常开按钮常用来起动电动机，也称启动按钮；常闭按钮常用于控制电动机停车，也称停车按钮，复合按钮用于联锁控制电路中。

为了便于操作人员识别，避免发生误操作，生产中用不同的颜色和符号标志来区分按钮的功能及作用。例如，紧急式，一般装有红色凸出在外的蘑菇形钮帽，以便紧急操作；旋钮式，用手旋转进行操作；指示灯式，在透明的按钮内装入信号灯，以作信号指示；钥匙式，为使用安全起见，须用钥匙插入方可旋转操作。

1.6.1.2　按钮开关参数

常用按钮开关型号表示如图 1-33 所示。

按钮的主要技术参数有额定电压、额定电流、结构型式、触点数及按钮颜色等。控制按钮的主要参数有外观形式及安装孔尺寸、触点数量及触点的电流容量，可在使用时查阅具体的产品说明书。

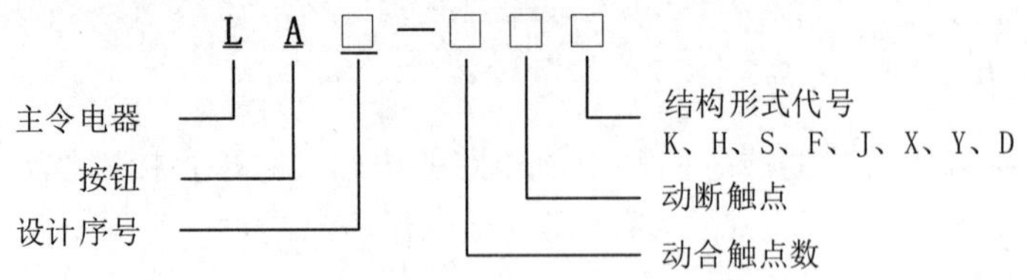

图 1-33　控制按钮的型号表示

1.6.1.3　按钮开关的常见故障分析

（1）按下启动按钮时有触电感觉。其故障的原因一般为按钮的防护金属外壳与连接的导线接触或按钮帽的缝隙间充满铁屑，使其与导电部分形成通路。

（2）停止按钮失灵，不能断开电路。其故障的原因一般为接线错误、线头松动或搭接在一起、铁尘过多或油污使停止按钮的动断触点形成短路。

（3）按下停止按钮，再按下启动按钮，被控电器不动作。其故障的原因一般为被控电器有故障、停止按钮的复位弹簧损坏或按钮接触不良。

1.6.2　行程开关与接近开关

1.6.2.1　行程开关

行程开关又称限位开关或位置开关，是一种利用生产机械部件的运动碰撞来发出控制命令的主令电器，其图形与文字符号如图 1-34 所示。

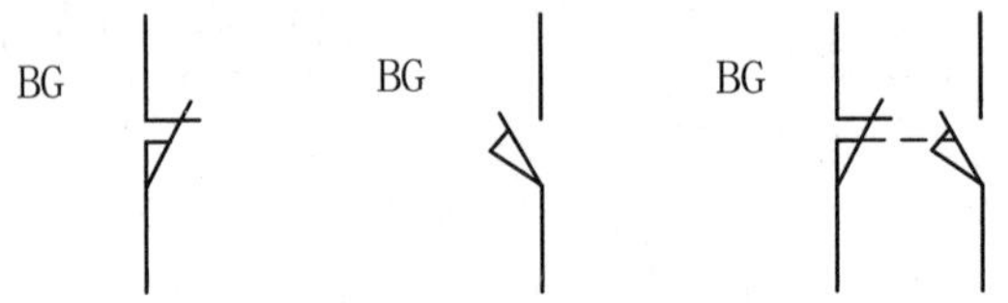

图 1-34　行程开关电气图形与文字符号

行程开关结构分为直动式（如 LX1、JLXK1 系列）、滚轮式（如 LX2，JLXK2 系列）和微动式（如 LXW-11、JLXK1-11 系列），型号表示如图 1-35 所示。

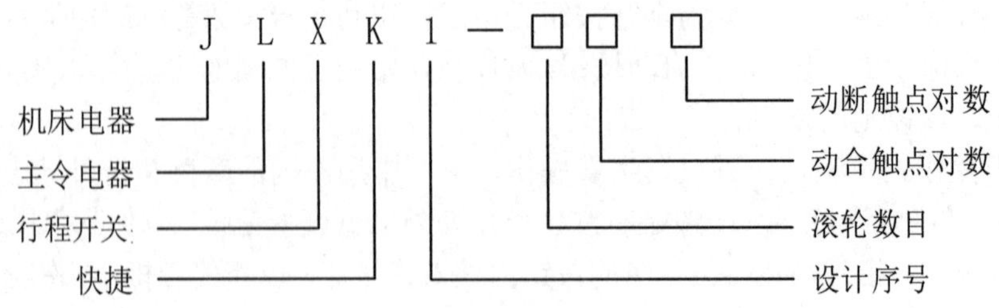

图 1-35　行程开关型号表示

行程开关的常见故障分析：

（1）挡铁碰撞行程开关使触点不动作，其故障的原因一般为行程开关的安装位置不对，即离挡铁太远；或者是触点接触不良或连接线松脱。

（2）行程开关复位但动断触点不能闭合，其故障的原因一般为触点偏斜或动触点脱落、触杆被杂物卡住、弹簧弹力减退或被卡住。

（3）行程开关的杠杆已偏转但触点不动，其故障的原因一般为行程开关的位置装得太低或触点由于机械卡阻而不动作。

1.6.2.2　接近开关

随着电子技术的发展，出现了非接触式的行程开关，即接近开关。它是靠移动物体与接近开关的感应头接近时输出一个电信号，故又称为无触点开关。其在继电接触器控制系统中应用时，接近开关输出电路要驱动一个中间继电器，由其触点对继电接触器电路进行控制。

接近开关型号表示如图 1-36 所示。

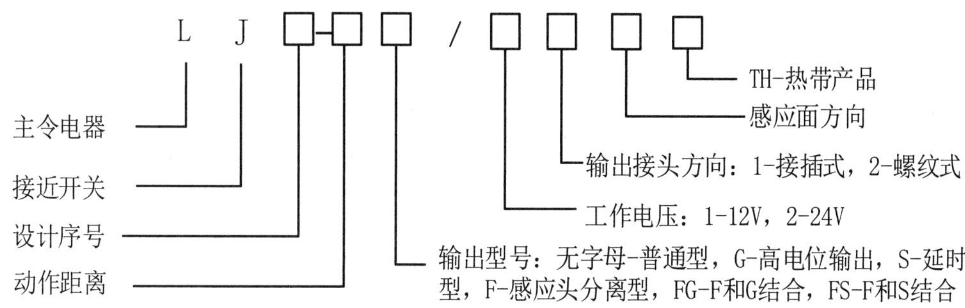

图 1-36　接近开关型号表示

接近开关的图形符号和文字符号如图 1-37 所示。

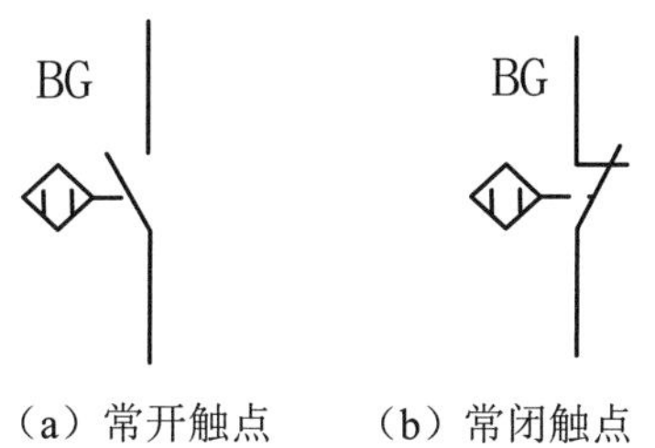

（a）常开触点　　（b）常闭触点

图 1-37　接近开关的图形与文字符号

因为位移传感器可以根据不同的原理和不同的方法做成，常见的接近开关有以下几种：

（1）无源接近开关：这种开关不需要电源，通过磁力感应控制开关的闭合状态。当磁或者铁质触发器靠近开关磁场时，和开关内部磁力作用控制闭合。特点：不需要电源，非接触式，免维护，环保。

（2）涡流式接近开关：这种开关有时也叫电感式接近开关。它是利用导电物体在接近这个能产生电磁场接近开关时，使物体内部产生涡流。这种接近开关所能检测的物体必须是导电体。涡流式接近开关抗干扰性能好，开关频率高，大于 200Hz，但只能感应金属。应用在各种机械设备上作位置检测、计数信号拾取等。

（3）电容式接近开关：这种开关的测量通常是构成电容器的一个极板，而另一个极板是开关的外壳。这个外壳在测量过程中通常是接地或与设备的机壳相连接。当有物体移向接近开关时，不论它是否为导体，由于它的接近，总要使电容的介电常数发生变化，从而使电容量发生变化，使得和测量头相连的电路状态也随之发生变化，由此便可控制开关的接通或断开。这种接近开关检测的对象，不限于导体，可以是绝缘的液体或粉状物等。

（4）霍尔接近开关：霍尔元件是一种磁敏元件，利用霍尔元件做成的开关，叫作霍尔开关。当磁性物件移近霍尔开关时，开关检测面上的霍尔元件因产生霍尔效应而使开关内部电路状态发生变化，由此识别附近有磁性物体存在，进而控制开关的通或断。这种接近开关的检测对象必须是磁性物体。

（5）光电式接近开关：利用光电效应做成的开关叫作光电式开关。将发光器件与光电器件按一定方向装在同一个检测头内。当有反光面接近时，光电器件接收到反射光后便在信号输出，由此感知物体接近。

接近开关的选用原则：

（1）接近开关可用于上作频率高、可靠性及精度要求均较高的场合。

（2）按应答距离要求选择型号、规格。

（3）按输出要求的触点型式（有触点、无触点）及触点数量，选择合适的输出型式。

1.6.3 转换开关

转换开关是一种多挡式、控制多回路的主令电器，广泛应用于各种配电装置的电源隔离、电路转换、电动机远距离控制等，也常作为电压表、电流表的换相开关，还可用于控制小容量的电动机。目前常用的转换开关主要有两大类，即万能转换开关和组合开关，两者的结构和工作原理基本相似，在某些应用场合可以相互替代。转换开关按结构可分为普通型、开启型和防护组合型等。按用途又分为主令控制和控制电动机两种。

常用的转换开关有 LW5、LW6、LW8、LW9、LW12、VK 等系列，型号如图 1-38 所示。

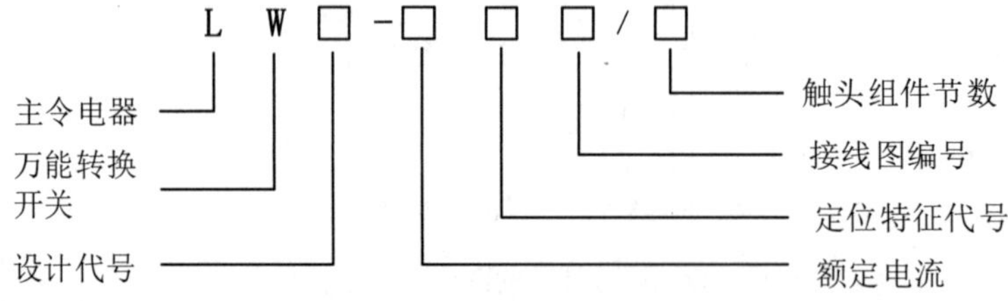

图 1-38 万能转换开关型号含义

转换开关一般采用组合式结构设计，由操作机构、定位装置和触点系统组成，并由各自的凸轮控制其通断；定位装置采用棘轮棘爪式结构。不同的棘轮和凸轮可组成不同的定位模式，即手柄在不同的转换角度时，触点的状态是不同的。

转换开关由多组相同结构的触点组件叠装而成，图 1-39 为 LW 12 系列转换开关某一层的结构示意图。

LW12 系列转换开关由操作机构、面板、手柄和数个触点底座等主要部件组成，用螺栓组成为一个整体。每层触点底座里装有最多 4 对触点，并由底座中间的凸轮进行控制。操作时手柄带动转轴和凸轮一起旋转，由于每层凸轮形状不同，当手柄转到相同位置时，通过凸轮的作用，可使触点按所需要的规律接通和分断。

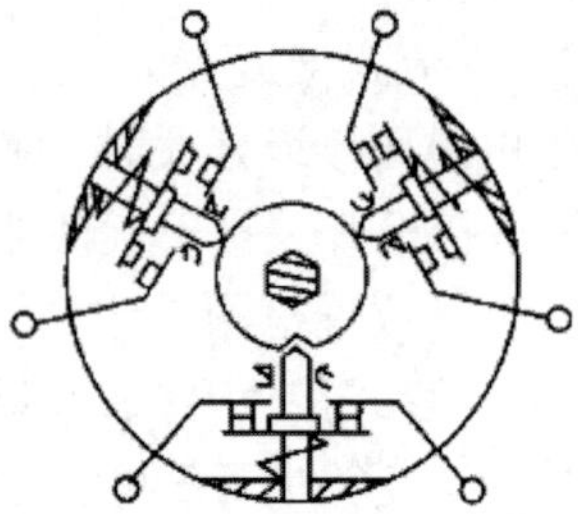

图 1-39 LW12 系列转换开关某一层结构

转换开关的触点在电路中的图形符号如图 1-40 所示。图形符号中每一条横线代表一对触点，而用两条竖线分别代表手柄位置。触点接通就在代表该位置虚线上的触点下面用黑点“•”表示。触点的通断也可用表格形式来表示，表中的“×”表示触点闭合，空白表示触点断开。

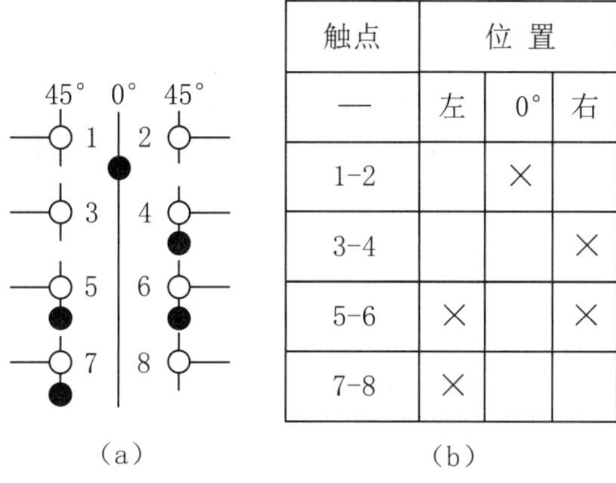

触点	位置		
—	左	0°	右
1-2		×	
3-4			×
5-6	×		×
7-8	×		

图 1-40　转换开关的图形符号

转换开关的选用原则：

（1）按额定电压和工作电流选用相应的万能转换开关系列。

（2）按操作需要选定手柄型式和定位特征。

（3）按控制要求参照转换开关产品样本，确定触点数量和接线图编号。

（4）选择面板型式及标志。

1.6.4　主令控制器

主令控制器是一种用于频繁切换复杂的多路控制电路的主令电器，按一定顺序分合触点，在控制系统中发出命令，再通过接触器来实现电动机的起动、调速、制动和反转等控制。常配合磁力起动器对绕线式异步电动机的起动、制动、调速及换向实行远距离控制，广泛用于各类起重机械的拖动电动机的控制系统中，其外形和结构如图 1-41 所示。

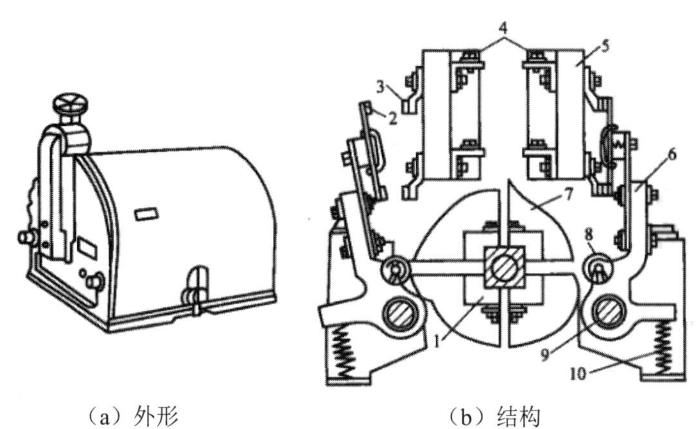

（a）外形　　（b）结构

1—方形转轴；2—动触点；3—静触点；4—接线柱；5—绝缘板；6—支架；7—凸轮轴；8—小轮；9—转动轴；10—复位弹簧

图 1-41　主令控制器外形和结构

常用的主令控制器有 LK5、LK6、LK14、LK15、LK16、LK17、LK18 系列，属于有触点的主令控制器，对电路输出的是开关量主令信号。

主令控制器按其结构型式可分为两类：一类是凸轮可调式主令控制器，一类是凸轮固定式主令控制器。前者的凸轮片上开有小孔和槽，使之能根据规定的触点关合图进行调整；后者的凸轮只能根据规定的触点关合图进行适当的排列与组合。

主令控制器的触点状态表示与万能转换开关类似，如图 1-42 所示。

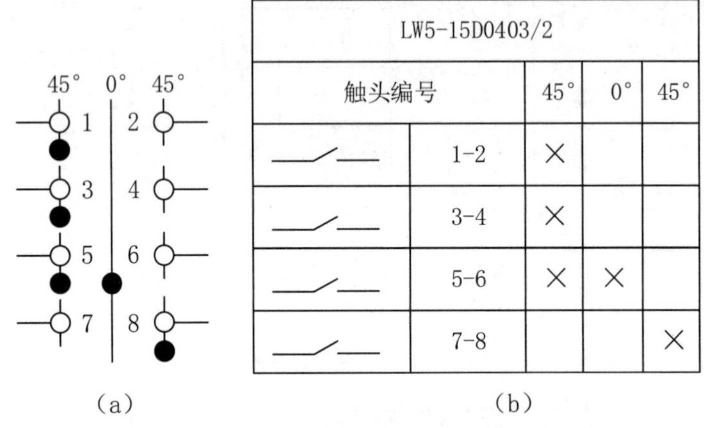

LW5-15D0403/2				
触头编号		45°	0°	45°
	1-2	×		
	3-4	×		
	5-6	×	×	
	7-8			×

（a）　　（b）

图 1-42　主令控制器的触点状态表示

LK 系列主令控制器型号含义如图 1-43 所示。

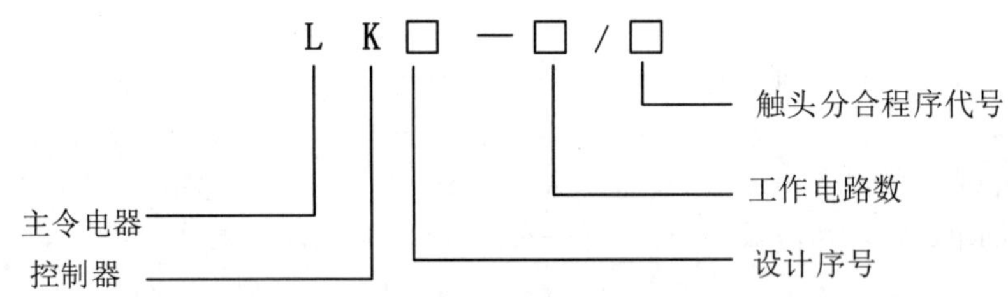

图 1-43　LK 系列主令控制器型号含义

主令控制器的选用原则：

（1）使用环境：室内选用防护式、室外选用防水式。

（2）根据控制回来额定电压、额定电流选择触点额定值。

（3）控制电路数的选择：全系列主令控制器的电路数有 2、5、6、8、16、24 等规格，一般选择时应留有裕量以作备用。

（4）在起重机控制中，主令控制器应根据磁力控制盘型号来选择。

1.7　项目实训——常用低压电器的选用和装配

1. 训练目的

掌握常用低压电器的选用、安装、拆卸、装配和线路连接方法。

2. 训练内容

某配电电路接线如图 1-45 所示，负载三相异步电动机的功率为 5kW，额定电流 10.3A，额定电压 380V，△形接线。试按照电气线路完成熔断器、接触器、热继电器的选用、装配和调试工作。

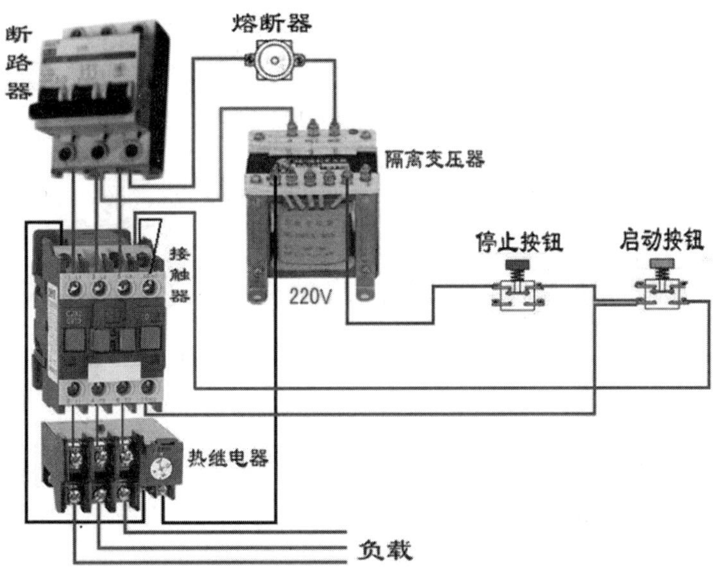

图 1-44　配电电路接线图

3. 熔断器的型号选用及维护

（1）工具、仪表和电器元件。

工具：螺钉旋具。仪表：MF47 型万用表。

电器元件：RC1A 系列瓷插式 RC1A-10、RC1A-15、RC1A-30；RL1 系列螺管式 RL1-15、RL1-30；RM 系列无填料封闭管式；RT0 系列有填料封闭管式各 1 只。丝状熔体 20、25、30 各 100cm；熔管 10、15、20、25、30、35 各 1 只。

（2）操作工艺。

1）熔断器的选择。

①依据环境要求选择选用 RL1 系列螺管式。

②根据电动机短路保护技术要求选择：熔体的额定电流不小于电动机的额定电流的 1.5～2.5 倍，型号为 RL1-15，熔断器的额定电压为 380V。

2）RL1 系列螺旋式熔断器的拆卸。

拧开瓷帽，取下瓷帽。在拧开瓷帽时，要用手按住瓷座；取下熔芯，注意不要使上端红色指示器脱落。

3）熔断器的检查。

①检查熔断器有无破裂或损伤和变形现象，瓷绝缘部分有无破损。

②检查熔断器的实际负载大小，看是否与熔体的额定值相匹配。

③检查熔断器接触是否紧密，有无过热现象。

④检查熔体有无氧化、腐蚀或损伤，必要时应及时更换。

⑤检查熔断器是否有短路、断路及发热变色现象。

4）装配。

按拆卸的逆顺序进行。

4. CJ20 系列交流接触器的选择、拆卸、装配和维护

（1）工具、仪表和电器元件。

工具：螺钉旋具、电工刀、尖嘴钳、钢丝钳等。

仪表：万用表、兆欧表。

电器元件：交流接触器 CJ20-10、CJ20-16、CJ20-25、CJ20-40 各 1 只。

（2）操作工艺。

1）接触器的选择。对于 5.5 kW 以下的电动机，其控制接触器的额定电流约为电动机额定功率数值的 2～3 倍，所以选用 CJ2O-25 接触器。

2）交流接触器的拆卸。

①卸下灭弧罩紧固螺钉，取下灭弧罩。

②拉紧主触点定位弹簧夹，取下主触点及主触点压力弹簧片。拆卸主触点时必须将主触点侧转 45°后取下。

③松开辅助常开静触点的线桩螺钉，取下常开静触点。

④松开接触器底部的盖板螺钉，取下盖板。在松盖板螺钉时，用手按住螺钉并慢慢放松。

⑤取下静铁芯缓冲绝缘纸片及静铁芯。

⑥取下静铁芯支架及缓冲弹簧。

⑦拔出线圈接线端的弹簧夹片，取下线圈。

⑧取下反作用弹簧。

⑨取下衔铁和支架。

⑩从支架上取下动铁芯定位销。

⑪取下动铁芯及缓冲绝缘纸片。

3）交流接触器的检查。

①检查灭弧罩有无破裂或烧损，清除灭弧罩内的金属飞溅物和颗粒。

②检查触点的磨损程度，磨损严重时应更换触点。

③清除铁芯端面的油垢，检查铁芯有无变形及端面接触是否平整。

④检查触点压力弹簧及反作用弹簧是否变形或弹力不足，如有需要则更换弹簧。触点压力的测量与调整：将一张约 0.1mm 比触点稍宽的纸条夹在触点间，使触点处于闭合状态，用手动拉纸条。若触点压力合适，稍用力纸条便可拉出，若纸条很容易被拉出，说明触点压力不够，若纸条被拉断，说明触点压力过大，可调整或更换触点弹簧，直到符合要求为止。

⑤检查电磁线圈是否有短路、断路及发热变色现象。

⑥自检。用万用表欧姆挡检查线圈及各触点是否良好；用兆欧表测量各触点间及主触点对地电阻是否符合要求；用手按动主触点检查运动部分是否灵活。

4）交流接触器的装配，按拆卸的逆顺序进行。

5. 热继电器的选用和调整工艺

（1）工具、仪表和电器元件。

工具：螺钉旋具、尖嘴钳等。

仪表：万用表。

电器元件：热继电器 JR16-20/3D、JR16-20/3、JR16-20 各 1 只。

（2）操作工艺。

1）热继电器的选择。

①根据电动机型式选择带断相保护的热继电器 JR16-20/3D，整定电流范围为 6.8～11A。

②手动调节整定电流旋钮，通过偏心轮机构，调整双金属片与导板的距离，能在一定范围内调节其电流的整定值等于电机额定电流。

2）热继电器的检查。

①检查接线和螺钉是否牢固可靠，动作机构是否灵活、正常。

②检查热继电器整定电流是否符合要求。

3）校验调整。

①按图 1-45 所示的连接来校验电路。

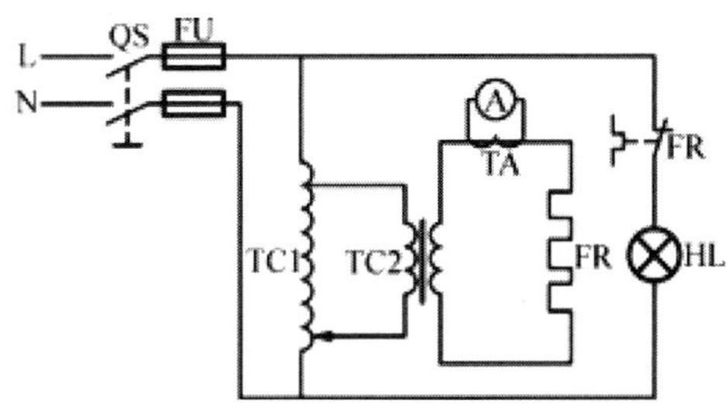

图 1-45　热继电器校验电路

②将调压器输出调到零位，将热继电器置于手动复位状态，将整定值旋钮置于额定值处。

③合上电源开关 QS，指示灯 HL 亮。

④将调压器输出电压升高，使热元件通过的电流升至额定值。1h 内热继电器应不动作，若 1h 内热继电器动作，则应将调节旋钮向额定值大的方向旋动。

⑤接着将电流升至 1.2 倍额定电流，热继电器应在 20min 内动作，否则，应将调节旋钮向额定值小的位置移动。

⑥将电流降至零，待热继电器冷却并手动复位后，再调升电流至 1.5 倍额定值。热继电器冷却应在 2min 内动作。

⑦再将电流降至零，快速调升电流至 6 倍额定值，QS 再随即合上，动作时间应大于 5s。

4）复位方式的调整。

热继电器出厂时，一般都调在手动复位如果需要自动复位，可将复位调节螺钉顺时针旋进。自动复位时应在动作 5min 内自动复位。手动复位，在动作 2min 后，按下手动复位按钮，热继电器应复位。

6. 评分标准

评分标准见表 1-5。

7. 实训思考

试分析图 1-44 配电电路接线图能够实现什么样的控制功能，简述其动作过程。

表 1-5　评分标准

序号	主要内容	考核要求	评分标准	分值	
1	熔断器选用	正确选用熔断器型号	（1）熔断器型号选择不正确扣 3 分 （2）熔断器熔体选择不正确扣 2 分	5 分	
2	熔断器拆卸与装配	能正确拆卸与装配元件	（1）拆卸步骤及方法不正确，每次扣 2 分 （2）丢失、损坏零部件，每件扣 3 分	10 分	
3	接触器选用	能正确选用交流接触器型号	（1）交流接触器型号选择不正确扣 3 分 （2）接触器线圈电压选择不正确扣 2 分	5 分	
4	接触器拆卸和装配	能正确拆卸、组装元件	（1）拆卸步骤及方法不正确，每次扣 2 分 （2）丢失损坏零部件，每件扣 3 分 （3）拆卸后不能组装扣 5 分	10 分	
5	接触器检修	能正确检修元件	（1）损坏电器元件或不能装配扣 2 分 （2）拆装方法、步骤不正确扣 2 分 （3）不能进行通电校验扣 2 分	15 分	
6	接触器校验	能正确校检元件、检验结果正确	（1）不能进行通电校验扣 3 分 （2）检验的方法不正确扣 2 分	5 分	
7	接触器调整触点压力	触点压力测量准确调整方法正确	（1）不能判断触点压力大小扣 2 分 （2）触点压力的调整不正确扣 3 分	5 分	
8	热继电器选用	能正确选用热继电器型号	（1）热继电器型号选择不正确 5 分 （2）整定电流选择不正确扣 5 分	10 分	
9	热继电器检查	能正确检查元件	（1）不会检查动作机构是否正常扣 5 分 （2）不会检查热继电器整定电流扣 5 分	10 分	
10	热继电器校验	能正确校检元件、检验结果正确	（1）校验方法不正确每步扣 2 分 （2）结果不正确扣 3 分	5 分	
11	热继电器复位方式的调整	检验的方法正确	（1）检验的方法不正确每步扣 2 分 （2）检验结果不正确扣 3 分	5 分	
12	安全文明生产	人身和设备安全	违反安全生产规程扣 5～15 分	15 分	

思考练习题

1．电磁式低压电器由哪几部分构成？交流电磁机构与直流电磁机构吸力特性有何区别？

2．简述常用灭弧方法。

3．简述电磁式接触器构成和动作原理。

4．简述热继电器的动作原理。

5．中间继电器的作用是什么？中间继电器与接触器有何异同?

6．电动机的起动电流很大，当电动机起动时，热继电器会不会动作，为什么？

7．在电动机的主电路中装有熔断器，为什么还要装热继电器？装有热继电器是否就可以不装熔断器？为什么？

8．简述时间继电器的类型，画出其符号图形。

9．低压断路器在电路中的作用是什么？失压、过载及过流脱扣器各起什么作用？

第 2 章　电气控制线路分析与设计

【本章导读】

电气控制线路是由继电器、接触器、主令电器、熔断器等器件按不同的组合方式用导线连接而成的。电气控制线路根据生产工艺和生产过程不同而多种多样，掌握基本控制线路的设计，是进行项目设计的基础。本章主要讲述常用电气控制线路的分析，进而能够学会电气控制线路的设计，为进行电气工程项目设计及 PLC 系统设计打好基础。

【本章主要知识点】

- 常用电气控制线路的图形文字符号，电气原理图的绘图原则。
- 三相异步电动机的全压起动、降压起动和制动等电气基本控制线路的分析。
- 电气原理图的分析方法，常见的电气控制线路原理图。
- 电气控制线路图的设计方法，利用经验法或逻辑法进行电气原理图设计。

2.1　电气控制系统图

2.1.1　电气控制系统图概念及分类

2.1.1.1　电气控制系统图

电气控制系统是由电气元器件按一定要求连接而成，实现一定自动控制、保护、监测等功能。工程应用中为了表达电气控制系统的工作原理，便于设备的安装、使用和维修，根据国家电气制图标准，将电气控制系统中的各电气元器件用规定的图形符号和文字符号表示，将连接情况用图形表达出来，这种图形就是电气控制系统图。

2.1.1.2　电气控制系统图分类

电气控制系统图一般分为三种类型：电气原理图、电气安装接线图和电器布置图。

（1）电气原理图。电气原理图是用来表示电路各电气元器件的连接关系和工作原理的图。原理图能够清楚地表明电路功能，便于分析系统的工作原理。电气原理图结构简单、层次分明，关系明确，适用于分析研究电路的工作原理，在设计部门和生产现场获得广泛的应用，是电气工程人员进行电气控制线路项目设计和生产维护的工具。

（2）电气安装接线图。电气安装接线图是按电气元器件的布置位置和实际接线，用规定的图形符号绘制的图形，主要用于电气设备的安装接线、线路的检查维修和故障处理。

绘制安装接线图应遵循以下几点：

1）用规定的图形、文字符号绘制各电器元件，元器件所占图面要按实际尺寸以统一比例绘制，应与实际安装位置一致，同一电器元件各部件应画在一起。

2）一个元器件中所有的带电部件应画在一起，并用点划线框起来，采用集中表示法。

3）电气元器件的图形符号和文字符号必须与电气原理图一致，且必须符合国家标准。

4）绘制安装接线图时，走向相同的多根导线可用单线表示。

5）接线端子绘制，各电器元件的文字符号及端子板的编号应与原理图一致，各接线端子的编号必须与电气原理图上的导线编号相一致。

（3）电器布置图。电器布置图是根据电气元件在控制板上的实际安装位置，采用简化的外形符号而绘制的一种简图。它不表达各电器的具体接线情况以及工作原理，主要用于电气元件的布置和安装，为电气控制设备的制造、安装、维护、维修提供必要的资料，布置图设计应遵循以下原则：

1）布置图中各电器的文字符号必须与电路图和接线图的标注一致。

2）相同类型的电器元件布置时，应把体积较大和较重的安装在控制柜或面板的下方。

3）发热的元器件应该安装在控制柜或面板的上方或后方，但热继电器一般安装在接触器的下面，以便与电动机和接触器连接。

4）为了便于操作，需要经常维护、整定和检修的电器元件安装位置应高低适宜，放置于较易操作的位置。

5）强电、弱电应该分开走线，注意屏蔽层的连接，做好防干扰措施。

6）电器元器件的布置要留有一定安装间隙，便于安装、通风散热。

2.1.2 常用电气图形和文字符号

电气控制系统图中各种电气元件的图形符号和文字符号必须按照统一的国家标准来绘制。为便于掌握引进的先进技术和先进设备，在参照国际电工委员会（IEC）和国际标准化组织（ISO）所颁布标准基础上，国家标准化管理委员会先后颁布了 GB 4728－1984《电气图用符号》及 GB 6988－1987《电气制图》和 GB 7159－1987《电气技术中的文字符号制定通则》，规定从 1990 年 1 月 1 日起，电器控制电路中的图形和文字符号必须符合最新的国家标准。

有关电气图形符号和文字符号的国家标准变化较大，现在和电气制图有关的主要国家标准主要有：GB/T 4728－2005～2008《电气简图用图形符号》；GB/T 5465－2008～2009《电气设备用图形符号》；GB/T 20063《简图用图形符号》；GB/T 5094－2003～2005《工业系统、装置与设备以及工业产品－结构原则与参照代号》；GB/T 20939－2007《技术产品及技术产品文件结构原则字母代码－按项目用途和任务划分的主类和子类》；GB/T 6988《电气技术用文件的编制》。

电气元器件的文字符号一般由 2 个字母组成。第一个字母在国家标准 GB/T 5094.2－2003《工业系统、装置与设备以及工业产品—结构原则与参照代号》中的“项目的分类与分类码”中给出，见表 2-1。第二个字母在国家标准 GB/T 20939－2007《技术产品及技术产品文件结构原则字母代码—按项目用途和任务划分的主类和子类》中给出，见表 2-2。表 2-1 中定义的主类在表 2-2 中被细分成子类。

需要说明的是，随着机电一体化技术的进步，表 2-1 和表 2-2 所示的国家标准 GB/T 5094.2－2003 和 GB/T 20939－2007 文字符号同样在机械、液压、气动等领域适用。

表 2-1　GB/T5094.2－2003 中项目的字母代码（主类）

代码	项目的用途或任务
A	两种或两种以上的用途或任务
B	把某一输入量（物理性质、条件或事件）转换为进一步处理的信号
C	材料、能量或信息的存储
D	为将来标准化备用
E	提供辐射能或热能
F	直接防止能量流、信息流、人身或设备发生危险或意外，包括用于防护的系统和设备
G	起动能量流或材料流，产生用作信息载体或参考源的信号
H	产生新类型材料或产品
K	处理（接受、加工和提供）信号或信息（用于保护目的的项目除外，见 F 类）
M	提供用于驱动的机械能量（旋转或线性机械运动）
P	信息表述
Q	受控切换或改变能量流、信号流或材料流（对控制电路中的开/关信号，见 K 或 S 类）
R	限制或稳定能量、信息或材料的运动或流动
S	把手动操作转变为进一步处理的特定信号
T	保持能量性质不变的能量变换，已建立的信号保持信息内容不变的变换，材料形态或形状的变换
U	保持物体在指定位置
V	材料或产品的处理（包括预处理和后处理）
W	从一地到另一地导引或输送能量、信号、材料或产品
X	连接物
J、L、N、Y、Z	为将来标准化备用

表 2-2　子类字母代码的应用领域

<table>
<tr><th>子类字母代码</th><th>项目、任务基于</th><th>子类字母代码</th><th>项目、任务基于</th></tr>
<tr><td>A
B
C
D
E</td><td>电能</td><td rowspan="2">L
M
N
P
Q
R
S
T
U
V
W
X
Y</td><td rowspan="2">机械工程
结构工程
（非电工程）</td></tr>
<tr><td rowspan="2">F
G
H
J
K</td><td rowspan="2">信息、信号</td></tr>
<tr><td>Z</td><td>组合任务</td></tr>
</table>

电气控制中一些常用的电气元件图形符号和文字符号见表 2-3。

表 2-3　电气图形符号和文字符号

图形符号	文字符号	说明	图形符号	文字符号	说明
DC	—	直流	AC	—	交流
+	—	正极性	N	N	中性（中性线）
−	—	负极性	M	M	中间线
	PE	接地，地，一般符号		QA	断路器
	QB	隔离开关		FA	熔断器，一般符号
	QAC	接触器的主动合触点		QAC	接触器的主动断触点
	K	瞬时接触器继电器的动合触点		K	瞬时接触继电器的动断触点
	QAC	接触器的辅助动合（常开）触点		QAC	接触器的辅助动断（常闭）触点
	KF	延时闭合的动合触点		SF	具有动合触点且自动复位的按钮开关
	KF	延时断开的动合触点		SF	具有动断触点且自动复位的按钮开关
	KF	延时断开的动断触点		SF	具有动合触点但无自动复位的旋转开关
	KF	延时闭合的动断触点		SF	用“蘑菇头”触发的动断触点，有保持功能
	BG	带动合触点的行程开关		BB	热继电器，动断触点
	BG	带动断触点的行程开关		BB	热继电器，动合触点
	MB	电磁阀		BB	热继电器的驱动器件

续表

图形符号	文字符号	说明	图形符号	文字符号	说明
	KF	缓慢释放继电器线圈		QAC	接触器线圈
	KF	缓慢吸合继电器线圈		KF	继电器线圈，一般符号
V	PG	电压表		PG	信号灯一般符号，灯一般符号
A	PG	电流表		PB	蜂鸣器

2.1.3　电气原理图的构成及绘制原则

电气原理图根据控制线路原理绘制而成，是电气工程设计、项目检修的基本手段和工具，电气原理图结构简单、层次分明，是为了便于阅读和分析控制线路的工作原理、工作特性。

在电气原理图中，只包括所有电器元件的导电部件和接线端点之间的相互关系，不按照各电器元件的实际位置和实际接线情况来绘制，也不反映元件的大小。

下面以图 2-1 所示某车间车床的电气控制线路原理图为例，讲解电气原理图的表示方法。

	1	2	3	4	5	6	7	8	9	10	11	12	13	

	电源开关及保护	主电机	起停控制	变压器	照明及信号

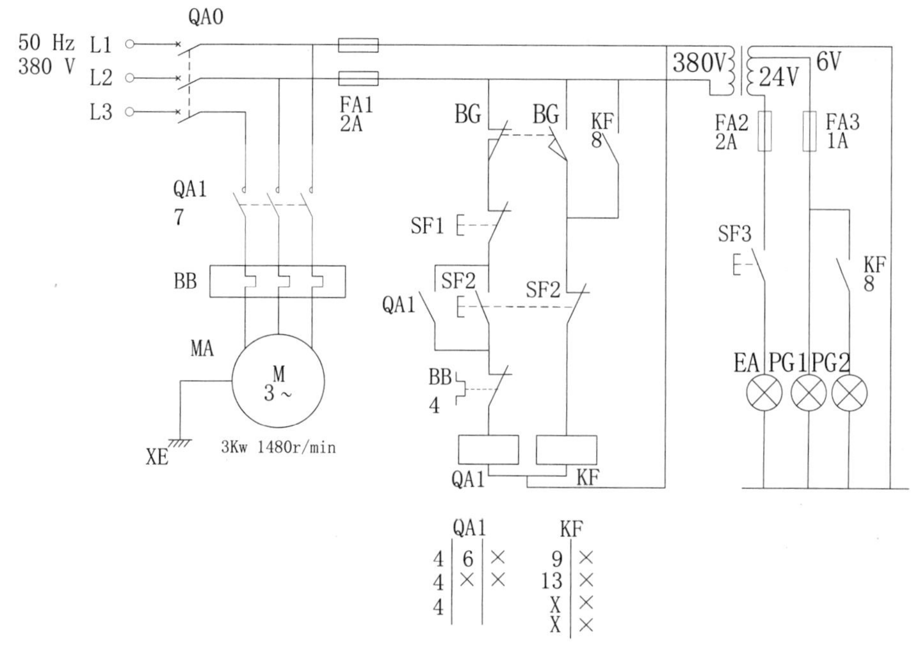

图 2-1　某车床电气控制线路原理图

2.1.3.1　电气原理图图面区域的划分

在电气原理图上方用 1,2,3,…数字进行图区编号，是了便于检索电气线路、方便阅读分析、避免遗漏而设置的。图区编号下方的文字表明该区域下方元件或电路的功能，使读者能清楚地知道图形中某部分电路的实现功能。

2.1.3.2　继电器、接触器触点位置的索引

电气原理图中，接触器和继电器线圈与触点用文字符号加序号进行区分表示，在原理图中相应线圈下方，给出触点和继电器的图形符号，并在下面标明相应触点的索引代码，且对未使用的触点用“×”表明，有时也可采用省略的表示方法。

对接触器 QA，上述表示法中各栏的含义见表 2-4。

表 2-4　QA 触点位置的索引

左栏	中栏	右栏
主触点所在的图区号	辅助常开触点所在的图区号	辅助常闭触点所在的图区号

对继电器 KF，上述表示法中各栏的含义见表 2-5。

表 2-5　KF 触点位置的索引

左栏	右栏
辅助常开触点所在的图区号	辅助常闭触点所在的图区号

2.1.3.3　绘制电气原理图的基本规则

在绘制电气原理图时，一般要遵循以下几条原则：

（1）原理图一般分主电路和辅助电路两部分画出。主电路指从电源到电动机绕组的电流通过的路径。辅助电路包括控制电路、照明电路、信号电路及保护电路等，由继电器的线圈和触点，接触器的线圈和触点、按钮等元件组成。通常主电路用粗实线画在左边（或上部），辅助电路用细实线画在右边（或下部）。

（2）各电器元件图形和文字符号采用国家规定的统一标准来画。属于同一电器的线圈和触点，都要采用同一文字符号表示。对于同类型的电器，在同一电路中的表示可在文字符号后加注阿拉伯数字符号来区分。例如电路原理图中有两个接触器，可以用文字符号 QA1、QA2 进行区别。

（3）各电器元件和部件在控制线路中的位置，应根据便于阅读的原则安排。同一个电器元件的各部件根据需要可不在一起，但文字符号要相同。

（4）电气控制原理图中，各电器的触点位置都应按电路未通电或电器未受外力作用时的常态位置画出。例如继电器、接触器的触点，按吸引线圈不通电时状态画，按钮、行程开关触点按不受外力作用时状态画出等。

（5）无论是主电路还是控制电路，各电器元件一般按动作顺序从上到下、从左到右依次排列，可水平布置或垂直布置。

（6）画电气控制原理图时，应尽可能减少线条和避免线条交叉。对有直接电联系的交叉导线的连接点用黑圆点表示，无直接电联系的导线交叉处不能画黑圆点。

2.2 三相异步电动机典型控制线路

2.2.1 三相异步电动机基本控制线路

三相异步电动机的基本控制电路即起保停电路，是常用的最简单、最基本的电气控制电路，可以实现电机的起动、停止、自锁保护功能，如图 2-2 所示。

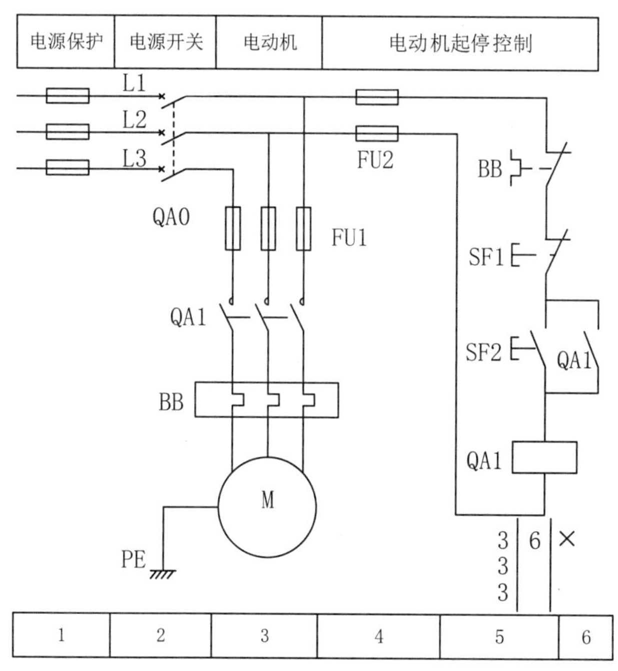

图 2-2　三相异步电动机起保停基本控制图

图 2-2 所示电路的主电路由熔断器 FU1、低压断路器 QA0、接触器 QA1 的主触点、热继电器 BB 的热元件与电动机 M 构成；控制电路由启动按钮 SF2，停止按钮 SF1、接触器 QA1 的线圈及其常开辅助触点、热继电器 BB 的常闭触点等构成。

起动时，首先合上低压断路器 QA0，按下启动按钮 SF2，接触器 QA1 得电，其主触点吸合，电机得电运转，其辅助触点也吸合，这样当松开启动按钮 SF2 后，接触器线圈仍能通过其辅助触点通电并保持吸合状态，这种依靠接触器本身辅助触点使其线圈保持通电的现象称作自锁（或自保）。

要使电动机停止运转，按停止按钮 SF1，接触器线圈失电，其主触点断开，从而切断电动机三相电源，电动机自动停车；同时接触器自锁触点也断开，控制回路解除自锁。松开停止按钮 SF1，控制电路又回到起动前的状态。

图 2-2 中电路保护作用包括：

（1）短路保护，熔断器 FU 完成控制线路的短路保护任务。

（2）过载保护，电动机长期超载运行，由热继电器 BB 完成过载保护。

（3）欠压和失压保护，依靠接触器本身实现。当电源电压低到一定程度或失电时，接触器 QA1 的电磁吸力小于反力，电磁机构会释放，主触点把主电源断开，电动机停止运转。这时如果电源恢复，由于控制电路失去自锁，电动机不会自行起动，只有操作人员再次按下启动按钮 SF2，电动机才会重新起动。

2.2.2 三相异步电动机点动与多地控制

点动控制电路是用按钮和接触器控制电动机的最简单的控制线路，其原理图如图 2-3（a）所示，分为主电路和控制电路两部分。当按钮按下时电动机就运转，按钮松开后电动机就停止的控制方式，称为点动控制，常用于单步调试或简单场合使用。

有些机械和生产设备需要在两地或两个以上的地点进行操作，这时就要设计采用多地控制线路。图 2-3（b）所示就是实现两地控制的控制电路，有起动停止两组按钮，而且这两组按钮的连接原则是：接通电路使用的常开启动按钮为并联形式，即逻辑“或”的关系；断开电路使用的常闭停止按钮为串联形式，即逻辑“与非”的关系。这一原则也适用于三地或更多地点的控制。

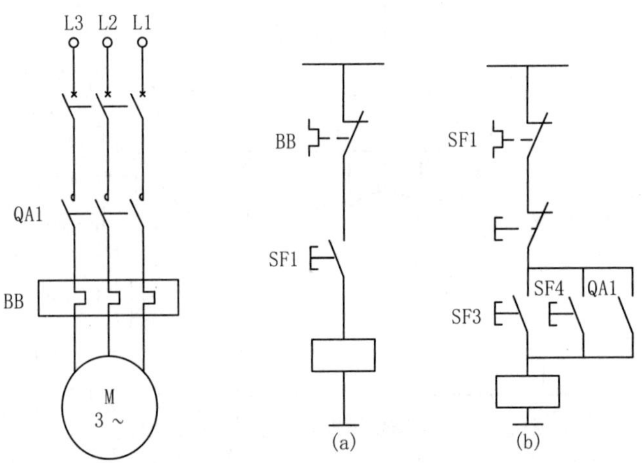

图 2-3 三相异步电动机点动控制和多地控制

2.2.3 三相异步电动机正反转控制线路

各种生产机械常常要求具有上下、左右、前后等相反方向的运动，如机床工作台的往复运动，就要求电动机能可逆运行。由电动机原理可知，三相异步电动机的三相电源进线中任意两相对调，电动机即可反向运转。在电气原理图中，就是通过接触器不同触点的通断交换电动机电源相序实现的。常用的电机正反转控制电路有下面几种。

2.2.3.1 接触器联锁的正反转控制线路

三相异步电动机的接触器联锁的正反转控制线路如图 2-4 所示。

电路原理图中采用 QA1 和 QA2 两个接触器实现电机三相电源的换相，正转用的接触器 QA1，反转用的接触器 QA2。当接触器 QA1 的 3 对主触点接通时，三相电源的相序按 L1、L2、L3 接入电动机。而当 QA2 的 3 个主触点接通时，三相电源的相序按 L3、L2、L1 接入电动机，交换了 L1 和 L3 两相电源，实现电动机反转。

正转控制时，按下按钮 SF2，接触器 QA1 线圈得电吸合，QA1 主触点闭合，电动 M 起动正转，同时 QA1 的自锁触点闭合，联锁触点断开。

反转控制时，必须先按停止按钮 SF1，接触器 QA1 线圈失电释放，QA1 触点复位，电动机 M 断电。然后按下反转按钮 SF3，接触器 QA2 线圈得电吸合，QA2 主触点闭合，电动机 M 起动反转，同时 QA2 自锁触点闭合，联锁触点断开。

该线路中如果要改变电动机的转向，必须先按停止按钮 SF1 使电机停止，然后再按反转按钮 SF3 才能使电动机反转，所以线路的缺点是操作不方便。

在图 2-4 所示电路中，在 QA1 接触器电路串联了 QA2 常闭触点，在 QA1 接触器电路串联了 QA2 的常闭触点，这样当 QA1 接触器得电后，SF2 按钮将不再起作用；如果 QA2 得电后，SF1 按钮将不再起作用。将其中一个接触器的常闭触点串入另一个接触器线圈电路中，则任一接触器线圈先带电后，即使按下相反方向按钮，另一接触器也无法得电，这种联锁称作互锁。

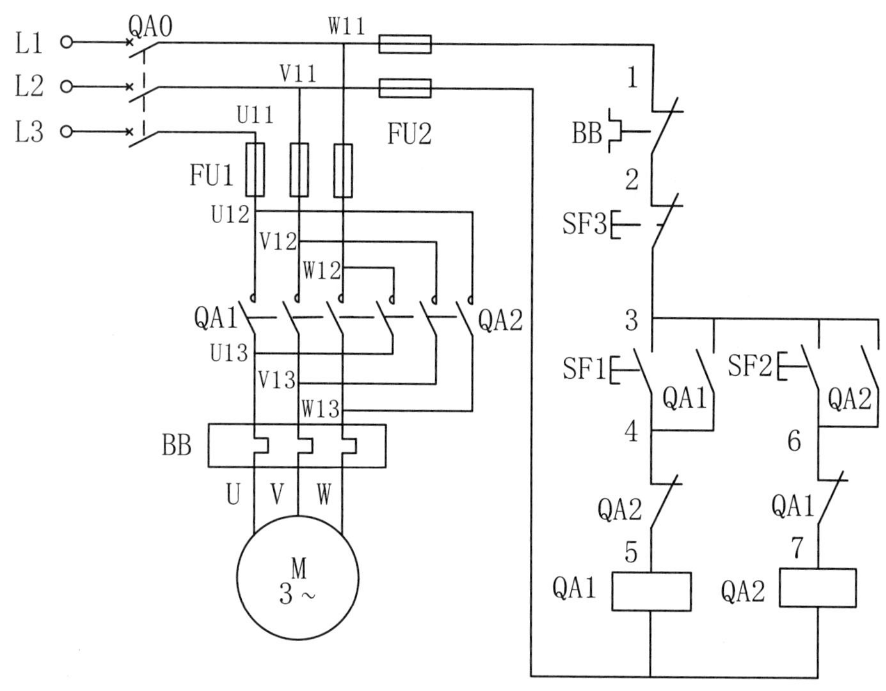

图 2-4　接触器联锁的正反转控制线路

2.2.3.2　按钮联锁的正、反转控制线路

按钮联锁的正、反转控制线路采用了复合按钮，如图 2-5 所示。

当按下反转按钮 SF2 时，则使接在正转控制线路中的 SF3 动断触点先断开，正转接触器 QA1 线圈失电，电动机断电。接着按钮 SF3 的动合触点闭合，使反转接触器 QA2 线圈得电，电动机 M 反转起动。由正转运行转换成反转运行时，可不按停止按钮 SF1 而直接按反转按钮 SF3 进行反转起动；由反转运行转换成正转运行，直接按正转按钮 SF2 即可。

相比于图 2-4，图 2-5 的线路操作方便，缺点是机械连接复杂，设计不够完善，有可能产生短路故障。如果 QA1 主触点发生熔焊故障而分断不开时，按反转按钮 SF3 换向，则产生短路故障。

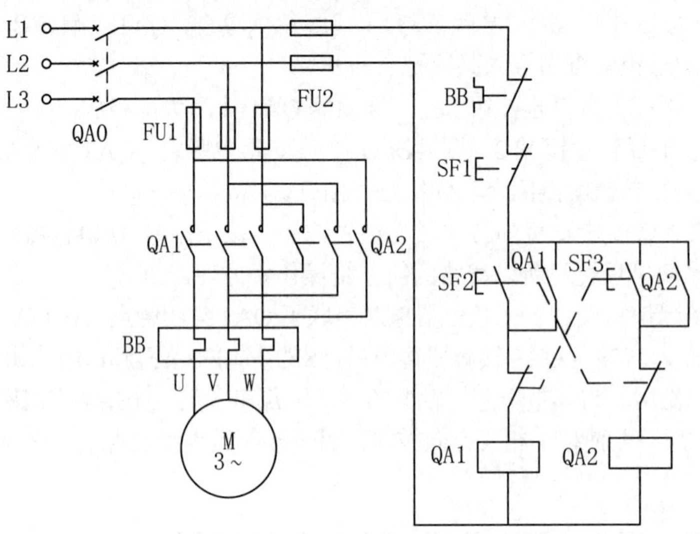

图 2-5 按钮联锁的正、反转控制线路

2.2.3.3 复合联锁的正、反转控制线路

把接触器联锁的正反转控制线路和按钮联锁的正、反转控制线路进行组合得到按钮接触器复合联锁的正反转控制线路如图 2-6 所示。

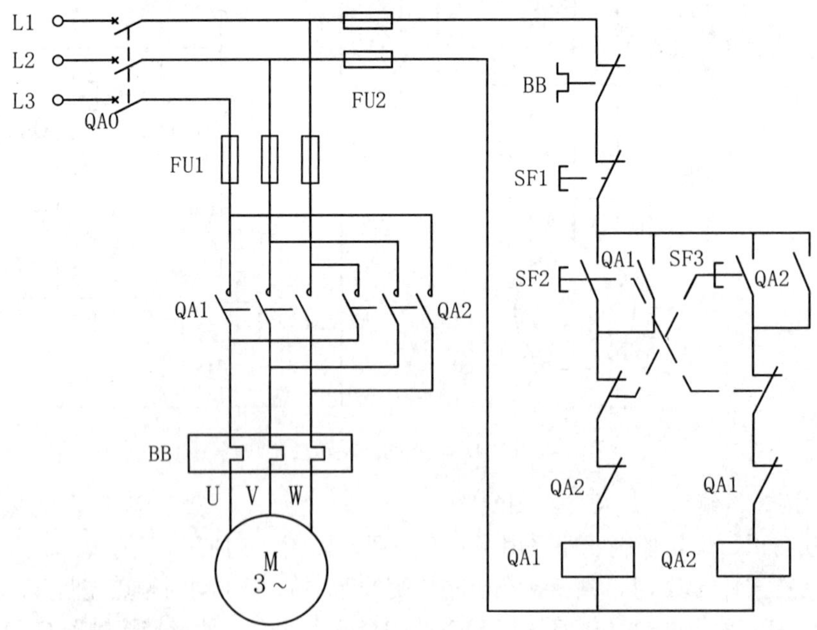

图 2-6 按钮、接触器复合联锁正、反转控制线路

该控制线路既有 SF2、SF3 复合按钮的机械联锁，又利用 QA1 和 QA2 的常闭触点实现了正反转的互锁控制，实现了在电机运行过程中，可以不按停止按钮而直接按反转按钮进行反向起动，不但增加了系统操作的便利性，也增加了系统的安全性能。该控制线路的分析过程与按钮联锁的正、反转控制线路类似，此处不再详述。

2.3 三相异步电动机降压起动控制

当电动机直接起动时，定子起动电流约为额定电流的 4～8 倍，过大的起动电流将影响接在同一电网上的其他用电设备的正常工作，甚至使它们停转或无法起动。所以大容量笼型异步电动机在起动时往往采用降压起动的方式，把起动电流应限制在一定的范围内。降压起动的方法有定子绕组串电阻或电抗、Y-△降压起动（星形起动三角形运行）方式、自耦变压器起动、使用软起动器、变频器控制等。随着电力电子新技术新器件的出现，一些传统的降压起动方法已经逐步淘汰，下面介绍工业控制中常用的 Y-△降压起动和使用软起动器起动。

2.3.1 Y-△降压起动控制线路

电动机起动时把定子绕组接成 Y 形，此时电动机绕组电压 220V，延时几秒运转后把定子绕组接成△形，绕组电压 380V，这种起动方式称为 Y-△降压起动。Y-△降压起动可使起动时电源线电流减少为全压起动的 1/3，有效避免了起动时过大电流对供电线路的影响。Y-△降压起动定子绕组端子接线原理如图 2-7 所示。

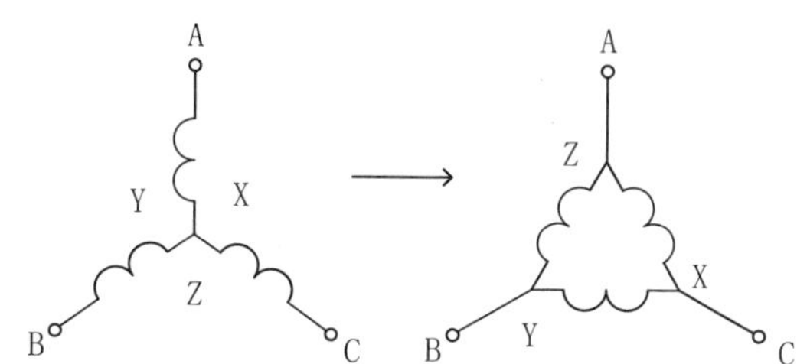

图 2-7 降压起动定子绕组接线原理

根据降压起动定子绕组接线原理，当电机起动时把定子三相绕组末端 X、Y、Z 作为公共端连接，起动完成后改为三相绕组首位相连，即 AZ、BY、CX 连接，可实现电动机 Y-△的降压起动，根据此原理设计的电气原理图如图 2-8 所示。

操作过程：合上自动开关 QA0，按下启动按钮 SF2，接触器 QA1、QA_Y、时间继电器 KF 的线圈同时得电，接触器 QA_Y 的主触点将电动机 M 接成 Y 形，电动机降压起动。当 KF 的延时时间到，其延时断开触点动作 QA_Y 线圈失电，其延时闭合触点动作 $QA_{\triangle}$ 线圈得电，电动机定子绕组由 Y 联结换接成△联结，电动机转入正常运转。

此方法仅仅适用于正常工作时绕组作三角形联结的电动机，起动转矩只有全压起动的 1/3，故只适用于空载或轻载起动。但由于方法简便且经济，使用较普遍。

2.3.2 软起动器及其使用

随着电力电子技术和微机控制技术的发展，国内外相继开发出一系列电子式起动控制设备用于异步电动机的起动控制，能够取代传统的降压起动设备，软起动器就是这样一种设备。

软起动器是一种新型的节能产品，在一些对起动要求较高的场合，可选用软起动装置。它采用电子起动方法，其主要特点是具有软起动和软停车功能，起动电流、起动转矩可调节，另外还具有电动机过载保护等功能。

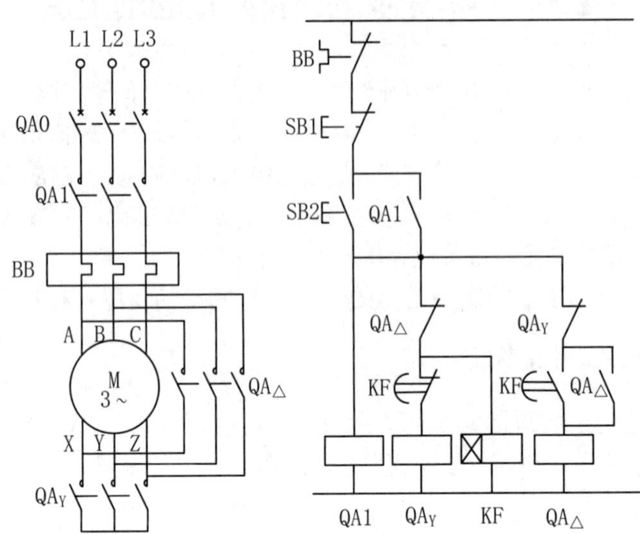

图 2-8　Y-△降压起动控制线路原理图

2.3.2.1　软起动器的结构原理

软起动器基本原理是利用晶闸管的移相控制原理，通过控制晶闸管的导通角，来改变其输出电压，达到通过调压方式来控制起动电流和起动转矩的目的。控制电路按预定的不同起动方式，通过检测主电路的反馈电流，来控制其输出电压，因此可以实现不同的起动特性。最终软起动器输出全压，则电动机全压运行。

软起动器主要由三相交流调压电路和控制电路构成，调压电路由 6 只晶闸管两两反向并联组成，串接于电动机的三相供电线路上，其结构组成如图 2-9 所示。

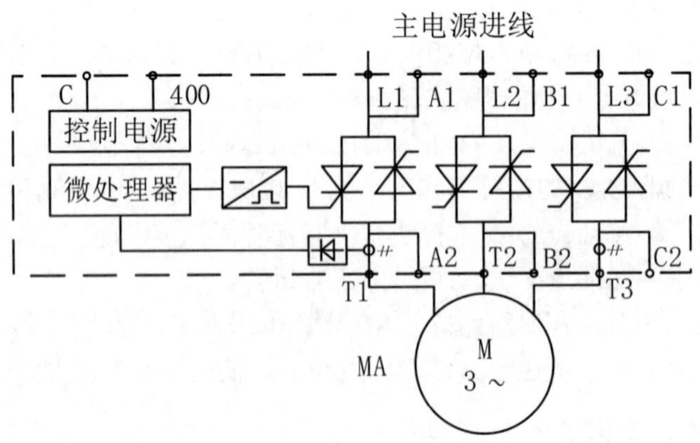

图 2-9　软起动器的内部原理示意图

当起动器的微机控制系统接到起动指令后，便进行有关的计算，输出晶闸管的触发信号，通过控制晶闸管的导通角使起动器按所设计的模式调节输出电压，晶闸管的输出电压逐渐增加，电动机逐渐加速，直到晶闸管全导通，电动机工作在额定电压的机械特性上，实现平滑起动，降低起动电流，避免起动过流跳闸。待电机达到额定转速时，起动过程结束，软起动器自动用旁路接触器取代已完成任务的晶闸管，为电动机正常运转提供额定电压，以降低晶闸管的热损耗，延长软起动器的使用寿命，提高其工作效率，又使电网避免了谐波污染。软起动器同时还提供软停车功能，软停车与软起动过程相反，电压逐渐降低，转速逐渐下降到零，避免自由停车引起的转矩冲击。

2.3.2.2 软起动器的电动机控制线路

目前国内外软起动器产品的技术发展很快，产品的型号很多。下面以施耐德 Altistart 46 型软起动器为例，介绍软起动器在电机控制中的应用。

Altistart 46 型软起动器适用于泵、风机、空压机、传送带、研磨机、搅拌机、混合机等类型，额定电流 45～500A，额定电压三相 230～500V。如图 2-10 所示为三相异步电动机用软起动器起动控制电路，图中虚线框为软起动器，其中 C 和 400 为软起动器控制电源进线端子，L1、L2、L3 为软起动器主电源进线端子，T1、T2、T3 为连接电动机的出线端子，A1、A2、B1、B2、C1、C2 端子由软起动器三相晶闸管两端分别直接引出，STOP 和 RUN 分别为软停车和软起动控制信号。PL 是软起动器为外部逻辑输入提供的+24 V 电源，L+为软起动器逻辑输出部分的外接输入电源，在图中由 PL 直接提供。

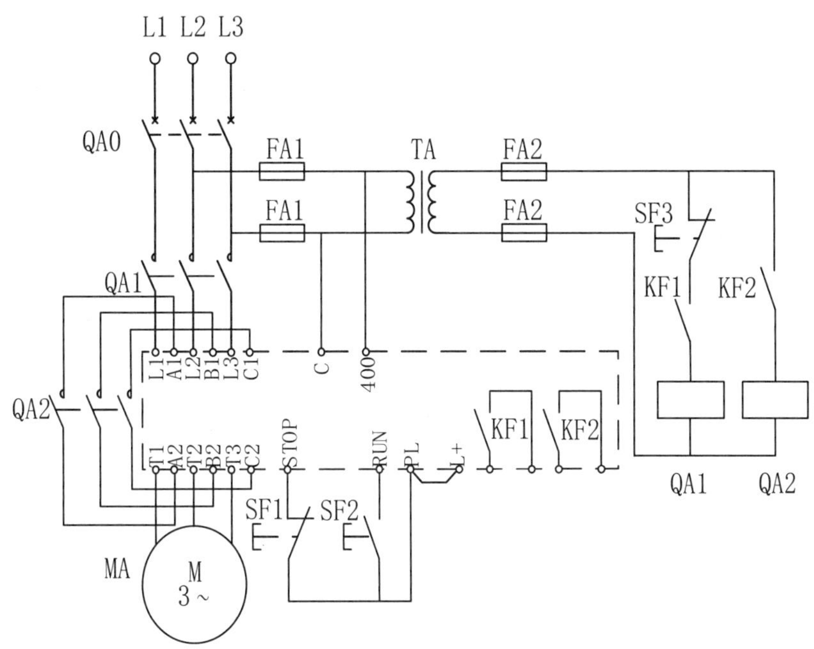

图 2-10 软起动器的应用

图中 KF1 和 KF2 为软起动器输出继电器，KF1 可设置成故障继电器或隔离继电器。若 KF1 设置为故障继电器，则当软起动器控制电源上电时，KF1 闭合；当软起动器发生故障时，KF1 断开；若 KF1 设置为隔离继电器，则当软起动器接收到起动信号时，KF1 闭合；当软起动器软停车结束时，或软起动器在自由停车模式下接收到停车信号时，或在运行过程中出现故障时，KF1 断开。KF2 为起动结束继电器，当软起动器完成起动过程后，KF2 闭合；当软起动器接收到停车信号或出现故障时，KF2 断开。

动作过程：当开关 QA0 闭合，按下启动按钮 SF2，则 KFl 触点闭合，QA1 线圈上电，使其主触点闭合，主电源加到软起动器。电动机按设定的起动方式起动，当起动完成后，内部继电器 KF2 常开触点闭合，QA2 接触器线圈吸合，电动机转由旁路接触器 QA2 触点供电；同时将软起动器内部的功率晶闸管短接，电动机通过接触器由电网直接供电。但此时过载、过流等保护仍起作用，KF1 相当于保护继电器的触点。若发生过载、过流，则切断接触器 QA1 电源，使软起动器进线电源切除。因此电动机不需要额外增加过载保护电路。正常停车时，按停车按钮 SF1，停止指令使 KF2 触点断开，旁路接触器 QA2 跳闸，使电动机软停车；软停车结束后，KF1 触点断开。按钮 SF3 为紧急停车用，当按下 SF3 时，接触器 QA1 失电，软起动器内部的 KF1 和 KF2 触点复位，使 QA2 失电，电动机停转。

2.4 三相异步电动机变极调速控制

从广义上讲，电动机调速可分为两大类：机械调速方式、电动机直接调速。前者一般是采用定速电动机与变速联轴节配合实现，后者是依据电动机运转原理实现调速控制的方法。电动机直接调速方法很多，包括改变转差率调速、变极调速和变频调速方式。改变转差率调速由于结构复杂、效率低等缺点，目前已经较少使用；变极调速价格便宜但不能实现无级调速，普遍应用于各种机床、起重机和输送机等设备上；变频调速是随着电力电子技术、大规模集成电路、计算机控制技的发展而出现的先进调速方法，调速性能好，随着其成本日益降低，目前已广泛应用于工业自动控制领域中。由于变频器技术通常作为专门的课程在工科院校学习，本书讲解变极调速的原理与控制。

2.4.1 变极调速原理

根据三相笼型异步电动机转速公式：

$$n = n_o(1-s) = \frac{60f}{p}(1-s) \tag{2.1}$$

式中：n 为三相电机转速；n_0 为同步转速；f 为电源频率；s 为转差率。

三相笼型异步电动机调速的方法有三种：改变极对数的变极调速、改变转差率的降压调速和改变电动机供电电源频率的变频调速。

变极调速设计是通过控制接触器触点的动作而改变电动机绕组的接线方式来达到调速目的，图 2-11（a）所示为某电动机的一相绕组展开图，该相绕组由半相绕组的两部分串联而成，极对数为 2 对；图 2-11（b）所示为把半相绕组改为并联的一相绕组，其极对数变为 1 对。

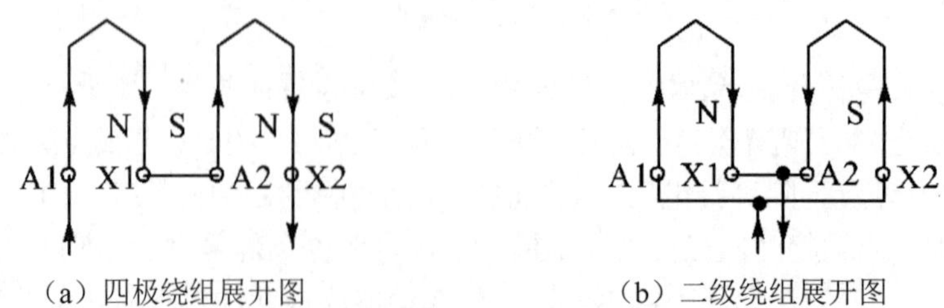

（a）四极绕组展开图　　（b）二级绕组展开图

图 2-11 鼠笼电动机调速时的机械特性

变极电动机一般有双速、三速、四速之分，双速电动机定子装有一套绕组，而三速、四速则为两套绕组。

2.4.2 双速极对数调速控制

双速电动机绕组有六个出线头，分别为U1、V1、W1和U2、V2、W2，图2-12为双速电动机绕组接线图，绕组接法由三角形转换为星形，极对数由4极减为2极。

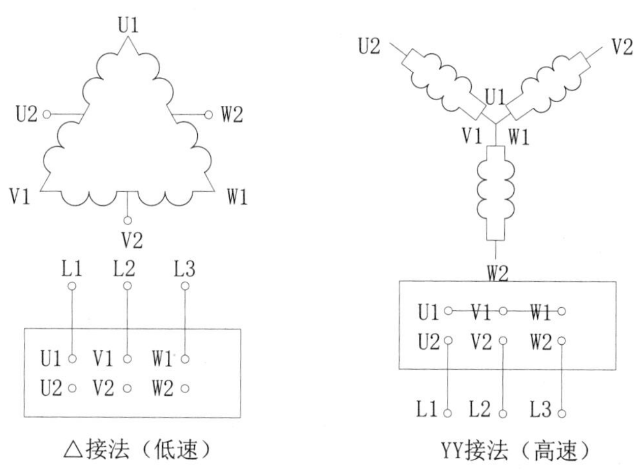

图2-12 双速电动机绕组接线图

当需要电动机低速运转时，三相电源从出线头U1、V1、W1进入电动机绕组中，电动机绕组接成三角形接法低速运转，此时电动机磁极为4极。当需要电动机高速运转时，三相电源从出线头U2、V2、W2进入电动机绕组中，而U1、V1、W1三个出线头短接在一起，此时电动机绕组接成YY形接法，此时电动机磁极为2极。图2-13为双速电动机电路原理图。

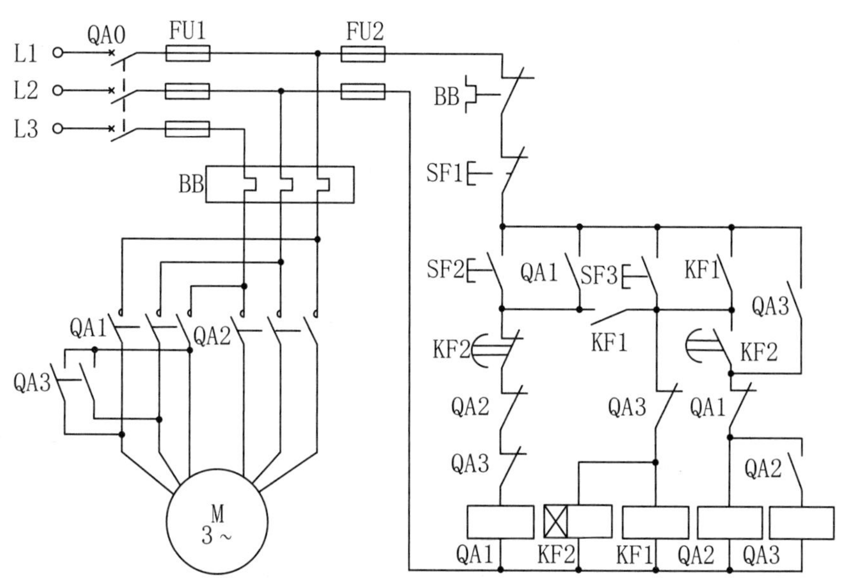

图2-13 双速电动机电路原理图

按下低速启动按钮 SF2，接触器 QA1 通电闭合，三相电源经接触器 QA1 主触点，双速电动机接线端 U1、V1、W1 进入电动机绕组中，电动机 M 绕组接成△形接法，低速起动运转。

当需要电动机高速运转时，按下按钮 SF3，中间继电器 KF1 线圈通电闭合，时间继电器 KF2 线圈通电闭合并开始计时。中间继电器 KF1 的常开触点闭合自锁，KF1 的常开触点闭合，接通接触器 QA1 线圈电源，接触器 QA1 闭合并自锁，其主触点接通，电动机 M 低速运转。电动机低速起动经过一定时间，时间继电器 KF2 的通电延时常闭触点断开，切断接触器 QA1 线圈电源，接触器 QA1 失电释放，KF2 通电延时常开触点闭合，接通接触器 QA2 线圈电源，接触器 QA2、QA3 通电闭合。QA2 主触点闭合使 L1、L2、L3 电源与电机三相绕组 U2、V2、W2 分别连接，QA3 主触点闭合把电机绕组 U1、V1、W1 短接在一起，从而将电动机 M 绕组接成 YY 形高速运转。

当按下停止按钮 SF1，接触器与继电器失电，主电路触点断开，电动机即可停止。

2.4.3 三速电动机的控制

三速电动机有三个速度挡位，即低速、中速、高速，其定子绕组与电源接线图如图 2-14（a）所示。从图可以看出，三速电动机有两套绕组。一套为△形中心抽头绕组，分别引出接线端 U1、V1、W1 和 U2、V2、W2；另一套绕组为 Y 形接法绕组，分别引出接线端 U4、V4、W4。当△形中心抽头绕组与电源接成△形时，如图 2-14（b）所示，电动机低速起动运转；当△中心抽头绕组与电源接成 YY 形连接时，如图 2-14（d）所示，电动机高速运转；当电动机 Y 形接法绕组与电源接成 Y 形连接时，如图 2-14（c）所示，电动机中速运行。

从图 2-14（a）可以看出，三速电动机在绕组结构上只不过是比双速电动机绕组多了一套 Y 形接法的绕组，在电动机的调速方面多了一个中速而已，其他方面同双速电动机没有区别。

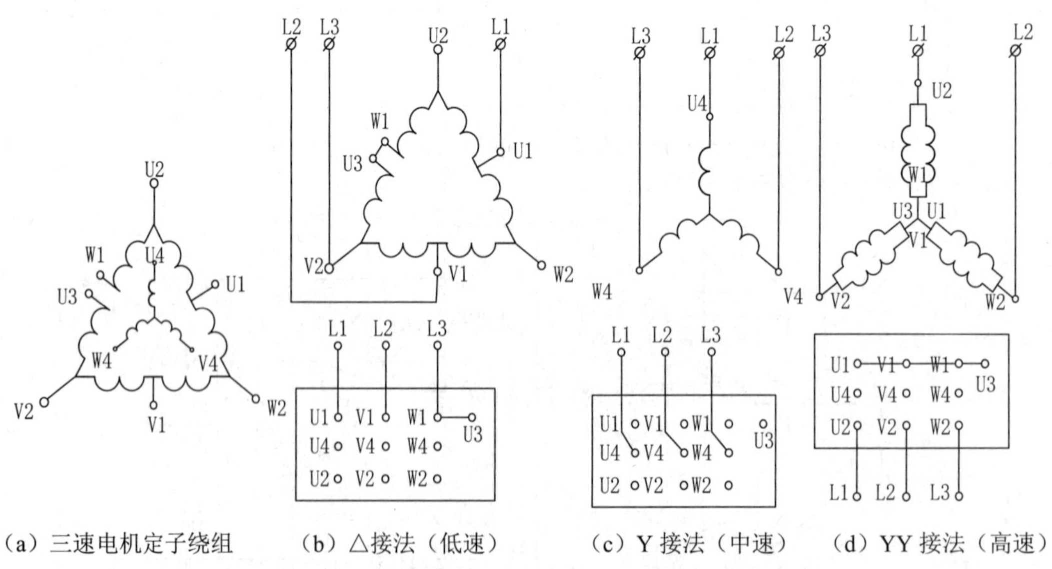

（a）三速电机定子绕组　（b）△接法（低速）　（c）Y 接法（中速）　（d）YY 接法（高速）

图 2-14　三速电动机定子绕组与电源接线示意图

根据三速电动机定子绕组接线原理图，实现三速电动机的继电器接触器控制线路原理图如图 2-15 所示。

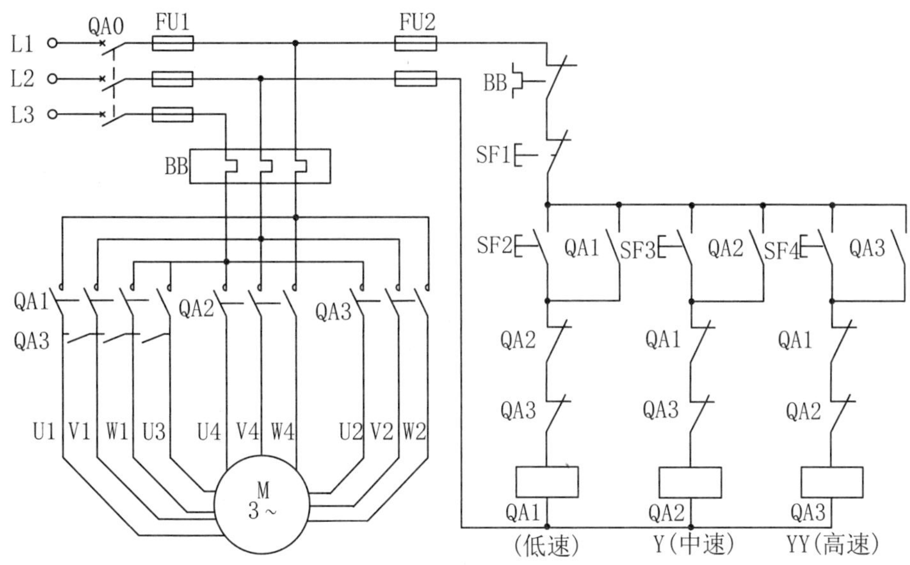

图 2-15 三速电动机电路原理图

当按下低速启动按钮 SF2，接触器 QA1 线圈通电吸合并自锁，其主触点闭合，电动机 M 绕组接成△形低速运转。同时在接触器 QA2 和 QA3 线圈回路 QA1 的常闭触点断开，使接触器 QA2、QA3 不能闭合，电动机不能中速或高速起动。

当按下 SF3，接触器 QA2 线圈得电，QA2 主触点闭合，辅助触点互锁 QA1 和 QA3，L1、L2、L3 分别与电机 U4、V4、W4 连接，电机中速运行。

当按下 SF4，接触器 QA3 线圈得电，QA3 主触点闭合，QA3 辅助触点把电机绕组 U1、V1、W1、U3 端子短接，互锁 QA2 和 QA3 所在回路，L1、L2、L3 分别与电机 U2、V2、W2 连接，电机双星形高速运行。

2.5 三相异步电动机制动控制

当电动机定子绕组脱离电源后，由于惯性作用，转子需经一段时间才能停止转动，这往往不能满足某些机械的工艺要求，也影响生产效率的提高，在电气控制中需要对电动机采取有效的制动措施。

三相异步电动机的制动方法一般有机械制动和电气制动两种。机械制动是采用机械抱闸的方式，由手动或电磁铁驱动机械抱闸机构实现电机的制动；电气制动是在电动机上产生一个与转子原来转动方向相反的制动转矩，迫使电动机迅速停车，电气制动中常用的有能耗制动和反接制动方法，下面分别讲述。

2.5.1 能耗制动控制电路

能耗制动是在当发出停止运转指令后，切断三相电动机电源的同时，将一直流电源接入定子绕组，产生一个静止磁场，此时惯性转动的转子在静止磁场中切割磁力线，产生一与惯性转动方向相反的电磁转矩，对转子起制动作用，制动结束后切除直流电源。能耗制动可以分为时间原则的能耗制动和速度原则的能耗制动两种方式。按时间原则控制的能耗制动，一般适用于负载转速比较稳定的生产机械上；对于负载速度变换或者加工零件经常变动的生产机械来说，采用速度原则控制的能耗制动则较为合适。

2.5.1.1 时间原则控制的能耗制动

按时间原则的能耗制动在控制电路中使用时间继电器来控制接入直流电源的时间，达到一定时间后切除制动电源。图 2-16 为以时间原则控制的单向能耗制动控制线路。

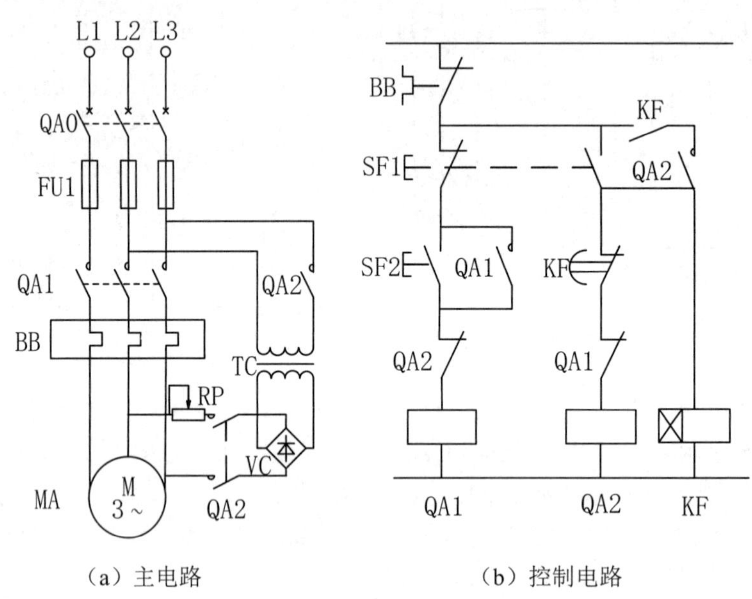

（a）主电路　　（b）控制电路

图 2-16　时间原则单向能耗制动线路

工作原理：按下启动按钮 SB2，接触器 QA1 得电自锁，其主触点闭合，电机得电运行；若要使电动机停转，只要按下停止按钮 SF1，QA1 线圈断电释放，其主触点断开，电动机断开三相交流电源，同时 QA2、KF 线圈通电，QA2 主触点将电动机定子绕组接至直流电源进行能耗制动，电动机转速迅速降低；当转速接近零时，通电延时型时间继电器 KF 延时时间到，KF 常闭延时断开触点动作，使 QA2 和 KF 线圈相继断电释放，能耗制动结束。

图中 KF 的常开触点与 QA2 自锁触点串接，作用是：当 KF 线圈断线或机械故障，致使 KF 常闭触点无法正常断开、常开瞬动触点也合不上时，只要按下停止按钮 SFl，即可成为点动能耗制动；若无 KF 的常开瞬动触点串接 QA2 常开触点，在发生上述故障时，按下停止按钮 SF1 后，将使 QA2 线圈长期通电吸合，使电动机两相定子绕组长期接入直流电源。

2.5.1.2 速度原则控制的能耗制动

使用速度继电器作为电动机速度控制元件，组成按速度原则控制的单向能耗制动控制线路。如图 2-17 所示，在电动机轴端安装了速度继电器 BS，并且用 BS 的常开触点取代了 KF 延时打开的常闭触点。

当电机停止时，按下 SF1 按钮，QA1 主触点断开电机三相电源，但此时由于电动机转子的惯性速度仍然很高，速度继电器 BS 的常开触点仍然处于闭合状态，所以 SF1 按钮的按下使接触器 QA2 线圈能够通电自锁。于是，两相定子绕组获得直流电源，电动机进入能耗制动。当电动机转子的惯性速度低于速度继电器 BS 动作值时，BS 常开触点复位，接触器 QA2 线圈断电释放，能耗制动结束。

能耗制动比反接制动消耗的能量少，其制动电流也较小，但能耗制动的制动效果不及反接制动明显。同时还需要一个直流电源，控制线路相对比较复杂，一般适用于电动机容量较大和起动、制动频繁的场合。

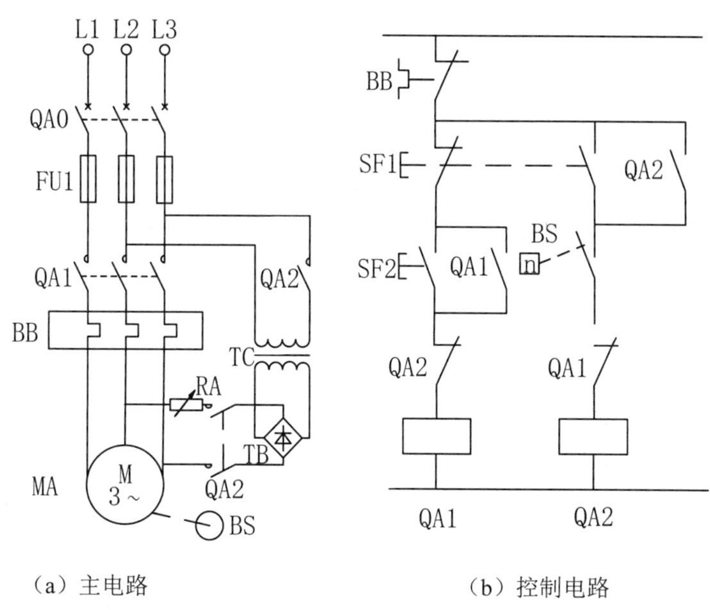

（a）主电路　　（b）控制电路

图 2-17　速度原则能耗制动控制线路

2.5.2　电动机反接制动控制

带制动电阻的单向反接制动控制线路如图 2-18 所示。

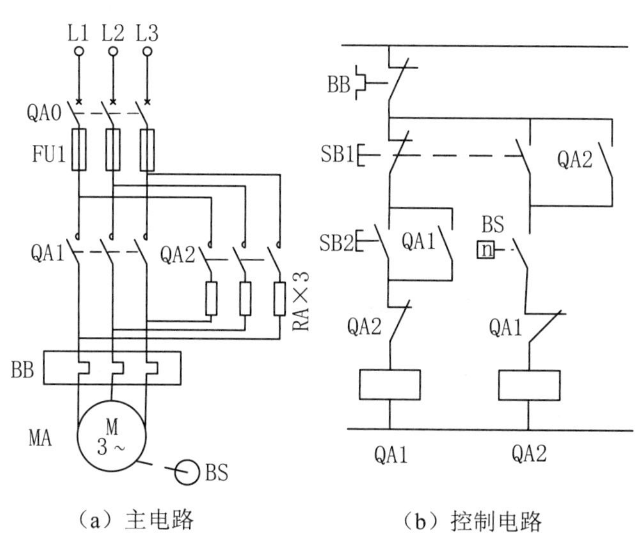

（a）主电路　　（b）控制电路

图 2-18　单向反接制动控制线路

反接制动原理是利用改变电动机的电源相序，使定子绕组产生与电机正常运行相反方向的旋转磁场，从而产生制动转矩。由于反接制动时，转子与旋转磁场的相对速度接近于 2 倍的同步转速，所以定子绕组中流过的反接制动电流相当于全电压直接起动时电流的 2 倍，因此反接制动虽然制动迅速、效果好，但冲击效应较大。为了减小冲击电流，通常串接一定的电阻以限制反接制动电流

在图 2-18 中，按下启动按钮 SF2，接触器 QA1 线圈通电并自锁，电动机通电运行；当电动机转速升高到一定数值时，速度继电器 BS 的常开触点闭合，QA1 常闭触点互锁 QA2，为反接制动做好了准备；停车时，按下停止按钮 SF1，其常闭触点断开，接触器 QA1 线圈断电，电动机脱离电源，取消对 QA2 的互锁；此时由于惯性作用，电动机的转速还很高，BS 的常开触点仍然处于闭合状态，所以当 SF1 按钮按下时，反接制动接触器 QA2 线圈通电并自锁，其主触点闭合，使电动机定子绕组得到与正常运转相序相反的三相交流电源，电动机进入反接制动状态，电动机转速迅速下降；当电动机转速低于速度继电器动作值时，速度继电器常开触点复位，接触器 QA2 所在电路被切断，QA2 试点，反接制动结束。

2.6 电气控制线路的分析

本节讲解电气控制线路的分析方法，从中找出规律，逐步提高阅读电气控制线路图的能力，并以典型生产机械的电气控制线路为例，进一步介绍电气控制线路的组成以及各种基本控制线路在具体系统中的应用。

2.6.1 电气控制线路的分析方法

电气控制线路分析的主要资料来源包括设备说明书和电气原理图，通过设备说明书掌握控制设备的工艺流程，在此基础上分析电气原理图。

2.6.1.1 设备说明书

设备说明书主要由机械与电气两部分组成。在分析时首先要阅读这两部分说明书，了解以下内容：

（1）设备的结构组成及工作原理、设备传动系统的类型及驱动方式、主要技术性能、规格和运动要求等。

（2）电气传动方式，电机、执行电器的数目、规格型号、安装位置、用途及控制要求。

（3）设备的使用方法，各操作手柄、开关、旋钮、指示装置的布置及其在控制中的作用。

（4）与机械部分直接关联的电器，如行程开关、电磁阀、电磁离合器、传感器等的位置、工作状态及其与机械、液压部分的关系，在控制中的作用等。

2.6.1.2 电气原理图的分析

电气控制原理图是控制线路分析的中心内容，在分析电气原理图时，必须与阅读其他技术资料结合起来。例如，各种电动机及执行元器件的控制方、位置及作用，各种与机械有关的位置开关、主令电器的状态等，只有通过阅读说明书才能了解。

分析电气原理图的一般原则是化整为零、先主后辅、安全保护和全面检查，具体分析步骤如下：

（1）主电路入手：主电路的作用是保证整机拖动要求的实现，无论线路设计还是线路分析通常都是从主电路入手。从主电路的构成可分析出电动机或执行电器的类型、工作方式、起

动、转向、调速和制动等基本控制要求。

（2）控制电路分析“化整为零”的展开：主电路的控制要求是由控制电路来实现的，将控制线路按功能不同划分成若干个局部控制线路，从起动主令信号开始，依照接触器或继电器得电动作顺序，找出其触点关联电路，经过逻辑判断，写出控制过程。分析时可先排除照明、显示等与控制关系不密切的电路，以便集中精力进行分析。

（3）辅助电路分析：辅助电路中很多部分是由控制电路中的元件来控制的，分析辅助电路时，需要回过头来对照控制电路进行分析。

（4）联锁与保护分析：当系统复杂时，可以结合装置或生产工艺的安全要求，对控制线路中设置的电气保护装置和电气联锁单独进行分析。

（5）特殊环节的分析：在某些控制线路中，还设置了一些与主电路、控制电路关系不密切，且相对独立的某些特殊环节，如产品计数装置、自动检测系统、晶闸管触发电路和自动调温装置等。这些部分往往自成一个小系统，其读图和分析方法可参照说明书逐一分析。

（6）“集零为整”分析：逐步分析了局部电路的工作原理以及各部分之间的控制关系之后，还必须用“集零为整”的方法，检查整个控制线路，看是否有遗漏，从整体角度去进一步检查和理解各控制环节之间的联系，以达到清楚地理解原理图中工作过程及器件作用。

2.6.2 电气控制线路实例分析

车床是主要用车刀对旋转的工件进行车削加工的机床。在车床上还可用钻头、扩孔钻、铰刀、丝锥、板牙和滚花工具等进行相应的加工。车床通常由主电动机拖动，经由机械传动链输出，其运动速度由变速齿轮箱通过手柄操作进行切换，实现切削主运动和刀具进给，冷却泵和液压泵等常采用单独的电动机驱动。不同型号的卧式车床，其主电动机的工作要求不同，因而具有不同的控制线路。

下面以CA614型车床的电气控制系统为例进行分析，电气控制线路如图2-19所示。

（1）主电路分析。

主电路有3台电动机。M1为主轴电动机，带动主轴旋转和刀架作进给运动；M2为冷却泵电动机；M3为刀架快速移动电动机。

主电路构成分析：三相交流电源通过自动空气开关QA0引入，主轴电动机M1由接触器QA1控制起动，热继电器BB1为主轴电动机M1的过载保护。冷却泵电动机M2由接触器QA2控制起动，热继电器BB2为冷却泵电动机M2的过载保护。接触器QA3为控制刀架快速移动电动机M3起动用，快速移动电动机M3是短期工作，可以不设过载保护。

（2）控制电路分析。控制变压器TC二次侧输出110V电压作为控制回路的电源。

1）主轴电动机M1的控制：按下启动按钮SF2，接触器QA1线圈得电吸合，主触点闭合，主轴电动机起动；按下停止按钮SF1，接触器QA1失电，切断电机电源，电动机停转。

2）冷却泵电动机M2的控制：只能在接触器QA1得电吸合、主轴电动机M1起动后，合上开关SF4，使接触器QA2线圈得电吸合，冷却泵电动机M2才能起动。

3）刀架快速移动电动机的控制：刀架快速移动电动机M3的起动是由安装在进给操纵手柄顶端的按钮SF3来控制，它与交流接触器QA3组成点动控制环节。将操纵手柄扳到所需的方向，压下按钮SF3，接触器QA3得电吸合，电动机M3起动，刀架就向指定方向快速移动。

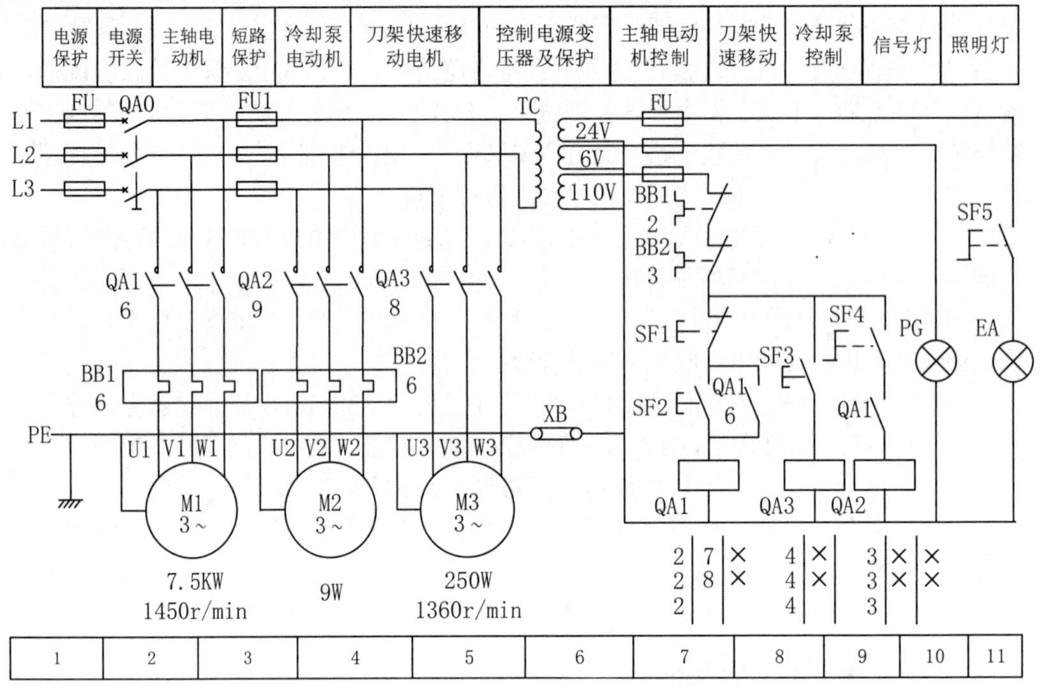

图 2-19　CA6140 型车床的电气控制线路

（3）其他辅助电路分析。照明、信号灯电路：控制变压器 TC 的二次侧分别输出 24V 和 6V 电压，作为机床照明灯和信号灯的电源。EA 为机床的低压照明灯，由开关 SF5 控制；PG 为电源的信号灯。

（4）常见故障及检修。

1）主轴电动机 M1 不能起动。按启动按钮 SF2 后，主轴电动机不能起动，查看接触器 QA1 吸合情况，如果 QA1 没吸合，故障的原因必定在控制电路中，可依次检查 QA1 所在电路的熔断器 FU、热继电器 BB1 和 BB2 的动断触点、停止按钮 SF1、启动按钮 SF2，确定电路是否断路，然后检查接触器 QA1 的线圈是否断路。

按启动按钮 SF2 后，接触器 QA1 吸合，但主轴电动机 M1 不能起动：故障的原因必定在主电路中，可依次检查接触器 QA1 的主触点、热继电器热元件接线端及三相电动机的接线端是否存在断路。

2）主轴电动机 M1 不能停转。这类故障的原因多数是接触器 QA1 的铁芯不能释放，或主触点发生熔焊，或停止按钮 SF1 的动断触点短路所致。

3）刀架快速移动电动机 M3 不能起动。按点动按钮 SF3，接触器 QA3 没吸合，则故障必定在控制线路中，这时可用万用表进行分阶电压测量法依次检查热继电器 FR1 和 FR2 动断触点、停止按钮 SB1 的动断触点、点动按钮及接触器线圈是否断路。如果 QA3 吸合，则检查 M3 所在主电路是否存在断路。

4）冷却泵电动机不能起动。合上开关 SF4，冷却泵电动机 M2 不能起动，发生这种故障的原因可能是热元件的连接导线松脱或开关 SF4 接触不良。

5）照明灯不亮。发生这种故障的原因一般是灯泡损坏，熔断器 FU 熔断，开关 SF5 接触不良或变压器 TC 的低压绕组断路等引起的，可依次检查故障点，予以修复。

2.7 电气控制系统的设计

2.7.1 电气控制系统的设计原则

电气控制系统的设计一般包括确定拖动方案、选择电动机容量和设计电气控制线路。电气控制线路的设计又分为主电路设计和控制电路设计。一般情况下，我们所说的电气控制线路设计主要指的是控制电路的设计。电气控制线路的设计一般采用经验设计法和逻辑设计法两种方法，在电气控制系统设计中应遵循以下几个原则：

（1）最大限度地满足生产设备和生产工艺对电气控制系统的要求。设计者需要熟悉生产工艺对控制系统的总体设计要求，熟知被控对象的工作特性和技术要求，掌握各种控制电器和电气设备的工作原理和性能。

（2）设计的控制线路应力求简单经济、便于实现。尽量缩短连接导线的长度和数量，尽量减少控制线路中电源的种类。

（3）控制设备及电气元件选用合理。为保证控制线路工作时安全可靠，选用的各种器件应保证在满足技术要求的前提下性能优越、动作可靠、抗干扰能力强，尽可能选用相同或相近规格与型号的产品以减少备品量。

（4）控制线路要有完善的保护措施。一旦发生故障可安全、迅速地从电网切除，对电气设备起到保护作用。

2.7.2 经验设计法

经验设计法先从满足生产工艺要求出发，按照电动机的控制方法，利用各种基本控制环节和基本控制原则，借鉴典型的控制线路，把它们综合地组合成一个整体来满足生产工艺要求。这种设计方法比较简单，但要求设计人员必须熟悉控制线路，掌握多种典型线路的设计资料，同时具有丰富的设计经验。

经验设计方法灵活性很大，对于比较复杂的线路，可能要经过多次反复修改才能得到符合要求的控制线路。另外，初步设计出来的控制线路可能有几种，这时要加以比较分析，反复地修改简化，甚至要通过实验加以验证，才能确定比较合理的设计方案。

经验设计法通常先用一些典型线路环节凑合起来实现某些基本要求，而后根据生产工艺要求逐步完善其功能，并加以适当配置联锁和保护环节。进行具体线路设计时，一般先设计主电路，然后设计控制电路、信号线路、局部照明电路等。初步设计完成后，应当仔细地检查，看线路是否符合设计的要求，并进一步使之完善和简化，最后选择所用的电器的型号规格。

2.7.3 逻辑设计法

逻辑设计方法是以组合逻辑电路的方法和形式设计电气控制系统，这种设计方法既有严密可循的规律性、明确可行的设计步骤，又具有简便、直观和十分规范的特点，能够确定实现逻辑功能所必需的、最少的继电器的数目。

逻辑设计法是利用逻辑代数方法这一数学工具来分析、化简、设计线路的。在逻辑代数中，用“1”和“0”表示两种对立的状态。

分析继电器－接触器控制电路时，元件状态常以线圈通电或断电来判定。对于继电器、接触器、磁铁、电磁阀态、电磁离合器等元件的线圈，通常规定通电为“1”状态，失电为“0”状态；对于按钮、行程开关元件，规定压下时为“1”状态，复位时为“0”状态；对于元件的触点，规定触点闭合状态为“1”状态，触点断开状态为“0”状态。这样规定后，就可以利用逻辑代数的一些运算规律、公式和定律，将继电器接触器控制系统设计得更为合理，线路形式简单，所用元件数量最少。

逻辑设计法的步骤：

（1）首先分析电气控制任务和工艺需求，用逻辑变量表达元器件输入输出状态，其中电器开关的逻辑函数以执行元件作为逻辑函数的输出变量，而以检测信号中间单元及输出逻辑变量的反馈触点作为逻辑变量。

（2）根据工艺要求写出输入输出关系表达出电气控制逻辑表达式。

（3）依据逻辑代数运算法则的化简办法求出控制对象的逻辑方程，然后由逻辑方程画出电气控制原理图。

（4）最后进行检查修订，进一步完善安全、保护等辅助环节，得到经济合理、安全可靠的电气控制线路。

我们以前面学习的电机起保停开关电路为例来介绍逻辑设计法的思路，控制需求：系统需要设置启动按钮、停止按钮，用接触器实现电机的通断。

根据设计需求选用器件，设计中用 SF1 为起动信号按钮，SF2 为关断信号按钮，QA 作为接触器，QA 的常开触点为自保持信号，QA 为输出线圈作为输出。

根据控制逻辑，QA 得电的条件为按下启动按钮，然后线圈自保，此二者为逻辑或的关系；SF2 停止按钮按下时线圈失电，作为逻辑与的关系；QA 作为逻辑函数的输出。由此得到输出线圈的逻辑函数：

$$F_{QA} = (SF1 + QA) \cdot \overline{SF2} \tag{2.2}$$

根据逻辑函数我们可以作出对应电路原理图如图 2-20 所示。

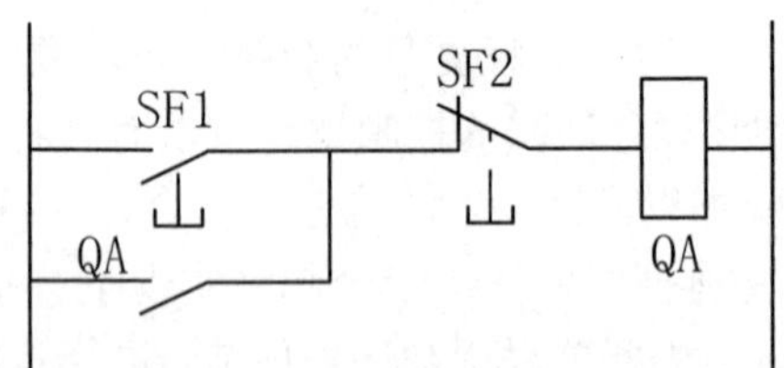

图 2-20　电机起保停电路

对于较大的、功能较为复杂的控制系统，如果能分成若干个互相联系的控制单元，用逻辑设计方法先完成每个单元控制线路的设计，然后再用经验设计方法把这些单元控制线路组合成一个整体，才是切实可行的一种简捷的设计方法。在实际电气线路设计中，逻辑法和经验法两种方法应当各取所长，配合应用。

2.7.4　电气控制设计中应注意的问题

电气控制设计中要考虑实际设备连接、安装的合理性，遵循电气设计的原则，不能仅仅考虑实现电路逻辑关系，应注意以下几方面：

（1）设计控制电路时，应考虑各电器元件的安装位置，尽可能地减少连接导线的数量，缩短连接导线的长度。

在图 2-21（a）中的设计方案是不合理的，因为按钮一般安装在操作台上，而接触器安装在电气柜中，这样接线需从电气柜中二次引出线，接到操作台的按钮中。而如果采用图 2-21（b）所示接线方式，将启动按钮和停止按钮串联后再与接触器线圈相连，就可减少一根引出线，且停止按钮与启动按钮之间连接导线大大缩短，因此图 2-19（b）的设计比较合理。

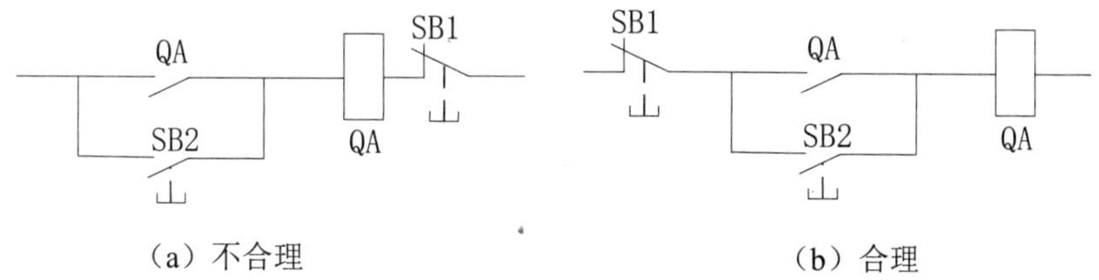

（a）不合理　　（b）合理

图 2-21　电器元件位置比较图

（2）正确连接触点在控制电路中，应尽量将所有触点接在线圈的左端或上端，线圈的右端或下端直接接到电源的另一根母线上，这样可以减少线路内产生虚假回路的可能性，还可以简化电气柜的出线。

（3）当需要电磁器件线圈同时得电时，在交流控制电路中不能串联两个电器的线圈。在图 2-22（a）中，因为每一个线圈上所分到的电压与线圈阻抗成正比，两个电器动作总是有先有后，不可能同时吸合。例如交流接触器 QA2 吸合，由于 QA2 的磁路闭合，线圈的电感显著增加，因而在该线圈上的电压降也显著增大，从而使另一接触器 QAl 的线圈电压达不到动作电压。正确连接如图 2-22（b）所示。

（4）元器件的连接，应尽量减少多个元件依次通电后才接通另一个电器元件的情况。在图 2-23（a）中，接触器 QA3 的接通要经过 QAl、QA2 两个常开触点。改接成图 2-23（b）后，则每一个线圈通电只需要经过一对常开触点，可靠性提高。

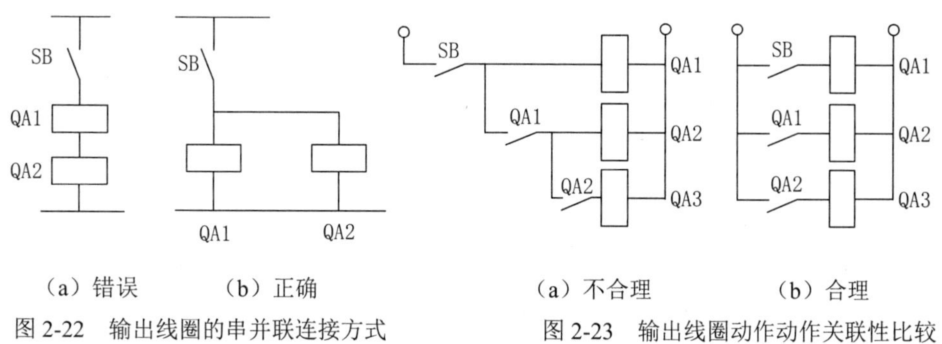

（a）错误　　（b）正确

图 2-22　输出线圈的串并联连接方式

（a）不合理　　（b）合理

图 2-23　输出线圈动作动作关联性比较

2.7.5　电气控制线路设计实例

龙门刨床主要用于刨削大型工件，也可在工作台上装夹多个零件同时加工，是工业的母机，结构组成如图 2-24 所示。

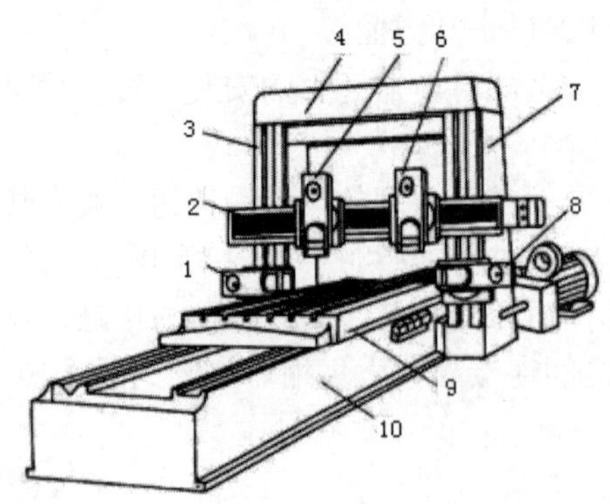

1、8－左右刀架；2－横梁；3、7－立柱；4－顶梁；5、6－垂直刀架；9－工作台；10－床身

图 2-24 龙门刨床结构组成

龙门刨床的工作台带着工件通过门式框架作直线往复运动，空行程速度大于工作行程速度。横梁上一般装有两个垂直刀架，刀架滑座可在垂直面内回转一个角度，并可沿横梁作横向进给运动；刨刀可在刀架上作垂直或斜向进给运动；横梁可在两立柱上作上下调整。一般在两个立柱上还安装可沿立柱上下移动的侧刀架，以扩大加工范围。工作台回程时能机动抬刀，以免划伤工件表面。有的龙门刨床还附有铣头和磨头，变型为龙门刨铣床和龙门刨铣磨床，工作台既可作快速的主运动，也可作慢速的进给运动，主要用于重型工件在一次安装中进行刨削、铣削和磨削平面等加工。

在龙门刨床上装有横梁升降机构，加工工件时横梁应夹紧在立柱上，当加工工件高低不同时，横梁应先松开立柱然后沿立柱上下移动，移动到位后，横梁应夹紧在立柱上。所以，横梁的升降由横梁升降电动机拖动。横梁的放松、夹紧动作由夹紧电动机、传动装置与夹紧装置配合来完成。

2.7.5.1 横梁升降机构的工艺要求

（1）横梁上升时，先使横梁自动放松，当放松到一定程度时，自动转换成向上移动，上升到所需位置后，横梁自动夹紧。即横梁上升时，自动按照放松横梁→横梁上升→夹紧横梁的顺序进行。

（2）横梁下降时，为防止横梁歪斜，保证加工精度，消除横梁的丝杆与螺母的间隙，横梁下降后应有回升装置。即横梁下降时，自动按照放松横梁→横梁下降→横梁回升夹紧横梁的顺序进行。

（3）横梁夹紧后，夹紧电动机自动停止转动。

（4）横梁升降应设有上下行程的限位保护，夹紧电动机应设有夹紧力保护。

2.7.5.2 电气控制电路设计过程

（1）主电路设计。横梁升降机构分别由横梁升降电动机 M1 与横梁夹紧放松电动机 M2 拖动，且两台电动机均为三相笼型异步电动机，均要求实现正反转。因此采用 QA1、QA2、QA3、QA4 四个接触器分别控制 M1 和 M2 的正反转，如图 2-25（a）所示。

（2）控制电路基本环节的设计。由于横梁升降为调整运动，故对 M1 采用点动控制，一个点动按钮只能控制一种运动，故用上升点动按钮 SF1，下降点动按钮 SF2 来控制横梁的升降；但在移动前要求先松开横梁，移动到位松开点动按钮时又要求横梁夹紧，也就是说点动按钮要控制 QA1～QA4 四个接触器代表两个电机的四种状态；根据逻辑函数的设计要求，四个逻辑状态变量需要两种逻辑输入变量表示，引入上升中间继电器 KF1 与下降中间继电器 KF2，再由中间继电器去控制四个接触器。由此写出四个接触器的逻辑关系式：

$$F_{KF1}=SF1,\quad F_{KF2}=SF2,\quad F_{QA1}=KF1,\quad F_{QA2}=KF2$$

$$F_{QA3}=\overline{KF1}\cdot\overline{KF2},\quad F_{QA4}=KF1+KF2$$

根据上面逻辑关系式，设计出横梁升降电气控制电路草图，如图 2-25（b）所示。

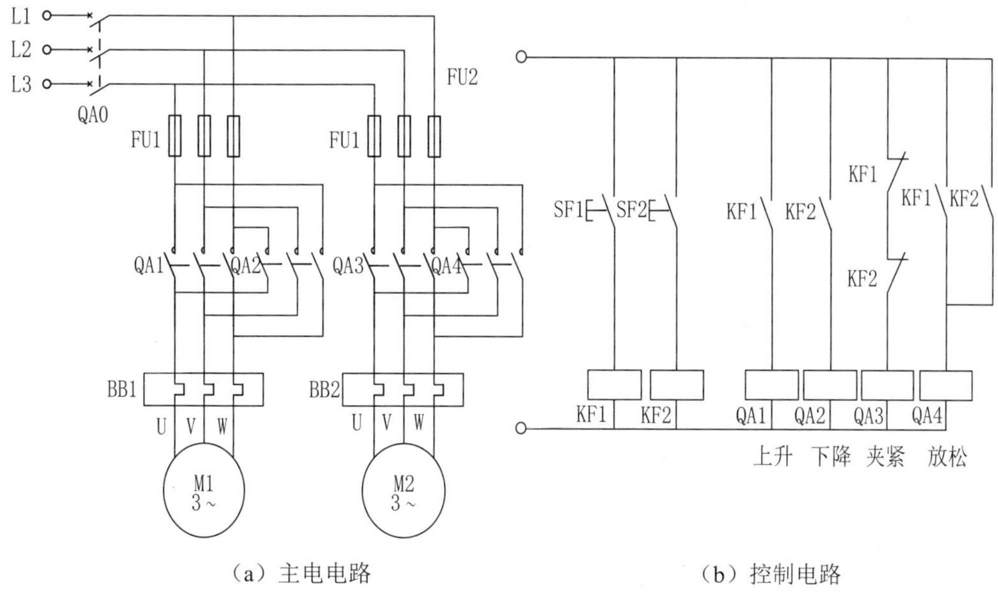

（a）主电电路　　　（b）控制电路

图 2-25　横梁升降电气控制电路设计草图之一

（3）设计控制电路的辅助控制环节。本步骤主要根据工艺需求，加上行程开关、接近开关等位置状态的辅助控制环节。

1）横梁上升时，必须使夹紧电动机 M2 先工作将横梁放松，然后升降电动机 M1 带动横梁上升。按下按钮 SF1，中间继电器 KF1 线圈通电吸合，其常开触点闭合，接触器 QA4 通电吸合，M2 反转起动，横梁开始放松；横梁放松的程度采用行程开关 BG1 控制，当横梁放松到一定程度撞块压下 BG1，用 BG1 的常闭触点断开来控制接触器 QA4 线圈，常开触点闭合控制接触器 QA1 线圈的通电，QA1 的主触点闭合使 M1 正转，横梁开始作上升运动。

升降电动机拖动横梁上升至所需位置时，松开上升点动按钮 SF1，中间继电器 KF1 和接触器 QA1 线圈断电释放，使升降电动机停止，接触器 QA3 线圈通电吸合使夹紧电动机开始正转，使横梁夹紧；在夹紧过程中，行程开关 BG1 复位，因此 QA3 应加自锁触点；采用过电流继电器控制夹紧的程度，即将过电流继电器 KF3 线圈串接在夹紧电动机主电路任一相中，当横梁夹紧时，相当于电动机工作在堵转状态，电动机定子电流增大，将过电流继电器的动作电流整定在两倍额定电流左右，当横梁夹紧后电流继电器动作，其常闭触点将接触器 QA3 线圈电路切断，切断夹紧电动机电源。

2）横梁的下降按先放松再下降的方式控制，但下降结束后需有短时间的回升运动，该回升运动可采用断电延时型时间继电器控制。时间继电器 KF4 的线圈由下降接触器 QA2 常开触点控制，其断电延时断开的常开触点与夹紧接触器 QA3 常开触点串联后接于上升电路中间继电器 KF1 常开触点两端。

按下 SF2，横梁下降，时间继电器 KF4 通电吸合，其断电延时断开的常开触点立即闭合，为回升电路工作做好准备。当横梁下降至所需位置时，松开下降点动按钮，QA2 线圈断电释放，时间继电器 KF4 断电，夹紧接触器 QA3 线圈通电吸合，横梁开始夹紧。此时，上升接触器 QA1 线圈通过 KF4 常开触点及 QA3 常开触点通电吸合，横梁开始回升；经一段时间延时，延时断开触点 KF4 断开，QA1 线圈断电释放，回升运动结束；而横梁还在继续夹紧，夹紧到一定程度，过电流继电器动作，夹紧运动停止。

考虑以上环节后，此时的横梁升降电气控制电路设计草图如图 2-26 所示。

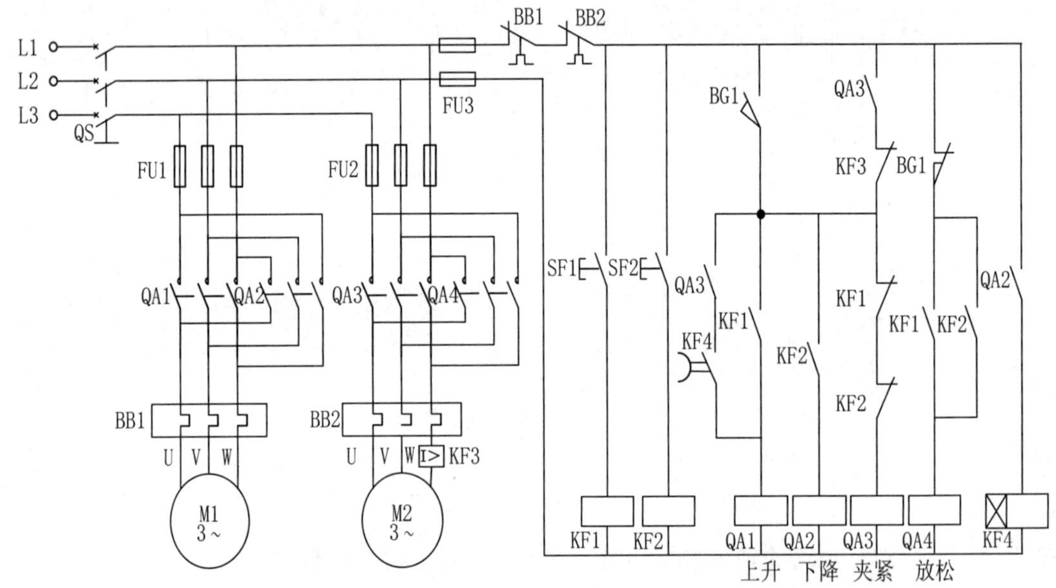

图 2-26　横梁升降电气控制电路设计草图之二

（4）设计连锁保护环节。图 2-26 所示电路基本上满足了工艺要求，但在电路中还应加各种联锁保护和短路保护环节进行完善。

横梁上升限位保护由行程开关 BG2 来实现，下降限位保护由行程开关 BG3 来实现，上升与下降的互锁、夹紧与放松的互锁由 KFl 和 KF2 的常闭触点实现，升降电动机短路保护由熔断器 FU1 来实现，夹紧电动机短路保护由 FU2 实现，控制电路的短路保护由 FU3 来实现。

在横梁升降机构控制基本电路图 2-26 中加上联锁保护环节后，得到改进完善后的电气控制电路原理图如图 2-27 所示。

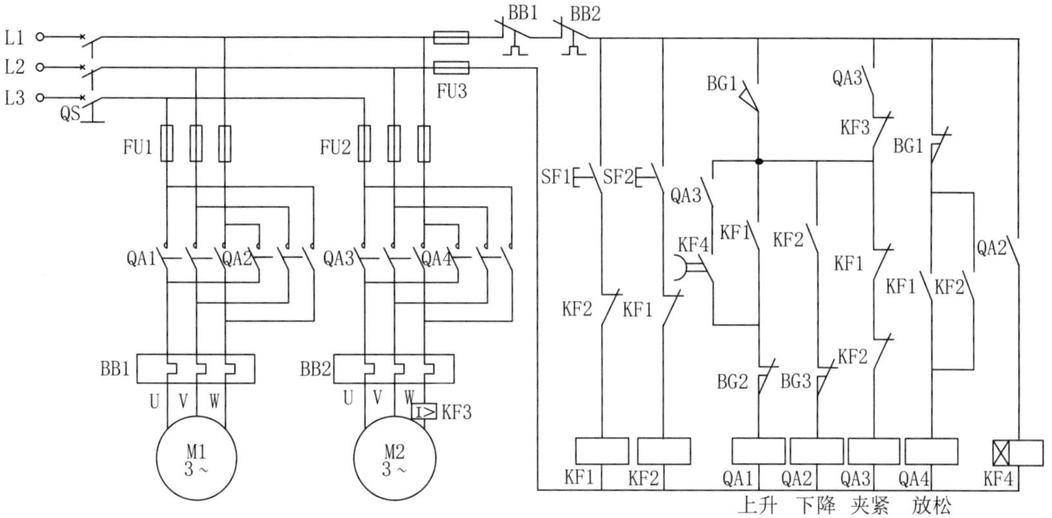

图 2-27　横梁升降完善后的电气控制电路原理图

2.8　项目实训——电动机顺序控制线路的安装与调试

1. 训练目的

（1）掌握自动顺序控制的工作原理、电路的装接。

（2）掌握继电器接触器控制电路的调试方法，能够进行工程实际中电路的调试。

2. 实训电路

两台电动机顺序动作控制线路如图 2-28 所示。

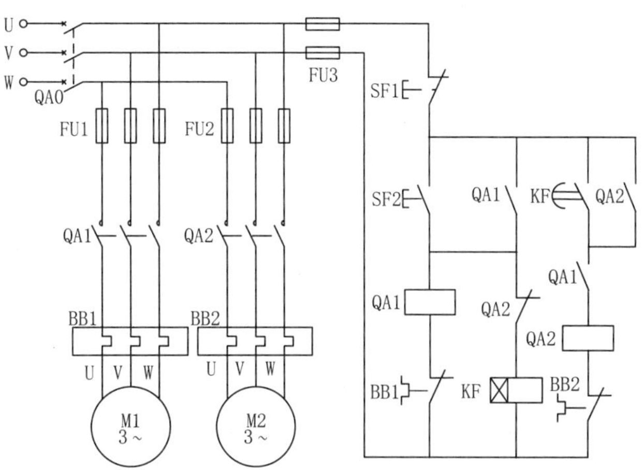

图 2-28　自动顺序控制电路图

其中，M1 额定功率 2.2kW，额定电压 380V，额定电流 5A，Y 接法，1420r/min；M2 额定功率 1.5kW，380V，3.4A，Y 接法，2845r/min。现对它进行顺序运行控制，分析电路动作过程，依照电路原理图进行器件的安装与系统调试。

3. 工作分析

主电路由两个交流接触器 QA1 和 QA2 分别控制两台电动机 M1 和 M2，热继电器 FR1 和 FR2 对电动机实现过载保护。

（1）电动机 M1 起动延时后 M2 自动起动。

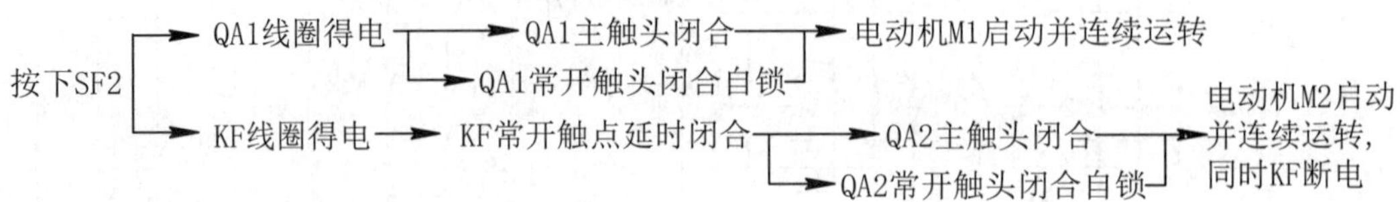

（2）电动机 M1、M2 停转。

按下SF1 → QA1线圈失电 → 电动机M1停转
　　　　→ QA2线圈失电 → 电动机M2停转

4. 工具、仪表、材料和电器元件

（1）工具：测电笔、螺钉旋具、尖嘴钳、斜口钳、剥线钳、电工刀等。

（2）仪表：万用表、兆欧表、钳形电流表。

（3）器材：控制板 1 块；行线槽 18mm×25mm 导线规格；主电路采用 BV2.5mm^2 塑铜线，控制电路采用 BV1mm^2 塑铜线，按钮控制电路采用 BVR0.5mm^2 塑铜线，接地线采用 BVR1mm^2 塑铜线 R；编码套管、螺钉、平垫圈型号和数量按需要而定。

（4）元件明细见表 2-6。

表 2-6　元件明细表

序号	名称	型号规格	单位	数量
1	三相电动机 M1	Y-100L1-4，2.2 kW，380 V，5A、△接法	台	1
2	三相电动机 M2	Y90S-2，1.5 kW，380V，3.4A，Y 接法	台	1
3	自动空气开关	DZ5-205/320，三极，380V，20A	只	1
4	熔断器 FU1	RL1-15/10，380V，15A，熔体配 10A	套	3
5	熔断器 FU2	RL1-15/6，380V，15A，熔体配 6A	套	3
6	熔断器 FU3	RL1-15/2，380V，15A，熔体配 2A	套	2
7	接触器 QA1	CJ10-20，线圈电压 380V，20 A	只	1
8	接触器 QA2	CJ10-10，线圈电压 380V，10 A	只	1
9	热继电器 FR1	JR16-20/3，三极，20A，整定电流 8.8A	只	1
10	热继电器 FR2	JR16-20/3，三极，20A，整定电流 3.4A	只	1
11	按钮	LA10-3H，保护式	只	4
12	端子排	JJX2-1015，380V，10A，15 节	条	1
13	导线	BV2.5mm^2，BV1mm^2，BVR0.5mm^2 塑铜线	米	各 20

5. 板前明线布线工艺

（1）布线通道尽可能少，并行导线按主、控电路分类集中，单层密排，紧贴安装面布线。

（2）同一平面的导线应高低一致或前后一致，不能交叉。非交叉不可时，该根导线应在接线端子引出时，就水平架空跨越，但注意必须走线合理。

（3）布线应横平竖直，分布均匀。变换走向时应垂直。

（4）布线时严禁损伤线芯和导线绝缘。

（5）布线顺序一般以接触器为中心，由里向外，由低至高，以先控制电路后主电路来进行，以不妨碍后续布线为原则。

（6）在每根剥去绝缘层导线的两端套上编码套管。所有从一个接线端子到另一个接线端子的导线必须连续，中间无接头。

（7）导线与接线端子或接线桩连接时，不得压绝缘层、不反圈及不露铜过长。

（8）同一元件、同一回路的不同接点的导线间距离应保持一致。

（9）一个电器元件接线端子上的连接导线不得多于两根，每节接线端子板上的连接导线一般只允许连接一根。

6. 操作工艺

（1）配齐所用电器元件，并进行质量检验。

（2）在控制板上安装所有的电器元件，贴上文字符号。安装时，组合开关、熔断器的受电端子应安装在控制板的外侧；元件排列要整齐、匀称、间距合理，且便于元件的更换；紧固电器元件时用力要均匀，紧固程度适当，做到既要使元件安装牢固，又不使其损坏。

（3）按图接线图进行板前明线布线和套编码套管，做到布线横平竖直、整齐、分布均匀、紧贴安装面、走线合理；套编码套管要正确。

（4）根据电路图检查控制板布线的正确性。

（5）安装电动机，做好固定。

（6）可靠连接电动机和按钮金属外壳的保护接地线。

（7）连接电源、电动机等控制板外部的导线。

（8）主电路检查，系统没有送电状态下检查，是否存在短路、绝缘情况。

（9）控制电路检查。

1）未按任何按钮时，万用表指针应指到无穷大，说明控制电路没有短接。

2）按下按钮 SB1 时，万用表应指示 QA1、KT 线圈电阻的并联值。

3）按下接触器 QA1 时，万用表应指示的电阻值与上述值相同。

4）强迫按下时间继电器 KF 与 SB1，延时后万用表应指示 QA2、QA1、KF 线圈电阻的并联值，松开 KT 后，指针应指示 2）的读数，说明电动机 MZ 延时起动电路接线正确。

5）按下接触器 QA1、QA2 时，万用表指示 QA1、QA2 线圈电阻的并联值，说明电动机起动电路自锁部分接线正确。

（10）自检，交验合格后，通电试车。通电时，由指导教师接通电源，并在现场进行监护。出现故障后，学生应独立进行检修。若需带电检查时，也必须有教师在现场监护。

（11）通电试车完毕后，停转、切断电源。先拆除三相电源线，再拆除电动机负载线。

7. 评分标准

评分标准见表 2-7。

表 2-7　评分标准

序号	主要内容	考核要求	评分标准	分值	得分
1	元件安装	(1) 正确利用工具和仪表，熟练地安装电气元器件 (2)元件在配电板上置要合理，安装要准确、紧固 (3) 按钮盒不固定在板上	(1) 元件布置不整齐、不匀称、不合理，每只扣 4 分 (2) 元件安装不牢固、安装元件时漏装螺钉，每只扣 4 分 (3) 损坏元件每只扣 10 分	20	
2	布线	(1) 布线要求美观、紧固 (2) 电源和电动机配线、按钮接线要接到端子排上，进出的导线要有端子标号 (3) 导线不能乱敷设	(1) 布线错误，每根扣 4 分 (2) 接点松动、接头露铜过长、标记线号不清楚、遗漏或误标，每处扣 4 分 (3) 损伤导线，每根扣 5 分	60	
3	通电试验	在保证人身和设备安全的前提下，通电试验一次成功	(1) 继电器整定值错误各扣 5 分 (2) 电路配错熔体，每个扣 5 分 (3) 试车不成功扣 10 分	20	

8. 实训思考

(1) 在操作中，若按下 SF2 后，两个电机同时起动，则有可能是哪些地方接错了?

(2) 在图中，若合按下 SF2 后，电动机电动机 M1 开始转动，M2 延时起动，一段时间电动机 M2 又停转，则有可能是哪些地方接错?

思考练习题

1．电气控制系统图有哪几种，各自的主要作用是什么?

2．什么是自锁环节，什么是互锁环节?试举例说明。

3．某三相笼型异步电动机可正反向运转，要求 Y-△降压起动。试设计主电路和控制电路，并要求有必要的保护。

4．Y-△降压起动方法有什么特点？说明其适用场合。

5．在有自动控制的机床上，电动机由于过载而自动停车后，有人立即按启动按钮但不能开车，试说明原因。

6．有两台电动机，试设计一个既能分别起动、停止两台电机，又可以同时起动、停止的控制线路。

7．设计一个控制线路，要求第一台电动机起动 5s 后，第二台电动机自行起动；第二台电动机运行 10s 后，第一台电动机停止并同时使第三台电动机自行起动；再运行 5s，电动机全部停止。

8．某机床主轴由一台三相笼型异步电动机拖动，润滑油泵由另一台三相笼型异步电动机拖动，均采用直接起动。工艺要求：主轴必须在润滑油泵起动后，才能起动；主轴为正向运转，为调试方便，要求能正、反向点动；主轴停止后，才允许润滑油泵停止；具有必要的电气保护。设计要求：设计主电路和控制电路，并对设计的电路进行分析说明。

第 3 章　可编程控制器结构及组态

【本章导读】

S7-1200 PLC 是德国西门子公司生产的新一代可编程逻辑控制器，具有紧凑的设计、良好的扩展性、低廉的价格、丰富的功能模块以及指令系统，具备强大的网络功能，可以近乎完美地满足小规模的控制要求，提供了解决自动化问题的灵活性。本章主要讲述可编程控制器的产生、定义、特点、工作原理等基本概念，在此基础上学习博途软件的使用和西门子 S7-1200 的组态方法。

【本章主要知识点】

- PLC 的概念、结构、工作原理。
- S7-1200 PLC 的硬件组成、硬件构成模块。
- S7-1200 的存储器及其寻址方法。
- 博途组态软件安装与操作界面认识及使用。
- S7-1200 硬件组态方法。

3.1　PLC 的概念

可编程序控制器（Programmable Logic Controller，PLC）是集自动控制技术、计算机技术和通信技术于一体的一种新型控制器，它的应用面广、功能强大、使用方便，已经成为工业自动化三大支柱（PLC、ROBOT、CAD/CAM）之一，在工农业生产、交通建筑、居民生活等许多领域得到广泛的使用。

3.1.1　PLC 的产生

20 世纪 20 年代起，人们把各种继电器、定时器、接触器及其触点按一定的逻辑关系连接起来组成控制系统，控制各种生产机械，这就是传统的继电器控制系统。随着微处理器、计算机和数字通信技术的飞速发展，社会的发展要求制造业对市场需求作出迅速的反应，生产出小批量、多品种、多规格、低成本和高质量的产品。这种情况下，硬连接方式的继电接触式控制系统因为其成本高，设计、施工周期长，不能满足经常更新的要求了。

为了摆脱接触器控制系统的束缚，适应激烈的市场竞争要求，1968 年美国通用汽车公司（GM）公开招标，对新的汽车流水线控制系统提出具体要求：

（1）编程方便，可现场修改程序。

（2）维修方便，采用插件式结构。

（3）可靠性高于继电器控制装置。

（4）体积小于继电器控制盘。

（5）数据可直接送入管理计算机。

（6）成本可与继电器控制盘竞争。

（7）输入可以是交流 115V（美国电压标准）。

（8）输出为交流 115V，容量要求在 2A 以上，可直接驱动接触器、电磁阀等。

（9）扩展时原系统改变最小。

（10）用户存储器至少能扩展到 4KB。

以上就是著名的“GM 十条”。这些要求的实质内容是提出了将继电接触器控制具有的简单易懂、使用方便、价格低廉的优点与计算机控制具有的功能强大、灵活性、通用性好的优点结合起来，将继电接触器控制的硬连线逻辑转变为计算机软件逻辑编程的设想。

1969 年美国数字设备公司（DEC）根据上述要求，研制开发出世界上第一台可编程序控制器，并在 GM 公司汽车生产线上应用成功。这是世界上的第一台可编程序控制器，型号为 PDP-14，人们把它称作可编程序逻辑控制器。当时开发 PLC 的主要目的是用来取代继电器逻辑控制，所以最初的 PLC 功能也仅限于执行继电器开关、计时、计数等逻辑功能。

随着微电子技术的发展，20 世纪 70 年代中期出现了微处理器和微型计算机，人们将微机技术应用到 PLC 中，使得它能更多地发挥计算机的功能，不仅用逻辑编程取代了硬连线逻辑，还增加了运算、数据传送和处理等功能，使其真正成为一种电子计算机工业控制设备。国外工业界在 1980 年将其命名为可编程序控制器（Programmable Controller，PC），但为了区别个人计算机（Personal Computer，PC），现在仍把可编程序控制器简称作 PLC。

3.1.2 PLC 的定义

国际电工委员会（IEC）1980 年代初就开始了有关可编程序控制器国际标准的制定工作，并发布了数稿草案。在 2003 年发布的可编程序控制器国际标准 IEC61131-1（通用信息）中对可编程控制器有一个标准定义：可编程序控制器是一种数字运算操作的电子系统，专为工业环境而设计。它采用了可编程序的存储器，用来在其内部存储逻辑运算、顺序控制、定时、计数和算术运算等操作的基于用户的指令，并通过数字式和模拟式的输入和输出，控制各种类型的机器或过程。PLC 及其相关的外围设备，都应按易于与工业控制系统集成，易于实现其预期功能的原则设计。

定义从应用场合和具备功能对 PLC 进行了强调，PLC 应用于工业环境，它必须具有很强的抗干扰能力，广泛的适应能力和应用范围；定义强调了 PLC 是数字运算操作的电子系统，是“专为在工业环境下应用而设计的”工业计算机，这种工业计算机采用“面向用户的指令”，因此编程方便；它能完成逻辑运算、顺序控制、定时、计数和算术运算等操作，它还具有数字量和模拟量输入和输出的功能，并且非常容易与工业控制系统一体化。

3.1.3 PLC 的发展历程

第一台 PLC 诞生后不久，Dick Morley（被誉为可编程序控制器之父）的 MODICON 公司推出了 084 控制器。这种控制器的核心思想就是采用软件编程方法替代继电器控制系统的硬接线方式，并有大量的输入传感器和输出执行器的接口，可以方便地在工业生产现场直接使用。1971 年日本推出了 DSC-80 控制器，1973 年德国西门子公司独立研制成功了欧洲第一台 PLC，我国从 1974 年开始研制，1977 年开始在工业中应用。虽然这些 PLC 的功能还不强大，但它们开启了工业自动化应用技术新时代的大门。

目前世界上有 200 多个厂家生产 300 多种 PLC 产品，比较著名的厂家有美国的 AB（被 ROCKWELL 收购）、GE、MODICON（被 SCHNEIDER 收购），日本的 MITSUBISHI、OMRON、FUJI、松下电工，德国的 SIEMENS 和法国的 SCHNEIDER 公司等。随着新一代开放式 PLC 走向市场，国内的生产厂家，如和利时、浙大中控等生产的基于 IEC61131-3 编程语言的 PLC 具有较强的竞争力。

PLC 总的发展趋势是向高集成度、小体积、大容量、高速度、易使用、高性能、信息化、软 PLC、标准化、与现场总线技术紧密结合等方向发展。其过程基本可分为以下几个阶段：

初级阶段，从第一台 PLC 问世到 20 世纪 80 年代中期，开始采用 8 位微处理器及半导体存储器，增加了数字运算、传送、比较等功能，能实现模拟量的控制，开始具备自诊断功能，初步形成系列化。

崛起阶段，从 20 世纪 70 年代中期到 80 年代初期，随着高性能微处理器及位片式 CPU 在 PLC 中大量的使用，PLC 的处理速度大大提高，从而促使它向多功能及联网通信的方向发展，增加了多种特殊功能，如浮点数的运算、三角函数、脉宽调制输出等，自诊断功能及容错技术发展迅速。

成熟阶段，从 20 世纪 80 年代初期到 90 年代初期，不仅全面使用 16 位、32 位高性能微处理器、高性能位片式微处理器、RISC（Reduced Instruction Set Computer）精简指令系统 CPU 等高级 CPU，而且在一台 PLC 中配置多个微处理器，进行多通道处理，同时生产了大量内含微处理器的智能模块，使得 PLC 产品成为具有逻辑控制功能、过程控制功能、运动控制功能、联网通信功能的名副其实的多功能控制器。

飞速发展阶段，从 20 世纪 90 年代初期到 90 年代末期。由于对模拟量处理功能和网络通信功能的提高，PLC 的功能得到了进一步的提高，PLC 在过程控制领域也开始大面积使用。PLC 不论从体积上、人机界面功能、端子接线技术，还是从内在的性能（速度、存储容量等）、实现的功能（运动控制、通信网络、多机处理等）方面都有很大提升。

开放性、标准化阶段，从 20 世纪 90 年代中期以后。1993 年国际电工委员会（IEC）正式颁布了可编程控制器的国际标准 IEC 61131，其中的关于编程语言的标准，规范了可编程控制器的编程语言及其基本元素，是全世界控制工业第一次制定的有关数字控制软件技术的编程语言标准。IEC 61131-3 允许在同一个 PLC 中使用多种编程语言，允许程序开发人员对每一个特定的任务选择最合适的编程语言，还允许在同一个控制程序中不同的软件模块用不同的编程语言编制。随着可编程序控制器国际标准 IEC61131 的逐步完善和实施，使得 PLC 真正走入了一个开放性和标准化的时代。

3.1.4 PLC 的特点

PLC 专为工业控制应用而设计，从出现开始就受到了广大工程技术人员的欢迎。20 世纪 90 年代开始后，PLC 不单单应用在电气顺序控制系统中使用，也被广泛地在流程工业自动化系统中使用，即使在现场总线控制和工业以太网系统，PLC 作为控制器也是其中的主角，这和 PLC 自身所具备的特点是紧密相关的。

（1）编程方法简单易学。PLC 是面向底层用户的智能控制器，其最初的目的就是要取代继电器逻辑，设计者充分考虑到现场工程技术人员的技能和习惯，编程语言采用了和传统控制系统中电气原理图类似的梯形图语言，熟悉继电器电路图的电气技术人员只需几天时间就可以熟悉梯形图语言，并能用来编制数字量控制系统的用户程序。

（2）功能强，性能价格比高。一台小型 PLC 内有成百上千个可供用户使用的编程元件，可以实现非常复杂的控制功能，与相同功能的继电器系统相比，具有很高的性能价格比。PLC 可以通过通信联网，实现分散控制、集中管理。

（3）硬件配套齐全，用户使用方便，适应性强。PLC 产品已经标准化、系列化、模块化，配备有品种齐全的各种硬件装置供用户选用，用户能灵活方便地进行系统配置，组成不同功能、不同规模的系统。PLC 有较强的带负载能力，可以直接驱动大多数电磁阀和中小型交流接触器，方便使用。硬件配置确定后，通过修改用户程序可以方便快速地适应工艺条件的变化。

（4）可靠性高，抗干扰能力强。PLC 用软元件代替继电器和时间继电器，仅剩下与输入和输出有关的少量硬件器件。与继电器控制系统相比减少了硬件触点和接线，大大降低了因触点接触不良造成的故障。PLC 使用了一系列硬件和软件抗干扰措施，具有很强的抗干扰能力，平均无故障时间达到数万小时以上，可以直接用于有强烈干扰的工业现场，被广大用户公认为最可靠的工业控制设备之一。

（5）维修工作量小，维修方便。PLC 的故障率很低，有完善的故障诊断功能。PLC 或外部的输入装置和执行机构发生故障时，可以根据信号模块的发光二极管或编程软件提供的信息，方便快速地查明故障的原因，用更换模块的方法可以迅速地排除故障。

（6）体积小，能耗低。复杂的继电器控制系统使用 PLC 后，可以减少大量的电气器件，PLC 的体积较小，因此可以将传统开关柜的体积缩小到原来的 1/10 以上，节省大量的费用。另一方面，PLC 控制系统因为器件的减少，比继电器控制减少了大量的接线，节省了控制柜内安装接线的工作量，提高了效率。

（7）丰富的网络化功能。信息技术的发展，促进了 PLC 的网络通信技术，网络控制是当前控制系统和 PLC 技术发展的潮流。新型的 PLC 具备以太网等通信接口，加强了 PLC 的联网能力，实现工厂信息化。

（8）使用灵活、应用广泛。利用 PLC 既可以进行简单系统控制，也可以构成 DCS、FCS 等控制系统，其应用涉及了石油、化工、电力、建材、建筑、钢铁、机械制造、汽车交通、轻纺、建筑、文化娱乐等各个行业。

（9）智能化、模块化发展。为更好满足工业自动化控制系统的需要，PLC 厂家先后开发了不少新器件和模块，如智能 I/O 模块、远程 I/O 模块、温度专用模块和检测 PLC 外部故障的专用智能模块等，大大增强了 PLC 的应用范围和功能，还提高了系统的可靠性。

3.2 PLC 的基本结构与工作原理

3.2.1 PLC 的基本结构

3.2.1.1 硬件构成

PLC 硬件系统主要是由 CPU、电源、存储器和专门设计的输入/输出接口电路等组成，PLC 的结构框图如图 3-1 所示。

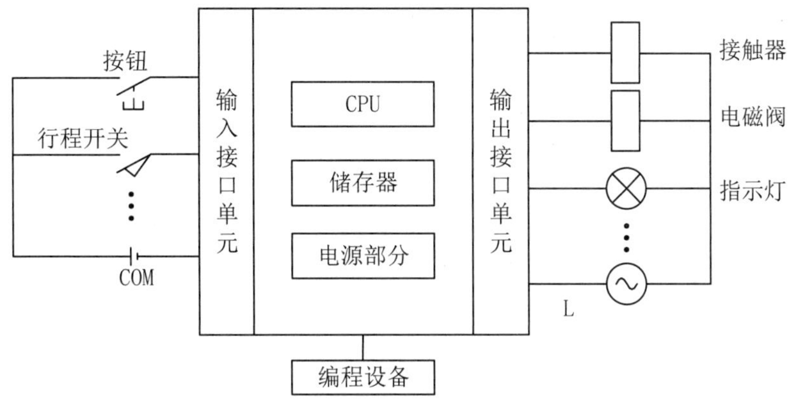

图 3-1　PLC 结构框图

（1）中央处理单元。中央处理单元（CPU）一般由控制器、运算器和寄存器组成，这些电路都集成在一个芯片内。CPU 通过数据总线、地址总线和控制总线与存储单元、输入/输出接口电路相连接。

CPU 是 PLC 的核心，它按 PLC 中系统程序赋予的功能控制 PLC 有条不紊地进行工作。用户程序和数据事先存至存储器中，当 PLC 处于运行方式时，CPU 按循环扫描的工作方式执行用户程序。

（2）存储器。存储器是具有记忆功能的半导体电路，用来存放系统程序、用户程序、逻辑变量和其他一些信息。在 PLC 中使用的存储器有两种类型：只读存储器 ROM 和随机存储器 RAM。

只读存储器 ROM 用以存放系统程序。系统程序根据 PLC 功能而不同，生产厂家在 PLC 出厂前已将其固化在只读存储器 ROM 或 PROM 中。

随机存储器 RAM（又称用户存储器）包括用户程序存储区及工作数据存储区。RAM 中一般存放以下内容：用户程序存储区存放用户程序，数据存储区则包括存储各输入状态采样、输入/输出映像寄存器区、定时器/计数器的设定值和现行值存储区、各种内部编程元件（内部辅助继电器、计数器、定时器等）的状态及特殊标志位存储区、存放暂存数据和中间运算结果的数据寄存器区等。

（3）输入输出接口。输入输出接口是 PLC 与被控设备相连接的通路。用户设备需输入各种信号，如限位开关、操作按钮、选择开关、行程开关以及其他一些传感器输出的开关量或模拟量等，通过输入接口电路将这些信号转换成中央处理单元能够接收和处理的信号；输出接口电路能将中央处理单元送出的控制信号转换成现场需要的电信号输出，以驱动电磁阀、接触器、电动机等被控设备的执行元件。

1）输入接口电路。通常 PLC 的输入类型可以是直流、交流或交直流信号，输入电路的电源可由外部供给，也可由 PLC 自身的电源提供。从图 3-2 中可以看到，不论是直流输入电路还是交流输入电路，输入信号最后都是通过光电耦合器件传送给内部电路的，采用光电耦合电路与现场输入信号相连，这样可以防止现场的强电干扰进入 PLC。

2）输出接口电路。输出接口电路通常有三种类型：继电器输出型、晶体管输出型和晶闸管输出型，如图 3-3 所示。每种输出电路都采用电气隔离技术，电源都由外部提供，输出电流一般为 0.5～2A，这样的负载容量一般可以直接驱动一个常用的接触器线圈或电磁阀。

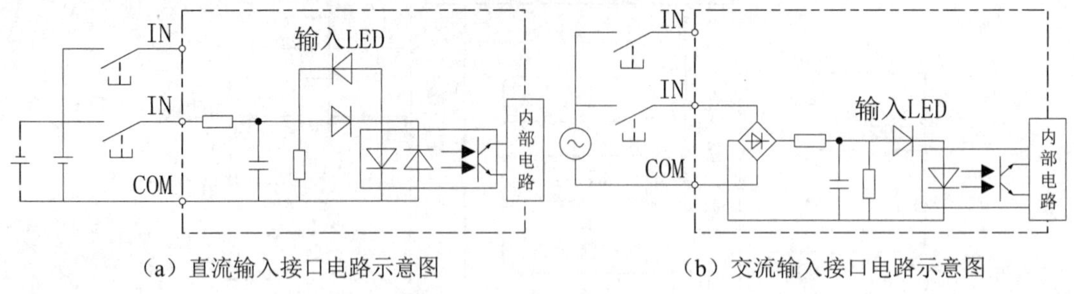

（a）直流输入接口电路示意图　　（b）交流输入接口电路示意图

图 3-2　PLC 输入接口电路

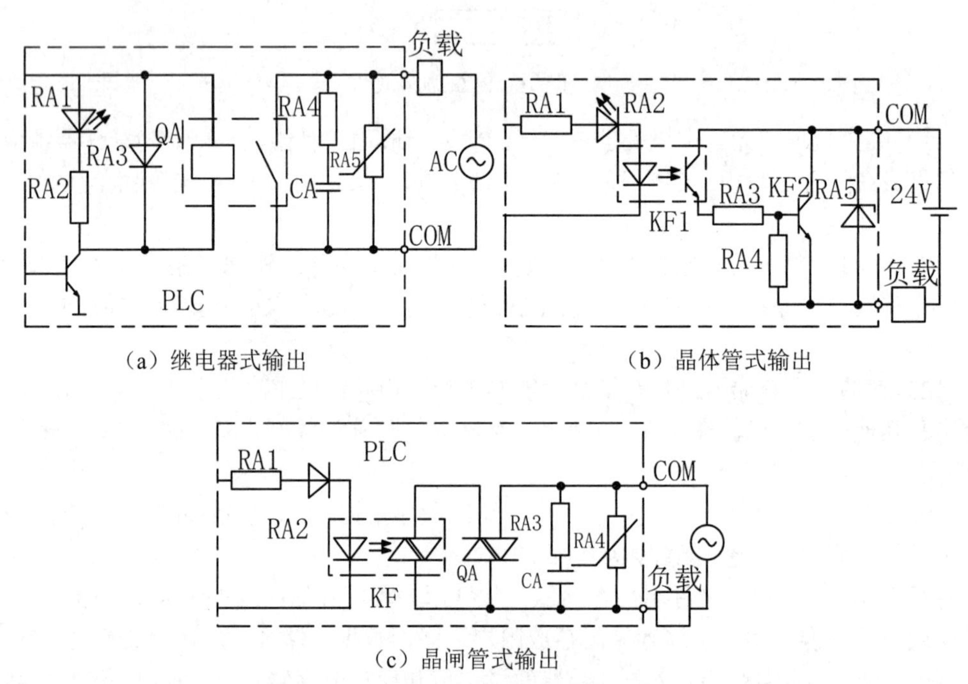

（a）继电器式输出　　（b）晶体管式输出

（c）晶闸管式输出

图 3-3　PLC 开关输出接口电路原理图

继电器输出类型接口电路原理如图 3-3（a）所示，它的输出接口可使用交流或直流两种电源，其输出信号的通断频率不能太高。对于 PLC 来说，所谓的继电器输出就是由一些电子器件电路组成的有记忆功能的寄存器，在外部提供了一对物理触点。当输出继电器为“1”状态时，该物理触点闭合；当输出继电器为“0”状态时，物理触点打开，使用这一对触点就能实现对外部负载的驱动控制。

晶体管类型的 PLC 输出，如图 3-3（b）所示，其输出接口的通断频率较高，适合在运动控制系统（例如步进电动机等）中使用，只能使用直流电源。

晶闸管类型的 PLC 输出，如图 3-3（c）所示，适用于对输出接口的通断频率要求较高的场合，其电源可以为交流电源，现在这种接口使用较少。

为使 PLC 避免受瞬间大电流的作用而损坏，输出端外部接线必须采用保护措施：一是输入和输出公共端接熔断器；二是采用保护电路，对交流感性负载，一般用阻容吸收回路，对直流感性负载用续流二极管。

（4）通信接口。PLC 的通信接口用于 PLC 与计算机、PLC、变频器、触摸屏等智能设备之间的连接，以实现 PLC 与智能设备之间的数据传送。

（5）编程器。编程器用作用户程序的编制、编辑、调试和监视，编程器的结构形式主要有两种。一种是 PLC 专用编程器，有手持式或台式等形式，具有编辑程序所需的显示器、键盘及工作方式设置开关；另一种 PLC 编程器是基于个人计算机系统的编程系统，在通用计算机系统中，配置 PLC 的编程及监控软件。

（6）电源部分。电源部件将交流电源转换成供 PLC 的中央处理器、存储器等电子电路工作所需要的直流电源，使 PLC 能正常工作。PLC 一般使用 220V 的交流电源或 24V 直流电源，内部的开关电源为 PLC 的中央处理器、存储器等电路提供 5V、12V、24V 等直流电源，整体式的小型 PLC 还提供一定容量的直流 24V 电源，供外部有源传感器使用。

电源部件的位置形式可有多种，对于整体式结构的 PLC 通常把电源封装到机壳内部，对于模块式 PLC 则多数采用单独的电源模块。

（7）扩展接口。扩展接口用于将扩展单元或功能模块与基本单元相连，使 PLC 的配置更加灵活，以满足不同控制系统的需要。

3.2.1.2 PLC 的软件系统

可编程控制器由硬件系统组成，由软件系统来支持，硬件和软件共同构成了可编程控制器系统。PLC 的软件系统可分为系统程序和用户程序两大部分。

（1）系统程序。系统程序是用来控制和完成 PLC 各种功能的程序，这些程序是由 PLC 制造厂家用相应 CPU 的指令系统编写的，并固化到 ROM 中。它包括管理程序、用户指令解释程序和供系统调用的标准程序模块等。

系统管理程序的主要功能是运行时序分配管理、存储空间分配管理和系统自检等；用户指令解释程序将用户编制的应用程序翻译成机器指令，以供 CPU 执行；标准程序模块具有独立的功能，使系统只需调用输入/输出、特殊运算等程序模块即可完成相应的具体工作。

（2）用户程序。用户程序是用户根据工程现场的生产过程和工艺要求，自行编制的应用程序，实现一定的控制任务。用户程序随着 PLC 的发展而功能越来越多，主要包括开关量逻辑控制程序、模拟量控制程序、运动控制程序、通信处理程序、工作站初始化程序等。

3.2.2 PLC 的性能指标

一般从以下几方面来表示 PLC 的性能指标：

（1）I/O 总数。I/O 总数是用来衡量 PLC 接入信号和可连接输出信号数量的。PLC 的输入/输出信号有开关量和模拟量两种，其中开关量用最大 I/O 点数来表示的，模拟量是用最大 I/O 通道数和转换精度来表示的。

（2）存储器容量。存储器容量是用来衡量可存储用户应用程序多少的指标，通常以字或 K 字为单位，每 1024 个字为 1K 字。PLC 中通常以字为单位来存储指令和数据，一般的逻辑操作指令每条占 1 个字，定时器、计数器移位操作等指令占 2 个字，而数据操作指令占 2～4 个字。

（3）扫描时间。PLC 的扫描周期包括上电后初始处理、通信处理、外设服务、运算处理、I/O 刷新等。PLC 执行一次上述任务的扫描操作所需的时间称为扫描周期，典型值约为 1～100ms。随着 CPU 的处理能力增强，PLC 的扫描速度也逐步提高。

（4）内部寄存器的种类和数量。内部寄存器用于存放变量的状态、中间结果、数据等，还提供大量的辅助寄存器，如定时器/计数器、移位寄存器、状态寄存器等，以便用户编程时使用。一般来说，内部寄存器的种类和数量越多，PLC 实现功能越强。

（5）通信能力。通信能力是 PLC 之间或 PLC 与外部设备之间的数据传送及交换能力，是实现工厂信息化的必要条件。目前的 PLC 都配有 1～2 个串行通信端口，在新型的 S7-1200 PLC 上还配有 1～2 个以太网通信接口。

3.2.3 PLC 的分类

3.2.3.1 按 I/O 点数对 PLC 分类

可将 PLC 分为三类，即小型机、中型机和大型机。

（1）小型机。小型 PLC 一般以处理开关量逻辑控制为主，其 I/O 点数一般在 128 点以下，用户程序存储器容量在 4K 左右。

现在的小型 PLC 还具有较强的通信能力和一定量的模拟量处理能力。这类 PLC 的特点是价格低廉、体积小巧，适合于控制单机设备和开发机电一体化产品。常见的小型 PLC 产品有三菱公司的 F1、F2 和 FX0，欧姆龙 CPM*系列、西门子公司的 S7-200 系列和施耐德电气公司的 NEZA 系列等。

（2）中型机。中型 PLC 的 I/O 点数在 256 点以内，用户程序存储器容量达到 8K 字左右。中型 PLC 不仅具有开关量和模拟量的控制功能，还具有更强的数字计算能力，它的通信功能和模拟量处理功能更强大，中型机适用于更复杂的逻辑控制系统以及连过程控制场合。常见的机型有三菱公司的 A1S 系列，立石公司（欧姆龙）的 C200H、C500，西门子公司的 S7-300 等。

（3）大型机。大型 PLC 的 I/O 点数在 2048 点以上，用户程序储存器容量达到 16K 以上，其性能已经与工业控制计算机相当，它具有计算、控制和调节功能，还具有强大的网络结构和通信联网能力，有些大型 PLC 还具有冗余能力。由于大型 PLC 具有比中小型 PLC 更强大的功能，因此一般用于大规模过程控制、分布式控制系统和工厂自动化网络等场合，如三菱公司的 A3M、A3N，立石公司的 C100H、C2000H，AB 公司的 PLC-5 以及西门子公司 S5-135U、S5-155U、S7-400 等都属于大型 PLC。

3.2.3.2 按结构形式对 PLC 分类

根据结构形式的不同，PLC 主要可分为整体式和模块式两类。

（1）整体式结构。整体式结构的特点是将 PLC 的基本部件，如 CPU 板、输入/输出接口、电源板等紧凑地安装在一个标准机壳内，构成一个整体，组成 PLC 的一个基本单元（主机）。微型和小型 PLC 一般为整体式结构，西门子的 S7-200 系列 PLC，三菱的 F1、F2 系列 PLC，欧姆龙的 CPM1A、CPM2A 系列 PLC 都属于这种形式，它们都属于小型可编程控制器。必须指出，小型可编程控制器结构的最新发展也开始吸收模块式结构的特点。各种不同点数的可编程控制器都做成同宽、同高、不同长度的模块，几个模块装起来后就成了一个整齐的长方体结构。

（2）模块式结构。模块式结构的 PLC 由一些模块单元构成，这些标准模块有 CPU 模块、输入模块、输出模块、电源模块和各种功能模块等。像堆积木一样，使用时将这些模块插在框架上或基板上即可。各模块功能是独立的，外形尺寸是统一的，可根据需要灵活配置。中、大型 PLC 多采用模块式结构，这也是大中型 PLC 要处理大量的 I/O 点数的性质所决定的，因为数百、上千个 I/O 点不可能集中在一个整体装置上，如 S7-400 系列 PLC 等。

3.2.3.3 按功能对 PLC 分类

根据 PLC 所具有的功能不同，可将 PLC 分为低档、中档、高档三类。

（1）低档 PLC，具有逻辑运算、定时、计数、移位以及自诊断、监控等基本功能，还可有少量模拟量输入/输出、算术运算、数据传送和比较、通信等功能。主要用于逻辑控制、顺序控制或少量模拟量控制的单机控制系统。

（2）中档 PLC，除具有低档 PLC 的功能外，还具有较强的模拟量输入/输出、算术运算、数据传送和比较、数制转换、远程 I/O、子程序、通信联网等功能。有些还可增设中断控制、PID 控制等功能，适用于复杂控制系统。

（3）高档 PLC，除具有中档机的功能外，还增加了带符号算术运算、矩阵运算、平方根运算及其他特殊功能函数的运算、制表及表格传送功能等。高档 PLC 机具有更强的通信联网功能，可用于大规模过程控制或构成分布式网络控制系统，实现工厂自动化。

3.2.4 PLC 的工作原理

本质上来说，PLC 是一种工业计算机，其工作原理是建立在计算机工作原理基础上的，CPU 采用分时操作方式来处理任务，即每一时刻只能处理一件事情，程序的执行是按照顺序依次执行，这种分时操作过程称为 PLC 对程序的扫描，扫描一次所用的时间称为扫描周期。

PLC 采用循环扫描的工作方式，在 PLC 中，用户程序按先后顺序存放，如 CPU 从第一条指令开始执行程序，直至遇到结束符后又返回第一条，如此周而复始地不断循环。

3.2.4.1 PLC 工作过程

PLC 工作过程可分为三部分。

第一部分是上电初始化。上电后 PLC 系统进行一次初始化，包括硬件初始化，I/O 模块配置检查，停电保持设定，系统通信参数配置及其他初始化处理等。

第二部分是扫描过程。PLC 上电处理阶段完成以后进入扫描工作过程。先完成输入处理，其次完成与其他外设的通信处理，再进行时钟、特殊寄存器更新；当 CPU 处于 STOP 方式时，转入执行自诊断检查；当 CPU 处于 RUN 方式时，还要完成用户程序的执行和输出处理，再转入执行自诊断检查。

第三部分是诊断检查处理。PLC 每扫描一次，执行一次自诊断检查，确定 PLC 自身的动作是否正常，如 CPU、电池电压、程序存储器、I/O 通信等是否异常或出错。当出现致命错误时，CPU 被强制为 STOP 方式，所有的扫描便停止。

PLC 经过这 3 个阶段的工作过程，则称为一个扫描周期。在不考虑通信处理时，扫描周期 T 的大小为：T=（读入点时间×输入点数）+（运算速度×程序步数）+（输出点时间×输出点数）+故障诊断时间。

3.2.4.2 PLC 的扫描过程

PLC 在扫描过程完成自动控制任务，大致可以分为三个阶段：输入采样、用户程序执行和输出刷新，如图 3-4 所示。

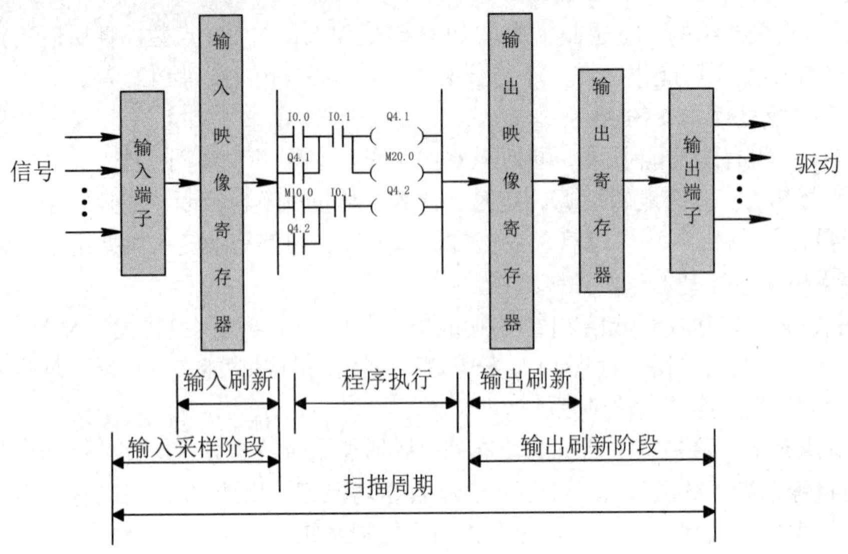

图 3-4　PLC 的扫描过程

（1）输入采样阶段。

在输入采样阶段，PLC 按顺序逐个采集所有输入端子上的信号，不论输入端子上是否接线，CPU 顺序读取全部输入端，将所有采集到的一批输入信号写入到输入映像寄存器中在当前的扫描周期内，用户程序依据的输入信号状态均从输入映像寄存器中去读取，而不管此时外部输入信号的状态是否变化。即使此时外部输入信号的状态发生了变化，也只能在下一个扫描周期的输入采样扫描阶段去读取。

对于这种采集输入信号的批处理，虽然严格上说每个信号被采集的时间有先有后，但由于 PLC 的扫描周期很短，对于一般工程项目来说可以认为是实时输入的，对要求严格的场合则需要采用立即读入指令。

（2）程序执行阶段。

在执行用户程序阶段，CPU 对用户程序按顺序进行扫描。如果程序用梯形图表示，则总是按先上后下，从左至右的顺序进行扫描。每扫描到一条指令，所需要的输入信息的状态均从输入映像寄存器中去读取，而不是直接使用现场的立即输入信号。对其他信息，则是从 PLC 的元件映像寄存器中读取。

在执行用户程序过程中，每一次运算的中间结果都立即写入元件映像寄存器，这样该元件的状态立即就可以被后面将要扫描到的指令所利用。对输出继电器的扫描结果，也不是立即去驱动外部负载，而是将其结果写入输出映像寄存器中，待输出刷新阶段集中进行批处理，所以执行用户程序阶段也是集中批处理过程。在这个阶段，除了输入映像寄存器外，各个元件映像寄存器的内容是随着程序的执行而不断变化的。

（3）输出刷新阶段。

在用户程序执行完毕后，元件映像寄存器中所有输出继电器的状态在输出刷新阶段一起转存到输出锁存器中，通过一定方式集中输出，最后经过输出端子驱动外部负载。

在下一个输出刷新阶段开始之前，输出锁存器的状态不会改变，从而相应输出端子的状态也不会改变。

3.2.4.3 PLC对输入/输出的处理原则

PLC在输入/输出处理方面必须遵守的一般原则：

（1）输入映像寄存器中的数据，是在输入采样阶段将扫描到的输入信号的状态集中写进去的，在本扫描周期其他阶段中，它不随外部输入信号的变化而变化。

（2）输出映像寄存器的状态，是由用户程序中输出指令的执行结果来决定，输出锁存器中的数据是在输出刷新阶段，从输出映像寄存器集中写进去的。

（3）输出端子的输出状态，是由输出锁存器中的数据确定的，在输出阶段统一更新。

（4）执行用户程序时所需的输入、输出状态，是从输入映像寄存器和输出映像寄存器中读出的。

3.2.4.4 PLC的立即输入/输出形式

PLC的输入/输出形式有两种，一种是集中输入/输出方式，一种是立即输入/输出方式。

（1）集中输入/输出方式。集中输入是指每个扫描周期开始时对所有输入信号的采样过程，集中输出方式是指在用户程序执行结束后刷新所有输出的过程。每个扫描周期内的输入采样和输出刷新阶段使用集中方式，在其他阶段不会被更新。

（2）立即输入/输出指令的方式。为了加快实时性，PLC 允许采用立即输入/输出指令，直接从输入端子采集消息或将输出结果立即进行刷新。

1）立即输入。执行立即输入指令时，CPU将中断当前程序的执行过程，直接从输入端子上采集相应点的状态信息供程序使用，采集结束后恢复程序的扫描过程。立即输入指令不会改变输入映像寄存器的当前信息，立即输入过程结束后也不会对输入映像寄存器的内容进行刷新。可见，输入映像寄存器的当前信息是在集中输入阶段得到的，在整个扫描周期内保持不变。

2）立即输出。执行立即输出指令时，在更新输出映像寄存器内容的同时，PLC中断当前程序的执行，将运算结果立即写入相应的输出锁存器，以驱动外部负载，完成该工作后恢复程序的执行过程。

需要注意的是，从实时性的角度来看，立即输入/输出方式能提高某些输入输出点的实时性，但无疑延长了扫描周期的时间。可以认为，这些点实时性的提高是以牺牲其他点的实时性为代价的。如果过多地使用立即输入/输出方式，那么将大大增加扫描周期的时间，不仅不能提高I/O点的实时性，相反可能会使实时性降低。

3.3 S7-1200 PLC的硬件组成

3.3.1 S7-1200 PLC产品定位

西门子最早的小型PLC产品是在上世纪末推出的S7-200 CPU21*系列的PLC，但很快就被CPU22*系列的产品所取代了。此后西门子推出S7-300/400，西门子S7-300是中小型PLC，S7-400是大型PLC。由于技术和工业控制的发展，2009年，在西门子SIMITIC系列产品中推出了性能卓越的新一代可编程控制器S7-1200，作为替代S7-200的产品，S7-1200 CPU适应现在工业控制对小型PLC的需求和未来的发展，代表了下一代PLC的发展方向。

S7-1200瞄准的是中低端小型PLC产品线，硬件结构由紧凑模块化结构组成，S7-1200涵盖了S7-200的原有功能并且新增了许多功能，系统I/O点数、内存容量、通信功能、可扩充能力均比 S7-200 大大提高，充分满足市场对小型 PLC 的需求。

S7-1200 和 S7-300/400 可以在西门子推出的 TIA 编程软件里开发相同的一个项目，可以对项目的 S7-1200、S7-300/400 和 WinCC 进行集成。在 S7-1200 系列产品之上，西门子又升级推出新一代大型 PLC S7-1500，集成了丰富运动控制、工业信息安全和故障安全功能，形成了全新的西门子 PLC 系列即 S7-1200/1500 产品，并且共用相同的编程、集成软件。

西门子系列产品的应用场合有所不同，不同类型产品具备各自的特点，在使用中应该根据情况加以选择，见表 3-1。

表 3-1　西门子系列产品的应用场合和使用特征

SIMATIC 控制器	主要任务和性能特征
LOGO！用于开关和控制的逻辑模块	简单自动化：作为时间继电器、计数器和辅助接触器替代开关设备；模块化设计，柔性应用；数字量、模拟量和通信模块；使用拖放功能的智能电路图开发；用户界面友好，配置简单
SIMATIC S7-200 经济的微型 PLC	串行模块结构、模块化扩展：紧凑设计，CPU 集成输入/输出；实时处理能力，高速计数器和报警输入和中断；易学好用的工程软件；多种通信选项
SIMATIC S7-1200 紧凑型控制器模块	可升级灵活的设计：集成了 PROFINET 接口；集成有强大的计数、测量、闭环控制以及运动控制功能
SIMATIC S7-300 主要面向制造工程的系统解决方案	通用性应用和丰富的 CPU 及模块种类：高性能；模块化设计；具备紧凑设计模块；使用 MMC（微存储卡）储存数据和程序，系统免维护
SIMATIC S7-400 面向制造和过程工业的强力 PLC	特别高的处理和通信能力：定点加法或乘法的指令执行速度最快仅 0.03μs；大型 I/O 框架和最高 20MB 主内存；快速响应，强实时性，垂直集成；支持热插拔和在线修改 I/O 配置，避免重启；具备等时模式可通过 PROFIBUS 控制高速机器

3.3.2　S7-1200 PLC 的硬件结构

S7-1200 主要由 CPU 模块、信号板、信号模块、通信模块和编程软件组成，各种模块安装在标准导轨上，S7-1200 外观及面板如图 3-5 所示。

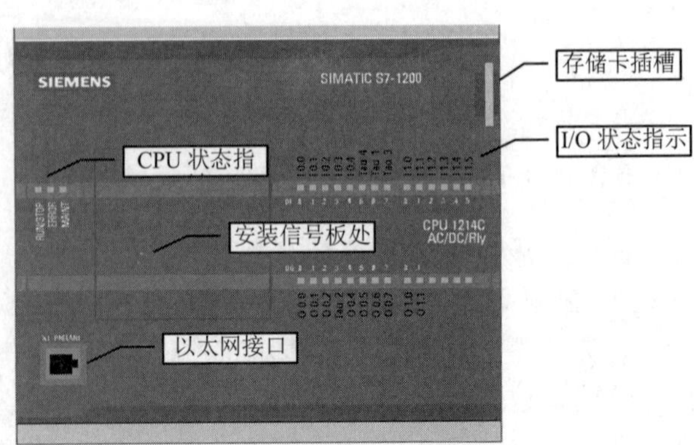

图 3-5　S7-1200 外形与面板

3.3.2.1 CPU 模块

CPU 将微处理器、集成电源、输入电路和输出电路组合到一个设计紧凑的外壳中以形成功能强大的 PLC，CPU 提供一到两个 PROFINET 端口，集成的 PROFINET 以太网接口用于与编程计算机、HMI（人机界面）、其他 FLC 的通信。此外它还通过开放的以太网协议支持与第三方设备的通信，还可使用通信模块通过 RS485 或 RS232 网络通信。

S7-1200 CPU 集成有 6 个高速计数器，其中 3 个的最高输入频率为 100kHz，另外 3 个为 30 kHz，还集成了两个 100KHZ 的高速脉冲输出，可以输出脉冲宽度调制（PWM）信号。S7-1200 集成了至少 25KB 的工作存储器（根据具体型号而不同）、最多 2MB 的装载存储器和 2 KB 的掉电保持存储器，使用存储卡最多可以扩展 24MB 装载存储器。

在 S7-1200 PLC 的面板上，有 CPU 状态指示灯、I/O 状态指示灯、信号板、以太网口及存储卡插槽等。

目前西门子公司生产的典型 S7-1200 系列 PLC 有 CPU1211C、CPU1212C、CPU1214C、CPU1215C、CPU1217C，各型号的典型特征值（根据具体订货号而存在差异）见表 3-2。

表 3-2 S7-1200 系列 CPU 类型

<table>
<tr><td colspan="2">特征</td><td>CPU 1211C</td><td>CPU1212C</td><td>CPU 1214C</td><td>CPU 1215C</td><td>CPU 1217C</td></tr>
<tr><td colspan="2">物理尺寸/mm</td><td colspan="2">90×100×75</td><td>110×100×75</td><td>130×100×75</td><td>150×100×75</td></tr>
<tr><td rowspan="3">用户储存器</td><td>工作</td><td>50KB</td><td>75KB</td><td>100KB</td><td>125KB</td><td>150KB</td></tr>
<tr><td>负载</td><td>1MB</td><td>2MB</td><td colspan="3">4MB</td></tr>
<tr><td>保持性</td><td colspan="5">10KB</td></tr>
<tr><td rowspan="2">本地板载 I/O</td><td>数字量</td><td>6 个输入/4 个输出</td><td>8 个输入/6 个输出</td><td colspan="3">14 个输入/10 个输出</td></tr>
<tr><td>模拟量</td><td colspan="3">2 路输入</td><td colspan="2">2 点输入/2 点输出</td></tr>
<tr><td>过程映像</td><td>输入（I）</td><td colspan="5">1024 个字节</td></tr>
</table>

3.3.2.2 信号板

每块 CPU 内可以安装一块信号板（Signal Board，SB），信号板模块上可以有数字量输入输出和模拟量输入输出接口，通过信号板可以给 CPU 增加 I/O。几种信号板见表 3-3。

表 3-3 S7-1200 信号板类型

信号板型号	SB1221DC，200kHz	SB1222DC，200kHz	SB1223DC/DC，200kHz	SB1223DC/DC
24V 输入输出点	DI4x24VDC	DQ4x24VDC 0.1A	DI2x24VDC/DQ 2x24V DC0.1A	DI2x24VDC/DQ2x24 V DC0.5A
5V 输入输出点	DI4x5VDC	DQ4x5VDC 0.1A	DI2x5VDC/DQ2x5V DC 0.1A	AQ1x12Bit± 10VDC/0-20mA

3.3.2.3 信号模块

信号模块安装在 CPU 模块的右边，扩展能力强的 1200 CPU 可以扩展多达 8 个信号模块，通过增加信号模块，可以实现增加 PLC 数字量和模拟量输入/输出点。

S7-1200 常用的数字量信号输入/输出模块信号类型见表 3-4。

表 3-4　S7-1200 信号模块

信号模块	SM 1221 DC	SM 1221 DC		
数字量输入	DI 8×24V DC	DI 16×24V DC		
信号模块	SM 1222 DC	SM 1222 DC	SM 1222 RLY	SM 1222 RLY
数字量输出	DO 8×24V DC 0.5A	DO 16×24V DC 0.5A	DO 8×RLY 30V DC/250V AC 2A	DO 16×RLY 30V DC/250V AC 2A
信号模块	SM 1223 DC/DC	SM 1223 DC/DC	SM 1223 DC/RLY	SM 1223 DC/RLY
数字量输入输出	DI 8×24V DC/DO 8×24V DC 0.5A	DI 16×24V DC /DO 16×24V DC 0.5A	DI 8×24V DC /DO 8×RLY 30V DC/250V AC 2A	DI 16×24V DC /DO 16×RLY 30V DC/250V AC 2A

S7-1200 模拟量信号输入模块主要类型及特性见表 3-5。

表 3-5　模拟量输入模块的特性

型号	SM 1231 AI 4×13 位	SM 1231 AI 4×13 位	SM 1231 AI 4×13 位
订货号（MLFB）	6ES7 231-4HD30-0XB0	6ES7 231-4HF30-0XB0	6ES7 234-4HE30-0XB0
输入路数	4	8	4
输入类型	电压或电流（差动）：可两个选为一组		
输入范围	±10V，±5V，±2.5V，或 0～20mA		
输入满量程范围（数据字）	-27,648～27,648		
输入过冲/下冲范围（数据字）	电压：32,511～27,649/-27,649～-32,512 电流：32,511～27,649/0～-4864		
输入上溢/下溢（数据字）	电压：32,767～32,512/-32,513～-32,768 电流：32,767～32,512/-4864～-32,768		
精度	12 位+符号位		
最大耐压/耐流	±35V/±40mA		
平滑	无、弱、中或强		
噪声抑制	400、60、50 或 10Hz		
阻抗	≥9MΩ（电压）/250Ω（电流）		
精度（25℃/0～55℃）	满量程的±0.1%/±0.2%		
模数转换时间	625μs（400Hz 抑制）		
共模抑制	40dB，DC 到 60Hz		
工作信号范围	信号加共模电压必须小于+12V 且大于-12V		
电缆长度/m	100m，屏蔽双绞线		

S7-1200 模拟量信号输出模块主要类型及特性见表 3-6。

3.3.2.4　通信模块硬件

S7-1200 提供了具备 RS485 和 RS232 两种接口的通信模块（Communication Module，CM），每个 S7-1200 CPU 最多可以支持 3 个通信模块，通信模块必须被安装在 CPU 的左侧。

表 3-6　模拟量输出模块的特性

型号	SM 1231 AI 4×13 位	SM 1231 AI 4×13 位	SM 1231 AI 4×13 位
订货号（MLFB）	6ES7 231-4HD30-0XB0	6ES7 231-4HF30-0XB0	6ES7 234-4HE30-0XB0
输出路数	2	4	2
类型	电压或电流		
范围	±10V 或 0～20mA		
满量程范围（数据字）	电压：-27，648～27，648；电流：0～27，648		
精度（25℃/0～55℃）	满量程的±0.3%/±0.6%		
稳定时间	电压：300μs（R），750μs（1μF）；电流：600μs（1mH），2ms（10mH）		
负载阻抗	电压：≥1000Ω；电流：≤600Ω		
RUN 到 STOP 时的行为	上一个值或替换值（默认值为 0）		
电缆长度/m	100m，屏蔽双绞线		

3.3.2.5　显示面板

可视化已成为大多数机器设计的标准组件，西门子 SIMATIC HMI 基本型面板提供了用于执行基本操作员监控任务的触摸屏设备，作为友好的人机界面。西门子 SIMATIC HMI 系列面板种类丰富、功能丰富，具有集成的 PROFINET 接口与控制器进行通讯，传输参数设置数据和组态数据。SIMATIC HMI 面板的保护等级为 IP65，能够适应恶劣场所的环境使用。

3.3.2.6　编程软件

SIMATIC STEP 7 Basic 是西门子公司开发的高集成度工程组态系统，与面向任务的 HMI 组态软件 SIMATIC WinCC Basic 集成在一起，也被称为 TIA（Totally Integrated Automation，全集成自动化）Portal，它提供了直观易用的编辑器，用于对 S7-1200 和 SIMATIC 系列面板进行高效组态。除了支持编程以外，STEP 7 Basic 还具有硬件和网络组态、诊断等功能。

3.3.2.7　CPU 电源

CPU 有内部电源用于为 CPU、信号模块、信号板和通信模块供电以及用于满足其他 24 V DC 用户的功率要求。CPU 为信号扩展板、信号模块、信号板和通信模块提供 5V 直流电源，也提供 24 V DC 传感器电源。如果 24 V DC 功率要求超出该传感器电源的预算，则必须增加外部 24 V DC 电源，如果需要外部 24 V DC 电源，该电源不要与 CPU 的传感器电源并联。

例 4-1：某工程项目统计 I/O 点数为 20 个 DI，直流 24V 输入；10 个输出中，8 个继电器输出，两个 DC 输出；一个模拟量输出，一个模拟量输入。

由于数字量 I/O 点数较多，选用 CPU 1214C AC/DC/继电器，订货号为 6ES7 214-1BE30-0XB0。由于需要两个 DC 输出，选用扩展的信号模块 SM1223 8 X DC 24V 输入/8 X DC 24V 输出，订货号为 6ES7 222-1 BF30-0XB0，一路模拟量输入 CPU 自带，一路模拟量输出选用信号板 SB 1232，订货号为 6ES7 232-4HA30-0XB0。

电源的功率计算见表 3-7。

本例中，CPU 为 SM 提供了足够的 5V 电源，为所有的输入和扩展的继电器线圈提供了足够的 DC 24V 电源，不再需要添加额外的电源。

表 3-7 电源的功率计算表

两种电源	DC5V	DC24V
CPU 1214C AC/DC/继电器功率预算	1600mA	400mA
减		
CPU 1214C，14 点输入	-	14*4mA=56mA
1 个 SM 1223，5V 电源	145mA	-
1 个 SM 1223，8 点输入	-	8*4mA=32mA
1 个 SM 1223，8 点继电器输出	-	8*11mA=88mA
总要求	145mA	176mA
等于		
总电流差额	1455mA	224mA

3.3.3 S7-1200 CPU 工作模式

S7-1200 CPU 有三种工作模式：STOP 模式、STARTUP 模式和 RUN 模式。

- 在 STOP 模式下，CPU 不执行任何程序，而用户可以下载项目。
- 在 STARTUP 模式下，CPU 会执行任何启动逻辑，不处理任何中断事件。
- 在 RUN 模式下，重复执行扫描周期，任何时刻都可能发生和处理中断事件。

S7-1200CPU 支持通过暖启动方法进入 RUN 模式。暖启动不包括存储器复位，但通过编程软件可以控制存储器复位，在暖启动时，所有非保持性系统及用户数据都将被初始化。存储器复位将清除所有工作存储器、保持性及非保持性存储区，并将装载存储器内容复制到工作存储器。但存储器复位不会清除诊断缓冲区，也不会清除永久保存的 IP 地址。

可以使用编程软件指定 CPU 的上电模式以及重启方法。该组态项目出现在 CPU“设备配置”的“启动”下。通电后，CPU 将执行一系列上电诊断检查和系统初始化操作，然后 CPU 进入适当的上电模式；检测到的某些错误将阻止 CPU 进入 RUN 模式。CPU 支持以下上电模式：“不重新启动（保持为 STOP 模式）”“暖启动－RUN 模式”和“暖启动－断电前的操作模式”，如图 3-6 所示。

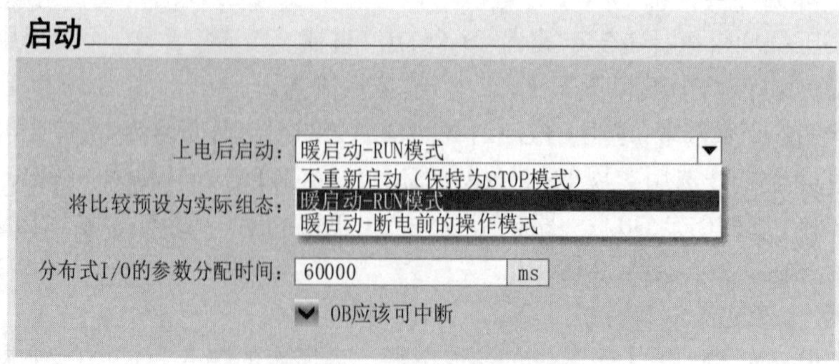

图 3-6 CPU 启动模式设置

在 STARTUP 和 RUN 模式下，CPU 执行图 3-7 所示的任务。

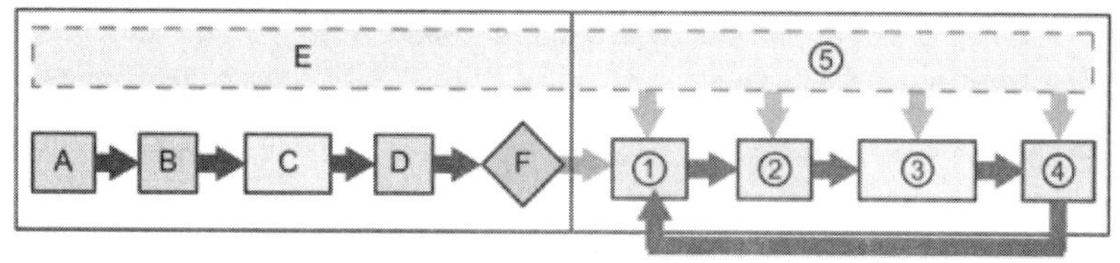

图 3-7　STARTUP 和 RUN 模式下 CPU 运行图

STARTUP 执行顺序：A-清除 I（输入映像）存储区；B-根据组态情况将 Q（输出映像）存储区初始化为零、上一值或替换值；C-将非保持性 M 存储器和数据块初始化为其初始值，并启用组态的循环中断事件和时钟事件，执行启动 OB 块；D-将物理输入的状态复制到 I 存储器；E-将所有中断事件存储到要在进入 RUN 模式后处理的队列中；F-启用 Q 存储器到物理输出的写入操作。

RUN 运行顺序：①将 Q 存储器写入物理输出；②将物理输入的状态复制到 I 存储器；③执行程序循环 OB；④执行自检诊断；⑤在扫描周期的任何阶段处理中断和通信。

RUN 模式下执行特点：

- 在每个扫描周期的开始，从过程映像重新获取数字量及模拟量输出的当前值，然后将其写入到 CPU、SB 和 SM 模块上组态为自动 I/O 更新的物理输出。
- 随后在该扫描周期中，将读取 CPU、SB 和 SM 模块上组态为自动 I/O 更新（默认组态）的数字量及模拟量输入的当前值，然后将这些值写入过程映像。
- 读取输入后，系统将从第一条指令开始执行用户程序，一直执行到最后一条指令。其中包括所有的程序循环 OB 及其所有关联的 FC 和 FB 程序块。

3.4　S7–1200 存储器及其寻址

3.4.1　S7-1200 存储器与数据存储

3.4.1.1　存储器类型

S7-1200 PLC 包括三个基本区域：装载存储器、工作存储器 RAM 和系统存储器 RAM，见表 3-8。

表 3-8　S7-1200 CPU 存储器

装载存储器	动态装载存储器 RAM
	可保持装载存储器 EEPROM
工作存储器	用户程序，如逻辑块、数据块
保持性存储器	过程映像 I/O 表
	位存储器、定时器、计数器
	局域数据堆栈、块堆栈
	中断堆栈、中断缓冲区

（1）装载存储器，用于非易失性地存储用户程序、数据和组态。项目被下载到 CPU 后，

首先存储在装载存储器中。该内部装载存储器的大小取决于所使用的 CPU。该内部装载存储器可以用外部存储卡来替代。如果未插入存储卡，CPU 将使用内部装载存储器；如果插入了存储卡，CPU 将使用该存储卡作为装载存储器。但是，可使用的外部装载存储器的大小不能超过内部装载存储器的大小。

（2）工作存储器，用于在执行用户程序时存储用户项目的某些内容。CPU 会将一些项目内容从装载存储器复制到工作存储器中。该存储区将在断电后丢失，恢复供电时由 CPU 恢复。

（3）保持性存储器，有时称作系统存储器，是 CPU 为用户程序提供的存储器组件，被划分为若干个地址区域。使用指令可以在相应的地址区内对数据直接进行寻址。系统存储器用于存放用户程序的操作数据，例如过程映像输入/输出、位存储器、数据块、局部数据、I/O 输入输出区域和诊断缓冲区等。

在存储器中系统存储区的分配见表 3-9。

表 3-9　保持存储区分配

地址区	说明
输入过程映像 I	输入映像区每一位对应一个数字量输入点，在每个扫描周期的开始，CPU 对输入点进行采样，并将采样值存于输入映像寄存器中，直到下一个输入处理阶段进行更新
输出过程映像 Q	输出映像区的每一位对应一个数字量输出点，在扫描周期的末尾，CPU 将输出映像寄存器的数据传送给输出模块，再由后者驱动外部负载
位存储区 M	用来保存控制继电器的中间操作状态或其他控制信息
局部数据 L	可以作为暂时存储器或给子程序传递参数，局部变量只在本单元有效
数据块 DB	在程序执行过程中存放中间结果，或用来保存与工序或任务有关的其他数据

3.4.1.2　程序数据的存储

S7-1200 CPU 提供了三种类型存储区用于在执行用户程序期间存储数据：

- 全局存储器：CPU 提供了各种专用存储区，其中包括输入、输出和位存储器，所有代码块可以无限制地访问该储存器。
- 数据块（DB）：可在用户程序中加入 DB 以存储代码块的数据。从相关代码块开始执行一直到结束，存储的数据始终存在。全局 DB 存储所有代码块均可使用的数据，而背景 DB 存储特定 FB 的数据并且由 FB 的参数进行构造。
- 临时存储器：只要调用代码块，CPU 的操作系统就会分配要在执行块期间使用的临时或本地存储器。代码块执行完成后，CPU 将重新分配本地存储器，以用于执行其他代码块。

每个存储单元都有唯一的地址，用户程序利用这些地址访问存储单元中的信息。对输入（I）或输出（Q）存储区（例如 I0.3 或 Q1.7）的引用会访问过程映像。要立即访问物理输入或输出，在引用后面添加“:P”，例如 I0.3:P、Q1.7:P，仅向输入或输出强制写入值。表 3-10 为不同存储区的强制性和保持性。

3.4.1.3　系统/时钟存储器的使用

位存储器（M）可以在 PLC 变量表或分配列表中定义位存储器的保持性存储器的大小，是从 MB0 开始向上连续贯穿指定的字节数。使用 CPU 属性可启用系统存储器和时钟存储器的相应字节，程序逻辑可通过这些函数的变量名称来引用它们的各个位。

表 3-10　数据存储的保持性

存储区	说明	强制	保持性
I 过程映像输入	在扫描周期开始时从物理输入复制	否	否
I_:P（物理输入）	立即读取 CPU、SB 和 SM 上的物理输入点	是	否
Q 过程映像输出	在扫描周期开始时复制到物理输出	否	否
Q_:P（物理输出）	立即写入 CPU、SB 和 SM 上的物理输出点	是	否
M 位存储器	控制和数据存储器	否	是（可选）
L 临时存储器	存储块的临时数据，这些数据仅在该块的本地范围内有效	否	否
DB 数据块	数据存储器，同时也是 FB 的参数存储器	否	是（可选）

（1）将 M 存储器的一个字节分配给系统存储器。该系统存储器字节提供了以下四个位，用户程序可通过以下变量名称引用这四个位：

- 首次循环有效：在启动 OB 完成后的第一次扫描期间内，该位设置为 1。
- 诊断状态变化：在 CPU 记录了诊断事件后的一个扫描周期内设置为 1。
- 始终为 1：变量名称“AlwaysTRUE”，该位始终设置为 1。
- 始终为 0：变量名称“AlwaysFALSE”，该位始终设置为 0。

系统存储位的使用可以通过博途软件设置，选择 PLC 设备属性后，在底部巡视窗口的常规属性中单击①系统和时钟存储器，选择②启用系统存储器字节即可，如图 3-8 所示。

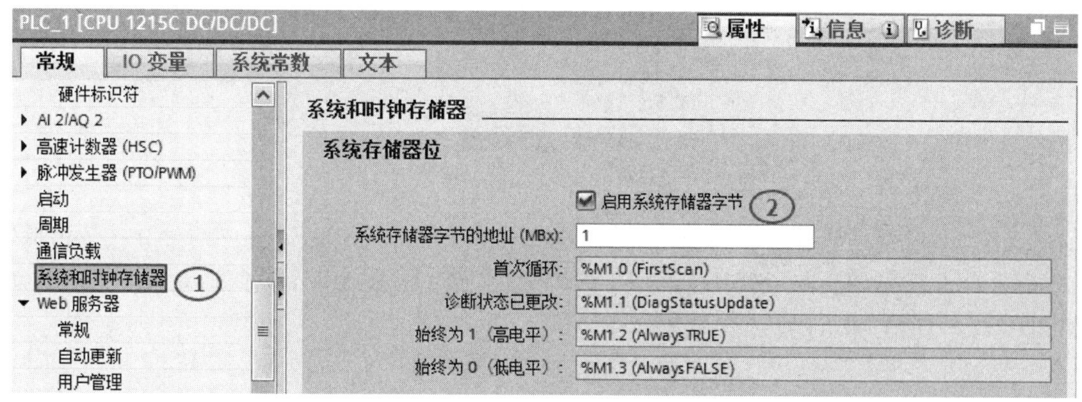

图 3-8　系统存储位的使用

（2）将 M 存储器的一个字节分配给时钟存储器。时钟存储器字节提供了 8 种频率，其范围从 0.5Hz 到 10Hz，这些位可作为控制位或与沿指令结合使用，被组态为时钟存储器的字节中的每一位都可生成方波脉冲。时钟存储位的使用可以通过博途软件设置，选择 PLC 设备属性后，在巡视窗口常规属性中单击①系统和时钟存储器，选择②启用时钟存储器字节即可，如图 3-9 所示。

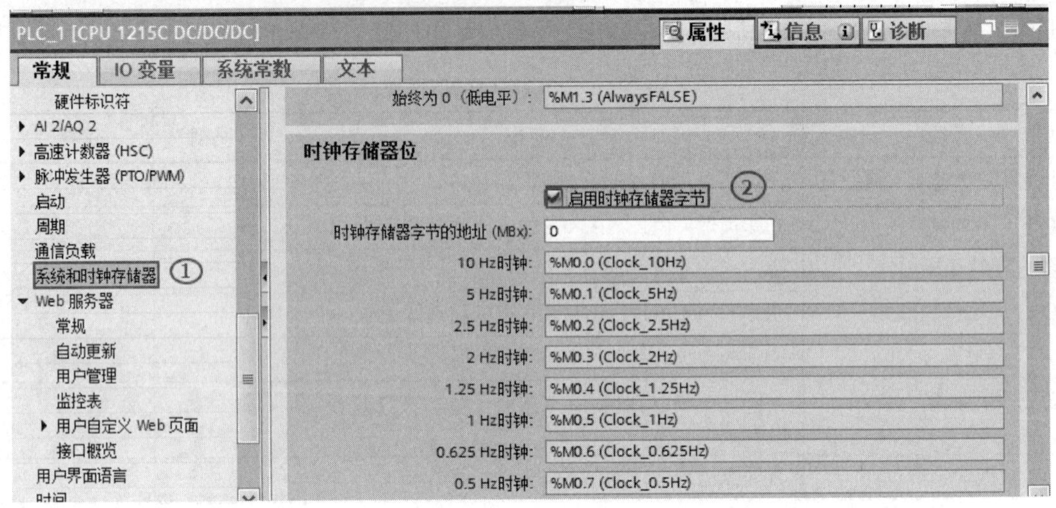

图 3-9　时钟存储位的使用

3.4.2　S7-1200 存储器寻址

3.4.2.1　存储单元形式

每个存储单元都有唯一的地址，可以按位、字节、字或双字访问，如图 3-10 所示。

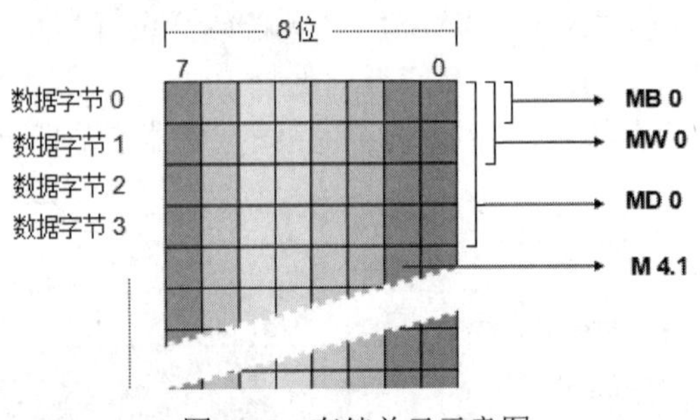

图 3-10　存储单元示意图

二进制数的位是最小单位，8 位二进制数组成 1 个字节（Byte），其中的第 0 位为最低位（LSB）、第 7 位为最高位（MSB）。2 个字节组成 1 个字（Word），2 个字组成 1 个双字（Double Word）。不同存储单元都是以字节为单位。

3.4.2.2　寻址方式

用户为数据地址创建符号名称或“变量”，作为与存储器地址和 I/O 点相关的 PLC 变量或在代码块中使用的变量，用户程序利用这些地址访问存储单元中的信息。要在用户程序中使用这些变量，只需输入指令参数的变量名称。

STEP 7 对数据的访问采用两种形式：直接（绝对）寻址和符号寻址，两种形式的描述方法见表 3-11。

3.4.2.3　绝对寻址方式

绝对地址由以下元素组成：存储区标识符（如 I、Q 或 M）、要访问的数据的大小（“B”表示 Byte、“W”表示 Word 或“D”表示 DWord）、数据的起始地址（如字节 3 或字 3）。

表 3-11　数据寻址方式

寻址方式	表达形式	示例
符号寻址	全局变量用“""”，局部变量用“#”	变量表变量："PLC_Tag_1" 数据块变量："Data_block_1".Tag_1 数据块数组元素："Data_block_1".MyArray[#i]
绝对寻址	绝对地址前加上“%”符号	%I0.0，%MB100

在 LAD 中指定绝对地址时，STEP 7 会为此地址加上“%”字符前缀，以指示其为绝对地址。访问布尔值地址中的位时，仅需输入数据的存储区、字节位置和位的位置，如 Q0.0、Q0.1 或 M3.4。对于 M3.4，M 代表位存储区，3 代表字节序号，通过后面的句点“.”与位地址 4 分隔，在存储区的位置表示如图 3-11 所示。

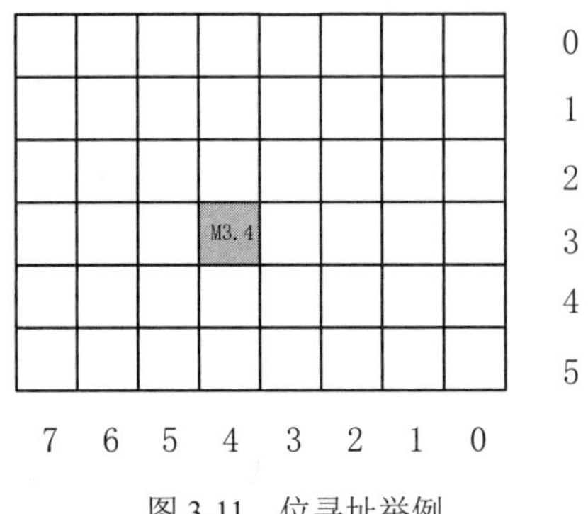

图 3-11　位寻址举例

对于 I、Q、M 类型的存储器都可以按照位、字节、字和双字对存储单元进行寻址，见表 3-12～表 3-15。

表 3-12　I 存储器的绝对地址

位	I[字节地址].[位地址]	I0.1
字节、字或双字	I[大小][起始字节地址]	IB4、IW5 或 ID12

表 3-13　Q 存储器的绝对地址

位	Q[字节地址].[位地址]	Q0.1
字节、字或双字	Q[大小][起始字节地址]	QB5、QW10、QD40

表 3-14　M 存储器的绝对地址

位	M[字节地址].[位地址]	M4.1
字节、字或双字	M[大小][起始字节地址]	MB20、MW30、MD50

表 3-15　DB 存储器的绝对地址

位	DB[数据块编号].DBX[字节地址].[位地址]	DB1.DBX2.3
字节、字或双字	DB[数据块编号].DB[大小][起始字节地址]	DB1.DBB4、DB10.DBW2、DB20.DBD8

在编程时，通过在指令参数中输入变量名称使用这些变量，也可以选择在指令参数中输入绝对操作数（存储区、大小和偏移量）。程序编辑器会自动在绝对操作数前面插入“%”字符。可以在程序编辑器中单击参数显示切换按钮①将视图切换到以下几种视图之一：符号、符号和绝对地址或绝对地址，如图 3-12 所示。

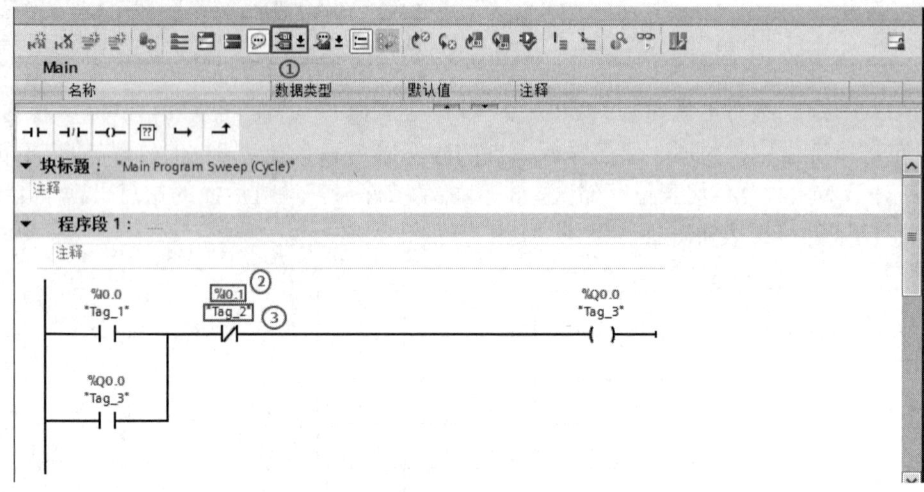

图 3-12　绝对和符号方式寻址的切换

3.5　TIA portal 组态软件的使用

3.5.1　TIA 博途软件介绍

TIA（Totally Integrated Automation）Portal 是全集成自动化软件 TIA Portal 的简称，是西门子工业自动化集团发布的一款全新的全集成自动化软件。TIA Portal 又称为“博途”，寓意全集成自动化的入口。

作为西门子所有软件工程组态包的一个集成组件，博途平台在所有组态界面间提供高级共享服务，向用户提供统一的导航并确保系统操作的一致性。在此共享软件平台中，项目导航、库概念、数据管理、项目存储、诊断和在线功能等作为标准配置提供给用户，统一的软件开发环境由可编程控制器、人机界面和驱动装置组成，有利于提高整个自动化项目的效率。

TIA Portal 分两大部分：SIMATIC Step7 与 SIMATIC WinCC。STEP 7 是用于组态 S7-1200、S7-1500、S7-300/400 和 WinAC 控制器系列的组态软件；WinCC 是可视化软件组态 SIMATIC 面板、SIMATIC 工业 PC 及标准 PC 的工程组态软件。

西门子 TIA Portal 自从 2009 年发布第一款 SIMATIC STEP7 V10.5 以来，历经了 V11、V12、V13，如图 3-13 所示，2016 年推出了 V14 版本，发展到 2017 年最新版本是 V15，有 Basic、Comfort、Advanced、Professional 四个级别。目前应用较多的 TIA Portal V13SP1 和 V13，TIA Portal V13 SP1 又称博途 V13 SP1，包含了 STEP7_Professional V13、WinCC 13 等组件，但这个版本不对 Windows-XP 支持，仅适用于 Win7、Win8 32 位和 64 位操作系统。

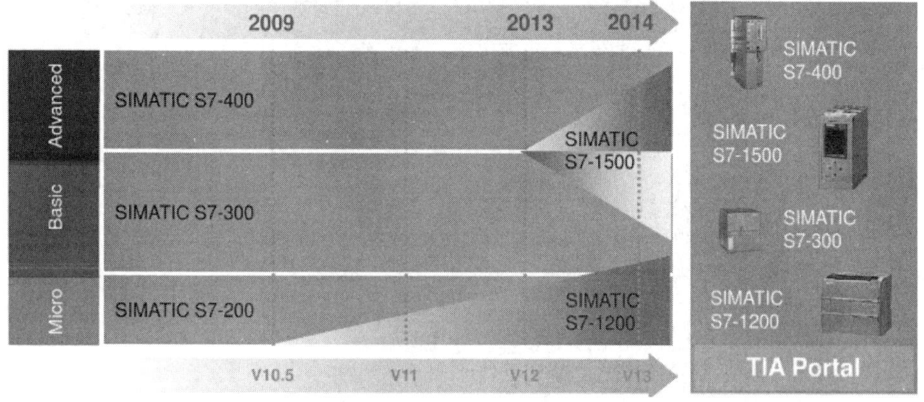

图 3-13 TIA Portal 发展历程

TIA Portal V13 安装软件包中所包括的文件有组态软件 SIMATIC_STEP_7、WinCC V13、SIMATIC_TIAP_V13_UPD4、变频器驱动类组态软件 Startdrive_Standalone_V13 和模拟仿真 PLCSim V13。

SIMATIC Step 7 V13 是基于 TIA 博途平台的全新的工程组态软件，支持 SIMATIC S7-1500、SIMATIC S7-1200、SIMATIC S7-300 和 SIMATIC S7-400 控制器、同时也支持基于 PC 的 SIMATIC WinAC 自动化系统，具有可灵活扩展的软件工程组态能力和性能，能够满足自动化系统的各种要求，可将 SIMATIC 控制器和人机界面设备的已有组态传输到新的软件项目中，使得软件移植任务所需的时间和成本显著减少。

基于 TIA 博途平台的全新 SIMATIC WinCC V13，支持所有设备级人机界面操作面板，包括所有当前的 SIMATIC 触摸型和多功能面板、新型 SIMATIC 人机界面精简及精致系列面板，也支持基于 PC 的 SCADA（监控控制和数据采集）过程可视化系统。

升级包 SIMATIC_TIAP_V13_UPD4：STEP7 V13 和 WinCC V13 的更新版本，安装完成 STEP7 V13 后，在 Automation Software Updater 中可以查找。

3.5.2 博途软件界面视图

博途软件在自动化项目中可以使用两种不同的视图：Portal 视图和项目视图，Portal 视图是面向任务的视图，而项目视图是项目各组件的视图，两种视图间可以进行切换。

3.5.2.1 PORTAL 视图

Portal 视图提供了面向任务的视图，可以快速确定要执行的操作或任务，有些情况下该界面会针对所选任务自动切换为项目视图，Portal 视图如图 3-14 所示。

①任务选项：任务选项为各个任务区提供了基本功能。在 Portal 视图中提供的任务选项取决于所安装的软件产品。

②任务选项对应的操作：此处提供了对所选任务选项可使用的操作。操作的内容会根据所选的任务选项动态变化。

③操作选择面板：所有任务选项中都提供了选择面板，该面板的内容取决于当前的选择。

④切换到项目视图：可以使用“项目视图”链接切换到项目视图。

⑤当前打开的项目的显示区域：在此处可了解当前打开的是哪个项目。

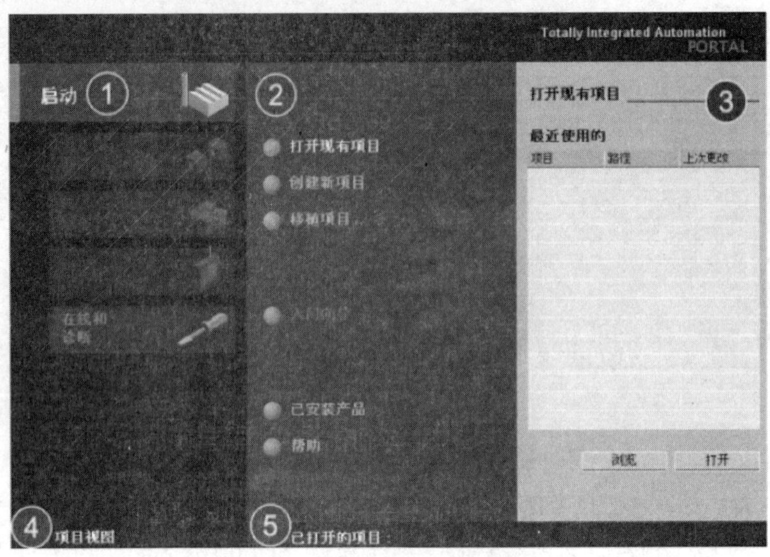

图 3-14　Portal 视图组件

3.5.2.2　项目视图

项目视图是项目所有组件的结构化视图，视图中提供了各种编辑器，可以用来创建和编辑相应的项目组件，图 3-15 显示了项目视图的结构。

①菜单栏：菜单栏包含工作所需的全部命令。

②工具栏：工具栏提供了常用命令的按钮。这提供了一种比菜单更快的命令访问方式。

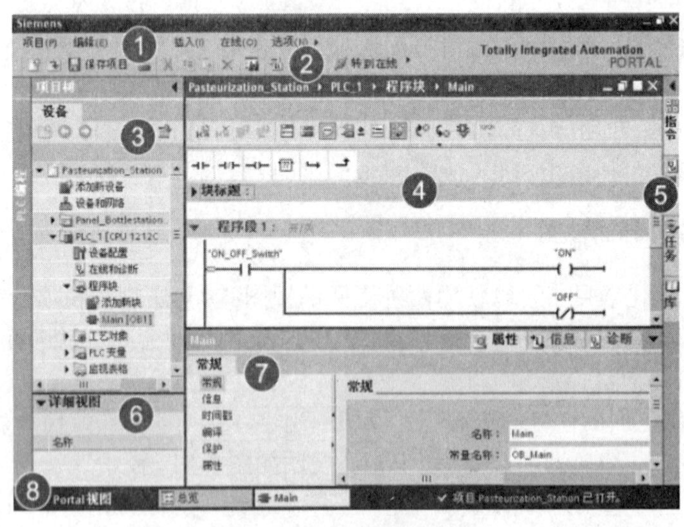

图 3-15　项目视图组件

③项目树：通过项目树可以访问所有组件和项目数据。例如，可在项目树中执行添加新组件、编辑现有组件、扫描和修改现有组件的属性。

④工作区：为进行编辑而打开的对象将显示在工作区内。

⑤任务卡：在屏幕右侧的条形栏中可以找到可用的任务卡，可以随时折叠和重新打开。

⑥详细视图：在详细视图中显示所选对象的某些内容，其中可能包含文本列表或变量。

⑦巡视窗口：在巡视窗口中显示有关所选对象或所执行动作的附加信息。

⑧切换到 Portal 视图：可以单击“Portal 视图”链接切换到 Portal 视图界面。

3.5.2.3　项目树

在项目视图左侧项目树界面中主要包括如下区域，如图 3-16 所示。

①标题栏：项目树的标题栏有两个按钮，可以实现自动和手动折叠项目树。手动折叠项目树时，此按钮将“缩小”到左边界，它此时会从指向左侧的箭头变为指向右侧的箭头，并可用于重新打开项目树。在不需要时，可以使用“自动缩小” 按钮折叠到项目树。

②工具栏：可以在项目树的工具栏中执行的任务：创建新的用户文件夹，针对链接对象进行向前或者向后浏览，在工作区中显示所选对象的总览。

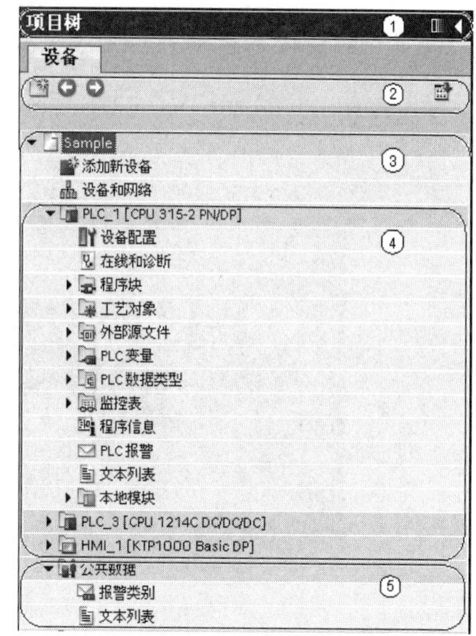

图 3-16　项目视图组件

③项目：在“项目”文件夹中，将找到与项目相关的所有对象和操作，例如：设备、公共数据、语言和资源、在线访问、读卡器。

④设备：项目中的每个设备都有一个单独的文件夹，包含程序、硬件组态和变量等信息。单击设备下“程序块”栏即可以进入程序的编写，单击“工艺对象”可进入工艺功能设计，单击“PLC 变量”可以进行变量查看、添加等工作，单击“外部源文件”可以搜索并添加新的外部源文件；此栏目下还可以添加数据类型、查看程序信息、设置监控参数等。

⑤公共数据：此文件夹包含可跨多个设备使用的数据，例如公用消息、脚本和文本列表。

3.6　S7-1200 PLC 的项目组态

在一个 PLC 中工程项目中可以包含多个 PLC 站、HMI、驱动设备等，每个 PLC 站主要包含系统的硬件配置信息和控制设备的用户程序。硬件配置是对 PLC 硬件系统的参数化过程，通过博途的设备视图，按硬件实际安装次序将硬件配置到相应的机架上，并对 PLC 硬件模块的参数进行设置和修改。硬件配置对于系统的正常运行非常重要，实现功能如下：

- 配置信息下载到 CPU 中，CPU 功能按配置的参数执行。
- 将 I/O 模块的物理地址映射为逻辑地址，用于程序块调用。
- CPU 比较模块的配置信息与实际安装的模块是否匹配，如 I/O 模块的安装位置、模拟量模块选择的连接模式等，如果不匹配，CPU 报警并将故障信息存储于 CPU 的诊断缓存区中，用户根据 CPU 提供的故障信息作出相应的修改。
- CPU 根据配置的信息对模块进行实时监控，如果模块有故障，CPU 报警并将故障信息存储于 CPU 的诊断缓存区中。
- 一些智能模块的配置信息存储于 CPU 中，例如通信处理器 CP、功能模块 FM 等，模块故障后直接更换，不需要重新下载配置信息。

3.6.1 硬件设备组态

用 TIA Portal 可以通过向项目中添加模块为 PLC 进行设备配置，结构组成如图 3-17 所示。

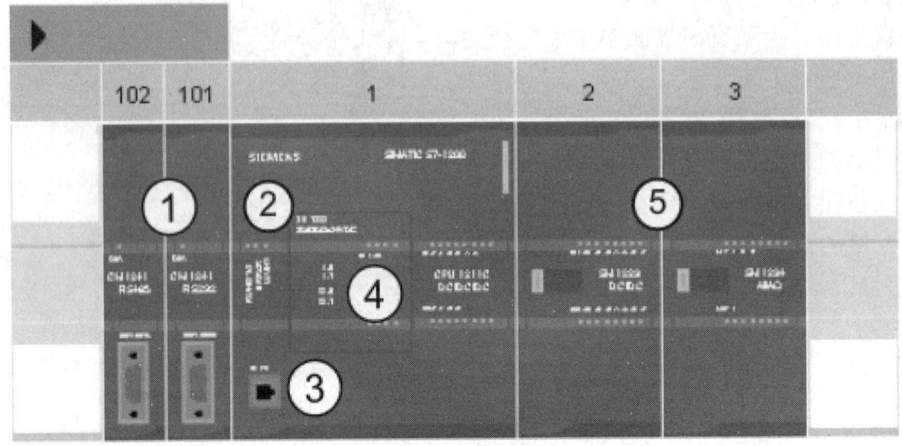

图 3-17 博途中硬件设备结构图

①通信模块 CM：最多 3 个，分别插在插槽 101、102 和 103 中。

②CPU：在插槽 1 位置。

③CPU 的以太网端口。

④信号板（SB）：最多 1 个，插在 CPU 中。

⑤数字或模拟 I/O 的信号模块（SM）：最多 8 个，分别插在插槽 2 到 9 中，CPU 1215C 和 CPU 1214C 允许使用 8 个；CPU 1212C 允许使用 2 个；CPU 1211C 不允许使用信号模块。

利用 TIA Portal 进行项目设计，首先要完成硬件组态，主要过程：包括创建项目、地址设定、模块添加、触摸屏添加、网络连接等。

3.6.1.1 新项目的创建

（1）首先，双击编程电脑桌面的 TIA Portal V13 图标，进入博途软件界面，单击“创建新项目”选项，为项目命名，选择保存位置，单击“创建”按钮，如图 3-18 所示。

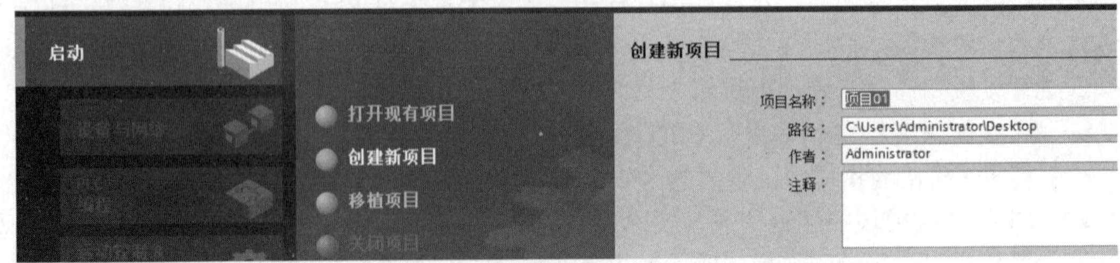

图 3-18 创建新项目

（2）在启动界面，单击“组态设备”选项进行组态选项进行设备组态，如图 3-19 所示。

（3）由于是第一次创建新项目，需要添加所需要的硬件设备，在项目树的设备栏中双击“添加新设备”标签栏把硬件设备添加到项目中，如图 3-20 所示。

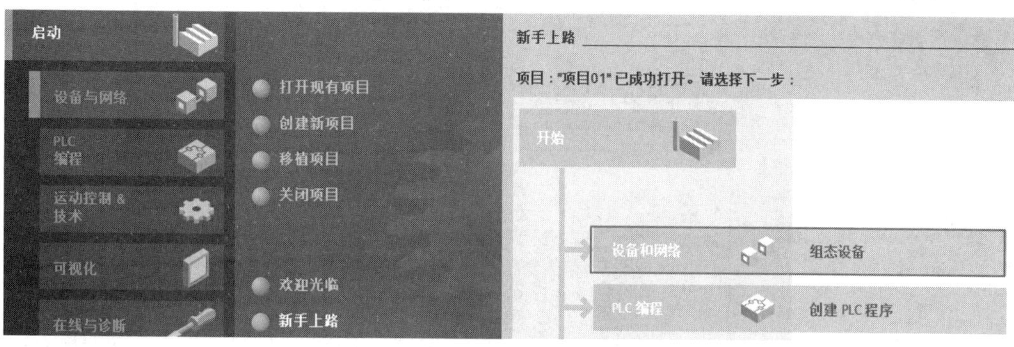

图 3-19　组态设备

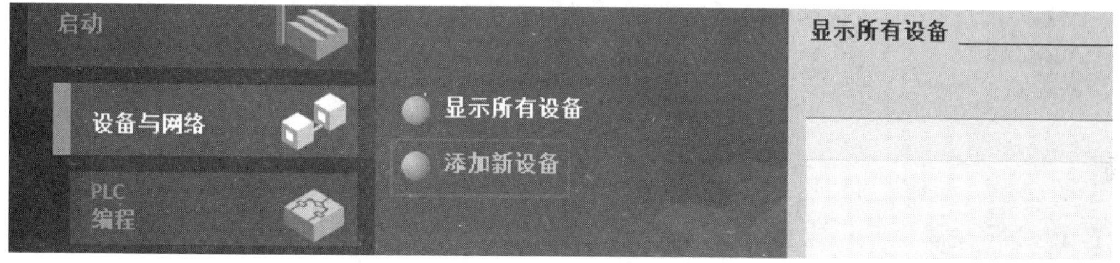

图 3-20　添加新设备

（4）根据实际的需要选择相应的设备，设备包括 PLC、HMI 以及 PC 系统，本例中选择“控制器”，然后打开分级菜单选择需要的 PLC，这里选择 CPU1215C DC/DC/DC，设备名称为默认的“PLC_1”，也可以进行修改，单击“添加”按钮，如图 3-21 所示，CPU 的固件版本可以根据实际的版本选择。

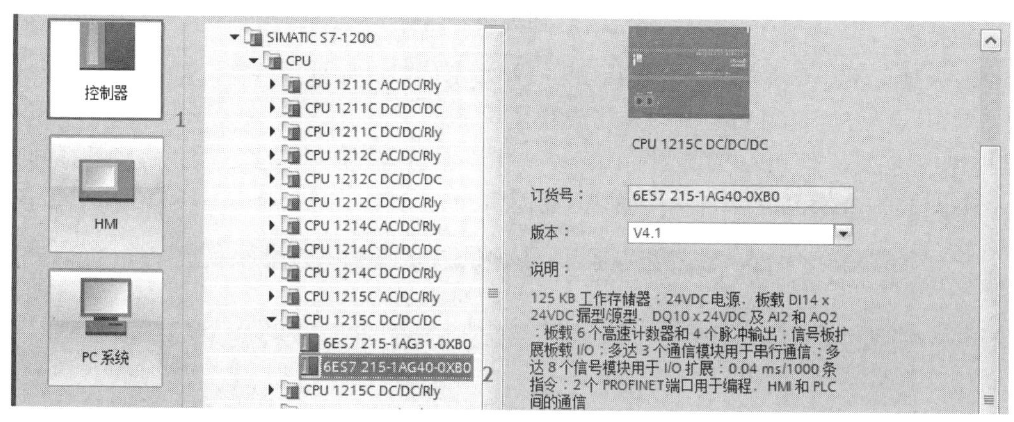

图 3-21　添加控制器

（5）设备添加完成后进入“设备视图”。设备视图包括不同的配置窗口，图 3-22 中，1 区表示项目树中所添加的设备列表，以及设备项目文件的详细分类；2 区表示设备视图，用于进行硬件组态；3 区表示插入模块的详细的信息，包括 I/O 地址以及设备类型和订货号等；4 区为硬件目录，可以选择添加信号板、通信板、信号模块、通信模块等；5 区可以浏览模块的常规信息，查看 I/O 变量地址、类型，查看系统常数、文本信息等。

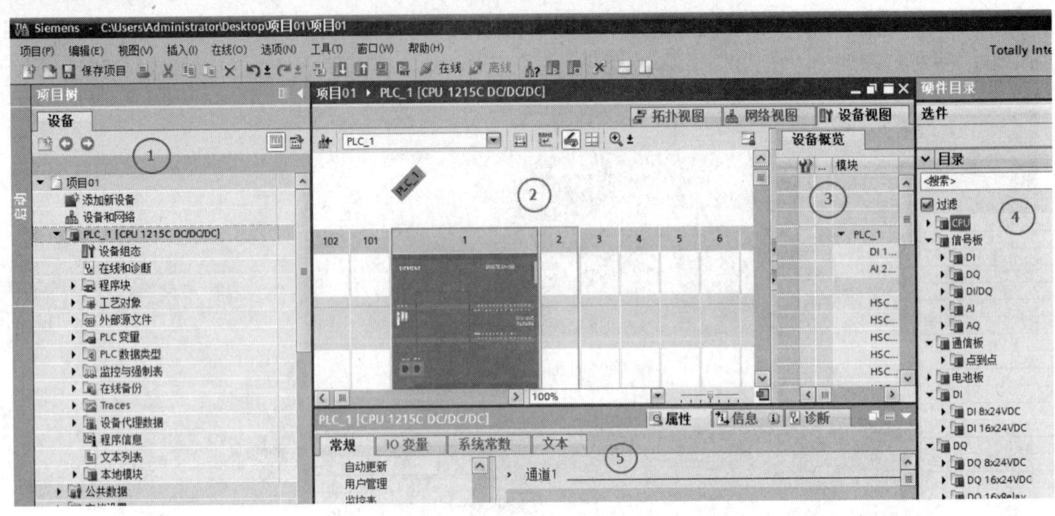

图 3-22 设备视图

3.6.1.2 设置 PLC 地址

在 PLC 常规属性中，设置 PLC 以太网地址，如图 3-23 所示，在巡视窗口输入 IP 地址。

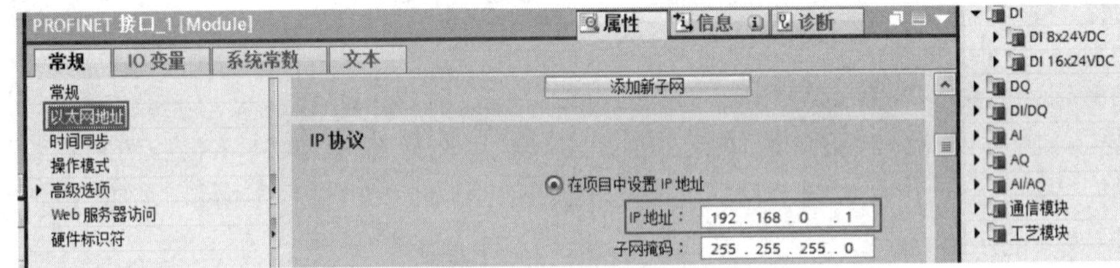

图 3-23 设置 PLC 地址

注意 IP 地址不能和其他 PLC、编程电脑、触摸屏的以太网地址冲突，否则无法组成网络。

3.6.1.3 添加 S7-1200 PLC 通信和信号模块

根据实际需要，在 PLC 的左侧插槽可以选择添加通信模块，最多 3 个；右侧插槽添加信号输入输出模块，最多可以添加 8 个模块，在图 3-24 中添加了两个通信模块和三个信号模块。

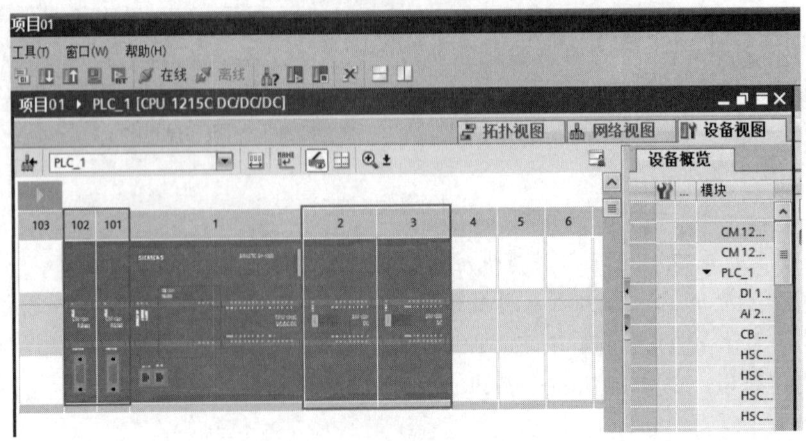

图 3-24 添加通信与信号模块

3.6.1.4　信号模块与信号板的配置

信号模块与信号板是 PLC 读取外界信号状态并输出控制的桥梁，CPU 1215C 和 CPU 1214C 允许使用 8 个信号模块和 1 个信号板，在博途软件中可以对其参数查看或者配置组态。

在项目树中选择设备和网络，打开设备视图，选中信号板或信号模块，打开其巡视窗口，可以查看其常规属性，如图 3-25 所示。在常规属性下有目录信息、数字量输入输出通道、I/O 地址、硬件标识符项，双击鼠标可以进入相应选项。

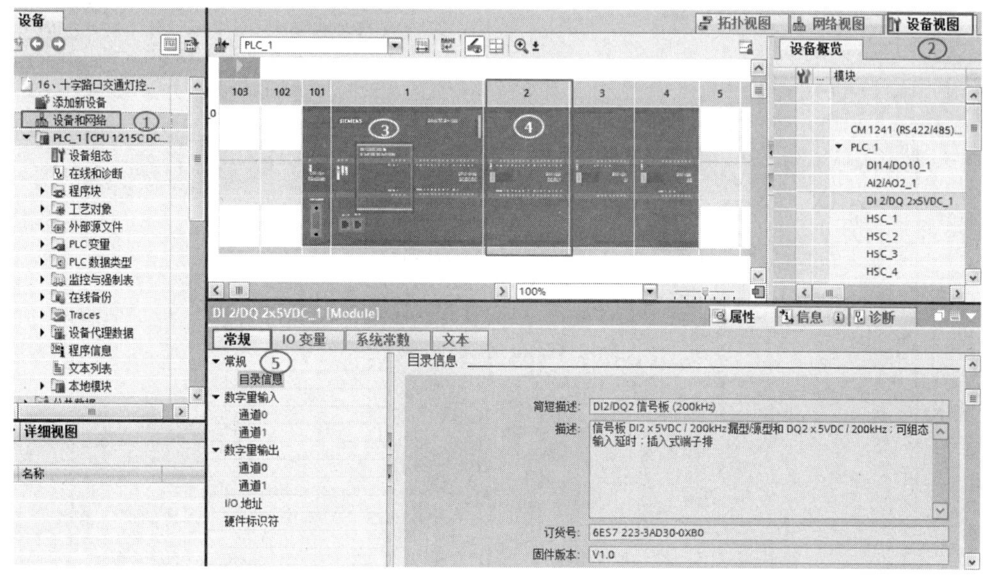

图 3-25　信号模块常规属性

在常规属性的数字量输入通道，可以设置输入通道的滤波时间、启用输入通道的边沿中断、连接相应的硬件中断，如图 3-26 所示。

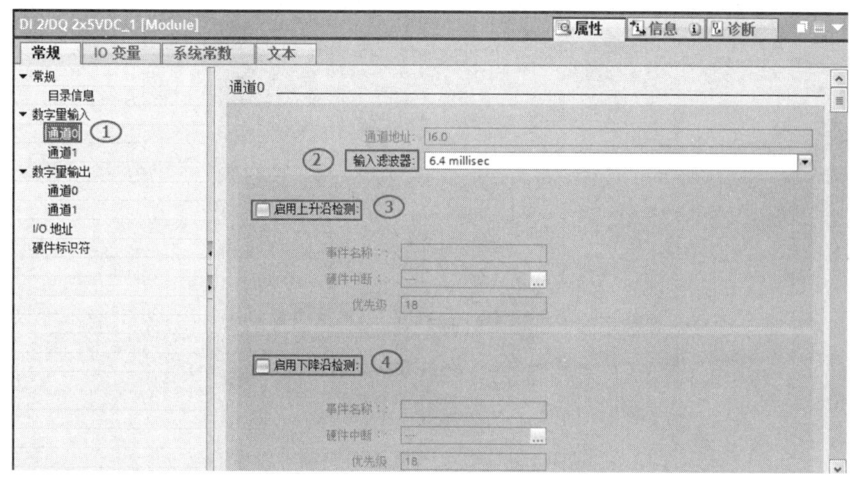

图 3-26　信号模块数字量通道设置

在常规属性的数字量输出通道，可以设置对 CPU STOP 模式的响应、输出通道从 RUN 模式到 STOP 模式的替代值，如图 3-27 所示。

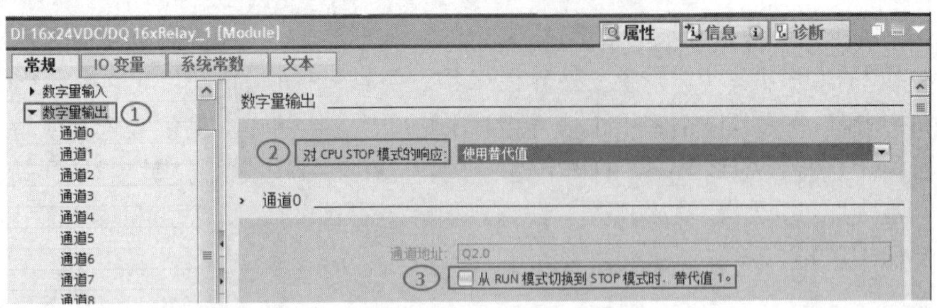

图 3-27 信号模块数字量输出通道替代值设置

在常规属性的 I/O 地址项，设置输入和输出通道的起始地址和结束地址，如图 3-28 所示。

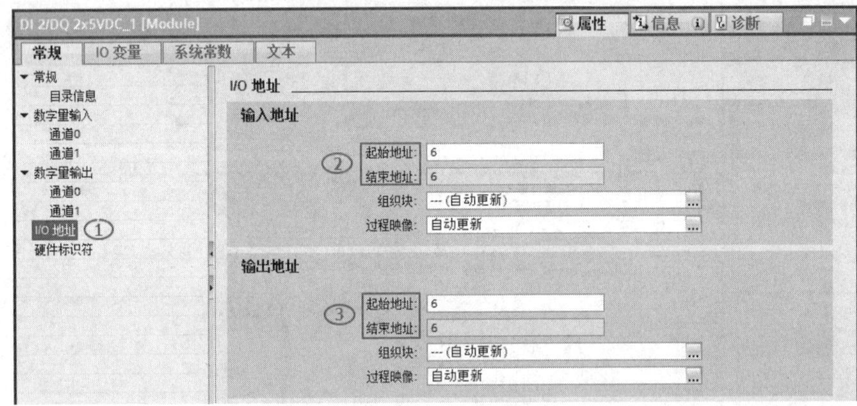

图 3-28 信号模块地址设置

对于模拟量模块，设置其起始地址和结束地址的方法与数字量模块类似。还可以设置模拟量信号的积分时间、信号测量类型、电压范围、滤波及诊断启用等，如图 3-29 所示。

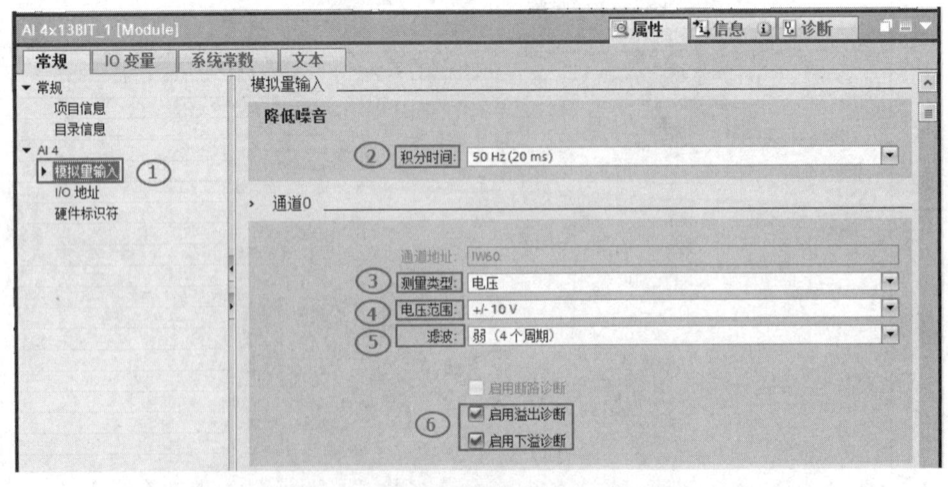

图 3-29 信号模块模拟量通道参数设置

3.6.1.5 设备网络连接

在 TIA 软件中可以添加其他 PLC、触摸屏及 PC 机构成设备网络，如图 3-30 所示为添加 HMI 设备，选择后单击“确定”按钮。

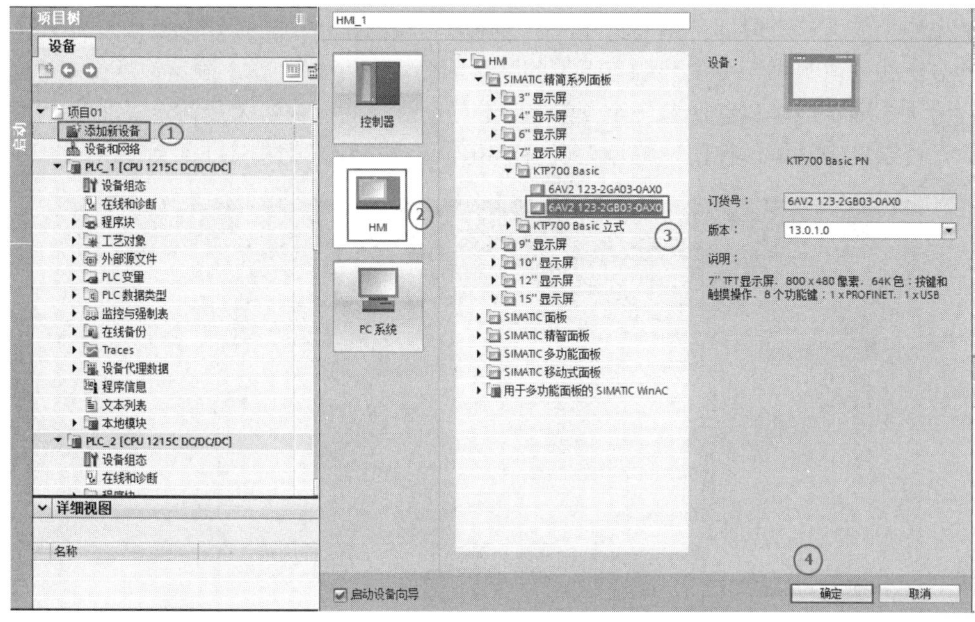

图 3-30　添加触摸屏

类似方法添加其他设备，然后设置以太网地址，单击“网络和设备”，进入网络视图，拖动网口，连接设备，如图 3-31 所示。

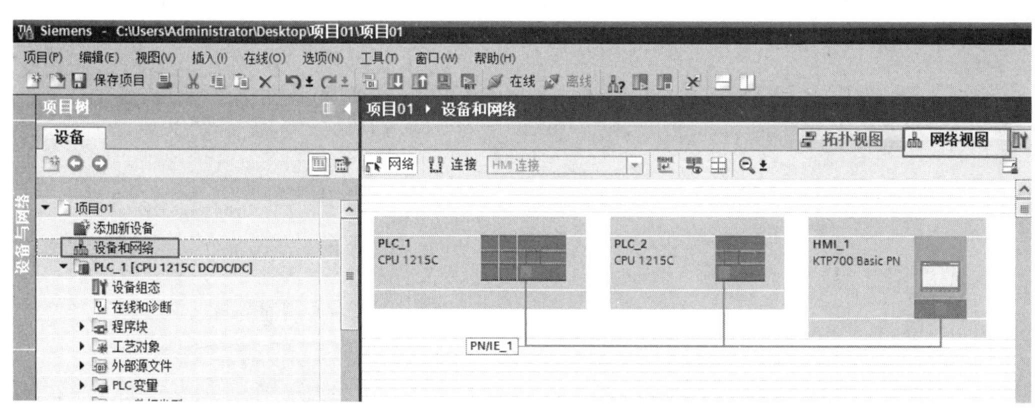

图 3-31　设备网络连接

至此，设备硬件组态完成，单击 Portal 切换到项目视图即可进行程序编写。

3.6.2　程序编译和运行

3.6.2.1　项目编程及下载

硬件设备组态完成后，切换到项目视图，如图 3-32 所示，在项目树中①单击打开 PLC，单击②程序块选项后，可以添加新的程序块，也可以直接单击③OB1 程序块打开程序编辑工作区开始程序的编写。此处以在 OB1 程序块进行编程为例。

TIA Portal 提供了丰富的编程指令，可以从④快捷工具栏或从收藏夹中选择常用指令，也可以在收藏夹下指令区域选择各种类型指令，把⑤基本逻辑指令右侧条形栏的常开指令和线圈指令拖曳到工作区指令段即可编写程序。在选择完具体的指令后，必须输入具体的变量名，最基本的方法就是双击第一个常开触点下方的默认地址“<??.?>”，输入固定地址变量“%I0.1”，系统会给这个固定地址自动命名一个变量名，当然也可以通过变量表提前定义变量。程序编写完成后，可以单击⑥编译按钮，编译无误后单击⑦下载按钮，把程序下载到 PLC 中。

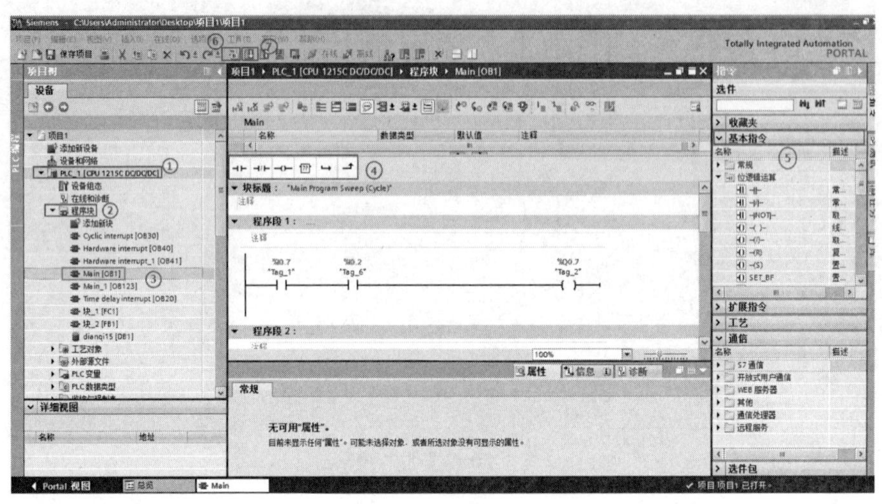

图 3-32　项目编译下载

在程序下载界面，如图 3-33 所示，选择①接口类型和网卡类型→②开始搜索，然后单击③下载即可下载程序到 PLC。

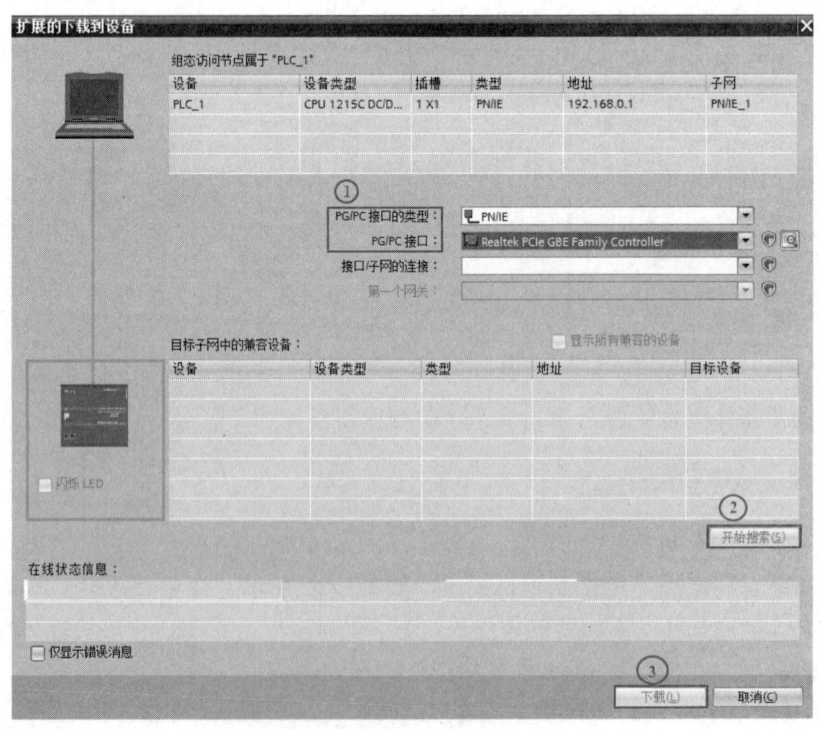

图 3-33　项目下载到 PLC

3.6.2.2 变量表和程序运行监控

工作区中程序段的变量符号为默认变量名及其绝对地址，如有需要更改，可以在图 3-34 项目树中单击①PLC 变量→②添加新变量表→③变量表→④添加区域添加变量，或者在默认变量表中添加变量亦可。

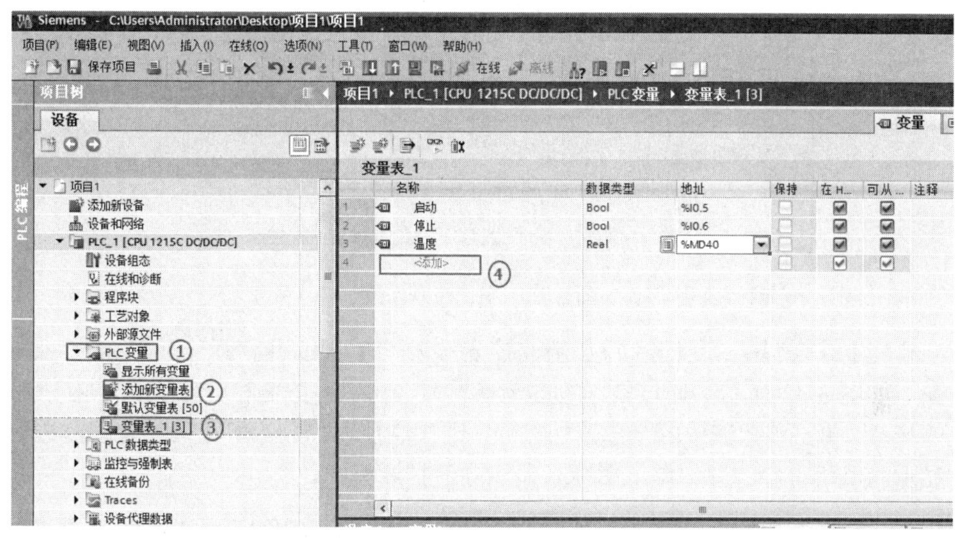

图 3-34 项目运行监控

程序下载完毕，可以在图 3-35 界面中单击①启动或②停止按钮控制 PLC 的起停状态，也可以单击③启用禁用监视，在线监测程序运行。

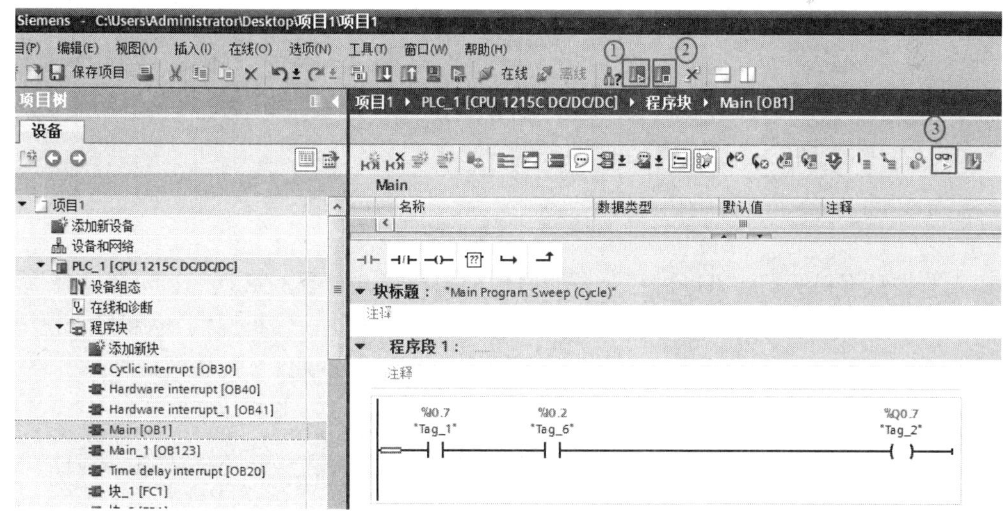

图 3-35 项目在线监测

3.6.2.3 调试和诊断工具

程序状态监视和监视表格是 S7-1200 PLC 的重要调试工具。在博途软件程序编辑工作区内，可以单击鼠标右键选择不同的显示格式来显示变量的值。单击鼠标右键，选择“修改”功能，对变量的值可以进行修改，如图 3-36 所示。

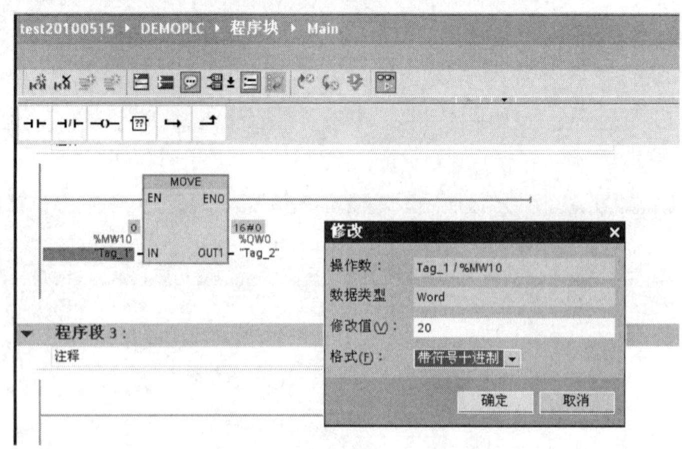

图 3-36　变量在线修改

在项目树 PLC 设备下，双击“添加新监控表”，则自动建立并打开一个名称为“监控表_1”的监控表，如图 3-37 所示，通过鼠标右键选择重命名可以修改名称。在监控表内分别输入需要监控的变量。单击监控表中的全部监控按钮，则在监控表中显示所输入变量的监控值。单击图标②显示隐藏所有修改列，单击图标③显示隐藏扩展模式。

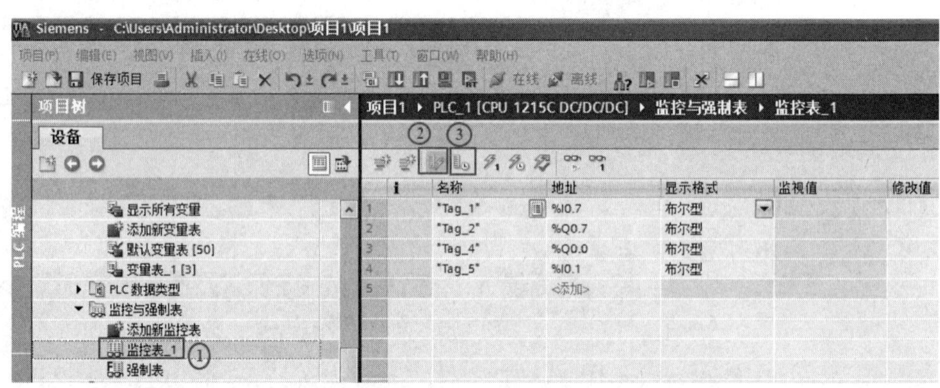

图 3-37　项目监控表

进入监控扩展模式后，可以进行触发器修改模式设置，如图 3-38 所示，可以选择“永久”“永久，扫描周期开始时”“永久，扫描周期结束时”“仅一次，扫描周期开始时”“仅一次，扫描周期结束时”“永久，切换到 STOP 模式时”“仅一次，切换到 STOP 模式时”。

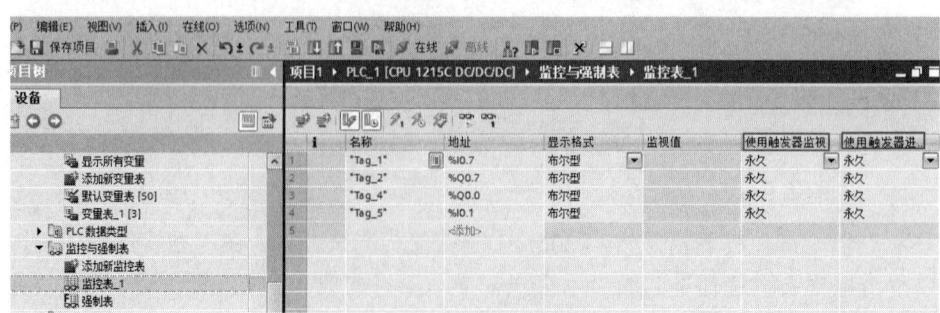

图 3-38　触发器模式修改

利用博途软件可以实现在线访问和诊断功能，如图 3-39 所示，双击在线和诊断图标①，进入在线访问的诊断②和功能③，可以完成对 PLC、模块设备、程序循环时间、存储器使用情况及以太网地址等参数的访问，也可以完成 IP 地址分配、时间设置、固件更新、PROFINET 设备名称分配及出厂重置等功能。

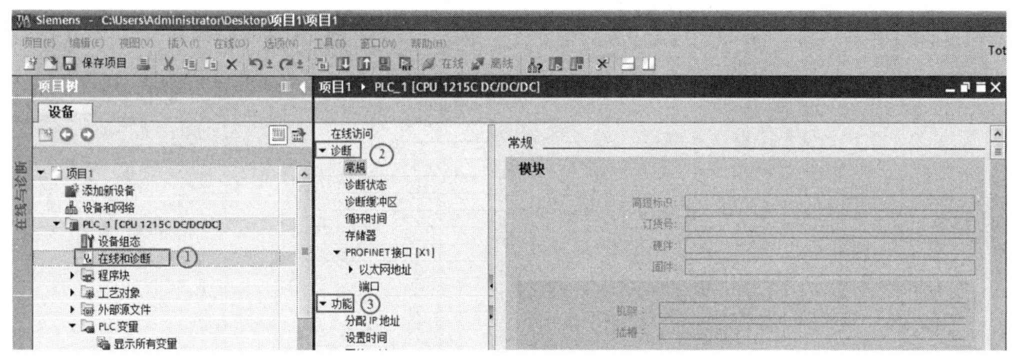

图 3-39　在线访问和诊断功能

3.7　PLC 的编程语言

IEC（国际电工委员会）是为电子技术的所有领域制定全球标准的国际组织。IEC61131 是 PLC 制定的国际标准，它由以下 5 部分组成：通用信息、设备与测试要求、编程语言、用户指南和通信。其中的第三部分（IEC 61131-3）是 PLC 的编程语言标准，是世界上第一个也是至今为止唯一的业控制系统的编程语言标准。

IEC 61131-3 标准的编程语言是 IEC 在对世界范围的 PLC 编程语言合理地吸收、借鉴的基础上形成的一套针对工业控制系统的国际编程语言标准，它不但适合于 PLC 系统，还广泛的在工业控制领域应用。

IEC 61131-3 详细地说明了句法、语义和 5 种编程语言，如图 3-40 所示。包括图形化编程语言和文本化编程语：指令表 IL（Instruction List）、结构文本 ST（Structured Text）、梯形图 LD（Ladder Diagram，西门子公司简称为 LAD）、功能块图 FBD（Function Block Diagram）、顺序功能图 SFC（Sequential Function Chart）。

3.7.1　梯形图

3.7.1.1　梯形图特点

梯形图（LAD）是最早使用的一种 PLC 的编程语言，它是从继电器控制系统原理图的基础上演变而来的，它继承了继电器接触器控制系统中的基本工作原理和电气逻辑关系的表示方法，梯形图与继电器控制系统梯形图的基本思想是一致的，只是在使用符号和表达方式上有一定区别，所以在逻辑顺序控制系统中得到了广泛的使用。它的最大特点就是直观、清晰。不论从 PLC 的产生原因（主要替代继电接触式控制系统）还是从广大电气工程技术人员的使用习惯来讲，梯形图一直是最基本、最常用的编程语言。

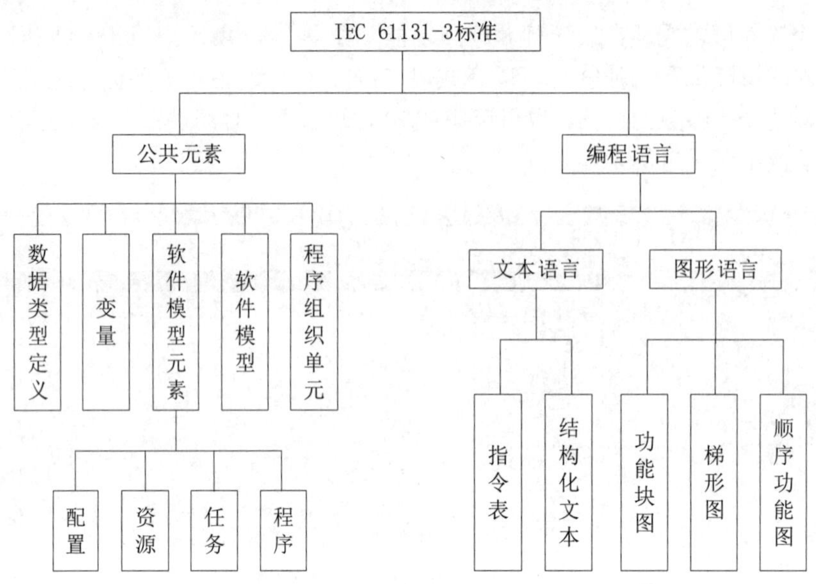

图 3-40 IEC61131-3 标准的图形化语言和文本语言

梯形图由触点、线圈和用方框表示的指令框组成。触点和线圈等组成的独立电路称为网络（Network），STEP 7 Basic 自动为网络添加编号。触点代表逻辑输入条件，例如外部的开关、按钮和内部条件等。线圈通常代表逻辑运算的结果，常用来控制外部的负载和内部的标志位等。指令框用来表示定时器、计数器或者数学运算等指令。

梯形图设计语言的特点是：

- 与电气操作原理图相对应，具有直观性和对应性。
- 与原有继电器逻辑控制技术一致，易于掌握和学习。
- 与继电器逻辑控制技术的不同点是，梯形图中的能流（Power flow）不是实际意义的电流，内部的继电器线圈也不是实际存在的继电器，是一种内部软资源。
- 与指令表程序设计语言有对应关系，便于相互的转换和检查。.

3.7.1.2 梯形图中能流的概念

一个梯形图程序如图 3-41 所示，左右两条垂直的线称为母线（有的 PLC 的梯形图有两根母线，但大部分 PLC 现在只保留左边的母线），母线之间是触点的逻辑连接和线圈的输出。梯形图的一个关键概念是“能流”（Power Flow），这只是概念上的“能流”。图 3-41 中把左边的母线假想为电源“火线”，而把右边的母线假想为电源“零线”。如果有“能流”从左至右流向线圈，则线圈被激励。如没有“能流”，则线圈未被激励。

“能流”可以通过被激励（ON）的常开接点和未被激励（OFF）的常闭接点自左向右流。“能流”在任何时候都不会通过接点自右向左流。网络内的逻辑运算按从左往右的方向执行，与能流的方向一致。如果没有跳转指令，网络之间按从上到下的顺序执行完所有的网络后，下一次扫描循环返回最前面的网络重新开始执行。要强调指出的是，引入“能流”的概念，仅仅是为了和继电器接触器控制系统相比较，来对梯形图有一个深入的认识，其实“能流”在梯形图中是不存在的。

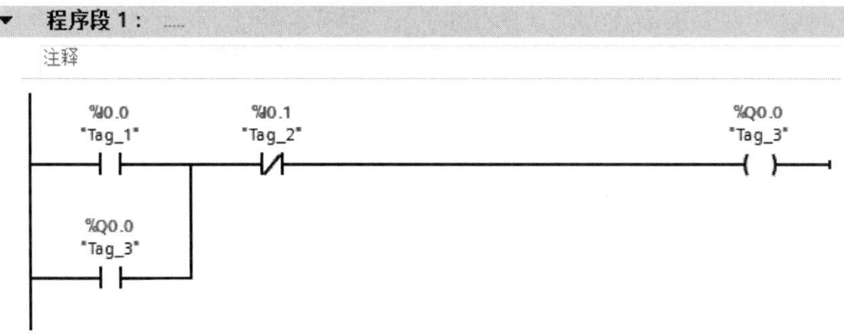

图 3-41　梯形图举例

3.7.1.3　梯形图设计原则

进行梯形图程序设计需要遵循原则：

- 梯形图的每一个逻辑行（网络段）要以左母线为起点，从左至右、自上而下的顺序排列，PLC 在扫描程序时也是按照这个顺序执行程序。
- 触点应画在水平线上，不能画在垂直线上。
- 线圈不能直接接在左母线上，必须接在右母线上。
- 梯形图一般按照执行程序的顺序依次画出。
- PLC 编程元件的触点在编程过程中可以无限次使用，每个继电器的线圈在梯形图中只能出现一次，它的触点可以使用无数次。

3.7.2　功能块图

功能块图（FBD）使用类似于数字电路的图形逻辑符号来表示控制逻辑，有数字电路基础的人很容易掌握。国内很少有人使用功能块图语言。它是一种基于电子器件门电路逻辑运算形式的编程语言，有如下特点：

- 以功能块为单位，从控制功能入手，使控制方案的分析和理解变得容易。
- 功能模块是图形化的方法描述功能，有较强的直观性和操作性，大大方便厂设计人员的编程和组态。
- 对设计规模较大、关系较复杂的系统，可以较清晰地出来，编程和组态时间缩短，调试时间也能减少。

在功能块图中，它没有梯形图编程器中的触点和线圈，但有与之等价的指令，这些指令是作为盒指令出现的，程序逻辑由这些盒指令之间的连接决定。也就是说，例如用类似于与门（带有符号“&”）、或门（带有符号“〉=1”）的方框来表示逻辑运算关系，方框的左边为输入变量，右边为逻辑运算的输出变量，圈表示“非”运算，方框被“导线”连接在一起，信号自左向右流动。

3.7.3 指令表

S7 系列 PLC 将指令表称为语句表（Statement List）。PLC 的指令是一种与微机的汇编语言中的指令相似的助记符表达式，由指令组成的程序叫作指令表程序或语句表程序。语句表比较适合熟悉 PLC 和逻辑程序设计的经验丰富的程序员，语句表可以实现某些不能用梯形图或功能块图实现的功能。语句表具有如下特点：

- 采用助记符来表示操作功能，容易记忆，便于掌握。
- 在编程器的键盘上采用助记符表示，可在无计算机的场合进行编程设。
- 与梯形图有对应的关系，其特点与梯形图语言基本相同。

3.7.4 结构文本

结构文本（ST）是为 IEC1131-3 标准创建的一种专用的高级编程语言，与梯形图相比，它能实现复杂的数学运算，编写的程序非常简捷和紧凑。结构文本具有如下特点：

- 采用高级语言编程，可以完成较复杂的控制运算。
- 需要计算机高级程序设计的知识和编程技巧，对编程人员的技能要求较高，不适于普通电气人员。
- 直观性、易操作性较差。
- 经常被用于采用功能模块等语言较难实现的一些控制功能的实施。

3.7.5 顺序功能图

顺序功能图（SFC）是一种位于其他编程语言之上的图形语言，用来编制顺序控制程序。顺序功能图提供了一种组织程序的图形方法，在顺序功能图中可以用别的语言嵌套编程。顺序功能图具有如下特点：

- 以功能为主线，条理清晰，便于对程序操作的理解。
- 较为灵活的程序结构，可节省程序设计时间和调试时间。
- 在规模较大、程序关系较复杂的场合有一定优势。
- 当前活动步的命令和操作被执行后，才对活动步后的转换进行扫描，因此整个程序的扫描时间要大大缩短，提高扫描速度。

步、转换和动作是顺序功能图中的三种主要元件，在西门子 S7-1200 中可以用顺序功能图来描述系统的功能，根据它可以很容易地画出梯形图程序。

S7-200 PLC 指令系统提供的编程语言有梯形图、语句表和功能块图等，S7-1200 只有梯形图和功能块图这两种编程语言，在后面对 S7-1200 的编程设计中，我们主要以梯形图进行学习。

3.8 项目实训——STEP7 中项目的建立

为了对 PLC-1200 和博途软件的使用有一个深入认识，下面我们做一个点亮 LED 小灯的训练，来体会 PLC 的奇妙之处。

1. 训练目的

（1）加深了解西门子可编程控制器的工作原理。

（2）掌握博途软件的使用。

2. 训练任务

PLC 输入输出硬件连线，编写下载程序，实现用开关控制 LED 的亮灭。

3. 实训装置

本实验所用的实训台为 YGPLC-2 网络型可编程控制器实训装置，见表 3-16，主控器 PLC 为 CPU1215C DC/DC/DC，配备的模块从左向右顺序，PLC 及模块型号见表 3-17。

表 3-16　实训装置设备

序号	名称	型号与规格	数量	备注
1	可编程控制器实训装置	YGPLC-2	1	
2	实训导线	3 号	若干	
3	8P 以太网线通讯电缆		1	西门子
4	计算机		1	编程软件

表 3-17　PLC 及模块型号

序号	名称	型号	订货号
1	PROFIBUS-DP 通信模块	CM1243-5	6GK7242-5CX30-0XB0
2	RS422/485 通信模块	CM1241（RS422/485）	6ES7241-1CH32-0XB0
3	PLC	CPU1215C DC/DC/DC	6ES7215-1AG40-0XB0
4	信号板模块	DI/DQ	6ES7223-1PB2-0XB0
5	信号板模块	AI	6ES7231-4HD32-0XB0
6	信号板模块	AQ	6ES7232-4HD32-0XB0

PLC 外围输入输出线路连接原理如图 3-42 所示。

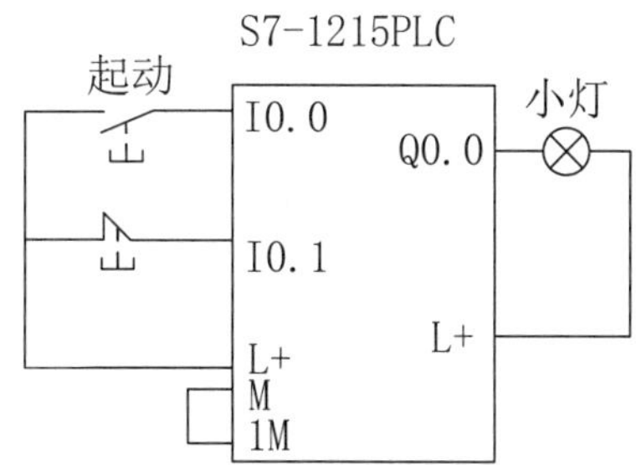

图 3-42　PLC 外部接线图

4. 博途软件操作过程

（1）单击桌面 TIA portal V13 图标，打开软件，单击“创建新项目”，如图 3-43 所示，填写项目名称和保存位置。

图 3-43　创建新项目

（2）进入博途视图界面，准备添加设备，单击添加控制器图标，按照硬件订货号添加对应类型的 PLC 控制器，如图 3-44 所示。

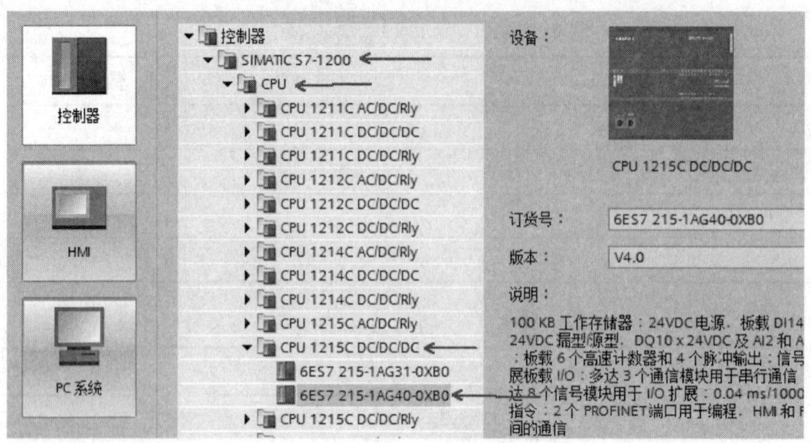

图 3-44　添加 PLC 控制器

（3）进入项目视图，单击“设备组态”，如图 3-45 所示。

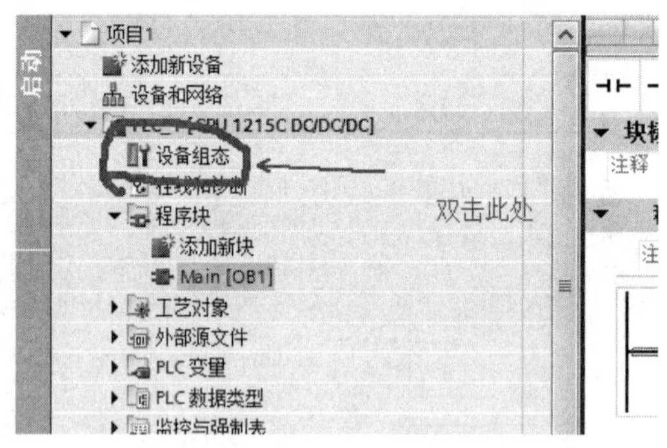

图 3-45　进入设备组态界面

（4）参照实验台设备，添加通信模块。首先添加 RS422/485 通信模块，如图 3-46 所示，再添加 PROFIBUS 通信模块，如图 3-47 所示。

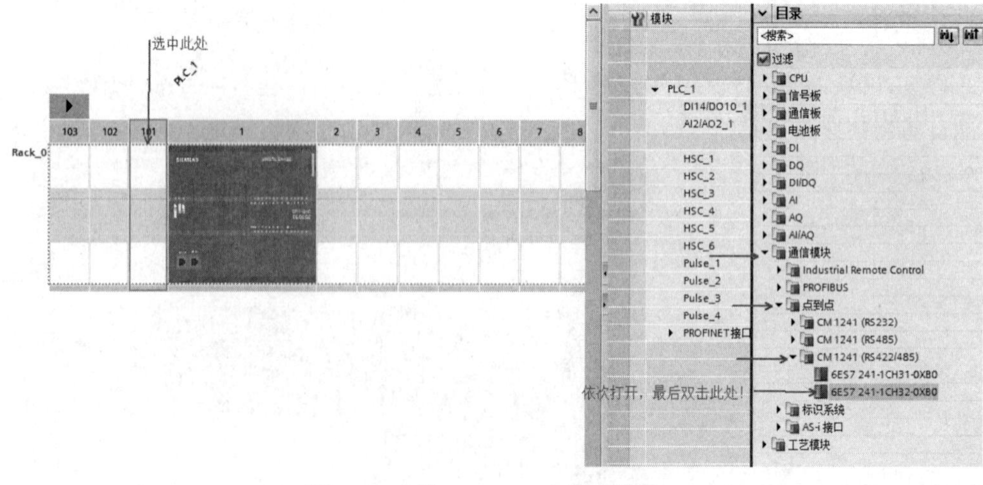

图 3-46　添加 RS422/485 通信模块

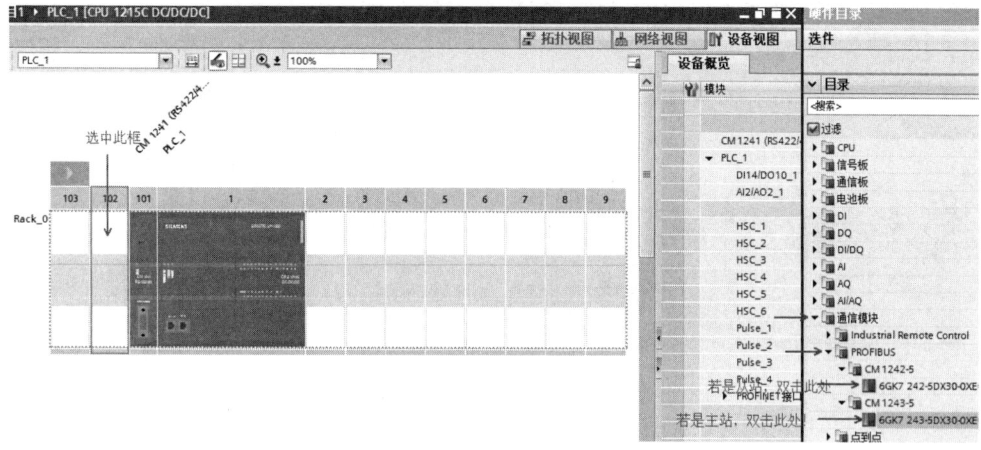

图 3-47　添加 PROFIBUS 通信模块

（5）按照实验台设备排列添加信号板模块。首先添加 DI/DO 模块，如图 3-48 所示；然后添加模拟量输入模块，如图 3-49 所示；再添加模拟量输出模块，如图 3-50 所示。

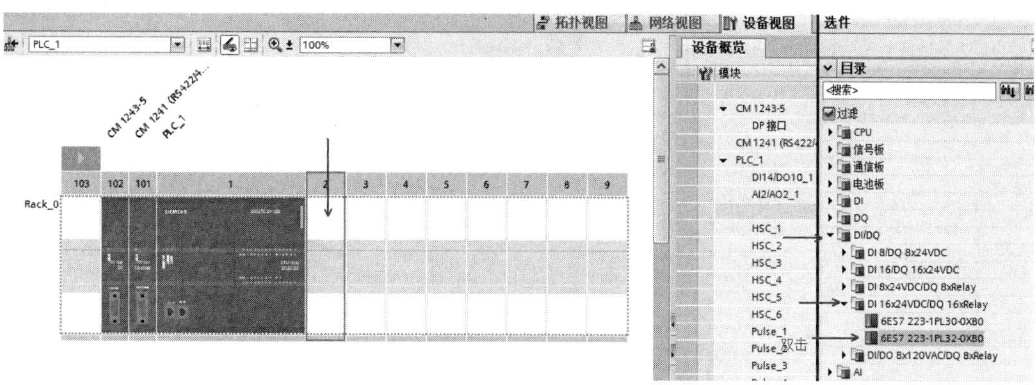

图 3-48　添加 DI/DO 模块

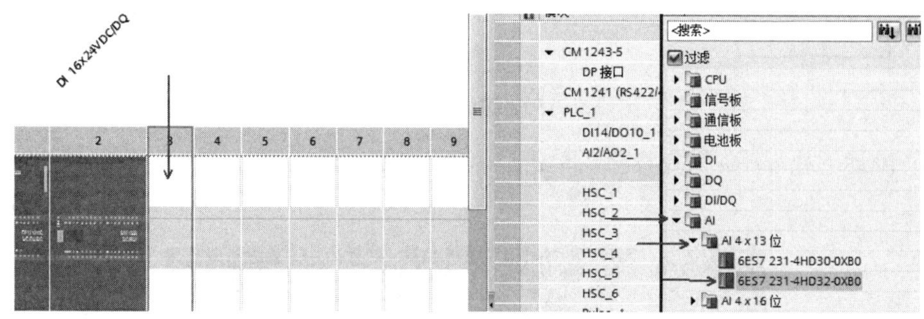

图 3-49　添加模拟量输入模块

（6）双击项目树中主程序数据块 OB1，进入程序编写界面如图 3-51 所示。

（7）点亮一个小灯程序，用一个常开触点、常闭触点和一个输出线圈就可以了，把触点和线圈元件从收藏栏中拖入编辑区绘制梯形图，写上变量名称或按系统默认，如图 3-52 所示。

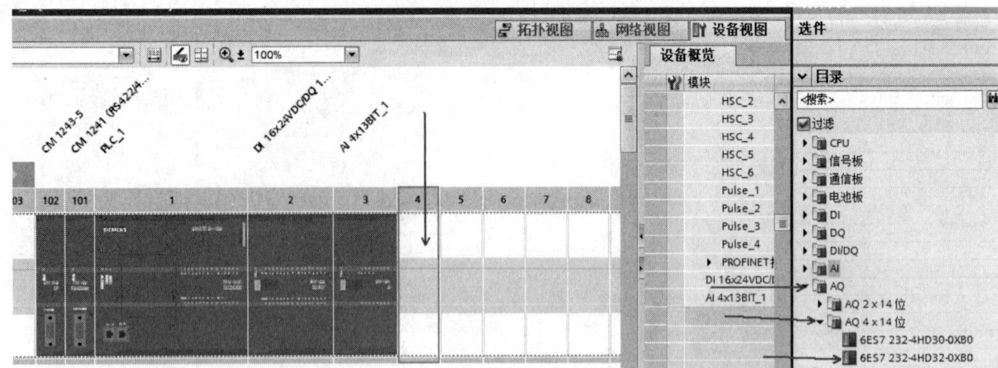

图 3-50　添加模拟量输出模块

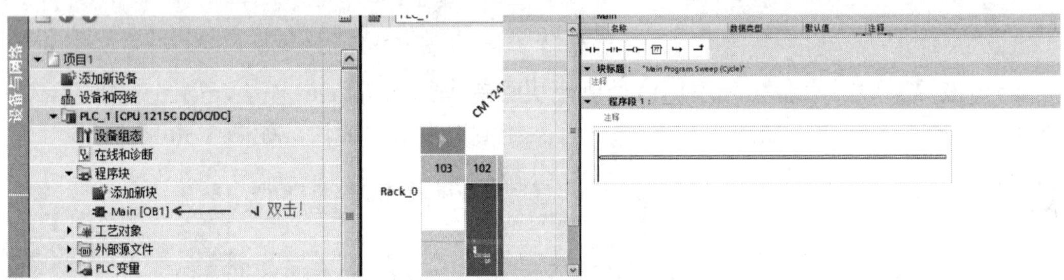

图 3-51　进入程序编辑界面

图 3-52　编辑梯形图程序

（8）编译下载程序。写完程序后单击“编译”按钮，然后再单击“下载”按钮，如图 3-53 所示。

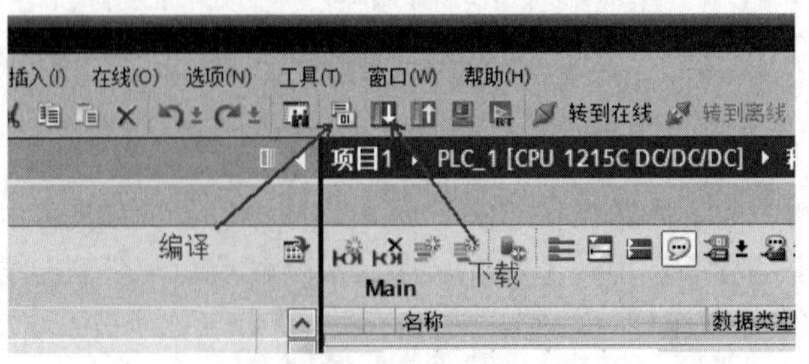

图 3-53　编译程序进行下载

选择编程电脑网卡通信接口类型，搜索到连接的 PLC，然后下载程序到 PLC，如图 3-54 所示。

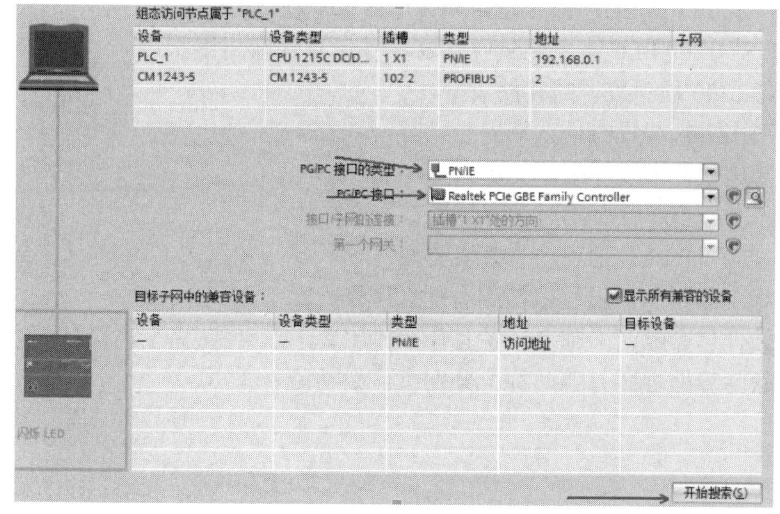

图 3-54 选择网卡接口

（9）单击①“运行”按钮，把 PLC 切换到运行状态，操作 PLC 的外接开关，观察小灯的亮灭情况；单击②“停止”按钮可以停止 PLC 运行，如图 3-55 所示。

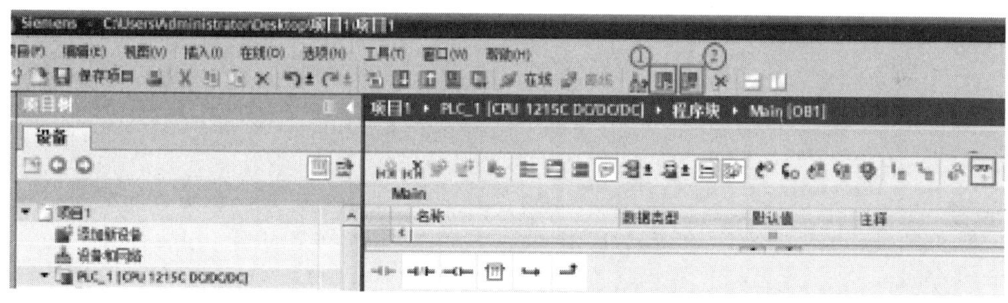

图 3-55 程序运行与停止

5. 实训思考

（1）PLC 输入输出模块的端子序号如何排列？

（2）如何理解 PLC 装置输出模块端子低电平有效或高电平有效？

（3）梯形图中常开、常闭触点和外面按钮开关是什么对应关系，实现什么功能？

思考练习题

1. 什么是可编程控制器，它有哪些主要特点？
2. 简述 PLC 的硬件组成。
3. PLC 输入输出接口有哪几种类型？
4. 简述 PLC 的扫描工作过程。
5. 在一个扫描周期中，如果在程序执行期间输入状态发生变化，输入映像寄存器的状态是否也随之改变，为什么？

6．西门子 S7-1200 PLC 如何进行数据寻址？

7．简述 S7-1200 PLC 的产品定位，相比于 S7-200 PLC 有什么优势。

8．西门子 S7-1200 PLC 有哪几种存储器，各自有什么作用？

9．简述 S7-1200 程序数据的存储类型。

10．用梯形图进行编程有什么特点？

11．简述博途软件中硬件组态的步骤。

12．西门子 S7-1200 PLC 的时钟存储器有什么作用？

13．简述 S7-1200 PLC 常用信号模块类型。

14．PLC 控制和继电器接触器控制有什么区别？

15．博途软件包含哪两大部分，各有什么作用？

16．博途软件界面视图有哪两种，分别有什么功能？

第 4 章　S7-1200 PLC 数据结构和编程指令

【本章导读】

西门子 S7-1200 PLC 具有强大的程序设计功能，一方面，与 S7-1200 优化的数据存储结构有关，在 S7-1200 编程中可以使用基本数据和复杂结构数据，使用组织块、功能块和数据块构建程序；另一方面，S7-1200 有丰富的编程指令，增加了程序设计的灵活性和功能性。

【本章主要知识点】

- PLC 的数据类型，掌握各类数据类型的定义、特点。
- S7-1200 的块结构，包括组织块、FC 块、FB 功能块和数据块。
- S7-1200 基本指令及其使用。
- S7-1200 扩展指令格式、参数及其应用。

4.1　PLC 的数据类型

数据类型用于指定数据元素的大小以及如何解释数据，每个指令参数至少支持一种数据类型，而有些参数支持多种数据类型。PLC 中既包含基本数据类型，也有复杂的数据类型，掌握 PLC 中的数据类型是进行 PLC 程序设计的基础。

4.1.1　基本数据类型

在 S7-1200 PLC 中，基本数据类型见表 4-1。

表 4-1　基本数据类型

数据类型	位数	范围	输入实例
Bool	1	0 到 1	TRUE, FALSE, 0, 1
Byte	8	16#00 到 16#FF	16#12, 16#AB
Word	16	16#0000 到 16#FFFF	16#ABCD, 16#0001
DWord	32	16#00000000 到 16#FFFFFFFF	16#02468ACE
Char	8	16#00 到 16#FF	'A', 't', '@'
WChar	16	16#0000 到 16#FFFF	'A', 't', '@', 亚洲字符、西里尔字符等
Sint	8	-128 到 127	123, -123
Int	16	-32,768 到 32,767	123, -123
Dint	32	-2,147,483,648 到 2,147,483,647	123, -123
USInt	8	0 到 255	123

续表

数据类型	位数	范围	输入实例
UInt	16	0～65,535	123
UDInt	32	0～4,294,967,295	123
Real	32	+/-1.18 x 10^{-38} 到+/-3.40 x 10^{+38}	12.4、-3.4、-1.2E+12
LReal	64	+/-2.23 x 10^{-308} 到+/-1.79 x 10^{308}	12345.123、-1.2E+40
Time	32	T#-24d_20h_31m_23s_648ms to T#24d_20h_31m_23s_647ms	T#5m_30s T#1d_2h_15m_30x_45ms

基本数据类型中，字节、字和双字都是无符号数，整数是有符号数；无符号数只取正值，有符号数可为正或负数；有符号数最高位 0 时为正数，为 1 时为负数，用补码形式来表示。

Char 在存储器中占一个字节，存储以 ASCII 格式编码的单个字符；WChar 在存储器中占一个字的空间，可包含任意双字节字符表示形式。

实数（或称浮点数）以 32 位单精度数（Real）或 64 位双精度数（LReal）表示。单精度浮点数的精度最高为 6 位有效数字，而双精度浮点数的精度最高为 15 位有效数字。在输入浮点常数时，最多可以指定 6 位（Real）或 15 位（LReal）有效数字来保持精度。

时间类型数据为 32 位，其格式为 T#xxxxd/h/m//s/ms 形式，数据以表示毫秒时间的有符号双精度整数形式存储。TIME 数据作为有符号双整数存储，被解释为毫秒，编辑器格式可以使用日期、小时、分钟、秒和毫秒信息。

虽然 BCD 格式不能作为数据类型使用，转换指令支持的 BCD 数字格式见表 4-2。

表 4-2　BCD 格式的大小和范围

数据类型	大小/位	范围	常量输入实例
BCD16	16	-999～999	123, -123
BCD32	32	-9999999～9999999	1234567, -1234567

4.1.2　复杂数据类型

把基本数据进行组合构成复杂数据类型，这对于程序设计十分有利。利用复杂数据类型可以构成复杂数据，便于用户生成特定任务的数据，利于在不同数据块之间进行信息的传递，保证程序的高效性、可重复性和稳定性。常用复杂数据类型见表 4-3。

表 4-3　常用复杂数据类型

数据类型	说明	数据类型	说明
DTL	12Byte 日期和时间长型	ARRAY	数组元素必须是同一数据类型
String	字符串类型总长度 256 个字节	Struct	定义多种数据类型的数据结构

4.1.2.1　DTL 数据类型

DTL 数据类型使用 12 个字节的结构保存日期和时间信息，可以在块的临时存储器或者 DB 中定义 DTL 数据。DTL 的每一部分均包含不同的数据类型和值范围，指定值的数据类型必须与相应部分的数据类型相一致。DTL 的大小和范围见表 4-4，各元素属性见表 4-5。

表 4-4　DTL 的大小和范围

长度	格式	值范围	示例
12（字节）	时钟和日历（年-月-日:时:分:秒.纳秒）	最小：DTL#1970-01-01-00:00:00.0 最大：DTL#2554-12-31-23:59:59.999999 999	DTL#2008-12-16-20:30:20.250

表 4-5　DTL 结构的元素

Byte	组件	数据类型	值范围
0 1	年	UINT	1970～2554
2	月	USINT	1～12
3	日	USINT	1～31
4	工作日	USINT	1（星期日）～7（星期六）
5	小时	USINT	0～23
6	分	USINT	0～59
7	秒	USINT	0～59
8-11	纳秒	USINT	0～999 999 999

4.1.2.2　String 字符串类型

S7 CPU 支持使用 String 数据类型存储一串单字节字符。String 数据类型包含总字符数（字符串中的字符数）和当前字符数。String 类型提供了多达 256 个字节，用于在字符串中存储最大总字符数（1 个字节）、当前字符数（1 个字节）以及最多 254 个字节。String 数据类型中的每个字节都可以是从 16#00 到 16#FF 的任意值，结构组成见表 4-6。

表 4-6　字符串数据类型结构

数据类型	大小	范围	常量输入示例
String	n+2 字节	n =0 到 254 字节	"ABC"

表 4-7 定义了一个最大字符计数为 10，当前字符计数为 3 的字符串。这意味着该字符串当前包含 3 个单字节字符，但可以对其进行扩展使其包含多达 10 个单字节字符。

表 4-7　String 数据类型示例

总字符	当前字符数	字符 1	字符 2	字符 3	...	字符 10
10	3	'C'(16#43)	'A'(16#41)	'T' (16#54)	...	-
字节 0	字节 1	字节 2	字节 3	字节 4	...	字节 11

4.1.2.3　ARRAY 数组数据类型

数组是由包含多个相同数据类型的元素构成的。数组可以在组织块 OB、数据块 FC、FB 和 DB 的块接口编辑器中创建，无法在 PLC 变量编辑器中创建数组。

要在块接口编辑器中创建数组，请为数组命名并选择数据类型“Array [lo .. hi] of type”，然后根据如下说明编辑“lo”“hi”和“type”：

lo－数组的起始（最低）下标。

hi－数组的结束（最高）下标。

type－数据类型之一，例如 BOOL、SINT、UDINT。

数组可以是一维到六维数组，索引可以为负，但下限必须小于或等于上限。索引限值：-32768 到+32767 数组。示例：

数组声明　ARRAY[1..20] of REAL　一维，20 个元素；

　　　　　ARRAY[1..2, 3..4] of CHAR　二维，4 个元素。

数组地址　ARRAY1[0]　ARRAY1 元素 0；

　　　　　ARRAY2[1,2]　ARRAY2 元素 [1,2]。

4.1.2.4　Struc 结构类型

用数据类型“Struct”来定义包含其他数据类型的数据结构，Struct 数据类型可用来以单个数据单元方式处理一组相关过程数据。

在博途软件中，可以添加数据块或功能块，在接口编辑器中命名 Struct 数据类型并声明内部数据结构，如图 4-1 所示，在数据块中定义了一个“motorpar”结构数据类型，里面包含了实数、整数和布尔量三种参数类型。

图 4-1　博途软件中添加 Struct 类型数据

数组和结构还可以集中到更大结构中，一套结构可嵌套八层。例如，可以创建包含数组的多个结构组成的结构。

在 PLC 中访问结构元素方式：StructName(结构名称).ComponentName(结构元素名称)。

4.1.3　参数类型

在功能块 FB 和 FC 中定义代码块之间传送数据的形式参数时，可以使用基本数据类型、复杂数据类型、系统数据类型和硬件数据类型，此外还可以使用参数类型。S7-1200 有两个参数类型：Variant 和 Void。

Variant 数据类型可以指向不同数据类型的变量或参数，为在逻辑块之间传递参数的形式参数定义的类型。Variant 指针可以指向结构和单独的结构元素，Variant 指针不会占用存储器的任何空间，见表 4-8。

数据类型 Void 不保存数值，它用于功能不需要返回值的情况。

表 4-8　Variant 属性

长度/Byte	表示方式	格式	示例输入
0	符号	操作数	MyTag
		数据块名称.结构名称.元素名称	MyDB.Struct1.pres1
	绝对	操作数	%MW10
		数据块编号.操作数类型长度	P#DB10.DBX10.0 INT 12

4.1.4　系统数据类型

系统数据类型（SDT）由系统提供并具有预定义的结构，由固定个数的元素组成，它们具有不能更改的不同的数据结构。系统数据类型只能用于某些特定的指令，表 4-9 给出了可以使用的系统数据类型和它们的用途。

表 4-9　系统数据类型和它们的用途

系统数据类型	字节数	描述
IEC_Time	16	用于定时器指令的定时器结构
IEC_SCounter	3	用于数据类型为 Sint 的计数器指令的计数器结构
IEC_USCounter	3	用于数据类型为 USInt 的计数器指令的计数器结构
IEC_UCounter	6	用于数据类型为 UInt 的计数器指令的计数器结构
IEC_Counter	6	用于数据类型为 Int 的计数器指令的计数器结构
IEC_DCounter	12	用于数据类型为 DInt 的计数器指令的计数器结构
IEC_UDCounter	12	用于数据类型为 UDInt 的计数器指令的计数器结构
ErrorStruct	28	编程或 I/O 访问错误的错误信息结构，用于 RCV_GFG 指令
CONDTTIONS	52	定义启动和结束数据接受的条件，用于 RCV_GFG 指令
TCON_Param	64	用于指定存放 PROFINET 开放通信连接描述的数据块的结构
Void	-	该数据类型没有数值，用于输出不需要返回值的场合

4.1.5　硬件数据类型

硬件数据类型的个数与 CPU 的型号有关，指定的硬件数据类型常数与硬件组态时模块的设置有关。在用户程序中插入控制或激活模块的指令时，将使用硬件数据类型常数来作指令的参数，表 4-10 给出了 S7-1200 CPU 可以使用的硬件数据类型和它们的用途。

表 4-10　硬件数据类型和它们的用途

数据类型	基本数据类型	描述
HW_ANY	WORD	任何硬件组件（如模块）的标识
HW_IO	HW_ANY	I/O 组件的标识
HW_SUBMODULE	HW_IO	中央硬件组件的标识
HW_INTERFACE	HW_SUBMODULE	接口组件的标识

续表

数据类型	基本数据类型	描述
HW_HSC	HW_SUBMODULE	高速计数器的标识，型用于“CTRL_HSC”指令
HW_PWM	HW_SUBMODULE	脉冲宽度调制的标识，型用于“CTRL_PWM”指令
HW_PTO	HW_SUBMODULE	高速脉冲的标识，此数据类型用于运动控制
AOM_IDENT	DWORD	AS 运行系统中对象的标识
EVENT_ANY	AOM_IDENT	用于标识任意事件
EVENT_ATT	EVENT_ANY	用于标识可动态分配给 OB 的事件
EVENT_HWINT	EVENT_ATT	用于标识硬件中断事件
OB_ANY	INT	用于标识任意 OB
OB_DELAY	OB_ANY	用于标识发生延时中断时调用的 OB
OB_CYCLIC	OB_ANY	用于标识发生循环中断时调用的 OB
OB_ATT	OB_ANY	用于标识可动态分配给事件的 OB
OB_PCYCLE	OB_ANY	用于标识可分配给“循环程序”事件类别的 OB
OB_HWINT	OB_ATT	用于标识发生硬件中断时调用的 OB
OB_DIAG	OB_ANY	用于标识发生诊断错误中断时调用的 OB
OB_TIMEERROR	OB_ANY	用于标识发生时间错误时调用的 OB
OB_STARTUP	OB_ANY	用于标识发生启动事件时调用的 OB
PORT	UINT	用于标识通信端口，用于点对点通信

4.2 S7-1200 块结构与程序构成

4.2.1 S7-1200 的块结构

S7-1200 的编程采用块结构，即将程序分解为独立的自成体系的各个部件，这里的“块”类似于“子程序”的概念，但类型更多，功能更强大。采用块的概念便于大规模程序的设计和理解，设计标准化的块程序进行调用，增加了程序的透明性、可理解性和易维护性。

S7-1200 CPU 支持表 4-11 中所示类型的代码块，使用它们可以创建有效的用户程序结构。用户程序、数据及组态的大小受 CPU 中可用装载存储器和工作存储器的限制。对所支持的块数量没有限制，唯一的限制就是存储器大小。

表 4-11 S7-1200 CPU 支持的代码块

块（Block）类型	作用
组织块（OB）	操作系统与用户程序的接口，决定用户程序的结构
功能块（FB）	用户编写的包含经常使用的功能的子程序，有存储区
功能（FC）	用户编写的包含经常使用的功能的子程序，无存储区
数据块（DB）	存储用户数据的数据区域

在 TIA 软件 PORTAL 视图中可以添加需要类型的代码块，如图 4-2 所示，单击①添加新块按钮添加新块，选择类型②为要添加块的类型，在③处为块命名或采用默认。

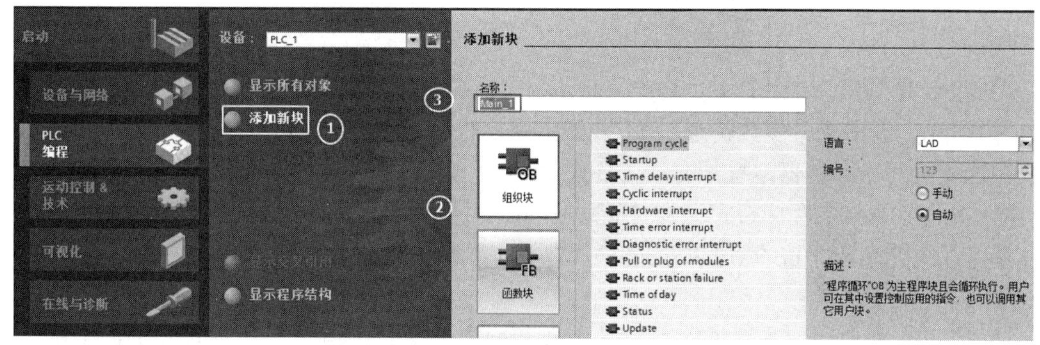

图 4-2　博途软件中添加新块

4.2.1.1　OB 组织块

组织块（OB）是通常包含主程序逻辑的代码块，OB 对 CPU 中的特定事件作出响应，并可中断用户程序的执行。用于循环执行用户程序的默认组织块 OB 1 为用户程序提供基本结构，是唯一一个用户必需的代码块。其他 OB 执行特定的功能，如处理启动任务、处理中断和错误或以特定的时间间隔执行特定程序代码，可以根据需要进行添加。

CPU 扫描的处理由事件来驱动。默认事件是启动程序循环 OB 执行的程序循环事件，用户不需要在程序中使用程序循环 OB，但是如果没有程序循环 OB，将不会执行正常的 I/O 更新。因此就必须通过过程映像来对 I/O 进行读取和写入。可根据需要启用其他事件。

通常，事件按优先级顺序进行处理，优先级最高的最先进行处理，优先级相同的事件按“先到先得”的原则进行处理。OB 开始执行后，如果发生另一个相同或较低优先级组中的事件，则该 OB 的处理不会被中断。组织块（OB）类型及优先级见表 4-12。

表 4-12　组织块（OB）类型

事件（OB）	数量	OB 编号	队列深度	优先级组	优先等级
程序循环	1 个程序循环事件允许多个 OB	1（默认） 200 或更大	1	1	1
启动	1 个启动时间允许多个 OB	100（默认） 200 或更大	1		1
时间延迟	最多 4 个，每个事件 1 个 OB	200 或更大	8	2	3
循环	最多 4 个，每个事件 1 个 OB	200 或更大	8		4
沿	16 个上升沿事件，16 个下降沿事件，每个事件 1 个 OB	200 或更大	32		5
HSC	6 个 CV=PV 事件，6 个方向更改事件，6 个外部复位事件	200 或更大	16		6
诊断错误	一个事件（仅限 OB 82）	仅限 82	8	2	9
时间错误	1 个时间错误事件，1 个 MaxCycle 事件，1 个 xMaxCycle 时间事件	仅限 80	8	3	26、27

优先级组中的 OB 不会中断属于同一优先级组的其他 OB 的执行，但是优先级组 2 中的事件将中断优先级组 1 中 OB 的执行，而优先级组 3 中的事件将中断优先级组 1 或 2 中任何 OB 的执行。

4.2.1.2　功能 FC

功能 FC 是从另一个代码块（OB、FB 或 FC）进行调用时执行的子例程。FC 是不具有相关的背景 DB，调用块将参数传递给 FC。如果用户程序的其他元素需要使用 FC 的输出值，则必须将这些值写入存储器地址或全局 DB 中。

FC 将此运算结果存储在存储器位置。例如，可使用 FC 执行标准运算和可重复使用的运算或者执行工艺功能，FC 也可以在程序中的不同位置多次调用。

4.2.1.3　功能块 FB

功能块 FB 是使用背景数据块保存其参数和静态数据的代码块，FB 具有位于数据块（DB）或背景 DB 中的变量存储器。

背景 DB 提供与 FB 的实例（或调用）关联的一块存储区并在 FB 完成后存储数据，可将不同的背景 DB 与 FB 的不同调用进行关联；通过背景 DB 可使用一个通用 FB 控制多个设备，通过使一个代码块对 FB 和背景 DB 进行调用构建程序，CPU 执行该 FB 中的程序代码，并将块参数和静态局部数据存储在背景 DB 中；FB 执行完成后，CPU 会返回到调用该 FB 的代码块中，背景 DB 保留该 FB 实例的值。

功能块 FB 是从另一个代码块 OB、FB 或 FC 进行调用时执行的子例程，调用块将参数传递到 FB，并标识可存储特定调用数据或该 FB 实例的特定数据块。更改背景 DB 可实现使用一个通用 FB 控制一组设备的运行，例如，借助包含每个泵或阀门的特定运行参数的不同背景 DB，一个 FB 可控制多个泵或阀门。

4.2.1.4　数据块 DB

数据块 DB 存储程序块可以使用的数据。有两种类型的 DB：全局 DB 和背景 DB。全局 DB 存储程序中代码块的数据。任何 OB、FB 或 FC 都可访问全局 DB 中的数据；背景 DB 存储特定 FB 的数据，背景 DB 中数据的结构反映了 FB 的参数（Input、Output 和 InOut）和静态数据。FB 的临时存储器不存储在背景 DB 中。

用户程序中的所有程序块都可访问全局 DB 中的数据，而背景 DB 仅存储特定功能块（FB）的数据。用户程序可将数据存储在 CPU 的专用存储区中，如输入 I、输出 Q 和位存储器 M。此外，可使用数据块 DB 快速访问存储在程序本身中的数据；可将 DB 定义为只读；当数据块关闭或相关代码块的执行结束时，DB 中存储的数据不会被删除。

关于 FC、FB、DB 在程序设计中的使用，将在第五章进行讲述。

4.2.2　程序结构类型

4.2.2.1　程序结构类型

创建处理自动化任务的用户程序时，需要将程序指令插入代码块（OB、FB 或 FC）中。OB 是用于针对用户的应用构建和组织用户程序的代码块。对于许多应用，都采用一个不断循环的 OB，如程序循环 OB1 来包含程序逻辑。除程序循环 OB 外，CPU 还提供其他执行特定功能的 OB，例如执行启动任务、处理中断和错误或者以特定的时间间隔执行特定程序代码。每个 OB 都对 CPU 中的一个特定事件作出响应，并能根据预定义的优先级组和等级中断用户程序的执行。

根据实际应用要求，可选择线性结构或模块化结构用于创建用户程序，如图 4-3 所示。

- 线性程序按顺序逐条执行用于自动化任务的所有指令。通常，线性程序将所有程序指令都放入用于循环执行程序的 OB（例如 OB1）中。
- 模块化程序调用可执行特定任务的特定代码块。要创建模块化结构，需要将复杂的自动化任务划分为与过程的工艺功能相对应的更小的次级任务。每个代码块都为每个次级任务提供程序段，通过从另一个块中调用其中一个代码块来构建程序。

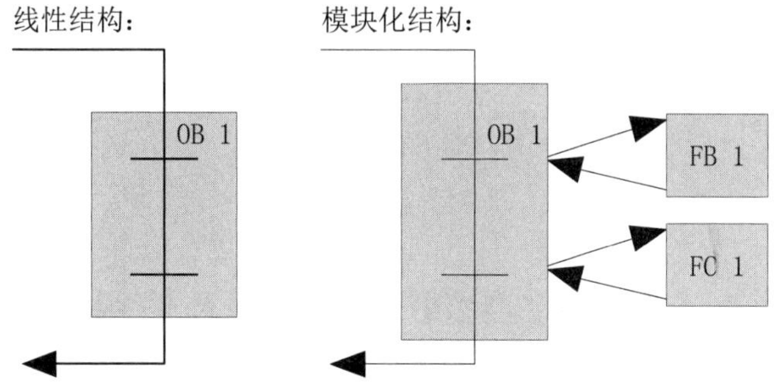

图 4-3　程序结构类型

模块化组件不仅有助于标准化程序设计，也有助于使更新或修改程序代码更加快速和容易。使用通用代码块优点：

- 可为标准任务创建能够重复使用的代码块，如用于控制泵或电机。也可以将这些通用代码块存储在可由不同的应用或解决方案使用的库中。
- 将用户程序构建到与功能任务相关的模块化组件中，使程序的设计更易于理解和管理。
- 创建模块化组件可简化程序的调试。
- 创建与特定工艺功能相关的模块化组件，有助于简化对已完成应用程序的调试。

4.2.2.2　模块化程序的调用

通过设计 FB 和 FC 执行通用任务，可创建模块化代码块。然后可通过由其他代码块调用这些可重复使用的模块来构建用户程序。调用块将设备特定的参数传递给被调用块。当一个代码块调用另一个代码块时，CPU 会执行被调用块中的程序代码。执行完被调用块后，CPU 会继续执行调用块，并继续执行该块调用之后的指令，如图 4-4 所示。

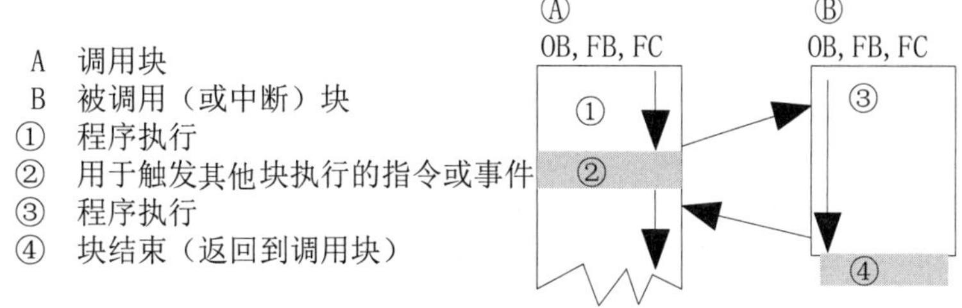

图 4-4　程序块的调用

在程序块之间可嵌套块调用，实现更加模块化的结构。图 4-5 中嵌套深度为 4，程序循环 OB 采用多层嵌套实现对代码块的调用。

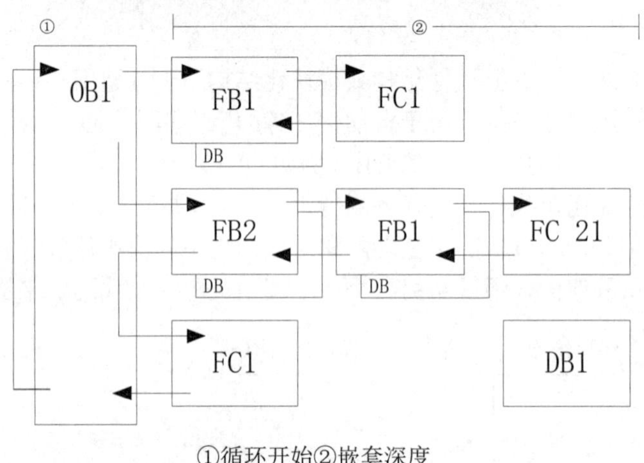

①循环开始②嵌套深度

图 4-5　程序块的嵌套

4.3　S7-1200 基本指令及使用

S7-1200 PLC 的基本指令包括位逻辑指令、定时器、计数器、比较指令、数学指令、移动指令、转换指令、程序控制指令、逻辑运算指令以及移位指令等。

4.3.1　位逻辑指令

常用位逻辑指令见表 4-13。

表 4-13　常用位逻辑指令

图形符号	功能	图形符号	功能
-| |-	常开触点（地址）	-(S)-	置位线圈
-|/|-	常闭触点（地址）	-(R)-	复位线圈
-( )-	输出线圈	-(SET_BF)-	置位域
-(/)-	反向输出线圈	-(RESET_BF)-	复位域
-| NOT |-	取反	-|P|-	P 触点，上升沿检测
RS（R、S1、Q）	RS 置位优先型 RS 触发器	-|N|-	N 触点，下降沿检测
		-(P)-	P 线圈，上升沿
		-(N)-	N 线圈，下降沿
SR（S、R1、Q）	SR 复位优先型 SR 触发器	P_TRIG（CLK、Q）	P_Trig，上升沿
		N_TRIG（CLK、Q）	N_Trig，下降沿

位逻辑指令表示的是触点和线圈的逻辑状态。触点用于读取位的状态，位接通时“有能流”，断开时“没有能流”；线圈用于输出状态表示，当前导逻辑条件具备时，可认为线圈被驱动，将操作的状态写入到位中。

位逻辑操作即开关量逻辑操作指令主要有：基本触点指令、置位和复位指令、边沿跳变指令、取非指令以及其他位操作指令。

4.3.1.1　基本逻辑指令

基本逻辑指令包括常开触点、常闭触点、输出线圈、反向线圈、取反指令。

（1）常开、常闭触点。

常开触点：在赋的位值为 1 时，常开触点将闭合（ON）；常闭触点：在赋的位值为 0 时，常闭触点将闭合（ON）。

位逻辑以串联方式连接的触点创建与逻辑（AND）程序段，以并联方式连接的触点创建或逻辑（OR）程序段。

利用位逻辑进行组合可创建用户自己的组合逻辑。如果用户指定的输入位使用存储器标识符 I（输入）或 Q（输出），则从对应的过程映像寄存器中读取位值。

通过在输入变量后加上“:P”（例如，“Motor_Start:P”或“I3.4:P”），可指定立即读取物理输入。对于立即读取，将直接从物理输入读取位数据值，而不是从过程映像中读取。采用立即方式读取不会更新过程映像。

（2）输出线圈。包含输出线圈和反向输出线圈两种形式。

输出线圈：如果有能流通过输出线圈，则输出位设置为 1；如果没有能流通过输出线圈，则输出线圈位设置为 0。

反向输出线圈：如果有能流通过反向输出线圈，则输出位设置为 0；如果没有能流通过反向输出线圈，则输出位设置为 1。

线圈输出指令写入输出位的值。如果用户指定的输出位使用存储器标识符 Q，则 CPU 接通或断开过程映像寄存器中的输出位，同时设置与能流状态相应的指定位。在 RUN 模式下，CPU 系统将扫描输入信号，并根据程序逻辑处理输入状态，然后通过在过程映像输出寄存器中设置新的输出状态值进行响应。在每个程序执行循环之后，CPU 将存储在过程映像寄存器中的新输出状态响应传送到已连接的输出端子。

通过在输出变量后加上“:P”（例如“Q1.2:P”），可指定立即写入物理输出。对于立即写入，会将位数据值写入到过程映像输出并直接写入到物理输出。

输出线圈一般在梯形图程序末端，但不局限于在程序段结尾使用。可以在 LAD 程序段的梯级中间以及触点或其他指令之间插入线圈。

（3）取反触点。LAD NOT 触点用于对能流输入的逻辑状态取反。如果没有能流流入 NOT 触点，则会有能流流出；如果有能流流入 NOT 触点，则没有能流流出。

例 4-1：图 4-6 为与逻辑示例，当触点 I0.0 和 I0.1 同时闭合时，输出线圈 Q0.0 得电。

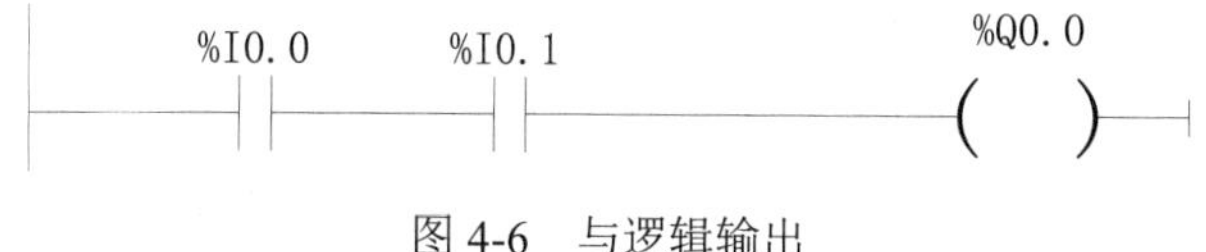

图 4-6　与逻辑输出

例 4-2：图 4-7 为或逻辑示例，当触点 I0.0 或 I0.1 同时断开时，取反后，输出线圈 Q0.0 得电；当触点 I0.0 或 I0.1 有一个闭合时，取反后，输出线圈 Q0.0 失电。

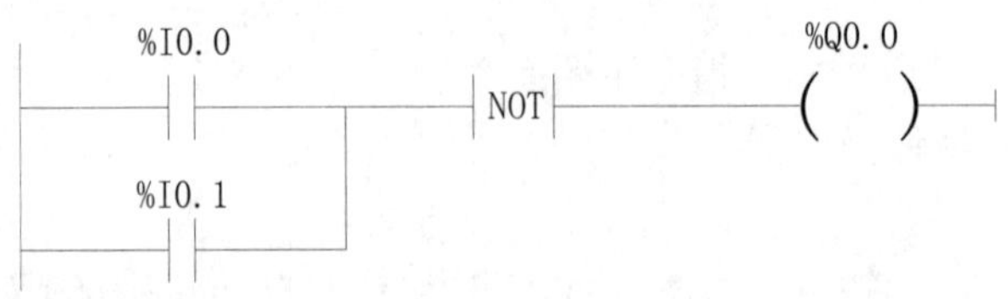

图 4-7　或逻辑输出

4.3.1.2　置位和复位指令

对于基本逻辑指令，当输入激励断开时输出线圈无输出，而置位和复位指令能够使输出线圈具有保持功能。例如如果有能流通过置位线圈时，线圈置位为 1，即使此时能流消失，该线圈依旧保持为 1 状态；只有使用复位指令才能使该线圈恢复输出为 0 状态。置位指令的梯形图符号见表 4-14。

表 4-14　S 和 R 指令

LAD	说明
"OUT" —(S)—	置位输出：S（置位）激活时，OUT 地址处的数据值设置为 1。S 未激活时，OUT 不变
"OUT" —(R)—	复位输出：R（复位）激活时，OUT 地址处的数据值设置为 0。R 未激活时，OUT 不变

例 4-3：如图 4-8 所示，当 I0.0=1，I0.1=0 时，Q0.0 被置位；此后无论 I0.0、I0.1 为何值，Q0.0 保持不变；当 I0.0 和 I0.1 同时为 1 时，Q0.0 输出为 0。

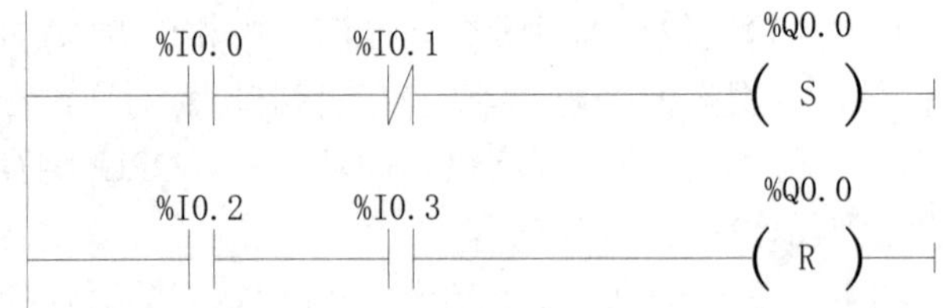

图 4-8　置位和复位指令的使用

使用置位和复位域指令也可以用来对连续地址的多个线圈进行操作，见表 4-15。

表 4-15　SET_BF 和 RESET_BF 指令

LAD	说明
"OUT" —(SET_BF)— "n"	置位位域：SET_BF 激活时，为从寻址变量 OUT 处开始的"n"位分配数据值 1。SET_BF 未激活时，OUT 不变
"OUT" —(RESET_BF)— "n"	复位位域：RESET_BF 激活时，为从寻址变量 OUT 处开始的"n"位写入数据值 0。RESET_BF 未激活时，OUT 不变

用 RS 触发器也可以实现置位复位功能，有置位优先和复位优先两种，见表 4-16。

表 4-16　RS 和 SR 指令

LAD	说明
"INOUT" RS（R、S1 输入，Q 输出）	复位/置位触发器：RS 是置位优先锁存，其中置位优先。如果置位（S1）和复位（R）信号都为真，则地址 INOUT 的值将为 1
"INOUT" SR（S、R1 输入，Q 输出）	置位/复位触发器：SR 是复位优先锁存，其中复位（R1）优先。如果置位（S）和复位（R1）信号都为真，则地址 INOUT 的值将为 0

触发器指令中，“INOUT”变量分配要置位或复位的位地址，输出 Q 遵循“INOUT”地址的信号状态。

例 4-4：触发器指令的使用如图 4-9 所示，当 I0.0=1 时，Q0.0 被复位，Q0.1 被置位；当 I0.1=1 时，Q0.0 被置位，Q0.1 被复位；当 I0.0=1，I0.1=1 时，图中 RS 触发器的 S1 端和 SR 触发器的 R1 输入端分别优先有效，Q0.0 被置位，Q0.1 被复位。

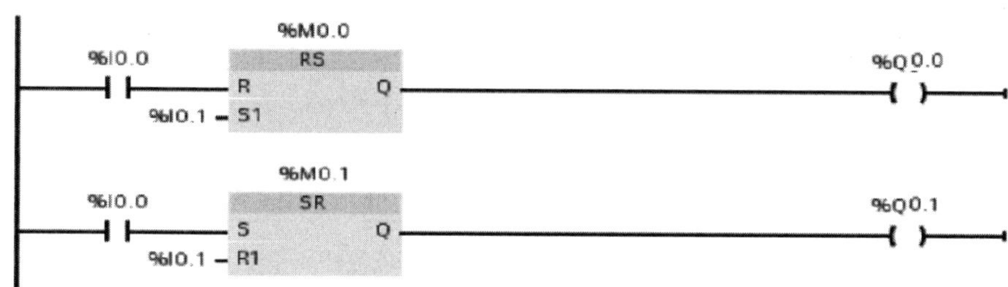

图 4-9　触发器指令的使用

例 4-5：利用 RS 触发器进行抢答器的设计。抢答器有三个输入，分别为 I0.0、I0.1 和 I0.2，输出分别为 Q4.0、Q4.1 和 Q4.2，复位输入是 I0.4。要求：三人中任意抢答，谁先按按钮，谁的指示灯优先亮，且只能亮一盏灯，进行下一问题时主持人按复位按钮，抢答重新开始。

梯形图程序如图 4-10 所示，本例使用了输出 Q 的常闭触点实现各个输入开关的互锁供能。

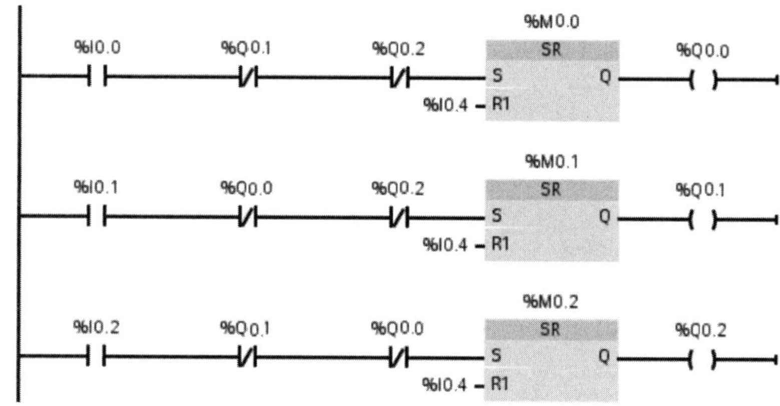

图 4-10　抢答器程序

4.3.1.3 边沿触发指令

边沿触发形式有触点边沿、线圈边沿和 TRIG 边沿触发，采用边沿指令，可以提高系统的抗干扰能力，其指令梯形图符号及功能说明见表 4-17。

表 4-17 中的边沿指令采用存储位（M_BIT）保存被监控输入信号的先前状态，对每个沿指令都使用唯一的位，并且不应在程序中的任何其他位置使用该位。

表 4-17 边沿触发指令

LAD	说明
"IN" —|P|— "M_BIT"	扫描操作数的信号上升沿：在分配的“IN”位上检测到正跳变（断到通）时，该触点的状态为 TRUE。该触点逻辑状态随后与能流输入状态组合以设置能流输出状态。P 触点可以放置在程序段中除分支结尾外的任何位置
"IN" —|N|— "M_BIT"	扫描操作数的信号下降沿：在分配的输入位上检测到负跳变（开到关）时，该触点的状态为 TRUE。该触点逻辑状态随后与能流输入状态组合以设置能流输出状态。N 触点可以放置在程序段中除分支结尾外的任何位置
"OUT" —(P)— "M_BIT"	在信号上升沿置位操作数：在进入线圈的能流中检测到正跳变（关到开）时，分配的位“OUT”为 TRUE。能流输入状态总是通过线圈后变为能流输出状态。P 线圈可以放置在程序段中的任何位置
"OUT" —(N)— "M_BIT"	在信号下降沿置位操作数：在进入线圈的能流中检测到负跳变（开到关）时，分配的位“OUT”为 TRUE。能流输入状态总是通过线圈后变为能流输出状态。N 线圈可以放置在程序段中的任何位置
P_TRIG CLK Q "M_BIT"	扫描 RLO（逻辑运算结果）的信号上升沿：在 CLK 能流输入中检测到正跳变（断到通）时，Q 输出能流或逻辑状态为 TRUE。该指令不能放置在程序段的开头或结尾
N_TRIG CLK Q "M_BIT"	扫描 RLO 的信号下降沿：在时钟信号 CLK 能流输入中检测到负跳变（通到断）时，Q 输出能流或逻辑状态为 TRUE。在 LAD 中，N_TRIG 指令不能放置在程序段开头或结尾

例 4-6：某车间故障指示信号设计，若故障信号 I0.0 为 1，使 Q4.0 控制的指示灯以 1Hz 的频率闪烁。操作人员按复位按钮 I0.1 后，如果故障已经消失，则指示灯熄灭，如果没有消失，指示灯转为常亮，直至故障消失。

编写程序如图 4-11 所示，程序中利用 I0.0 的上升沿检测故障是否存在，用到时钟存储器 M1.5 产生 1Hz 的时钟信号，控制 Q0.0 以 1Hz 的频率闪烁。

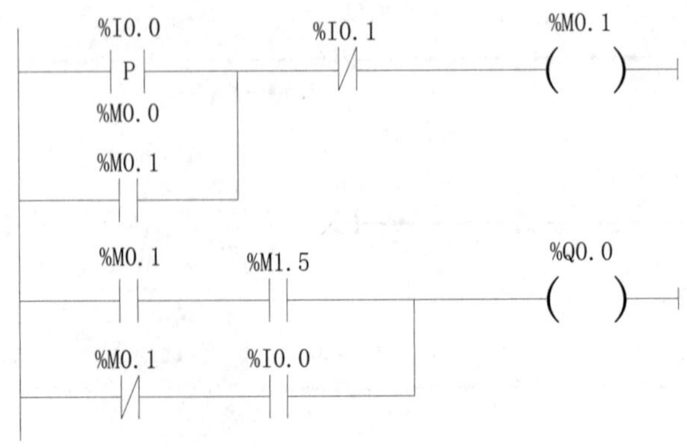

图 4-11 故障指示灯设计程序

4.3.2 定时器指令

在 S7-1200 PLC 中有四种类型的定时器，它是 PLC 内部的一种软元件。每个定时器占用 16 个字节存储器空间，它们都属于功能块（FB），有自己专用的存储区（背景数据块），其优点是可以保证项目具有良好的可移植性。

用户程序中可以使用的定时器数仅受 CPU 存储器容量限制，每个定时器均使用 16 字节的 IEC_Timer 数据类型的 DB 结构来存储定时器数据，STEP 7 在插入指令时自动创建该 DB。S7-1200 PLC 有四种定时器 TP、TON、TOF、TONR，其符号与功能说明见表 4-18。

表 4-18　定时器指令

定时器类型	LAD 功能框	LAD 线圈	定时功能说明
TON（通电延迟定时器）	IEC_Timer_1 TON Time IN　Q PT　ET	TON_DB —(TON)— "PRESET_Tag"	接通延迟定时器输出 Q 在预设的延时过后设置为 ON
TOF（断电延迟定时器）	IEC_Timer_2 TOF Time IN　Q PT　ET	TOF_DB —(TOF)— "PRESET_Tag"	关断延迟定时器输出 Q 在预设的延时过后重置为 OFF
TONR（通电保持定时器）	IEC_Timer_3 TONR Time IN　Q R　ET PT	TONR_DB —(TONR)— "PRESET_Tag"	保持型延迟定时器在预设的延时过后设置为 ON，具有累积记忆功能
TP（脉冲定时器）	IEC_Timer_0 TP Time IN　Q PT　ET	TP_DB —(TP)— "PRESET_Tag"	触发后可生成具有预设宽度时间的脉冲

定时器端子参数的作用见表 4-19。

表 4-19　定时器参数的数据类型

端子参数	数据类型	说明
功能框：IN； 线圈：能流	Bool	对于 TP、TON 和 TONR，输入参数：0=禁用定时器，1=启用定时器；对于 TOF，输入参数：0=启用定时器，1=禁用定时器
R	Bool	仅 TONR 功能框：0=不重置；1=重置为 0
功能框：PT； 线圈：PRESET_Tag	Time	定时器功能框或线圈：预设的时间输入
功能框：Q； 线圈：DBdata.Q	Bool	功能框：Q 功能框输出 线圈：仅可寻址定时器 DB 数据中的 Q 位
功能框：ET； 线圈：DBdata.ET	Time	ET，定时器经历的时间值，存储在双字中

4.3.2.1 TON 定时器

接通延时定时器的使用如图 4-12 所示，输入端 IN 接开关信号 I0.0，输出端接 Q0.0，定时设定值此处设定 PT=5S，当前值 ET 存储在 MD20 中，“%DB1”为定时器背景数据块绝对地址。

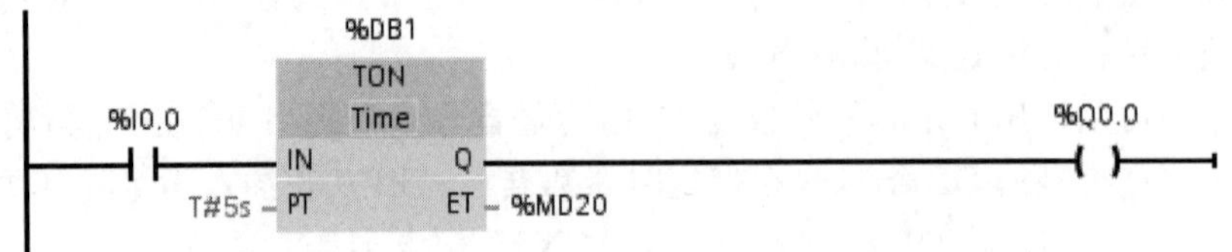

图 4-12 定时器梯形图程序

定时器工作时序如图 4-13 所示，当输入端 IN=1 时定时器开始计时，达到设定值时输出端 Q=1 且一直保持，直到 IN=0 定时器复位；如果输入端 IN=1 保持有效时间小于设定值 ET，定时器 Q 不会变化；定时器当前值记录在%MD20，随计时时间变化，达到设定之后停止增长；定时器设定值 PT 的格式为 TIME 格式，形式为 T#xxx d/h/s/ms/。

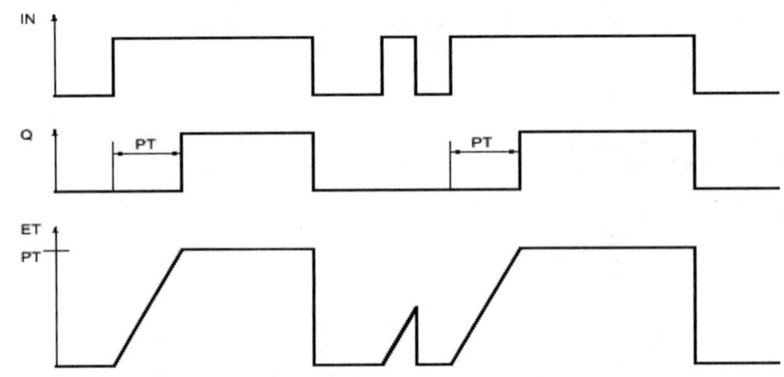

图 4-13 定时器工作时序分析

在定时器的背景数据块中，存储着定时器的状态参数，见表 4-20。

表 4-20 定时器背景数据块参数

IEC_Timer_0				
	名称	数据类型	初始值	注释
1	▾ Static			
2	START	Time	T#0ms	开始时间
3	PRESET	Time	T#0ms	预设时间
4	ELAPSED	Time	T#0ms	过去时间
5	RUNNING	Bool	false	运行时间
6	IN	Bool	false	输入信号
7	Q	Bool	false	输出信号
8	PAD	Byte	B#16#00	
9	PAD_1	Byte	B#16#00	
10	PAD_2	Byte	B#16#00	

例 4-7：用接通延时定时器设计一个周期振荡电路，要求在输出端 Q0.0 输出一个高电平为 4s、低电平为 2s 的周期信号。

程序设计如图 4-14 所示，程序扫描开始，M0.1 闭合，定时器 1 计时开始，在 2s 时间内定时器 1 输出 Q=0，Q0.0 为低电平；2s 时间到，定时器 1 输出 Q 变为高电平，M0.0 线圈得电，Q0.0 为高电平，定时器 2 开始计时；4s 时间到，M0.1 线圈得电，定时器 1 复位，其 Q 输出低电平，M0.0 线圈失电，Q0.0 为低电平，定时器 2 被复位，M0.1 线圈失电，开始进入下一次周期循环。如果在 Q0.0 接上一个小灯，我们会看到该灯周期闪烁的效果。

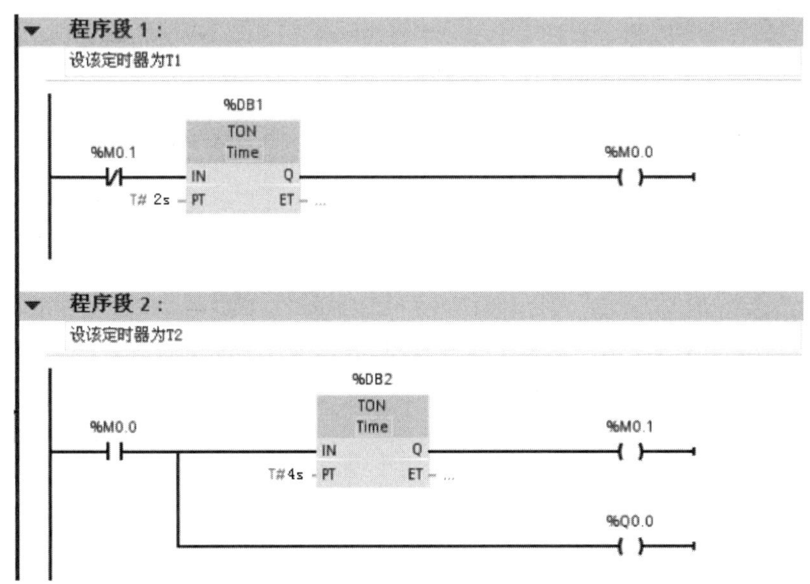

图 4-14　周期振荡电路

4.3.2.2　TONR 定时器

TONR 可以用作时间累加器，其使用方法和动作时序分析图如图 4-15 所示。定时器在预设的延时过后将输出 Q 设置为 ON，此时在使用 R 输入重置经过的时间前，会跨越多个定时时段一直累加经过的时间，在此期间即使输入端 IN 为 0，定时器也不会被复位。

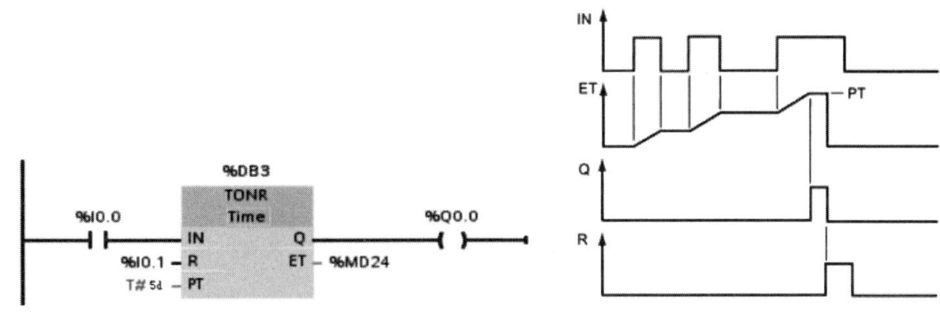

图 4-15　保持定时器及其时序图

4.3.2.3　TOF 定时器

TOF 定时器在预设的延时过后将输出 Q 重置为 OFF，其使用和时序图如图 4-16 所示。

当输入端 I0.0=1 时，输出 Q 为高电平；当输入 I0.0=0 时定时器开始计时，且当前值储存在 ET 指定的存储单元中，计时到达设定时间 PT 后，输出恢复为 Q=0。

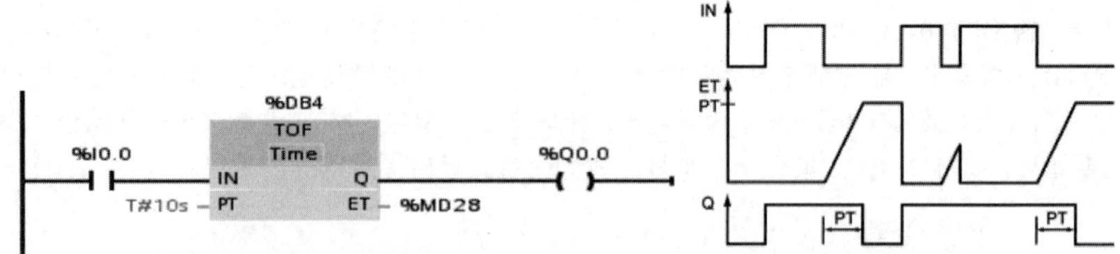

图 4-16　关断延时定时器及其时序图

例 4-8：利用定时器设计电机延时起动控制。当按下瞬时启动按钮 I0.0，5 秒后电动机起动；按下瞬时停止按钮 I0.1，10 秒后电动机停止。

程序设计如图 4-17 所示。当按下按钮开关 I0.0 时，线圈 M0.0 被置位，程序段 2 中的定时器得电开始计时，当计时达到 5S 后，线圈 Q0.0 得电置位，M0.0 被复位，Q0.0 控制电机运行；当按下停止按钮 I0.1 时，程序段 3 中 M0.1 线圈被置位，程序段 4 中定时器得电开始计时，当计时达到 10S 后定时器输出端置位，线圈 Q0.0 被复位，M0.1 被复位，电机停止工作。

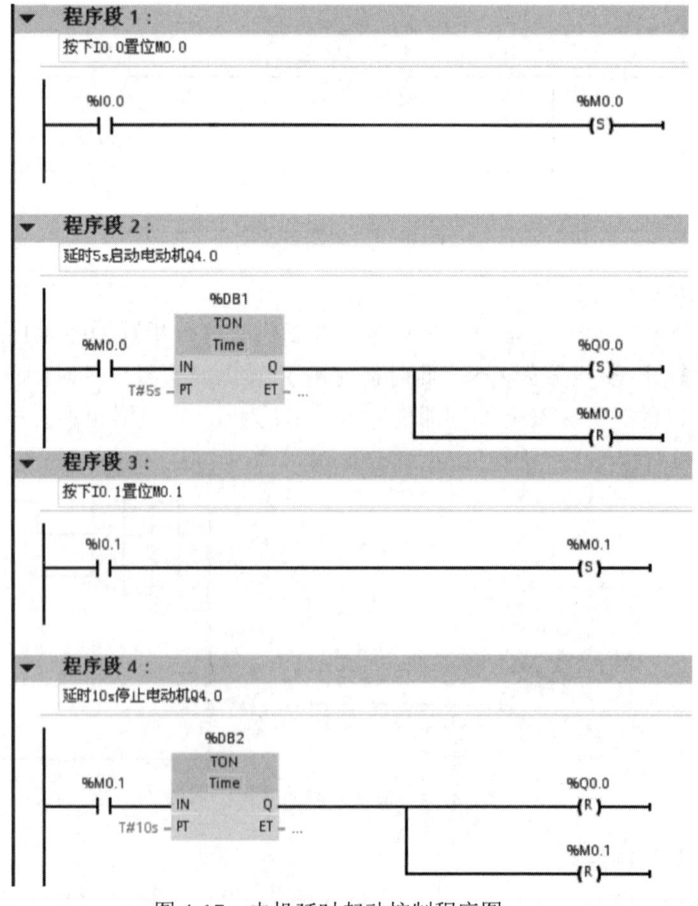

图 4-17　电机延时起动控制程序图

4.3.2.4　TP 定时器

TP 定时器可生成具有预设宽度时间的脉冲，其使用和时序图如图 4-18 所示。

当输入端 I0.0=1 时，输出 Q 为指定宽度的高电平，在此期间无论输入 I0.0 如何变化，对输出 Q 和 ET 不造成影响；TP 定时器输出达到指定宽度时间后，ET 停止计时，若 I0.0=1 则 ET 保持当前值，若 I0.0=0 则 ET 为零。且当前值储存在 ET 指定的存储单元中，到达设定时间后输出 Q=0。

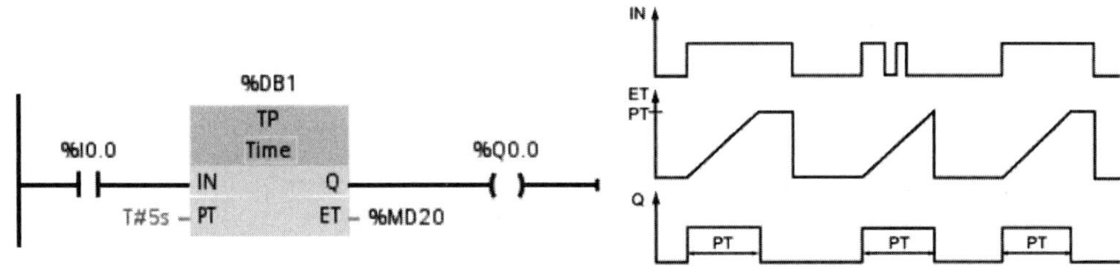

图 4-18　脉冲定时器及其时序图

对于定时器的复位，除了可以用 IN 输入端（TON、TOF、TOP）或复位端子 R（TONR）实现，还可用专门的复位指令 RT 清除背景数据块的数据来对定时器复位，如图 4-19 所示。

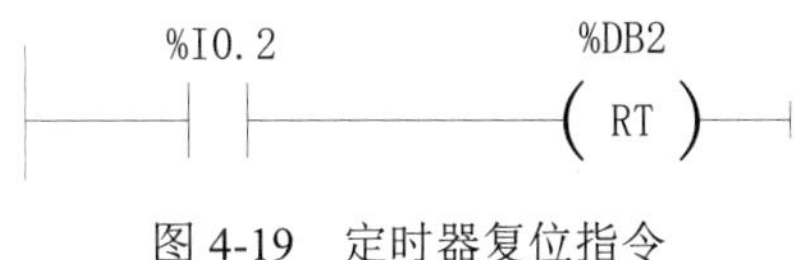

图 4-19　定时器复位指令

4.3.3　计数器指令

在 PLC 中可使用计数器指令实现对内部程序事件或外部过程事件进行计数。S7-1200 PLC 有三种计数器：加计数器 CTU、减计数器 CTD 和加减计数器 CTUD。

PLC 中，用户程序中可以使用的计数器数仅受 CPU 存储器容量的限制，计数器占用以下存储器空间：对于 SInt 或 USInt 数据类型，计数器指令占用 3 个字节；对于 Int 或 UInt 数据类型，计数器指令占用 6 个字节；对于 DInt 或 UDInt 数据类型，计数器指令占用 12 个字节。

这些指令使用软件计数器，软件计数器的最大计数速率受其所在的 OB 的执行速率限制；指令所在的 OB 的执行频率必须足够高，以检测输入的所有跳变。

计数值的数值范围取决于所选的数据类型，如果计数值是无符号整型数，则可以减计数到零或加计数到范围限值；如果计数值是有符号整数，则可以减计数到负整数限值或加计数到正整数限值。

4.3.3.1　加计数器

加计数器指令及其工作时序如图 4-20 所示。其中，CU 为加计数输入端；R 为复位端，将计数值重置为零；PV 为预设计数值；CV 为当前计数值；Q 为输出端，当 CV≥PV 时为真。

当参数 CU 的值从 0 变为 1 时，CTU 计数器会使计数值加 1。其中，R 为复位端，PV 设定计数值，CV 记录计数当前值，以字节形式存储，Q 输出端。

CTU 时序图显示了计数值为无符号整数时的运行情况，在图 4-20 中，当计数 PV =3 时，输出端 Q=1；此后状态保持不变，指导计数器 R=1 时，计数器被复位。也就是说对于 CTU，其 Q 状态变化为：如果参数 CV（当前计数值）的值大于或等于参数 PV（预设计数值）的值，则计数器输出参数 Q = 1；如果复位参数 R 的值从 0 变为 1，则当前计数值重置为 0。

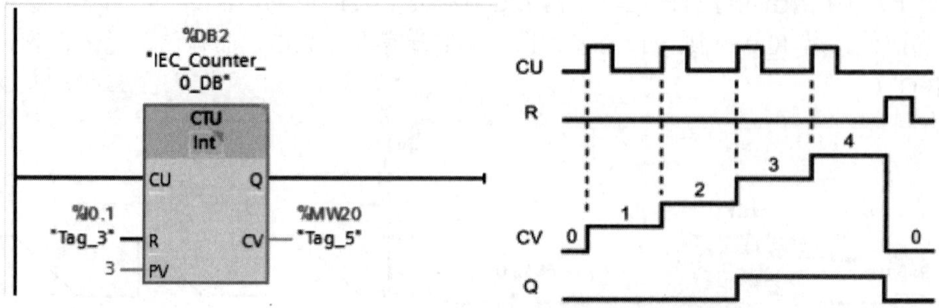

图 4-20　加计数器指令及时序图

计数器的背景数据块结构见表 4-21，存储了计数器参数。

表 4-21　计数器背景数据块参数

IEC_Counter_0				
	名称	数据类型	初始值	注释
1	▼ Static			
2	CU	Bool	false	加计数输入
3	CD	Bool	false	减计数输入
4	R	Bool	false	复位
5	LD	Bool	false	装载输入
6	QU	Bool	false	递增计数器的状态
7	QD	Bool	false	递减计数器的状态
8	PV	Int	0	预设计数值
9	CV	Int	0	当前计数值

4.3.3.2　减计数器

当参数 CD 的值从 0 变为 1 时，CTD 计数器会使计数值减 1，减计数器指令及其工作时序如图 4-21 所示。减计数器中，LOAD 为设定值装载端；PV 为设定计数值；CV 记录计数当前值，以字节形式存储；Q 为计数器输出端。

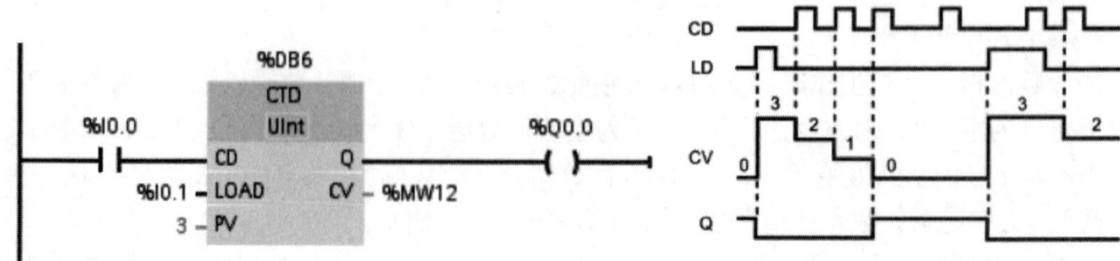

图 4-21　减计数器指令及时序图

CTD 时序图显示了计数值为无符号整数时的运行，其中 PV=3，其动作特点：

- 如果参数 CV（当前计数值）的值等于或小于 0，则计数器输出参数 Q = 1。
- 如果参数 LOAD 的值从 0 变为 1，则参数 PV（预设值）的值将作为新的 CV（当前计数值）装载到计数器。

4.3.3.3 加减计数器

CTUD 加减计数器，当加计数（CU）输入或减计数（CD）输入从 0 转换为 1 时，CTUD 将对应加 1 或减 1。加减计数器指令及其工作时序如图 4-22 所示。其中，LOAD 为设定值装载端，PV 为设定计数值，CV 为记录计数当前值，以字节形式存储，Q 为输出端。

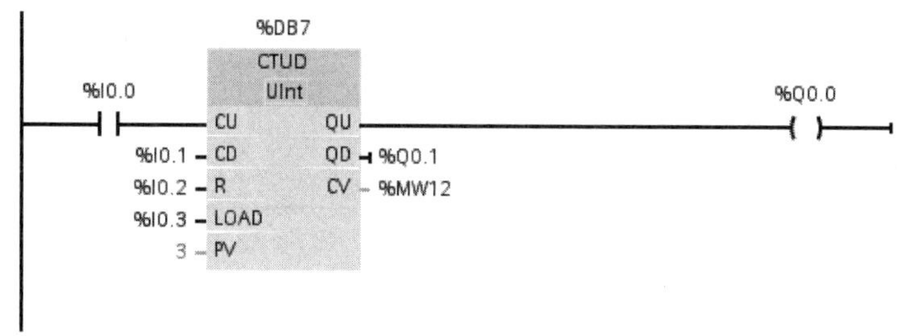

（a）指令形式

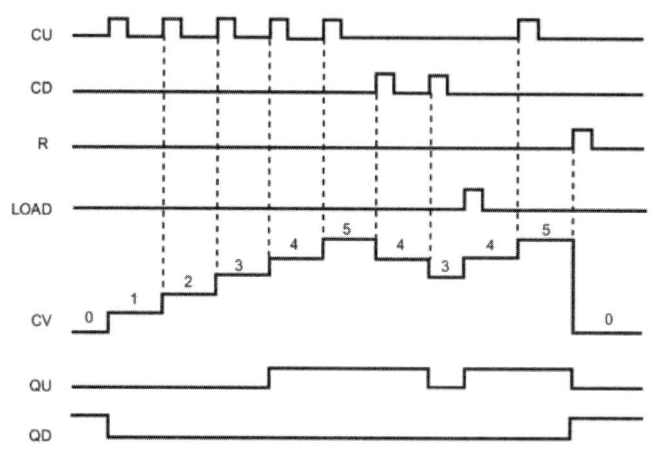

（b）时序图

图 4-22 加减计数器指令及其时序图

CTUD 时序图显示了计数值为无符号整数时的运行，其中 PV =4，其动作特点：

- 如果参数 CV 的值大于等于参数 PV 的值，则计数器输出参数 QU = 1。
- 如果参数 CV 的值小于或等于零，则计数器输出参数 QD = 1。
- 如果参数 LOAD 的值从 0 变为 1，则参数 PV 的值将作为新的 CV 装载到计数器。
- 如果复位参数 R 的值从 0 变为 1，则当前计数值重置为 0。

4.3.4 比较指令

使用比较指令可比较两个数据类型相同的值，比较结果为 TRUE 时，触点将被激活。在程序编辑器中单击比较指令后，可以从下拉菜单中选择比较的关系类型和数据类型。

比较指令类型及其使用说明见表 4-22。

表 4-22　比较指令

指令	关系类型	满足以下条件时比较结果为真	支持的数据类型
<IN1> == 数据类型 <IN2>	==（等于）	IN1 等于 IN2	Sint，Int，Dint，USInt，UInt，UDInt，Real，LReal，String，Char，Time，DTL，Constant
	<>（不等于）	IN1 不等于 IN2	
	>=（大于等于）	IN1 大于等于 IN2	
	<=（小于等于）	IN1 小于等于 IN2	
	>（大于）	IN1 大于 IN2	
	<（小于）	IN1 小于 IN2	
OK	OK（检查有效性）	输入值为有效值 REAL 数	Real，LReal
NOT_OK	NOT_OK（检查无效性）	输入值不是有效 REAL 数	
IN_RANGE ??? MIN VAL MAX	IN_RANGE（值在范围内）	MIN<=VAL<=MAX	Sint，Int，Dint，USInt，UInt，UDInt，Real，Constant
OUT_RANGE ??? MIN VAL MAX	OUT_RANGE（值在范围外）	VAL<MIN 或 VAL>MAX	

例 4-9：当操作数“Value1”和“Value2”的值显示为有效浮点数时，将激活脉冲指令，在 Q0.0 输出一个 5s 的脉冲信号。

使用 OK 指令实现，程序设计如图 4-23 所示。

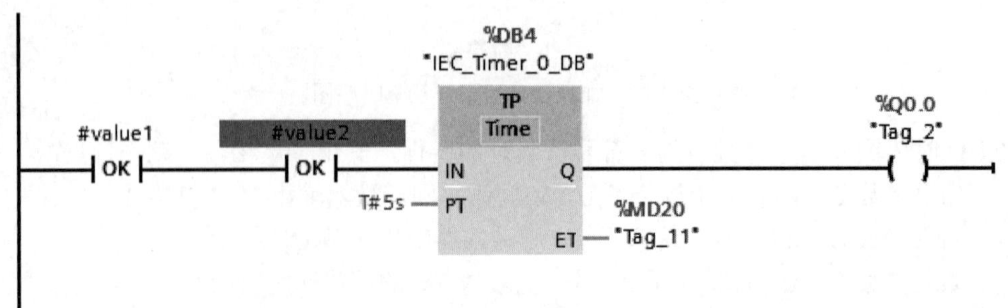

图 4-23　用 OK 指令控制产生脉冲设计程序

例 4-10：用比较和计数指令编写开关灯程序，要求灯控按钮 I0.0 按下一次，灯 Q0.0 亮，按下两次，灯 Q0.1 亮，按下三次两个灯全亮，按下四次灯全灭，如此循环。

分析：在程序中所用计数器为加法计数器，每按下一次按钮，计数器加 1 运算，当加到 3

时必须复位计数器，此处利用 M0.0 实现自动复位功能，这是程序设计关键。程序设计如图 4-24 所示。

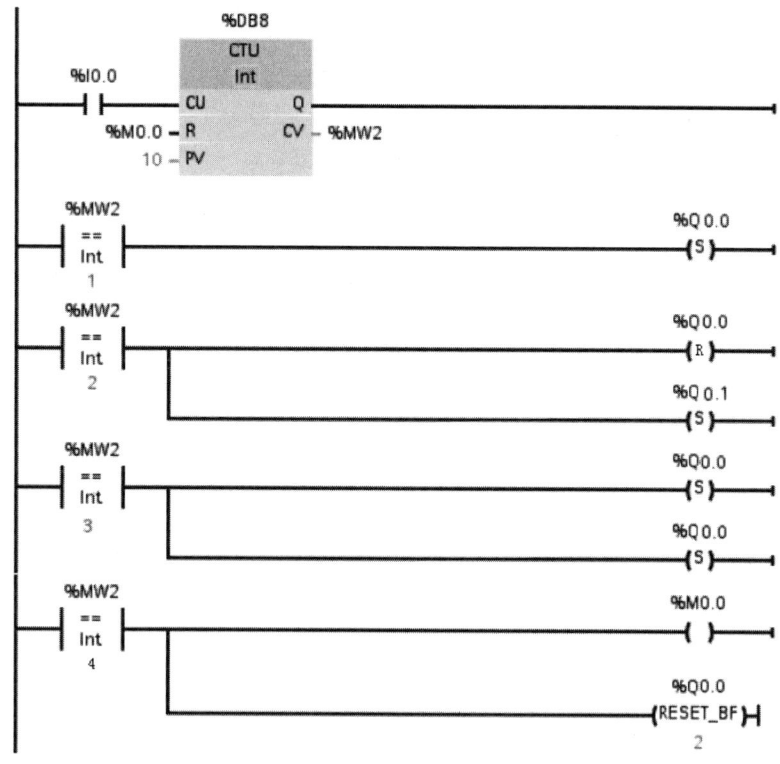

图 4-24　灯亮灭控制设计程序

4.3.5　数学运算指令

4.3.5.1　四则运算指令

四则运算指令包括加法、减法、乘法和除法指令，见表 4-23，参数 IN1、IN2 和 OUT 的数据类型必须相同，参数形式可以为 SInt、Int、Dint、USInt、UInt、UDInt、Real、LReal 及常数。

表 4-23　加法、减法、乘法和除法指令

LAD 形式	说明
运算符 ??? EN　ENO IN1　OUT IN2	IN 为输入端，OUT 为运算结果储存，EN 使能输入，ENO 使能输出。 运算符可以为： ADD，加法 (IN1 + IN2 = OUT)；SUB，减法 (IN1 - IN2 = OUT)； MUL，乘法 (IN1 * IN2 = OUT)；DIV，除法 (IN1 / IN2 = OUT)。 整数除法运算会截去商的小数部分以生成整数输出

对于 LAD 运算指令，单击“???”可以从下拉菜单中选择数据类型，为整数、浮点数；要添加 ADD 或 MUL 输入，在其中一个现有 IN 参数的输入短线处单击右键，并选择“插入输入”(Insert input) 命令；要删除输入，在其中一个现有 IN 参数（多于两个原始输入时）的输

入短线处单击右键，并选择“删除”(Delete) 命令。

启用数学指令（EN = 1）后，指令会对输入值（IN1 和 IN2）执行指定的运算并将结果存储在通过输出参数（OUT）指定的存储器地址中，运算成功完成后，指令会设置 ENO=1。

4.3.5.2 整数运算指令

包括 MOD（返回除法的余数）、NEG（求二进制补码）指令、INC（递增）和 DEC（递减）、ABS 绝对值、MIN（获取最小值）和 MAX（获取最大值）、LIMIT（设置限值）指令，见表 4-24。

表 4-24 整数运算指令

LAD 指令形式	作用说明	参数数据类型
MOD ??? EN ENO IN1 OUT IN2	可以使用 MOD 指令返回整数除法运算的余数。用输入 IN1 的值除以输入 IN2 的值，在输出 OUT 中返回余数	“???”为运算参数类型：SInt、Int、Dint、USInt、UInt、UDInt、IN 参数还可以为常数
NEG ??? EN ENO IN OUT	使用 NEG 指令可将参数 IN 的值的算术符号取反并将结果存储在参数 OUT 中	“???”为运算参数类型：SInt、Int、DInt、Real、LReal IN 参数还可以为常数
INC ??? EN ENO IN/OUT	递增有符号或无符号整数值： IN_OUT 值 +1 = IN_OUT 值	“???”为运算参数类型：SInt、Int、DInt、USInt、UInt、UDInt
DEC ??? EN ENO IN/OUT	递减有符号或无符号整数值： IN_OUT 值 - 1 = IN_OUT 值	“???”为运算参数类型：SInt、Int、DInt、USInt、UInt、UDInt
ABS ??? EN ENO IN OUT	计算参数 IN 的有符号整数或实数的绝对值并将结果存储在参数 OUT 中	“???”为运算参数类型：SInt、Int、DInt、Real、LReal
MIN ??? EN ENO IN1 OUT IN2	MIN 指令用于比较两个参数 IN1 和 IN2 的值并将最小（较小）值分配给参数 OUT	“???”为运算参数类型：SInt、Int、DInt、USInt、UInt、UDInt、Real、LReal、Time、Date、TOD IN 参数还可为常数
MAX ??? EN ENO IN1 OUT IN2	MAX 指令用于比较两个参数 IN1 和 IN2 的值并将最大（较大）值分配给参数 OUT	“???”为运算参数类型：SInt、Int、DInt、USInt、UInt、UDInt、Real、LReal、Time、Date、TOD IN 参数还可以为常数
LIMIT SInt EN ENO MN OUT IN MX	Limit 指令用于测试参数 IN 的值是否在参数 MIN 和 MAX 指定的值范围内	“???”为运算参数类型：SInt、Int、DInt、USInt、UInt、UDInt、Real、LReal、Time、Date、TOD IN 参数还可以为常数

4.3.5.3　浮点数运算指令

使用浮点指令可编写使用 Real 或 LReal 数据类型的数学运算程序，主要包括指数、对数及三角函数指令，见表 4-25。

SQR：计算平方（$IN^2 = OUT$）　SQRT：计算平方根（$\sqrt{IN} = OUT$）

LN：计算自然对数（LN(IN) = OUT）　EXP：计算指数值（e^{IN}=OUT）

EXPT：取幂（$IN1^{IN2} = OUT$）　FRAC：提取小数（浮点数 IN 的小数部分 = OUT）

SIN：计算正弦值　ASIN：计算反正弦值（arcsine(IN) = OUT 弧度）

COS：计算余弦　ACOS：计算反余弦值（arccos(IN) = OUT 弧度）

TAN：计算正切值　ATAN：计算反正切值（arctan(IN) = OUT 弧度）

表 4-25　浮点型数学运算指令示例

LAD 指令形式	功能说明
SQR Real EN ENO IN OUT	平方：$IN^2 = OUT$ 例如：如果 IN = 9，则 OUT = 81
EXPT Real ** ??? EN ENO IN1 OUT IN2	综合指数：$IN1^{IN2} = OUT$ 例如：如果 IN1=3 且 IN2 = 2，则 OUT = 9

例 4-11：利用数学指令编写程序，求 $c = \sqrt{a^2 + b^2}$，其中 a、b 为整数，分别存储在 MW0、MW2 中，c 为实数，存储在 MD16 中。

程序设计如图 4-25 所示，需要注意的是为了求解平方根，需要用到 CONV 转换指令，把整数转换成实数。

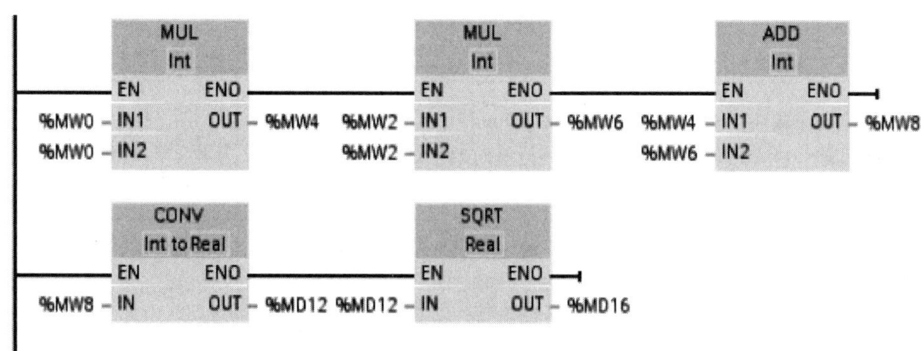

图 4-25　数学运算梯形图程序

4.3.6　移动指令

使用移动指令可将数据元素复制到新的存储器地址并从一种数据类型转换为另一种数据类型，移动过程不会更改源数据，移动指令见表 4-26。

表 4-26　移动指令

指令	实现功能	指令	实现功能
MOVE EN ENO IN OUT1	将存储在指令地址的数据元素复制到新地址	UMOVE_BLK EN ENO IN OUT COUNT	将数据元素块复制到新地址的不中断移动，参数 COUNT 指定要复制的数据元素个数
MOVE_BLK EN ENO IN OUT COUNT	将数据元素块复制到新地址的可中断移动，参数 COUNT 指定要复制的数据元素个数	FILL_BLK EN ENO IN OUT COUNT	可中断填充指令，使用指定数据元素的副本填充地址范围，参数 COUNT 指定要填充元素个数
UFILL_BLK EN ENO IN OUT COUNT	不中断填充指令使用指定数据元素的副本填充地址范围，参数 COUNT 指定要填充的数据元素个数	SWAP ??? EN ENO IN OUT	SWAP 指令用于调换二字节和四字节数据元素的字节顺序，但不改变每个字节中的位顺序，需要指定数据类型

对数据填充指令的使用：要使用 BOOL 数据类型填充，用 SET_BF、RESET_BF、R、S 或输出线圈（LAD）；要使用单个基本数据类型填充，用 MOVE；要使用基本数据类型填充数组，用 FILL_BLK 或 UFILL_BLK；FILL_BLK 和 UFILL_BLK 指令不能用于将数组填充到 I、Q 或 M 存储区。

4.3.7　转换操作

转换指令包括转换、取整、截取和标定指令，见表 4-27。

表 4-27　转换指令

LAD 指令形式	指令说明	LAD 指令形式	指令说明
CONV ??? to ??? EN ENO IN OUT	转换指令，将数据元素从一种数据类型转换为另一种数据类型。转换参数类型：int、real、BCD、char	ROUND Real to ??? EN ENO IN OUT	取整指令，将实数转换为整数，实数的小数部分舍入为最接近的整数值。转换参数类型：int、real
CEIL Real to ??? EN ENO IN OUT	截取指令，将实数（Real 或 LReal）转换为大于或等于所选实数的最小整数	FLOOR Real to ??? EN ENO IN OUT	下取整指令，将实数（Real 或 LReal）转换为小于或等于所选实数的最大整数
SCALE_X Real to ??? EN ENO MIN OUT VALUE MAX	标定指令，按参数 MIN 和 MAX 所指定的数据类型和值范围对标准化的实参数 VALUE 进行标定：OUT = VALUE (MAX - MIN) + MIN（其中，0.0≤VALUE≤1.0）	NORM_X ??? to Real EN ENO MIN OUT VALUE MAX	标准化指令，通过参数 MIN 和 MAX 指定的值范围内的参数 VALUE 求取输出：OUT = (VALUE - MIN) / (MAX - MIN)（其中 0.0≤OUT≤1.0）
TRUNC Real to DInt EN ENO IN OUT	截尾取整，将实数转换为整数。实数的小数部分被截成零		

“转换值”指令将读取参数 IN 的内容，并根据指令框中选择的数据类型对其进行转换，

转换值存储在输出 OUT 中。

如果满足下列条件之一，则使能输出 ENO 的信号状态为“0”：使能输入 EN 的信号状态为“0”；执行过程中发生溢出之类的错误。

ROUND 指令的输出数据类型为整数型。输入为实数类型，进行取整转化时，要舍入为另一种输出数据类型，实数的小数部分舍入为最接近的整数值。如果该数值刚好是两个连续整数的一半（例如 10.5），则将其取整为偶数。例如：

ROUND (10.5) = 10，ROUND (11.5) = 12。

对于标定指令，SCALE_X 参数 VALUE 应限制为 0.0 <= VALUE <= 1.0。如果参数 VALUE 小于 0.0 或大于 1.0，线性标定运算会生成一些小于 MIN 参数值或大于 MAX 参数值的 OUT 值，作为 OUT 值，这些数值在 OUT 数据类型值范围内，SCALE_X 执行会设置 ENO =TRUE；还可能会生成一些不在 OUT 数据类型值范围内的标定数值，此时 OUT 参数值会被设置为一个中间值，SCALE_X 执行会设置 ENO =FALSE。

对于 NORM 指令，通过将输入 VALUE 中变量的值映射到线性标尺对其进行标准化。可以使用参数 MIN 和 MAX 定义（应用于该标尺的）值范围的限值。如果要标准化的值等于输入 MIN 中的值，则输出 OUT 将返回值 0.0。如果要标准化的值等于输入 MAX 的值，则输出 OUT 需返回值 1.0。

例 4-12：用温度传感器测量某信号，来自电流输入型模拟量信号模块或信号板的模拟量输入的有效值在 0 到 27648 范围内。假设模拟量输入代表温度，其中模拟量输入最小值 0 表示温度为下限值-30.0 摄氏度，27648 表示温度为上限值 70.0 摄氏度。

程序设计：要将模拟值转换为对应的工程单位，应将输入标准化为 0.0 到 1.0 之间的值，然后再将其标定为-30.0 到 70.0 之间的值。结果值是用模拟量输入（以摄氏度为单位）表示的温度。设计程序如图 4-26 所示。

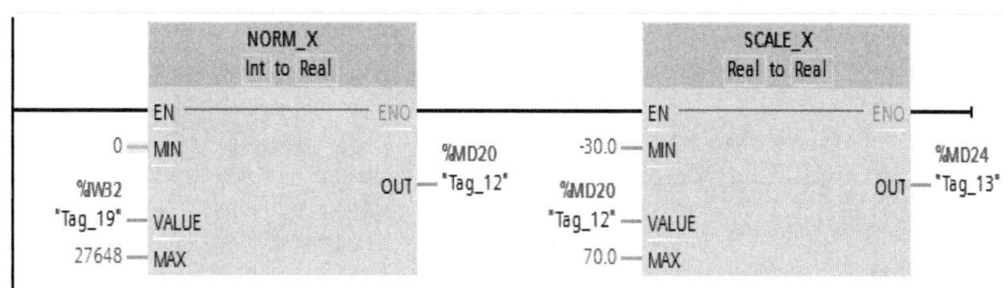

图 4-26　模拟数据转换程序

4.3.8　移位和循环移位指令

S7-1200 的移位和循环指令包括 SHR（右移）和 SHL（左移）指令、ROR（循环右移）和 ROL（循环左移）四种指令。

可以使用 SHR（右移）和 SHL（左移）移位指令将输入 IN 中操作数的内容按位左右移位，并在输出 OUT 中查询结果。

可以使用 ROR（循环右移）和 ROL（循环左移）指令将输入 IN 中操作数的内容按位向右循环移位，并在输出 OUT 中查询结果。

移位和循环指令符号与功能说明见表 4-28。

表 4-28　循环和移位指令

LAD 指令	功能说明	LAD 指令	功能说明
SHR ??? EN　ENO IN　OUT N	输入端 EN 有效时，参数 IN 向左移动 N 位，结果分配给参数 OUT。参数 N 指定移位的位数	SHL ??? EN　ENO IN　OUT N	输入端 EN 有效时，参数 IN 向右移动 N 位，结果分配给参数 OUT。参数 N 指定移位的位数
ROR ??? EN　ENO IN　OUT N	循环左移用于将参数 IN 的位序列循环向左移位，结果分配给参数 OUT。参数 N 定义循环移位的位数	ROL ??? EN　ENO IN　OUT N	循环右移用于将参数 IN 的位序列循环向右移位，结果分配给参数 OUT。参数 N 定义循环移位的位数

对于移位指令，IN 和 OUT 参数均为整数：若 N=0，则不移位，将 IN 值分配给 OUT；用 0 填充移位操作清空的位位置；如果要移位的位数超过目标值中的位数，则所有原始位值将被移出并用 0 代替；对于移位操作，ENO 总是为 TRUE。

对于循环指令：从目标值一侧循环移出的位数据将循环移位到目标值的另一侧，因此原始位值不会丢失；若 N=0，则不循环移位，IN 值分配给 OUT；如果要循环移位的位数(N)超过目标值中的位数，仍将执行循环移位；执行循环指令之后，ENO 始终为 TRUE。

例 4-13：使用循环移位指令设计彩灯控制器，可以实现循环左移或右移。在 Q0.0～Q0.7 端口接彩灯，相邻 3 个灯为同时点亮的一组，每次移位一个灯，时间间隔 1s，如此进行循环。

梯形图程序如图 4-27 所示，用 I0.6 来作为起动开关控制，移位的方向用 I0.7 来控制。当 I0.7 断开时，彩灯左移；当 I0.7 闭合时，彩灯右移。

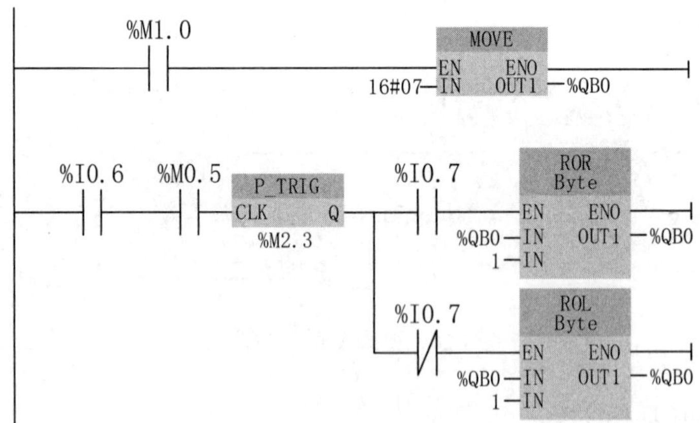

图 4-27　循环彩灯程序

在博途软件中，启用系统存储器字节 M1，M1.0 为首次扫描为 ON 的触点；启用时钟存储器字节 M0，M0.5 为循环周期 1 秒的触点。PLC 首次扫描时 M1.0 的常开触点闭合，MOVE 指令给 QB0 初值 7，即 00000111，其低 3 位 Q0.0、Q0.1、Q0.2 被置为 1。I0.6 闭合状态时，在时钟脉冲位 M0.5 的上升沿，指令 P-TRIG 输出一个扫描周期的脉冲。如果此时 I0.7 为 1 状态，执行一次 ROR 指令，QBO 的值循环右移 1 位；如果 I0.7 为 0 状态，执行一次 ROL 指令，QB0 的值循环左移 1 位。

因为 QB0 循环移位后的值送回 QB0，循环移位指令的前面必须使用 P-TRIG 指令，否则每个扫描循环周期都要执行一次循环移位指令，而不是每秒钟移位一次。

表 4-29 是 QB0 循环移位前后的数据，其循环周期为 8 次，表中列出了前 4 次。

表 4-29　QB0 循环移位前后的数据

内容	循环左移（I0.7 闭合）	循环右移（I0.7 断开）
初始状态	0000 0111	0000 0111
第一次移位后	0000 1110	1000 0011
第二次移位后	0001 1100	1100 0001
第三次移位后	0011 1000	1110 0000
第四次移位后	0111 0000	0111 0000

4.3.9　字逻辑指令

字逻辑运算包括与、或、异或、反码、编码、解码、选择、多路复用、多路分用等指令，字逻辑运算指令主要用于将两个字或双字逐位进行逻辑“与”“或”“异或”等运算，运算符号与功能见表 4-30。

表 4-30　逻辑运算指令

LAD 指令	功能说明	LAD 指令	功能说明
AND ??? EN ENO IN1 OUT IN2	逻辑与，将输入 IN1 的值和输入 IN2 的值按位进行“与”运算，结果送给 OUT，操作数类型：Byte、Word、DWord	OR ??? EN ENO IN1 OUT IN2	“或”运算指令将输入的值按位进行“或”运算，结果送给 OUT，操作数类型：Byte、Word、DWord
XOR ??? EN ENO IN1 OUT IN2	使用“异或”运算指令将输入 I 按位进行“异或”运算，并在输出 OUT 中查询结果，操作数类型：Byte、Word、DWord	INV ??? EN ENO IN OUT	通过对参数 IN 各位的值取反来计算反码。操作数类型：int、Byte、Word
DECO ??? EN ENO IN OUT	“解码”指令，输入 IN 的值，并将输出值中位号与读取值对应的那个位置位，输出值中的其他位以零填充。IN：UInt OUT：Byte、Word、DWord	ENCO ??? EN ENO IN OUT	“编码”指令读取输入值中最低有效位的位号并将其发送到 OUT。 IN：Byte、Word、DWord OUT：Int
SEL ??? EN ENO G OUT IN0 IN1	“选择”指令根据输入 G，选择输入 IN0 或 IN1 中的一个，并将其内容复制到输出 OUT。G= 0 选择 IN0；G= 1 选择 IN1	MUX ??? EN ENO K OUT IN0 IN1 ELSE	“多路复用”将选定输入的内容复制到输出 OUT。MUX 根据参数 K 的值将多个输入值之一复制到参数 OUT。IN0，IN1，OUT：int、real、word、time、char
DEMUX ??? EN ENO K OUT0 IN OUT1 ELSE	“多路分用”将输入 IN 的内容复制到选定的输出。参数 K 的值选择将哪一输出作为 IN 值的目标		

对于 MUX 指令，如果参数 K 的值大于(IN n - 1)，则会将参数 ELSE 的值复制到参数 OUT。对于 DEMUX 指令，如果 K>(OUTn - 1)，则会将 IN 值复制到分配给 ELSE 参数的位置。

对于逻辑运算指令，单击“???”并从下拉菜单中选择数据类型。在部分指令要添加输入，在其中一个现有 IN 参数的输入短线处单击右键，并选择“插入输入”（Insert input）命令。要删除输入，请在其中一个现有 IN 参数（多于两个原始输入时）的输入短线处单击右键，并选择“删除”(Delete) 命令,对于部分指令添加输出用类似操作。

4.3.10 程序控制指令

利用程序控制指令可以有条件地改变程序的执行顺序，实现对程序控制的目的。常用程序控制指令见表 4-31。

表 4-31 程序控制指令

LAD 指令形式	功能说明	LAD 指令形式	功能说明
label_name —(JMP)—	如果有能流通过 JMP 线圈（LAD），则程序将从指定标签后的第一条指令继续执行	label_name —(JMPN)—	如果没有能流通过 JMPN 线圈（LAD），则程序将从指定标签后的第一条指令继续执行
label_name	JMP 或 JMPN 跳转指令的目标标签	"Return_value"、 —(RET)—	终止当前块的执行，“Return_value”参数为 Bool
JMP_LIST EN DEST0 K DEST1 DEST2 DEST3	JMP_LIST 指令用作程序跳转分配器，根据 K 输入的值跳转到相应的程序标签。程序从目标跳转标签后面的程序指令继续执行。如果 K 输入的值超过（标签数-1），则不进行跳转，继续处理下一程序段	SWITCH ??? EN DEST0 K DEST1 == DEST2 <> ELSE >=	SWITCH 指令用作程序跳转分配器，根据 K 值与指定比较输入的值的比较结果，跳转到与第一个为“真”的比较测试相对应的程序标签。如果比较结果都不为 TRUE，则跳转到分配给 ELSE 的标签。程序从目标跳转标签后面的程序指令继续执行

在 JUMP 与 JUMPN 指令中 Label_name 是标签标识符。

在 JUMP 指令中，K 为跳转分配器控制值，类型：UInt。DEST0... DESTn 为程序标签，与特定 K 参数值对应的跳转目标标签。

在 SWITCH 指令中，K 为跳转分配器控制值，类型：UInt。==、<> 等比较符号数据类型：SInt、Int、DInt、USInt、UInt、UDInt,Real、LReal、Byte、Word、DWord、Time，DEST0...... DESTn、ELSE 为跳转目标标签。

在表 4-31 中，Label_name 是跳转指令以及相应跳转目标程序标签的标识符，其设置必须遵循以下规则：

（1）各标签在代码块内必须唯一。

（2）可以在代码块中进行跳转，但不能从一个代码块跳转到另一个代码块。

（3）可以向前或向后跳转。

（4）可以在同一代码块中从多个位置跳转到同一标签。

SWITCH 功能框的放置规则：比较输入前可以不连接 LAD/FBD 指令；由于没有 ENO 输出，在一个程序段中只允许使用一条 SWITCH 指令，并且 SWITCH 指令必须是程序段中的最后一个运算。

例 4-14：条件跳转指令示例如图 4-28 所示，标号在网络的开始处，标号的第一个字符必须是字母，其余的可以是字母、数字和下划线。

如果跳转条件满足，图 4-28 中的 M2.5 常开触点闭合，跳转指令 JUMP 的线圈通电（跳转线圈为绿色），跳转被执行，将跳转到指令给出的标号（Label）W1234 处，执行标号之后的第一条指令。被跳过的程序段的指令没有被执行，这些程序段的梯形图为灰色。如果跳转条件不满足，将继续执行下一个网络的程序。

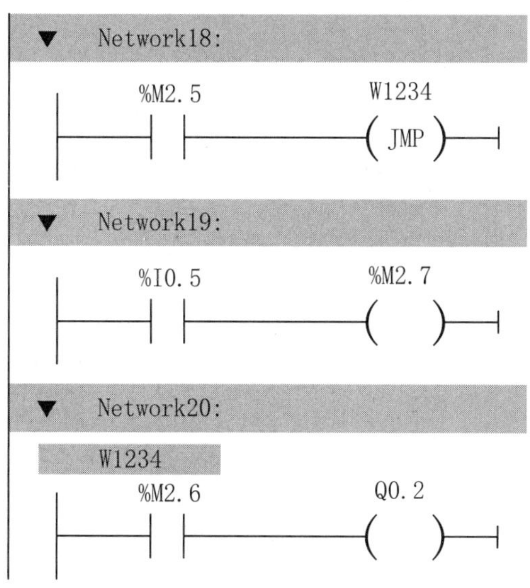

图 4-28　跳转指令应用程序

对于 CPU 状态，还可以通过相关指令进行诊断测试，见表 4-32。

表 4-32　程序控制指令

LAD 指令形式	功能说明	参数说明
GET_ERROR EN　ENO ERROR	指示发生本地程序块执行错误，并用详细错误信息填充预定义的错误数据结构	ERROR 数据类型：ErrorStruct（错误数据结构）
GET_ERR_ID EN　ENO ID	指示发生本地程序块执行错误，并用详细错误信息填充预定义的错误数据结构	ID 为 ErrorStruct ERROR_ID 成员的错误标识符值，数据类型：Word
RUNTIME EN　ENO MEM　Ret_Val	测量整个程序、各个块或命令序列的运行时间	MEM：LReal，运行时间测量的起点 RET_VAL：LReal，测得的运行时间（以秒为单位）
STP EN　ENO	STP 可将 CPU 置于 STOP 模式。CPU 处于 STOP 模式时，将停止程序执行并停止过程映像的物理更新	如果 EN = TRUE，CPU 将进入 STOP 模式，程序执行停止，并且 ENO 状态无意义。否则，EN = ENO = 0

例 4-15： 用 RUNTIME 指令测量函数块的执行时间。

程序设计如图 4-29 所示。当程序段 1 中的“Tag_1”操作数的信号状态为“1”时，RUNTIME 指令执行。在首次调用该指令时设置运行时间测量的起点，并作为第二次调用该指令的参考值缓冲到操作数中；函数块“Block_1”在程序段 2 中执行；当 FB1 程序块完成并且“Tag_1”操作数的信号状态为“1”时，程序段 3 中的 RUNTIME 指令执行，第二次调用 RUNTIME 指令，将计算程序块的运行时间并将结果写入输出 RET_VAL_2。

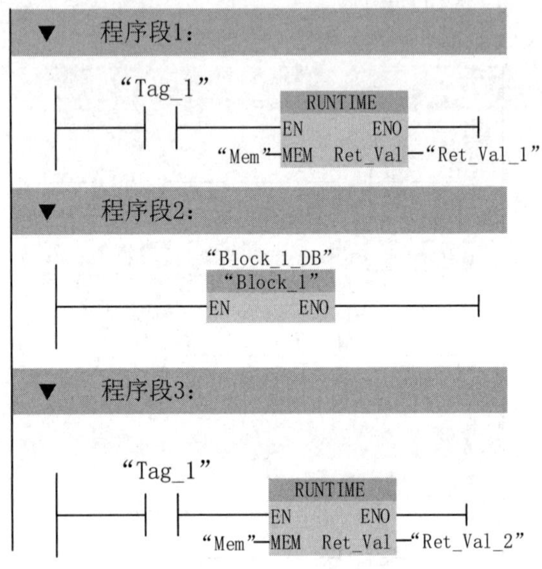

图 4-29　RUNTIME 指令应用示例

4.4　扩展指令

S7-1200 的扩展指令丰富了程序设计的功能，极大地提高了程序的设计效率，这里主要讲述在项目设计中经常使用的日期时间指令、字符串指令、脉冲指令和中断指令。

4.4.1　日期时间指令

日期时间指令用于计算或转换日期时间，主要包括：T_CONV，转换指令；T_ADD，加上 Time 和 DTL 值；T_SUB，减去 Time 和 DTL 值；T_DIFF，提供两个 DTL 值的差值作为 Time 值；T_COMBINE，将 Date 值和 Time_and_Date 值组合在一起生成 DTL 值。

日期时间指令符号与功能说明见表 4-33。

表 4-33　日期时间指令

LAD 指令符号	功能说明	参数说明
T_CONV ??? to ??? EN　ENO In　Out	将值在（日期和时间数据类型）以及（字节、字和双字大小数据类型）之间进行转换	IN（或 OUT）：TIME、DATA、TOD OUT（或 IN）：DInt、Int、SInt、UDInt、UInt、USInt、TIME、DATA、TOD

续表

LAD 指令符号	功能说明	参数说明
T_ADD ??? to Time EN ENO In1 OUT In2	将输入 IN1 的值与输入 IN2 值相加。参数 OUT 提供 DTL 或 Time 值结果。允许以下两种数据类型的运算： • Time + Time = Time • DTL + Time = DTL	IN1: DTL、Time IN2: Time OUT: DTL、Time
T_SUB ??? to Time EN ENO In1 OUT In2	从 IN1 中减去 IN2 值。参数 OUT 提供差值。可进行两种数据类型操作。 • Time - Time = Time • DTL - Time = DTL	IN1: DTL、Time IN2: Time OUT: DTL、Time
T_DIFF DTL to Time EN ENO In1 OUT In2	T_DIFF 从 DTL 值 (IN1) 中减去 DTL 值 (IN2)。参数 OUT 以 Time 数据类型提供差值。DTL - DTL = Time	IN1: DTL IN2: DTL OUT: Time
T_COMBINE Time_Of_Day TO DTL EN ENO IN1 OUT IN2	将 Date 值和 Time_of_Day 值组合在一起生成 DTL 值	IN1: Date IN2: Time_of_Day OUT: DTL

还可以利用系统时间指令对 PLC 时钟进行设置，见表 4-34。

表 4-34　系统时间指令

LAD 指令符号	功能说明	参数类型
WR_SYS_T DTL EN ENO IN RET_VAL	WR_SYS_T（设置系统时钟）使用参数 IN 中的 DTL 值设置 CPU 时钟。该时间值不包括本地时区或夏令时偏移量	IN：DTL，要在 CPU 系统时钟内设置的时间 RET_VAL：Int，执行条件代码
RD_SYS_T DTL EN ENO RET_VAL OUT	RD_SYS_T（读取系统时间）从 CPU 中读取当前系统时间。该时间值不包括本地时区或夏令时偏移量	IN：DTL RET_VAL：Int OUT：DTL，当前 CPU 系统时间
RD_LOC_T DTL EN ENO RET_VAL OUT	RD_LOC_T（读取本地时间）以 DTL 数据类型提供 CPU 的当前本地时间。该时间值反映了就夏令时（如果已经组态）进行过适当调整的本地时区	IN：DTL RET_VAL：Int OUT：DTL，当前本地时间
WR_LOC_T DTL EN ENO LOCTIME Ret_Val DST	WR_LOC_T（设置当地时间）设置 CPU 时钟的日期与时间。可使用 DTL 数据类型在 LOCTIME 中将日期和时间信息指定为本地时间	IN：DTL RET_VAL：Int DST：BOOL LOCTIME：DTL，本地时间

续表

LAD 指令符号	功能说明	参数类型
RTM: EN, NR, MODE, PV / ENO, RET_VAL, CQ, CV	RTM（运行时间计时器）指令可以设置、启动、停止和读取 CPU 中的运行时间小时计时器	NR：UInt，运行时间计时器编号；MODE：Byte，RTM 执行模式编号；PV：DInt，预设小时值；RET_VAL：Int，功能结果/消息；CQ：Bool，计时器状态；CV：DInt，当前小时值

对于 WR_SYS_T、RD_SYS_T、RD_LOC_T、WR_LOC_TRET_VAL 指令中的执行条件代码 RET_VAL 设置说明见表 4-35。

表 4-35　执行条件代码

RET_VAL(W#16#....)	说明
0000	当前的本地时间为标准时间
0001	夏令制时间已组态，当前的本地时间为夏令制时间
8080	本地时间不可用或 LOCTIME 值无效
8081	年份值非法或 LOCTIME 参数分配的时间值无效
8082	月份值非法（DTL 格式中的字节 2）
8083	日期值非法（DTL 格式中的字节 3）
8084	小时值非法（DTL 格式中的字节 5）
8085	分钟值非法（DTL 格式中的字节 6）
8086	秒数值非法（DTL 格式中的字节 7）
8087	纳秒值非法（DTL 格式中的字节 8 到 11）
8089	时间值不存在（转换为夏令时时，小时已过）
80B0	实时时钟发生了故障
80B1	尚未定义“TimeTransformationRule”结构

对于 RTM 指令，CPU 最多可运行 10 个计时器来跟踪关键控制子系统的运行小时数，必须对每个定时器执行一次 RTM 分别启动小时计时器。

CPU 从运行模式切换为停止模式时，所有运行小时计时器都将停止，可以使用 RTM 执行模式 2 停止各个定时器；CPU 从停止模式切换为运行模式时，必须对每个已启动的定时器执行一次 RTM 来重新启动小时计时器。运行时间计时器值大于 2147483647 小时后，将停止计时并发出“上溢”错误，必须为每个定时器执行一次 RTM 指令，以复位或修改定时器。

4.4.2　字符串指令

字符串指令包括字符串转换和字符串操作指令，利用这两类指令可以完成字符串数据类型的转换或对字符串执行连接、截取等操作。

4.4.2.1　字符串转换指令

可以使用以下指令将数字字符串转换为数值或将数值转换为数字字符串：S_CONV 用于

将数字字符串转换成数值或将数值转换成数字字符串；STRG_VAL 使用格式选项将数字字符串转换成数值；VAL_STRG 使用格式选项将数值转换成数字字符串。字符串转换指令符号与使用功能见表 4-36。

表 4-36　字符串转换指令

LAD 指令符号	功能说明	LAD 指令符号	功能说明
STRG_VAL ??? TO ??? EN ENO IN OUT FORMAT P	将数字字符串转换为相应的整型或浮点型表示法	VAL_STRG ??? TO ??? EN ENO IN OUT SIZE PREC FORMAT P	将整数值、无符号整数值或浮点值转换为相应的字符串表示法
S_CONV ??? to ??? EN ENO IN OUT	将字符串转换成相应的值，或将值转换成相应的字符串		

（1）S_CONV 指令。

1）字符串到值的转换。对于用 S_CONV 将字符串转换成数值，S_CONV 指令没有输出格式选项，比 STRG_VAL 指令和 VAL_STRG 指令更简单，但灵活性更差。输入输出参数类型见表 4-37。字符串参数 IN 的转换从首个字符开始，并一直进行到字符串的结尾，或者一直进行到遇到第一个不是“0”到“9”“+”“-”或“.”的字符为止。结果值将在参数 OUT 中指定的位置提供。如果输出数值不在 OUT 数据类型的范围内，则参数 OUT 设置为 0，并且 ENO 设置为 FALSE。否则，参数 OUT 将包含有效的结果，并且 ENO 设置为 TRUE。

表 4-37　S_CONV 字符串到值输入输出参数

参数和类型		数据类型	说明
IN	IN	String、WString	输入字符串
OUT	OUT	String、WString、Char、WChar、SInt、Int、DInt、USInt、UInt、UDInt、Real、LRea	输出数值

输入 String 格式规则：

- 如果在 IN 字符串中使用小数点，则必须使用“.”字符。
- 允许使用逗点字符“,”作为小数点左侧的千位分隔符，并且逗点字符会被忽略。
- 忽略前导空格。

2）值到字符串。S_CONV 值到字符串，输入输出参数见表 4-38。该指令把整数值、无符号整数值或浮点值 IN 在 OUT 中被转换为相应的字符串。在执行转换前，参数 OUT 必须引用有效字符串。有效字符串由第一个字节中的最大字符串长度、第二个字节中的当前字符串长度以及后面字节中的当前字符串字符组成；转换后的字符串将从第一个字符开始替换 OUT 字符串中的字符，并调整 OUT 字符串的当前长度字。OUT 字符串的最大长度字节不变；

被替换的字符数取决于参数 IN 的数据类型和数值，被替换的字符数必须在参数 OUT 的字符串长度范围内，OUT 字符串的最大字符串长度（第一个字节）应大于或等于被转换字符的最大预期数目。

表 4-38　S_CONV 字符串到值输入输出参数

参数和类型		数据类型	说明
IN	IN	String、WString、Char、WChar、SInt、Int、DInt、USInt、UInt、UDInt、Real、LReal	输入数值
OUT	OUT	String、WString	输出字符串

输出 String 格式规则：

- 写入到参数 OUT 的值不使用前导“+”号。
- 使用定点表示法（不可使用指数表示法）。
- 参数 IN 为 Real 数据类型时，使用句点字符“.”表示小数点。
- 输出字符串中的值为右对齐并且值的前面有填有空字符位置的空格字符。

3）复制字符串。

如果在 S_CONV 指令的输入输出端均输入 String 数据类型，则输入 IN 的字符串被复制到输出 OUT 端。如果输入 IN 字符串的实际长度超出输出 OUT 字符串的最大长度，则将复制 IN 字符串中完全适合 OUT 的字符串部分，即超出部分被舍掉，并且 ENO 将设置为“0”值。

（2）STRG_VAL 指令。STRG_VAL 指令具有更灵活的形式将字符串转换为数值，输入输出参数见表 4-39。

表 4-39　STRG_VAL 指令输入输出参数

参数和类型		数据类型	说明
IN	IN	String、WString	输入字符串
FORMAT	IN	Word	输出格式选项
P	IN	UInt、Byte、USInt	IN：指向要转换的第一个字符的索引
OUT	OUT	SInt、Int、DInt、USInt、UInt、UDInt、Real、LReal	转换后的数值

转换从字符串 IN 中的字符偏移量 P 位置开始，并一直进行到字符串的结尾，或者一直进行到遇到第一个不是“+”“-”“.”“,”“e”“E”或“0”到“9”的字符为止，转换结果放置在参数 OUT 中指定的位置。

必须在执行前将String数据初始化为存储器中的有效字符串，STRG_VAL指令的FORMAT参数定义见表 4-40，未使用的位必须设置为零。

表 4-40　STRG_VAL 指令的 FORMAT 格式

位 16	位 9～位 15	位 8	位 7	位 2～位 6	位 1	位 0
0	0	0	0	0	f	r

表中，f 为表示法的格式，1 为指数表示法，0 为定点表示法；r 为小数点格式，1 为“,”（逗号字符），0 为“.”（周期字符）。

使用参数 FORMAT 可指定要如何解释字符串中的字符，其的可能值及其含义见表 4-41，注意只能为参数 FORMAT 指定 USINT 数据类型的变量。

表 4-41　FORMAT 参数的值

FORMAT (W#16#)	表示法格式	小数点表示法
0000（默认）	定点	"."
0001	定点	","
0002	指数	"."
0003	指数	","
0004 到 FFFF	非法值	

STRG_VAL 转换的规则：

- 如果使用句点字符 "." 作为小数点，则小数点左侧的逗点 "," 将被解释为千位分隔符字符。允许使用逗点字符并且会将其忽略。
- 如果使用逗点字符 "," 作为小数点，则小数点左侧的句点 "." 将被解释为千位分隔符字符。允许使用句点字符并且会将其忽略。
- 忽略前导空格。

（3）VAL_STRG 指令。VAL_STRG 指令用于将参数 IN 表示的值转换为参数 OUT 所引用的字符串，输入输出参数见表 4-42，在执行转换前，参数 OUT 必须为有效字符串。

表 4-42　VAL_STRG 指令输入输出参数

参数和类型		数据类型	说明
IN	IN	SInt、Int、DInt、USInt、UInt、UDInt、Real、LReal	要转换的值
SIZE	IN	USInt	要写入 OUT 字符串的字符数
PREC	IN	USInt	小数部分的精度或大小，不包括小数点
FORMAT	IN	Word	输出格式选项
P	IN	UInt、Byte、USInt	IN：指向要转换的第一个字符的索引
OUT	OUT	String、WString	转换后的字符串

转换后的字符串从字符偏移量计数 P 位置开始替换 OUT 字符串中的字符，一直到参数 SIZE 指定的字符数。SIZE 中的字符数必须在 OUT 字符串长度范围内（从字符位置 P 开始计数），如果 SIZE 参数为零，则字符将覆盖字符串 OUT 中 P 位置的字符，且没有任何限制。该指令对于将数字字符嵌入到文本字符串中很有用，例如，可以将数字"100"放入字符串"Pump pressure = 100 psi"中。

参数 PREC 用于指定字符串中小数部分的精度或位数。如果参数 IN 的值为整数，则 PREC 指定小数点的位置。例如，如果数据值为 123 且 PREC =1，则结果为 12.3。对于 Real 数据类型，支持的最大精度为 7 位。

如果参数 P 大于 OUT 字符串的当前大小，则会添加空格，一直到位置 P，并将该结果附加到字符串末尾。如果达到了最大 OUT 字符串长度，则转换结束。

VAL_STRG 指令的 FORMAT 参数见表 4-43，未使用的位必须设置为零。

表 4-43　STRG_VAL 指令的 FORMAT 格式

位 16	位 9～位 15	位 8	位 7	位 3～位 6	位 2	位 1	位 0
0	0	0	0	0	s	f	r

表中，s 为数字符号字符，1 为使用符号字符“+”和“-”，0 为仅使用符号字符“-”；f 为表示法格式，1 为指数表示法，0 为定点表示法；r 为小数点格式，1 为“,”（逗号字符），0 为“.”。

4.4.2.2　字符串操作指令

可以使用字符串操作指令对字符串进行截取、连接、删除、替换等操作，以及获取字符串信息，字符串操作指令符号与功能说明见表 4-44。

表 4-44　字符操作指令

LAD 指令符号	功能说明	LAD 指令符号	功能说明
MAX_LEN String EN ENO IN OUT	MAX_LEN（字符串的最大长度）获取字符串的最大长度	INSERT String EN ENO IN1 OUT IN2 P	将字符串 IN2 插入字符串 IN1，在位置 P 的字符后开始插入
LEN String EN ENO IN OUT	LEN（长度）提供输出 OUT 处的字符串 IN 的当前长度	CONCAT String EN ENO IN1 OUT IN2	CONCAT（连接字符串）将字符串参数 IN1 和 IN2 连接成一个字符串，并在 OUT 输出
LEFT String EN ENO IN OUT L	LEFT（左侧子串）提供由字符串参数 IN 的前 L 个字符所组成的子串	RIGHT String EN ENO IN OUT L	RIGHT（右侧子串）提供字符串的最后 L 个字符
MID String EN ENO IN OUT L P	MID（中间子串）提供字符串的中间部分。中间子串为 L 个字符长，并从字符位置 P（包括 P）开始算起	DELETE String EN ENO IN OUT L P	删除字符串中的字符，从字符位置 P（包括该位置）处开始删除字符，剩余字串在参数 OUT 中输出
REPLACE String EN ENO IN1 OUT IN2 L P	替换字符串参数 IN1 中的 L 个字符。使用参数 IN2 中的替换字符，从字符串 IN1 的字符位置 P（包括该位置）开始替换	FIND String EN ENO IN1 OUT IN2	提供由 IN2 指定的子串在 IN1 中的字符位置。从左侧开始搜索。在 OUT 中返回 IN2 字符串第一次出现的字符位置。如果没有找到返回零

4.4.3　中断指令

常用的 S7-1200 PLC 中断指令包括附加和分离指令、启动和取消延时中断指令、禁用和启用报警中断指令等，这些中断指令可以配合中断组织块一起使用，完成中断控制程序设计。

4.4.3.1　ATTACH 和 DETACH 指令

使用 ATTACH 和 DETACH 指令可激活和禁用由中断事件驱动的子程序，见表 4-45。

表 4-45　启动禁用中断指令

LAD 指令符号	功能说明	参数类型
ATTACH EN　ENO OB_NR　RET_VAL EVENT ADD	中断附加指令 ATTACH，启用响应硬件中断事件的中断 OB 子程序执行	OB_NR：IN 参数，组织块标识符 EVENT：IN 参数，事件标识符 ADD：IN 参数，添加方式 RET_VAL：OUT 参数，执行条件代码
DETACH EN　ENO OB_NR　RET_VAL EVENT	中断分离指令 DETACH，禁用响应硬件中断事件的中断 OB 子程序执行	OB_NR：IN 参数，组织块标识符 EVENT：IN 参数，事件标识符 RET_VAL：OUT 参数，执行条件代码

表格中参数的使用说明：

- OB_NR 组织块标识符，从使用“添加新块”（Add new block）功能创建的可用硬件中断 OB 中进行选择。双击该参数域，然后单击助手图标可查看可用的 OB。
- EVENT 事件标识符，从在 PLC 设备组态中为数字输入或高速计数器启用的可用硬件中断事件中进行选择。双击该参数域，然后单击助手图标可查看这些可用事件。
- ADD 参数，ADD = 0（默认值）：该事件将取代先前为此 OB 附加的所有事件，ADD = 1：该事件将添加到先前为此 OB 附加的事件中。

CPU 支持以下硬件中断事件：

- 上升沿事件：前 12 个内置 CPU 数字量输入（DIa.0 到 DIb.3）以及所有 SB 数字量输入。数字输入从 OFF 切换为 ON 时会出现上升沿，以响应连接到输入的现场设备的信号变化。
- 下降沿事件：前 12 个内置 CPU 数字量输入（DIa.0 到 DIb.3）以及所有 SB 数字量输入。数字输入从 ON 切换为 OFF 时会出现下降沿。
- 高速计数器（HSC）当前值 =参考值（CV = RV）事件（HSC 1 至 6）。当前计数值从相邻值变为与先前设置的参考值完全匹配时，会生成 HSC 的 CV =RV 中断。
- HSC 方向变化事件（HSC 1 至 6）。当检测到 HSC 从增大变为减小或从减小变为增大时，会发生方向变化事件。
- HSC 外部复位事件（HSC 1 至 6）。某些 HSC 模式允许分配一个数字输入作为外部复位端，用于将 HSC 的计数值重置为零。当该输入从 OFF 切换为 ON 时，会发生此类 HSC 的外部复位事件。

在设备组态期间启用硬件中断事件，必须在设备组态中启用硬件中断。如果要在组态或运行期间附加此事件，则必须在设备组态中为数字输入通道或 HSC 选中启用事件框。

PLC 设备组态中的复选框选项：数字量输入，启用上升沿检测或启用下降沿检测；高速计数器（HSC），启用此高速计数器、生成计数器值等于参考计数值的中断、生成外部复位事件的中断、生成方向变化事件的中断。

4.4.3.2 延时中断指令

可使用 SRT_DINT 和 CAN_DINT 指令启动和取消延时中断处理过程，或使用 QRY_DINT 指令查询中断状态，见表 4-46。每个延时中断都是一个在指定的延迟时间过后发生的一次性事件，如果在延迟时间到期前取消延时事件，则不会发生程序中断。

表 4-46 延时中断指令

LAD 指令符号	功能说明	参数类型
SRT_DINT EN ENO OB_NR RET_VAL DTIME SIGN	SRT_DINT 启动延时中断，在参数 DTIME 指定的延迟过后执行 OB	OB_NR：IN 参数，组织块标识符 DTIME：延迟时间值（1 到 60000 ms） SIGN：S7-1200 不使用，接受任何值 RET_VAL：OUT 参数，执行条件代码
CAN_DINT EN ENO OB_NR RET_VAL	CAN_DINT 取消已启动的延时中断。在这种情况下，将不执行延时中断 OB	OB_NR：IN 参数，组织块标识符 RET_VAL：OUT 参数，执行条件代码
QRY_DINT EN ENO OB_NR RET_VAL STATUS	QRY_DINT 查询通过 OB_NR 参数指定的延时中断的状态	OB_NR：IN 参数，组织块标识符 STATUS：QRY_DINT 指令所指定延时中断 OB 的状态 RET_VAL：OUT 参数，执行条件代码

EN=1 时，SRT_DINT 指令启动内部时间延时定时器（DTIME）。延迟时间过去后，CPU 将生成可触发相关延时中断 OB 执行的程序中断；在指定的延时发生之前执行 CAN_DINT 指令可取消进行中的延时中断；激活延时中断事件的总次数不得超过四次。

QRY_DINT 参数 STATUS 见表 4-47。

表 4-47 STATUS 参数值说明

位	值	说明
0	0	处于 RUN 状态
	1	在启动过程中
1	0	中断已启用
	1	中断已禁用
2	0	中断未激活或已过期
	1	中断已激活
4	0	不存在具有 OB_NR 中所指定 OB 号的 OB
	1	存在具有 OB_NR 中所指定 OB 号的 OB
其他位值	始终为 0	

4.4.3.3 报警中断指令

使用 DIS_AIRT 和 EN_AIRT 指令可禁用和启用报警中断处理过程，其指令符号和功能说明见表 4-48。

表 4-48　报警中断指令

LAD 指令符号	功能说明	参数类型
DIS_AIRT EN　ENO RET_VAL	DIS_AIRT 可延迟新中断事件的处理，可在 OB 中多次执行 DIS_AIRT	RET_VAL：延迟次数= 队列中的 DIS_AIRT 执行次数
EN_AIRT EN　ENO RET_VAL	对先前使用 DIS_AIRT 指令禁用的中断事件处理，可使用 EN_AIRT 来启用	RET_VAL：延迟次数= 队列中的 DIS_AIRT 执行次数

PLC 运行时，CPU 统计 DIS_AIRT 指令所执行的次数，在特别通过 EN_AIRT 指令再次取消之前或者在已完成处理当前 OB 之前，这些执行中的每一个都保持有效。例如：如果通过五次 DIS_AIRT 执行禁用中断五次，则在再次启用中断前，必须通过五次 EN_AIRT 的执行来取消禁用。

再次启用中断事件后将处理 DIS_AIRT 生效期间发生的中断，或者在完成执行当前 OB 后立即处理中断。参数 RET_VAL 表示禁用中断处理的次数，即已排队的 DIS_AIRT 执行的个数，只有当参数 RET_VAL=0 时，才会再次启用中断处理。

4.4.4　脉冲指令

脉冲指令在运动控制中有广泛的应用，采用 S7-1200 可编程控制器脉冲指令可以用于实现步进电机或伺服电机等的速度控制，速度范围可以是从停止到全速；也可使用脉冲指令用于调节阀的位置控制，位置范围可以是从闭合到完全打开。

脉冲指令有脉宽输出（PWM，Pulse Width Modulation）和脉冲串输出 (PTO，Pulse Train Output)两种方式。可将 PLC 中的脉冲发生器指定为 PWM 或 PTO 模式，但不能指定为既是 PWM 又是 PTO 模式。

PWM 输出可从 0 到满刻度变化，因此可提供在许多方面都与模拟输出相同的数字输出。脉冲宽度可表示为循环时间的百分数（0 到 100）、千分数（0 到 1000）、万分数（0 到 10000）或 S7 模拟格式，脉冲宽度可从 0（无脉冲，始终关闭）到满刻度（无脉冲，始终打开）变化。脉冲串（PTO）输出占空比 50%的可设定频率的脉冲输出。

4.4.4.1　脉宽调制和脉冲串输出指令

（1）脉宽调制指令。

脉宽调制指令 CTRL_PWM 提供占空比可变的固定循环时间输出，脉宽调制波以指定频率（循环时间）启动之后将连续运行，指令符号如图 4-30 所示。

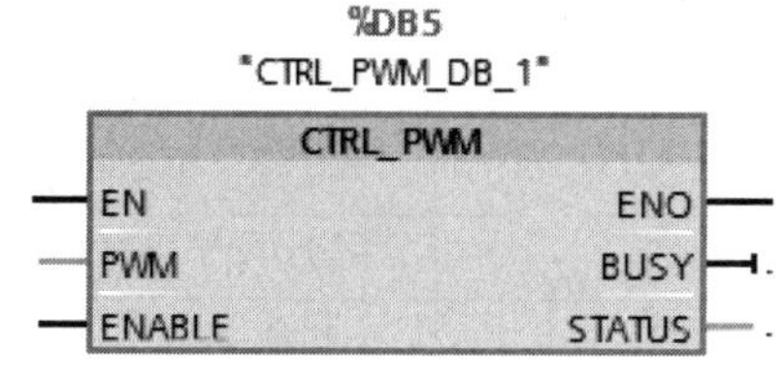

图 4-30　PWM 指令符号

CTRL_PWM 指令将参数信息存储在背景 DB 中，数据块参数由 CTRL_PWM 指令进行控制。当 EN 输入端为 TRUE 时，指令根据 ENABLE 输入的值启动或停止所标识的 PWM。脉冲宽度由相关 Q 字输出地址中的值指定。

CTRL_PWM 指令符号中参数及其含义见表 4-49。

表 4-49　参数的数据类型

参数	类型	数据类型	说明
PWM	IN	HW_PWM (Word)	PWM 标识符：已启用的脉冲发生器的名称将变为“常量”变量表中的变量，并可用作 PWM 参数（默认值：0）
ENABLE	IN	Bool	1＝ 启动脉冲发生器 0＝ 停止脉冲发生器
BUSY	OUT	Bool	功能忙（默认值：0）
STATUS	OUT	Word	执行条件代码（默认值：0）

CPU 第一次进入 RUN 模式时，脉冲宽度将设置为在设备组态中组态的初始值。根据需要使用指令（如移动、转换、数学）将值写入设备配置中指定的 Q 字位置（“输出地址” / “起始地址:”）以更改脉冲宽度，必须使用 Q 字值的有效范围（百分数、千分数、万分数或 S7 模拟格式）。

（2）脉冲串输出指令。

脉冲串输出指令 CTRL_PTO 以指定频率提供 50%占空比输出的方波，CTRL_PTO（脉冲串输出）指令符号如图 4-31 所示。

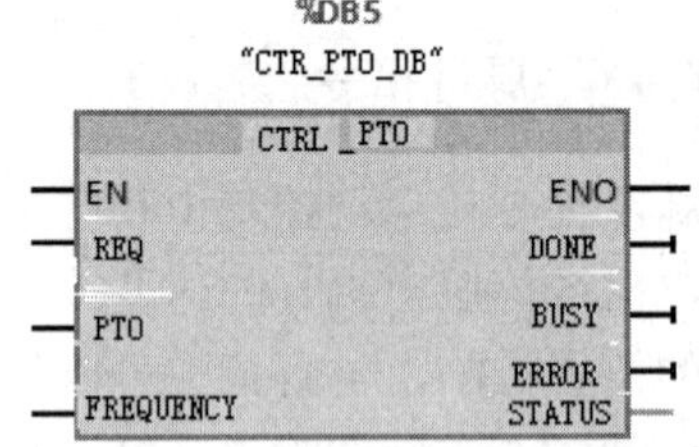

图 4-31　CTRL_PTO 指令符号

CTRL_PTO 指令将参数信息存储在 DB 中，通过将其变量名称或硬件标识符用于 PTO 参数，指定要使用的已启用脉冲发生器。当 EN 输入为 TRUE 时，CTRL_PTO 指令启动或停止所标识的 PTO；当 EN 输入为 FALSE 时，不执行 CTRL_PTO 指令且 PTO 保留其当前状态。

指令符号中参数及其含义见表 4-50。

表 4-50　参数的数据类型

参数	类型	数据类型	说明
EN	IN	Bool	1＝指令激活，0＝指令禁用
REQ	IN	Bool	1＝ 将 PTO 输出频率设置为 FREQUENCY 中的输出值，0＝PTO 无修改
PTO	IN	HW_PTO(Word)	PTO 标识符：脉冲发生器的硬件 ID
FREQUENCY	IN	UDInt	PTO 所需频率，此值仅适用于当 REQ＝1 时（默认值为 0 Hz）
DONE	OUT	Bool	函数已成功执行
BUSY	OUT	Bool	功能忙（默认值：0）
ERROR	OUT	Word	检测到错误（默认值：0）
STATUS	OUT	Word	执行条件代码（默认值：0）

当将 REQ 输入设置为 TRUE 时，FREQUENCY 值生效。如果 REQ 为 FALSE，则无法修改 PTO 的输出频率，且 PTO 继续输出脉冲。如图 4-32 所示，当 REQ 为 1 时，硬件输出频率被更改。

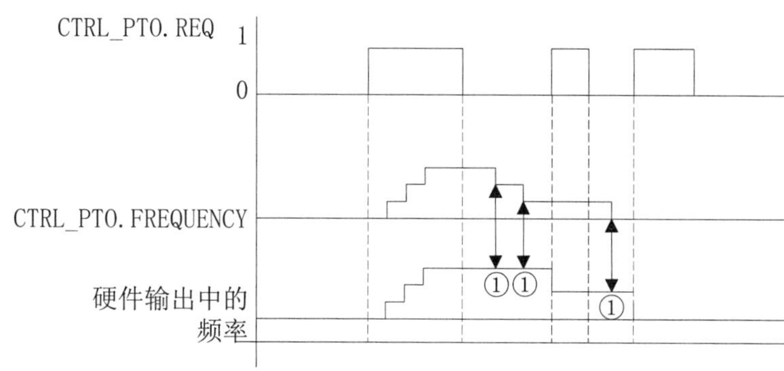

图 4-32　输入参数 REQ 与频率设置的关系

4.4.4.2　脉冲发生器的输出分配

S7-1200 有四种脉冲发生器可用于控制高速脉冲输出功能：PWM 和 PTO 输出。可将每个脉冲发生器指定为 PWM 或 PTO 模式之一，可以使用板载 CPU 输出脉冲，也可以使用可选的信号板输出。

脉冲发生器 I/O 分配的情况见表 4-51，PWM 仅需要一个输出，而 PTO 每个通道可选择使用两个输出：一个作为脉冲输出，一个作为方向输出。

表 4-51　脉冲输出 I/O 分配

说明	脉冲	方向	说明	脉冲	方向
PTO1			PWM1		
内置 I/O	Q0.0	Q0.1	内置输出	Q0.0	-
SB I/O	Q4.0	Q4.1	SB 输出	Q4.0	-
PTO2			PWM2		
内置 I/O	Q0.2	Q0.3	内置输出	Q0.1	-
SB I/O	Q4.2	Q4.3	SB 输出	Q4.1	-
PTO3			PWM3		
内置 I/O	Q0.4	Q0.5	内置输出	Q0.4	-
SB I/O	Q4.0	Q4.1	SB 输出	Q4.1	-
PTO4			PWM4		
内置 I/O	Q0.6	Q0.7	内置输出	Q0.6	-
SB I/O	Q4.2	Q4.3	SB 输出	Q4.3	-

将 CPU 或信号板的输出组态为脉冲发生器时（与 PWM 或运动控制 PTO 指令配合使用），会从 Q 存储器中移除相应的输出地址，并且这些地址在用户程序中不能用于其他用途。如果用户程序向用作脉冲发生器的输出写入值，则 CPU 不会将该值写入到物理输出。

表 4-51 适用于 CPU 1211C、CPU 1212C、CPU 1214C、CPU 1215C 以及 CPU 1217C 的 PTO/PWM 功能。CPU 1211C 没有输出 Q0.4、Q0.5、Q0.6 或 Q0.7，PTO3、PWM3 内置输出不能在 CPU 1211C 中使用。CPU 1212C 没有输出 Q0.6 或 Q0.7，PTO4、PWM4 内置输出不能在 CPU 1212C 中使用。

4.4.4.3 脉冲输出的组态方法

组态 PWM 或 PTO 操作，首先通过选择 CPU 在设备组态中组态脉冲通道，然后选择脉冲发生器（PTO/PWM），并选择 PWM1/PTO1 到 PWM4/PTO4。如果启用一个脉冲发生器，将为该特定脉冲发生器分配一个唯一的默认名称，可通过在“名称：”（Name：）编辑框编辑名称来更改它，但是名称必须是唯一的。

每个 CPU 和信号板输出的最小循环时间最大频率（PTO）和最小循环时间（PWM）见表 4-52 和表 4-53，始终确保不会超出硬件的最小循环时间。

表 4-52 CPU 输出最大频率（PTO）和最小循环时间（PWM）

CPU	输出通道 PTO	最大频率 PWM	最小循环时间
1211C	Qa.0 到 Qa.3	100 kHz	10 μs
1212C	Qa.0 到 Qa.3	100 kHz	10 μs
	Qa.4、Qa.5	20 kHz	50 μs
1214C 和 1215C	Qa.0 到 Qa.3	100 kHz	10 μs
	Qa.4、Qa.5	20 kHz	50 μs
1217C	DQa.0 到 DQa.3（.0+，.0-到.3+，.3-）	1 MHz	1 μs
	DQa.4 到 DQb.1	100 kHz	10 μs

表 4-53 SB 信号板输出最大频率（PTO）和最小循环时间（PWM）

SB 信号板	SB 输出通道 PTO	最大频率 PWM	最小循环时间
SB 1222，200 kHz	DQe.0 到 DQe.3	200kHz	5 μs
SB 1223，200 kHz	DQe.0 到 DQe.3	200kHz	5 μs
SB 1223	DQe.0 到 DQe.3	200kHz	50 μs

下面以 S7-1215C CPU 为例讲解 PWM/PTO 脉冲输出组态的方法，步骤如下：

（1）在博途软件中，操作界面转换到设备视图，如图 4-33 所示，鼠标选中 CPU，单击常规属性①，单击打开脉冲发生器选项，这里我们选择四个通道中的第一个 PTO1/PWM1②，勾选启用该脉冲发生器③，这样我们就打开了第一路脉冲发生器，项目名称为 Pulse_1④。

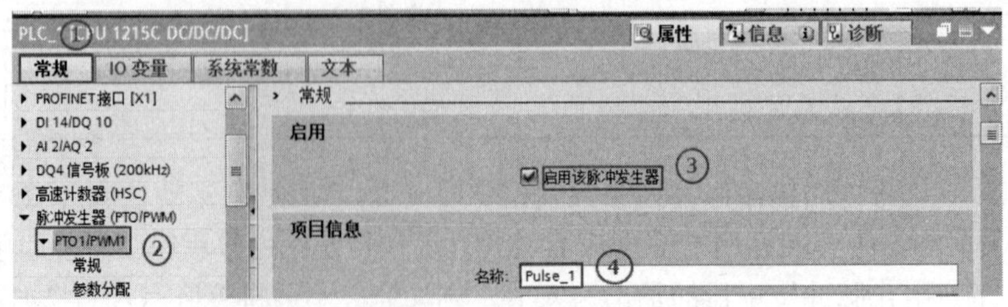

图 4-33 选择第一个 PTO1/PWM1 通道

（2）如图 4-34 所示，在 PTO1/PWM1 常规菜单下选择参数分配①，进行参数设置，此处信号类型我们选择 PWM②，对于 PTO 有四种类型可供选择，然后依次完成时基（毫秒/微妙）、脉宽格式（百分之一/千分之一/万分之一/S7 模拟量格式）、循环时间、初始脉宽的设置。

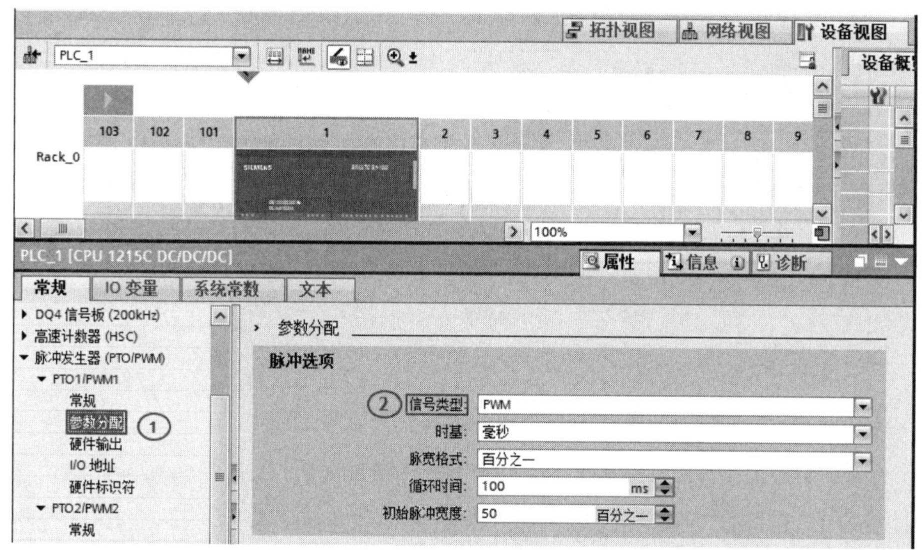

图 4-34　PTO1/PWM1 参数设置

在参数分配中，用户可以组态输出脉冲的参数。选择 PWM 或 PTO，以下选项可供使用：

- 信号类型，将脉冲输出组态为 PWM 或 PTO：
  – PWM　　　　　　　　– PTO（脉冲 A 和方向 B）
  – PTO（A/B 相移）　　　– PTO（A/B 相移 - 四相）
  – PTO（向上脉冲 A 和向下脉冲 B）
- 时间基准（仅适用于 PWM），请选择使用的时间单位：
  – 毫秒　　　　　　　　– 微秒
- 脉冲宽度格式（仅适用于 PWM），分配脉冲持续时间（宽度）的精度：
  – 百分数（0 到 100）　　　– 千分数（0 到 1000）
  – 万分数（0 到 10000）　　– S7 模拟格式（0 到 27648）
- 循环时间（仅适用于 PWM）：分配完成一次脉冲需要的持续时间。可通过选中复选框“允许在运行时修改循环时间”在运行时更改循环时间，范围是 1 到 16,777,215 个时间单位。
- 初始脉冲宽度：输入初始脉冲宽度值，百分比形式。可在运行期间更改脉冲宽度值。

“初始脉冲持续时间”乘以“循环时间”可得出“脉冲持续时间”。选择“时基”“脉冲持续时间格式”“循环时间”和“初始脉冲持续时间”时，整个“脉冲持续时间”不能为小数值；如果生成的“脉冲持续时间”是一个小数值，则应调整“初始脉冲持续时间”或更改时基，从而生成一个整数值。

（3）在 PTO1/PWM1 常规菜单下①硬件输出栏，选择②输出通道，此处设置 Q0.0 作为输出通道，如图 4-35 所示。

基于组态，可选择一个或两个输出，如果确实为脉冲发生器分配输出通道，那么此输出通道不可被另一个脉冲发生器、HSC 或过程映像寄存器使用。将 CPU 或信号板的输出组态为脉冲发生器时，会从 Q 存储器中移除相应的输出地址，且这些地址在程序中不能用于其他用途。

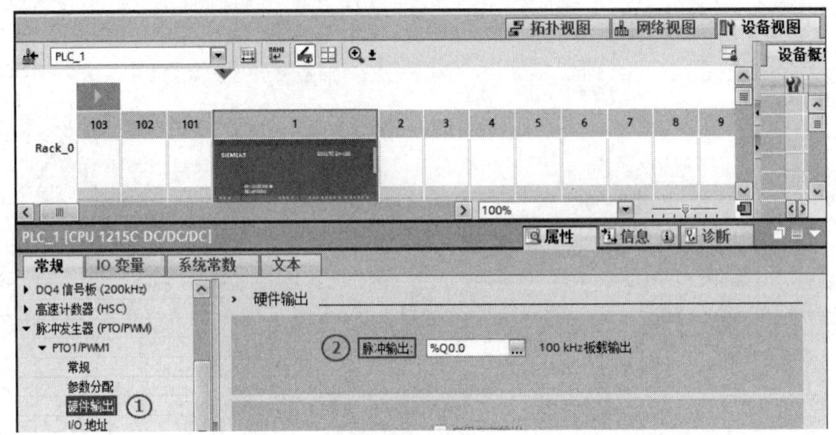

图 4-35　PTO1/PWM1 输出通道设置

（4）在 PTO1/PWM1 常规菜单①I/O 地址项，我们可以进行②起始地址和结束地址设定，以及③组织块和过程映像的选择，如图 4-36 所示。

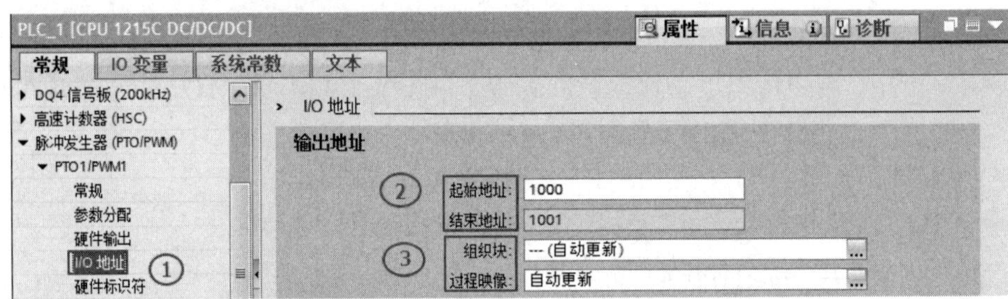

图 4-36　PTO1/PWM1 I/O 地址设置

PWM 为“脉冲持续时间”（Pulse duration）指定了 Q 存储器的两个字节。当 PWM 运行时，可以在分配的 Q 存储器中修改该值以及更改“脉冲持续时间”（Pulse duration）。在“I/O 地址”（I/O Address）部分，在要用于存储“脉冲持续时间”（Pulse duration）值的位置可以输入 Q 存储器字地址。

（5）在 PTO1/PWM1 菜单下单击①硬件标识符，可以查看脉冲发生器的硬件标识符，如图 4-37 所示。

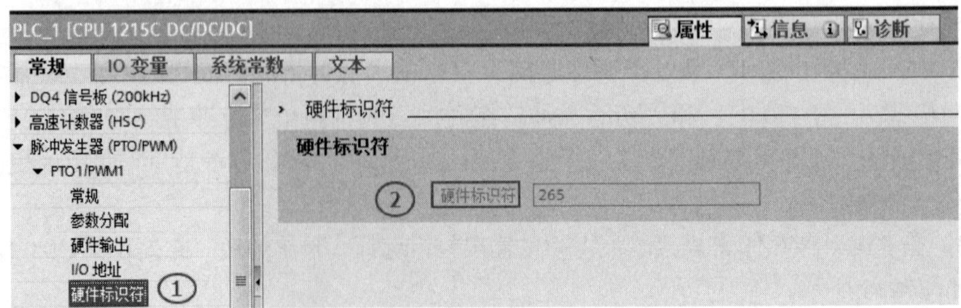

图 4-37　PTO1/PWM1 硬件标识符

（6）完成 PTO1/PWM 输出组态后，就可以在项目视图中调用脉冲指令进行梯形图程序编写，如图 4-38 所示。

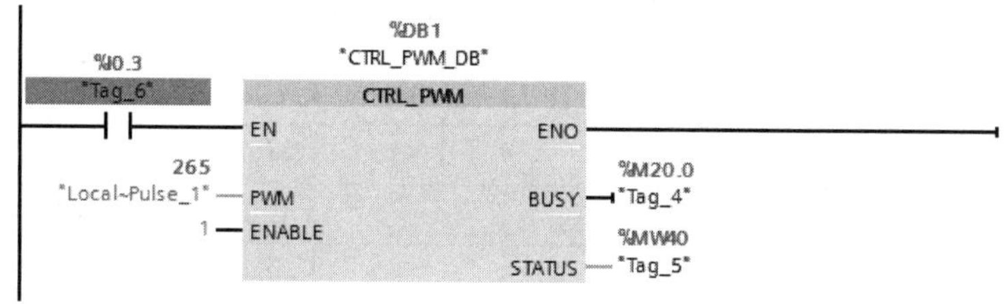

图 4-38　PWM 指令梯形图程序

4.5　项目实训——步进电机的 PLC 控制

使用 PLC 中的脉冲指令可以产生步进电机所需要的控制脉冲，把脉冲信号输送给步进驱动器，实现对步进电机的运行控制。本实训项目中使用的 SH-125B 驱动器适合各种小型自动化设备和仪器，例如：气动打标机、贴标机、割字机、激光打标机、绘图仪、小型雕刻机、数控机床等。

1. 训练目的

（1）掌握步进电机驱动器的使用方法；

（2）学会 PLC1200 中脉冲指令的编程应用。

2. 实训装置（见表 4-54）

表 4-54　实训装置型号

序号	名称	型号与规格	数量	备注
1	PLC	CPU1215C DC/DC/DCC	1	
2	步进驱动器	SH-215B	1	
3	导线	3 号	若干	
4	通讯编程电缆	8P 以太网线	1	西门子
5	步进电机	两相混合式步进电机	1	
6	计算机（带编程软件）		1	自备

3. 步进驱动器与步进电机原理

SH-215B 细分驱动器采用美国高性能专用微步距电脑控制芯片，细分数可根据用户需求专门设计，由于采用新型的双极性恒流斩波技术，使电机运行精度高、振动小、噪声低、运行平稳，该控制器适合驱动中小型的任何两相或四相混合式步进电机。SH-215B 特点：

- 高性能、低价格，精巧的外形尺寸便于安装。
- 输入电压+20V-+36VC，典型值为+24V，斩波频率大于 35kHz。
- 输入信号与 TTL 兼容，可驱动两相或四相混合式步进电机。
- 双极性恒流斩波方式，当脉冲信号停止 1 秒后，电机电流自动减半，可减少发热。
- 细分数可选：2、4、8、16、32、64，驱动电流开关设定，最大驱动电流 1.68A/相。

驱动器端子见表 4-55。

表 4-55 驱动器控制端子

信号	功能	信号	功能
CP	脉冲驱动信号：上升沿有效	DR	方向信号：用于改变电机转向
+5V	光耦驱动电源	GND	直流电源地
ENA	使能信号，高电平有效，低电平禁止	VCC	直流电源正极典型值 24V
A+	电机 A 相	B+	电机 B 相
A-	电机 A 相	B-	电机 B 相

步进电机驱动器电流、细分拨码开关设置见表 4-56。

表 4-56 驱动器电流与细分设置

电流选择				细分选择				
电流值	SW1	SW2	SW3	细分数	步数	SW4	SW5	SW6
0.31	OFF	ON	ON	1	200	ON	ON	ON
0.45	ON	OFF	ON	2	400	OFF	ON	ON
0.68	OFF	OFF	ON	4	800	ON	OFF	ON
0.91	ON	ON	OFF	8	1600	OFF	OFF	ON
1.12	OFF	ON	OFF	16	3200	ON	ON	OFF
1.38	ON	OFF	OFF	32	6400	OFF	ON	OFF
1.68	OFF	OFF	OFF	64	12800	ON	OFF	OFF

步进驱动器与步进电机接线如图 4-39 所示。

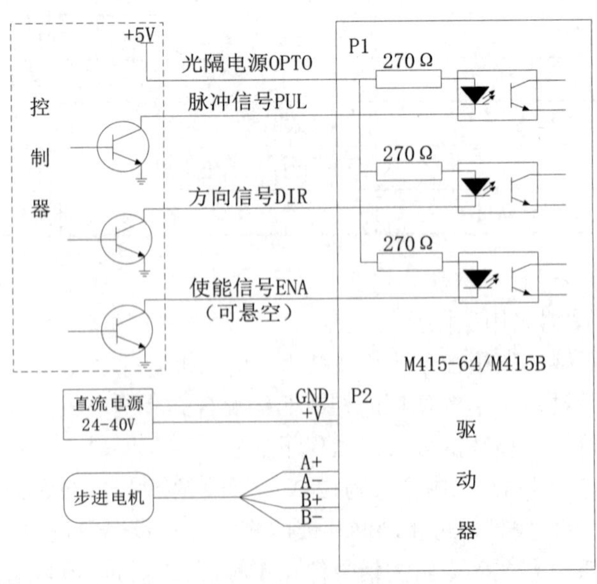

图 4-39 步进驱动器与步进电机接线

4. 端口分配及接线图（见表 4-57 与表 4-58）

表 4-57　PLC 端子分配

序号	PLC 地址	功能说明	序号	PLC 地址	功能说明
1	I0.4	X 轴左限	5	I1.3	急停
2	I0.5	X 轴右限	6	Q0.0	步进电机 PUL+
3	I1.0	正转	7	Q0.2	步进电机 DIR+
4	I1.1	反转			

表 4-58　SH-215B 参数设置

SW1	SW2	SW3	SW4	SW5	SW6
OFF	ON	OFF	OFF	OFF	ON

PLC 外围线路连接图如图 4-40 所示。

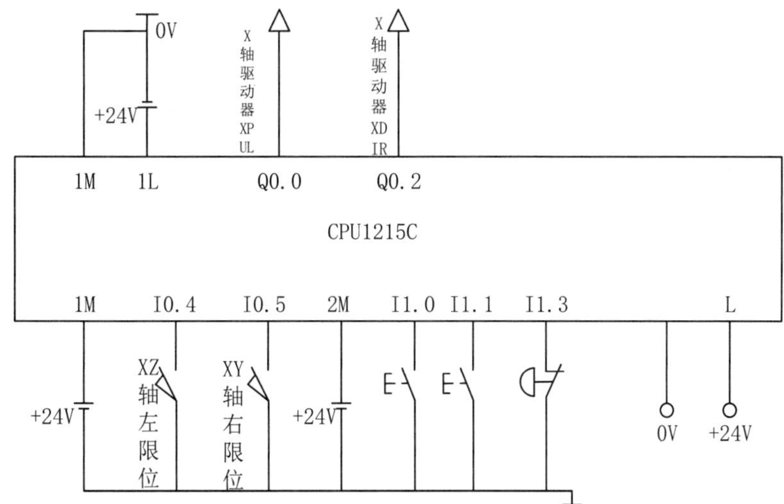

图 4-40　PLC 端子接线图

5. 操作步骤

（1）检查实训设备器材是否齐全。

（2）完成 PLC 接线图、步进电机接线图，根据步进电机参数设置表，正确设置步进电机驱动器参数。

（3）根据控制要求、端子分配及功能表、接线图，编写控制程序（参考本章 PWM/PTO 的使用），编译下载，根据提示信息修改程序直至无误。

（4）用编程电缆连接 PLC 编程口和计算机串口，将程序下载到 PLC 中，下载完毕将 PLC 的“RUN/STOP”拨码开关拨到“RUN”状态。

（5）根据控制要求，按下“起动”按钮、“停止”按钮、“急停”按钮观察步进电机的运动情况。适当修改控制程序，直至完全符合控制要求中。

（6）改变 PTO 频率设定，观察步进电机的速度变化。

6. 实训思考

（1）步进电机的运行速度如何调节实现？

（2）脉冲控制中采用 PWM 和 PTO 有何区别？

思考练习题

1．S7-1200 PLC 输入输出模块有哪几种类型？

2．S7-1200 PLC 有哪几种存储器，各有什么作用？

3．S7-1200 PLC 如何进行寻址？

4．S7-1200 中有哪些块结构，各有什么功能？

5．简述 S7-1200 PLC 的组织块类型和作用。

6．西门子 S7-1200 PLC 有哪几种定时器，各有什么作用？

7．利用定时器设计一个小灯闪烁控制程序，要求小灯亮 2 秒灭 1 秒，循环点亮。

8．试设计一个照明灯的控制程序。当接在 I0.0 上的声控开关感应到声音信号后，接在 Q0.0 上的照明灯可发光 20s。如果在这段时间内声控开关又感应到声音信号，则时间间隔从头开始。这样可确保在最后一次感应到声音信号后，灯光可维持 20s 的照明。

9．锅炉的鼓风机和引风机启停控制要有一定的顺序性，画出用继电器控制实现的主电路并按下列设计控制电路，然后编写实现控制的梯形图程序：

（1）起动时首先起动引风机，10s 后自动起动鼓风机。

（2）停止时，首先关断鼓风机，经 15s 后自动关断引风机。

10．某设备有三台风机，当设备处于运行状态时，如果三台风机全部运行，则绿色指示灯常亮；如果两台运行动，则绿色指示灯以 1 Hz 的频率闪烁；如果仅有一台风机转动，则绿灯熄灭，黄灯亮起；如果没有任何风机转动，则指示灯不亮。请设计该风机的 PLC 监控程序。

第 5 章　S7-1200 PLC 程序设计

【本章导读】

随着工业自动化水平和需求的发展，程序设计规模在不断增大，线性化程序设计存在结构不清晰、设计周期长、效率低的缺点越发明显。在博途软件中，S7-1200 程序设计采用了模块化编程，将程序分解为独立的自成体系的各个模块，执行效率高，便于分工协作，增加了程序设计的透明性、可读性和易维护性。

【本章主要知识点】

- 经验设计法程序设计的特点及实现。
- 顺序控制设计的概念，顺序功能图的设计方法。
- 模块化程序的构建，利用 FC、FB 进行模块化程序设计。
- 组织块的类型和特点，利用组织块实现程序设计。
- 数据块的类型和特点作用，数据块的组态及应用。

5.1　经验设计法编程

5.1.1　经验设计法的特点

经验设计法是在在已有的典型梯形图的基础上，根据被控对象对控制的要求和 PLC 的工作原理，不断地增加程序中间编程元件和触点，最后完善得到一个较为满意的结果，这种设计方法称为经验设计法。

经验设计法主要是依靠设计人员的经验进行设计，要求设计者有一定的实践经验，对于一些比较简单程序设计可以收到快速、简单的效果。所以经验设计法设计的程序质量和效率依赖于编程者的经验，具有很大的试探性和随意性，往往经多次反复修改和完善才能符合设计要求，设计的结果不很规范。

经验设计法适用于简单系统的程序设计，当进行复杂程序设计时存在设计思路实现难度大、设计周期长缺点，进行复杂系统设计时要用到互锁、联锁、记忆、延时等诸多功能，逻辑关系复杂，程序前后交叉影响，容易造成系统分析困难、结构混乱，甚至会发生一些难以预料的故障；程序设计难度随着系统规模增大呈级数增加；经验法程序设计依据个人经验进行，不便与进行团队协作开发设计，效率低下；经验法设计的梯形图可读性差，程序结构不清晰，后续的维护、调试和可扩展性都较差，给 PLC 系统的维护和改进带来许多困难。

5.1.2　从电路原理图到梯形图的转化

PLC 的出现是为了取代传统继电器控制系统的，所以二者之间存在着一定的相似性，在熟悉了 PLC 的基本工作原理和指令系统之后，就可以进行简单系统的 PLC 设计，完成生产机械或过程的控制。需要注意的是，PLC 循环扫描的串行工作方式与继电器控制系统的并行工作方式存在本质的区别，设计方法上，PLC 硬件和软件可分开同时进行。

利用继电器控制电路转换为 PLC 梯形图程序，可以理解为：将电路图向左旋转 90°，电源线在左边，接地线在右边，电路元件显示在中间，这样就得到一个能流由左向右流动的示意图，然后用梯形图中的指令符号代替电路示意图中的电气元件，把电路图转化为梯形图程序。以起保停电路为例，其转换过程如图 5-1 所示。

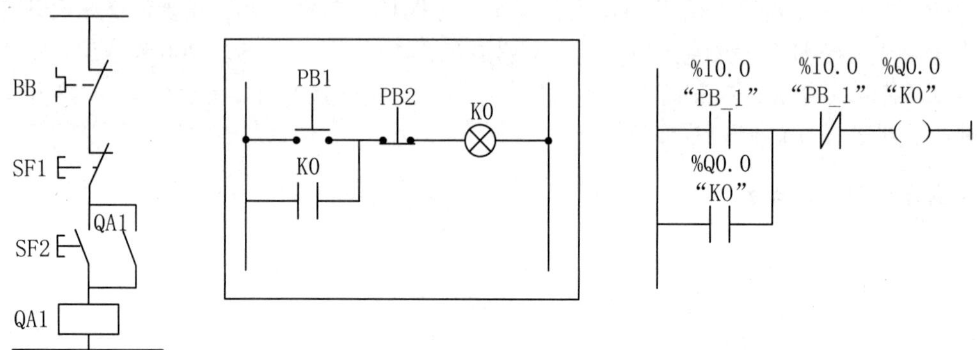

图 5-1　电路原理图到梯形图的转换过程

在梯形图中，数字控制逻辑使用 0 和 1 来表示数据状态，“0”等同于开关断开或线圈失电，无电流通过；“1”等同于开关闭合或线圈得电，有电流通过。在每次扫描开始时，CPU 会将元器件输入的状态存储为 0（假）或 1（真）。

电路原理图中开关、线圈元件与梯形图中的元件有一定对应关系，见表 5-1。

表 5-1　梯形图与电路图线圈和触点对应关系

电路符号	梯形图对应符号	符号含义	动作说明
	—| |—	常开触点	线圈不带电情况下，触点断开，无能流通过
	—|/|—	常闭触点	线圈不带电情况下，触点闭合，能流通过
	—( )	输出线圈	如果电流或“信号流”被传送到线圈，则 CPU 将通过接通线圈来激活线圈

例 5-1：如图 5-2 所示的电机正反转继电器控制电路，将其控制电路转换成梯形图程序。

电路分析：图 5-2 为正反转控制电路，当按下按钮 SF2 时，接触器 QA1 得电自锁，QA1 主触点闭合，电机得电正传运行；当按下按钮 SF3 时，接触器 QA1 失电，接触器 QA2 得电自锁，QA2 主触点闭合，电机得电反转运行；当按下按钮 SF1 时，接触器失电，电机停止运行；在控制电路中，QA1 和 QA2 有机械互锁和触点互锁，防止出现两个接触器同时得电短路情况。

程序转换思路：将继电器电路转换成梯形图时，首先根据电路图分析 PLC 的输入、输出信号。启停三个按钮信号作为 PLC 的输入信号，对应梯形图的三个输入触点；两个接触器作为 PLC 的输出信号，对应梯形图的两个输出线圈，由此得到 PLC 外围接线如图 5-3 所示。图

5-2 控制电路左旋 90°，用 I0.0 代替正传启动按钮，I0.1 代替反转按钮，用 I0.2 代替停止按钮，Q0.0 代替正转接触器，Q0.1 代替反转接触器，梯形图程序中互锁依靠输出线圈自身的常闭触点完成，从而得到如图 5-4 所示梯形图。

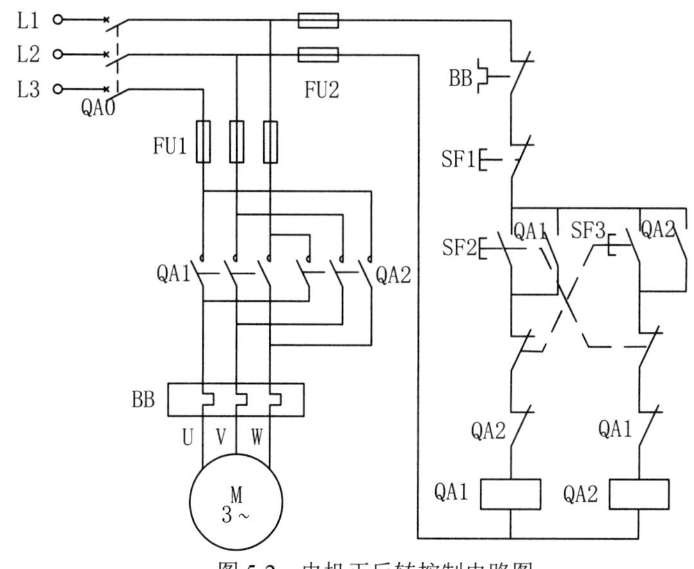

图 5-2 电机正反转控制电路图

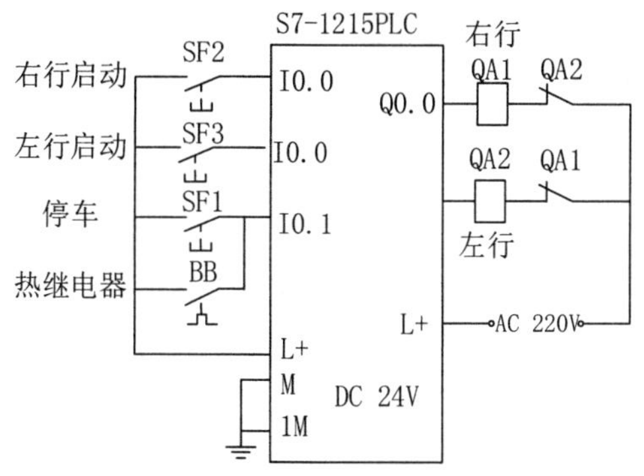

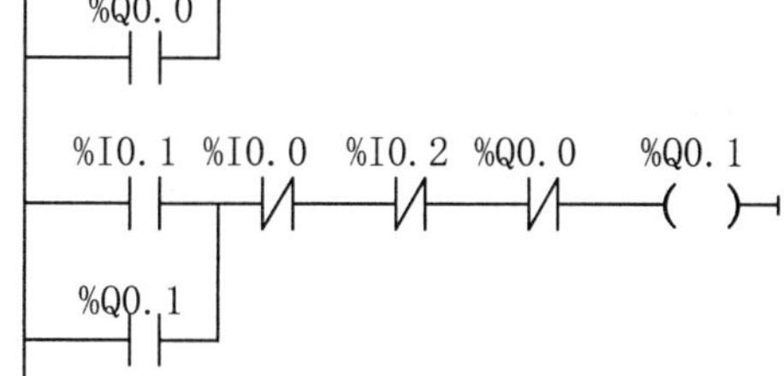

图 5-3 PLC 外部输入输出接线图

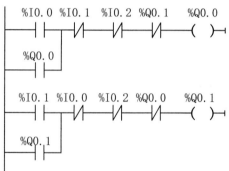

图 5-4 电机正反转控制 PLC 梯形图

从上述实例看出，可以参照设计继电器电路原理图的方法来设计比较简单的数字量控制系统的梯形图，然后根据被控对象对控制系统的具体要求修改梯形图，增加一些中间编程元件和触点。当系统功能简单时，这种方法具有一定的实用性。

5.1.3 PLC 编程原则

PLC 是由继电接触器控制发展而来的，但二者也存在一定区别，PLC 编程遵循的原则：

- 触点、线圈及内部软元件可多次重复使用。
- 梯形图每一行都是从左侧母线开始。
- 梯形图设计中要按照逻辑顺序编写梯形图程序，触点开关作为条件在前，线圈作为逻辑结果置于右边，如图 5-5 所示。

（a）错误　　（b）正确

图 5-5　线圈与触点的位置关系

- 梯形图程序必须符合顺序执行的原则，从左到右，从上到下地执行，如不符合不能直接编程。在梯形图中没有实际的电流流动，所谓“流动”是指只能从左到右、从上到下单向“流动”，因此，如图 5-6（a）所示的桥式电路是不可编程的，必须按逻辑功能等效转换成如图 5-6（b）所示的形式。

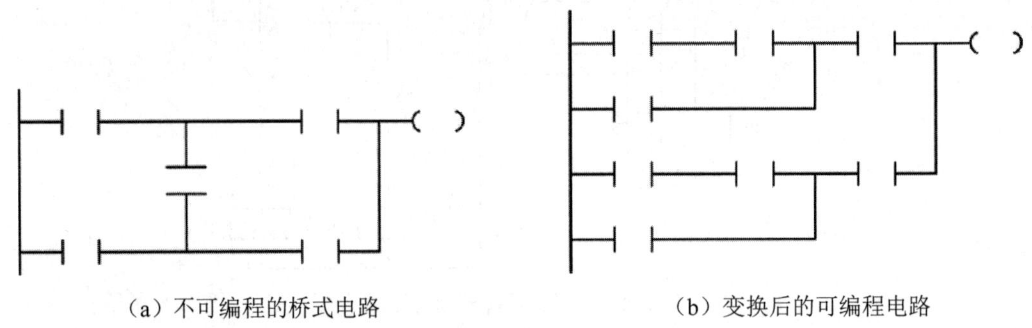

（a）不可编程的桥式电路　　（b）变换后的可编程电路

图 5-6　梯形图顺序规则说明

- 尽量避免双线圈输出。同一编号的线圈指令在同一程序中使用两次以上，称为双线圈输出，双线圈输出容易引起误动作或逻辑混乱，设计中一定要慎重使用。

例 5-2：要求用两个开关分别实现对同一台电机的电机的异地控制，分析采用图 5-7 所示的梯形图程序是否可以实现？

在图 5-7（a）中，由于 PLC 是按循环扫描方式工作的，当我们按下 I0.0 开关而未按下 I0.1 开关时，第一行的线圈 Q0.0 应该闭合，然而第二行的 Q0.0 是失电状态，由于 PLC 输出是在循环扫描结束后，所以第二个线圈的状态会把第一个线圈的状态覆盖，最终 Q0.0 的输出是失电状态，所以图 5-7（a）的梯形图是错误的。正确实现梯形图如图 5-7（b）所示，采用输入并联形式，无论按下 I0.0 还是 I0.1，Q0.0 均可以得电。

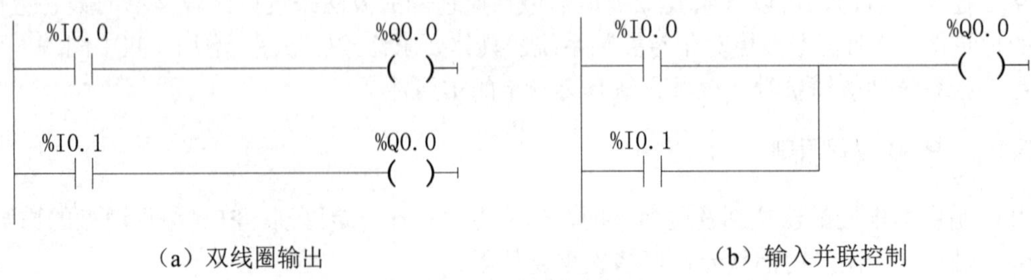

（a）双线圈输出　　（b）输入并联控制

图 5-7　双开关控制梯形图

5.2 顺序功能图设计法

5.2.1 顺序控制设计的概念

顺序控制，就是按照生产工艺预先规定的顺序，在各个输入信号的作用下，根据内部状态和时间的顺序，在生产过程中各个执行机构自动地有秩序地进行操作。依照顺序控制的逻辑关系进行程序设计会提高设计的效率，程序的调试、修改和阅读也很方便。

在 PLC 编程设计中，顺序功能图（SFC，Sequential Function Chart）是一种真正的图形化的编程语言，对一个顺序控制问题，不管有多复杂，都可以用图形的方式把问题表达或叙述清楚，这样的设计程序方法简单，而且设计出来的程序也清晰许多。

现在大部分基于 IEC61131-3 编程的 PLC 都支持 SFC，可使用 SFC 直接编程，用户在编程软件中生成顺序功能图后便完成了编程，如西门子 S7-300/400 PLC 中的 S7 Graph 编程语言。

但是还有相当多 PLC（包括 S7-1200）没有配备顺序功能图语言，对于这类的 PLC，可以用顺序功能图来描述系统的功能，设计功能流程图，然后根据功能图指令将其转化为梯形图程序，完成程序设计。虽然此时存在一定的程序功能图绘制和指令转换的工作，但也是一种有效的编程方法。

5.2.1.1 功能图的基本概念

功能图又称做顺序功能图、功能流程图或状态转换图，是一种描述顺序控制系统的图形表示方法，是专用于工业顺序控制程序设计的一种功能性说明语言。功能图由许多个状态及连线组成的图形，它可以清晰地描述系统的工序要求，使复杂问题简单化，并且使 PLC 编程成为可能，而且编程的质量和效率也会大大提高。

功能图主要由“步”“转换”及有向线段等元素组成。如果适当运用组成元素，可以得到控制系统的静态表示方法，再根据转换触发规则模拟系统的运行，就可以得到控制系统的动态。

（1）步的概念。顺序控制设计法最基本的思想是将系统的一个工作周期划分为若干个顺序相连的阶段，这些阶段称为步（Step），用编程元件来代表各步。步是根据输出量的状态变化来划分的，在任何一步之内各输出量状态不变，相邻两步输出量总的状态是不同的。步的这种划分方法使代表各步的编程元件的状态与各输出量的状态之间有着极为简单的逻辑关系。

顺序控制设计法用转换条件控制代表各步的编程元件，让它们的状态按一定的顺序变化，然后用代表各步的编程元件去控制 PLC 的各输出位。为了便于将顺序功能图转换为梯形图，用代表各步的编程元件的地址（如位存储器 M）作为步的代号，并用编程元件的地址来标注转换条件和各步的动作或命令。

如图 5-8 所示的小车输料运动控制示意图。小车处于左侧初始位置，当按下启动按钮 I0.0，接触器线圈 Q0.0 闭合，小车向右运行；到达目的地后，限位开关 I0.1 闭合，Q0.0 失电，制动线圈 Q0.1 得电，小车停止状态；按下按钮 I0.2 后，Q0.2 线圈闭合，小车返回；达到出发点碰到限位开关 I0.3 后小车停止，进入等待状态；再按一次启动按钮 I0.0 开始下一个循环过程。

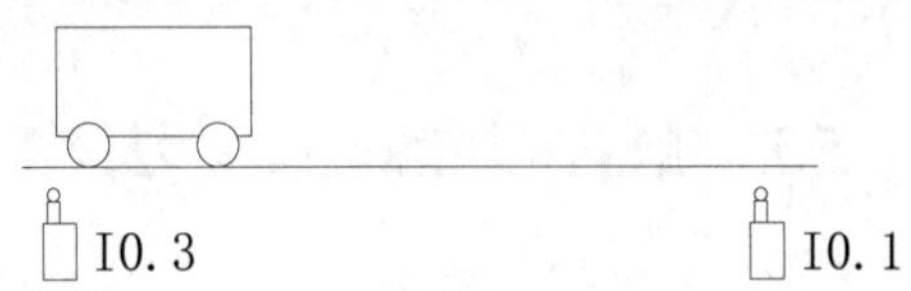

图 5-8　输料小车运动控制

对于上述小车的运动控制，我们可以采用图 5-9 所示的顺序功能图来描述该动作过程，其运动划分如图 5-10 所示。

- 步：根据 Q0.0～Q0.2 的状态的变化，将过程分为 3 步，分别用 M0.1～M0.3 来代表，另外还设置了一个等待起动的初始步 M0.0，方框中用代表该步的数字或编程元件的地址作为步的编号，例如 M0.1 等。
- 初始步：与系统的初始状态相对应的步称为初始步，初始状态一般是系统等待起动命令的相对静止的状态。初始步用双线方框表示，一个顺序功能图应该有一个初始步。
- 活动步：当系统正处于某一步所在的阶段时，该步处于活动状态，称为“活动步”。步处于活动状态时执行相应的动作，处于不活动状态时则停止执行。

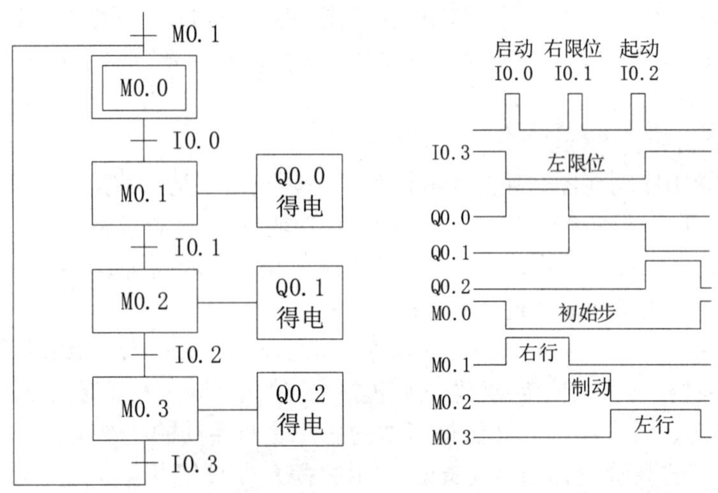

图 5-9　小车运动顺序功能图　　　　图 5-10　小车运动步的划分

（2）连接与转换条件。在顺序功能图中，随着时间的推移和转换条件的实现，将会发生步的活动状态的进展，将代表各步的方框按它们成为活动步的先后次序顺序排列，并用有向连线将它们连接起来。步的活动状态习惯的进展方向是从上到下或从左至右，此时箭头可以省略。如果不是上述的方向，则应在有向连线上用箭头注明进展方向。

转换是一种条件，说明从一个状态到另一个状态的变化，两个状态之间的有向线段上再用一段横线表示这一转换，如图 5-11 所示。当此条件成立时，称作转换使能。该转换如果能够使状态发生转换，则称作触发。

转换条件是指使系统从一个状态向另一个状态转换的必要条件，通常用文字、逻辑方程及符号来表示。一个转换能够触发必须具备：一是状态为动状态，二是转换使能满足。

（3）与步对应的动作。每个步一般会有相应的动作，动作的表示用矩形框中的文字或变量表示，如图 5-12 所示。如果某一步有几个动作，可以用图 5-12 中的两种画法来表示。

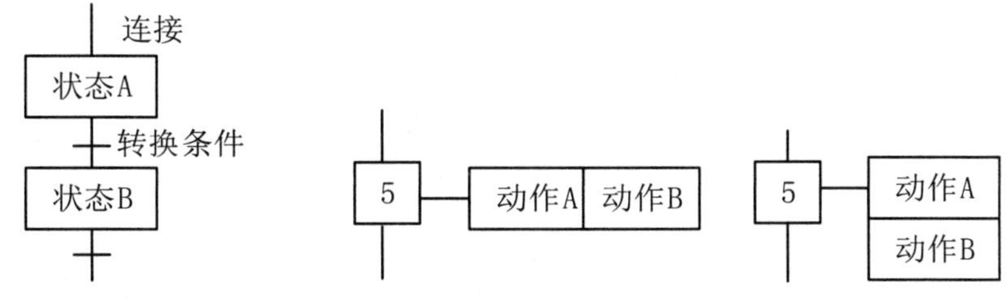

图 5-11　连接与转换条件　　　　图 5-12　与步对应的动作

需要注意动作的不同，有的动作是仅在某步处于活动步时进行的，称为非存储性的；有的动作是在连续步或多步中都存在的，称为存储性动作。

（4）功能图构成注意事项。控制系统功能图的绘制必须满足以下规则：

- 状态与状态不能直接相连，必须用转换分开；
- 转换与转换不能相连，必须用状态分开；
- 状态与转换、转换与状态之间的连接采用有向线段，从上向下画时可以省略箭头；
- 一个功能图至少要有一个初始状态；
- 在顺序功能图中，只有当某一步的前级步是活动步时，该步才有可能变成活动步；
- 实际控制系统应能多次重复执行同一工艺过程，因此在顺序功能图中一般应有由步和有向连线组成的闭环回路，即在完成一次工艺过程的全部操作之后，应该根据工艺要求返回到初始步或下一工作周期开始运行的第一步。

5.2.1.2　顺序功能图的基本结构

顺序功能图包括单序列、选择序列、并行序列三种基本结构，如图 5-13 所示。

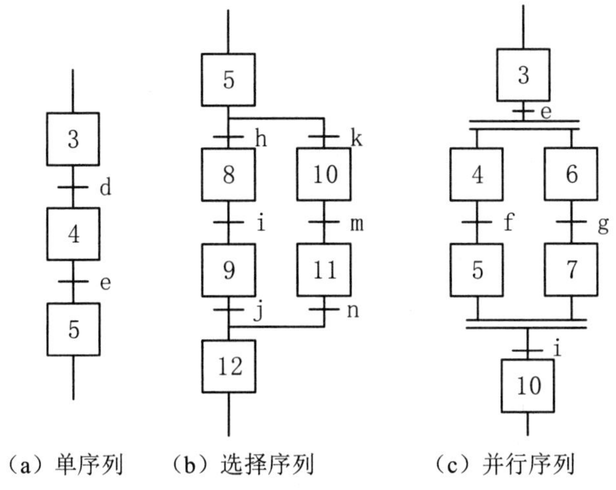

（a）单序列　（b）选择序列　（c）并行序列

图 5-13　顺序功能图的基本结构

（1）单序列。由一系列相继激活的步组成，每一步的后面仅有一个转换，如图 5-13（a）所示。

（2）选择序列。选择序列是对具有多流程的工作进行流程选择或者分支选择，即一个控制流可能转入多个可能的控制流中的某一个，但不允许多路分支同时执行。

选择序列的开始称为分支，转换符号只能标在水平连线之下。如图 5-13（b）所示，如果步 5 是活动步，并且转换条件 h 为 1 状态，则发生由步 5→步 10 的进展。如果步 5 是活动步，并 k 为 1 状态，则发生由步 5→步 8 的进展。

选择序列的结束称为合并，几个选择序列合并到一个公共序列时，需要有转换符号和水平连线来表示。图 5-13（b）中，如果步 9 是活动步并且转换条件 j 为 1 状态，则发生由步 9→12 转换；如果步 11 是活动步，并且转换条件为 1 状态，则发生由步 11→12 的转换。

（3）并行序列。一个顺序控制状态流可同时分成两个或多个状态流，这就是并行序列，又称为并发或并列序列。当一个控制状态流分成多个分支时，所有的分支控制状态流同时被激活。

并行序列的开始称为分支，见图 5-13（c）所示。当步 3 是活动的，并且转换条件 e 为 1 状态，步 4 和步 6 同时变为活动步，同时步 3 变为不活动步。并行序列转换时的水平连线用双线表示。

并行序列的结束称为合并，在表示同步的水平双线之下，只允许有一个转换符号且当直接连在双线上的所有前级步都处于活动状态，并且转换条件为 1 状态时才发生步的合并转换。在图 5-13（c）中，当步 5 和步 7 同时为活动步且条件 i 为真时，才会发生步 5 和步 7 到步 10 的进展，即步 5 和步 7 同时变为不活动步，而步 10 变为活动步。

5.2.1.3　绘制顺序功能图的基本规则

在顺序功能图中，步的活动状态的进展是由转换的实现来完成的。转换实现必须同时满足两个条件：一是该转换所有的前级步都是活动步，二是相应的转换条件得到满足。

顺序功能图转换实现时应完成两个操作：一是使所有由有向连线与相应转换符号相连的后续步都变为活动步，二是使所有由有向连线与相应转换符号相连的前级步都变为不活动步。

在单序列中，一个转换仅有一个前级步和一个后续步。

在并行序列的分支处，转换有几个后续步，在转换实现时应同时将它们对应的编程元件置位；在并行序列的合并处，转换有几个前级步，它们均为活动步时才有可能实现转换。

在选择序列的分支与合并处，一个转换实际上只有一个前级步和一个后续步，但是一个步可能有多个前级步或多个后续步作为选择。

5.2.2　起保停方法实现顺序控制设计

由于 S7-1200 没有配备顺序功能图语言，我们可以利用继电器接触器电路设计中的起保停设计思路，把顺序功能图转换成梯形图。设计中需要注意的是，一方面使用自保电路完成活动步自身状态的保持，执行相应的动作；另一方面当前步转换到下一步时必须要完成对本步状态的复位。

5.2.2.1　单序列顺序功能图的转化

以图 5-9 的小车往复运动控制为例，其顺序功能图如图 5-14 所示，根据顺序功能图的逻辑顺序，用触点表示转换条件，用线圈表示步，利用起保停设计思路，程序梯形图设计如图 5-15 所示。

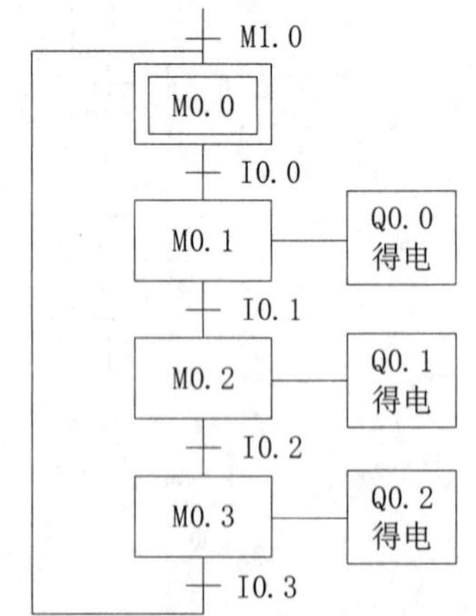

图 5-14　小车往复运动顺序功能图

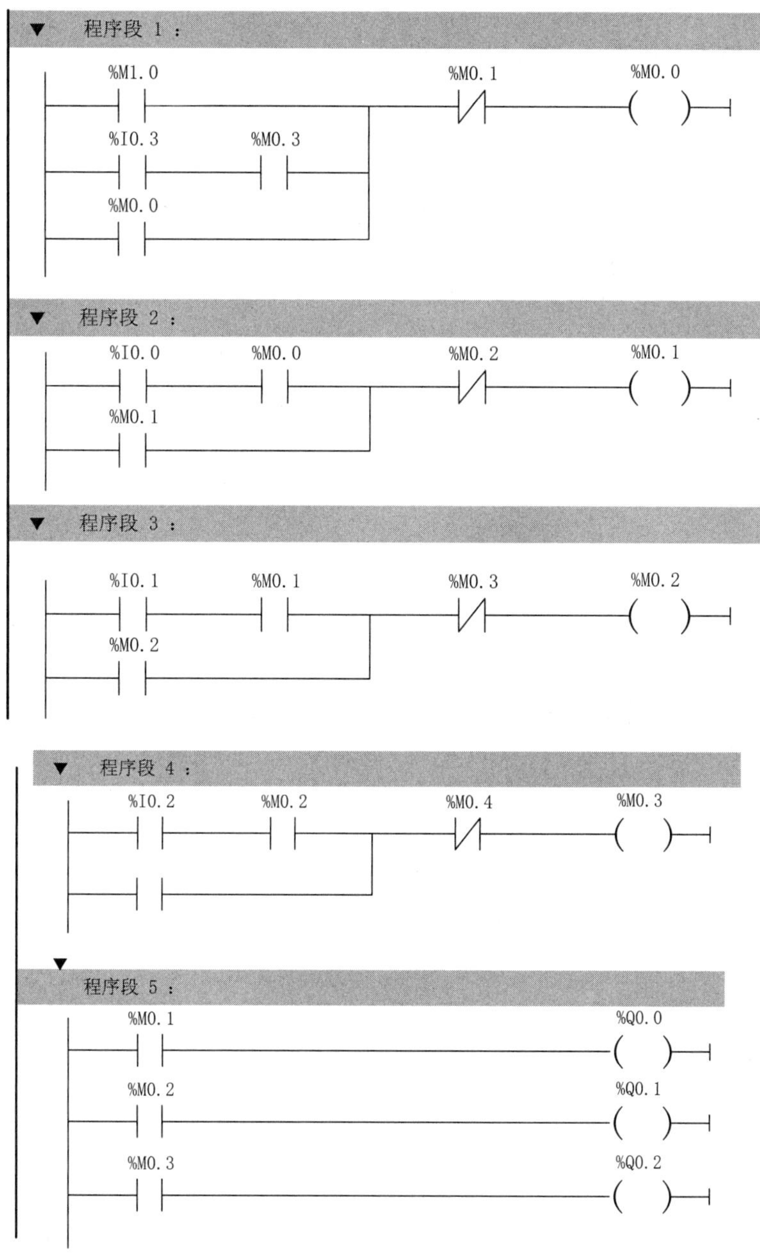

图 5-15 小车往复运动梯形程序图

梯形图中程序段 1 为初始步状态 M0.0，首次扫描为 on 触点 M1.0 闭合，线圈 M0.0 闭合，其触点闭合实现自锁；在首次扫描后程序循环执行时，进入状态 M0.0 的条件是状态 M0.3 为活动步且闭合开关 I0.3；当按下开关 I0.0 时，转换条件满足，进入状态 M0.1，状态 M0.1 线圈得电自锁，同时其常闭触点断开，状态 M0.0 失电，实现状态的互锁，保证只有一个状态为活动步；满足条件 I0.1 时程序转到下一步，如此程序依次运行。程序段 5 为各步输出执行动作，当相应步为活动步时，执行相应动作。

设计中，把程序状态步的运行和各步所执行动作划分开来，可以使程序结构更清晰，为以后的调试和维护创造便利条件。

5.2.2.2　选择序列顺序功能图的转化

如图 5-16 所示的选择序列，从 M0.0 步转到下一步时，根据满足条件不同，会选择运行到 M0.1 或 M0.2 其中的一步，分步运行完后合并到 M0.3 步，然后循环进行。采用起保停设计的梯形图如图 5-17 所示。

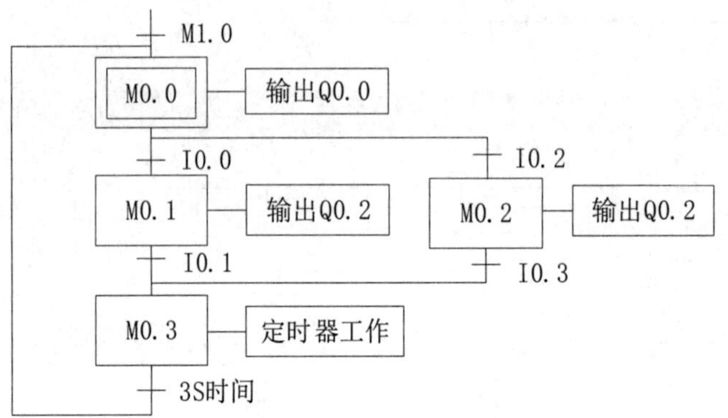

图 5-16　选择序列功能图

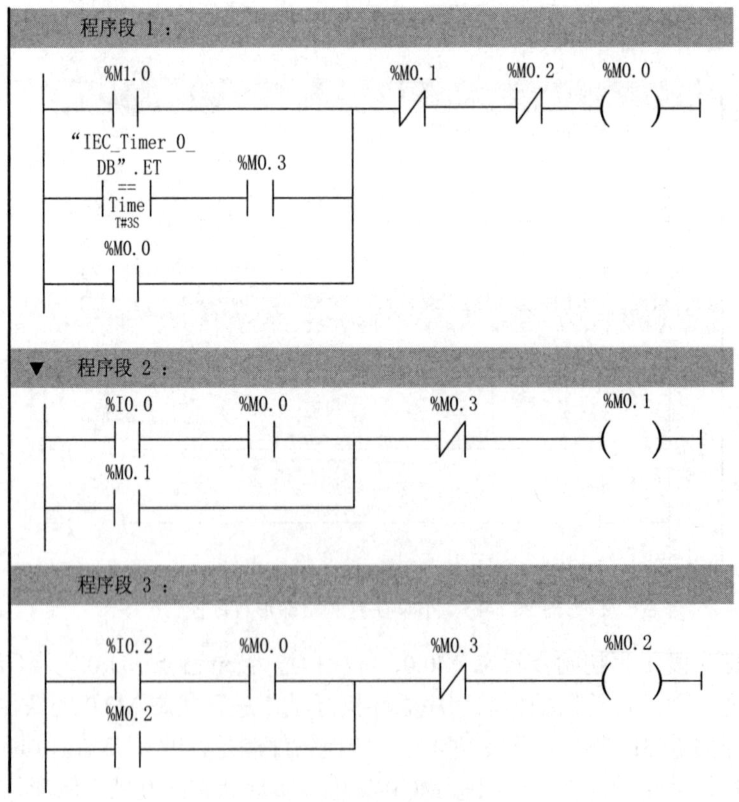

图 5-17　选择序列梯形图

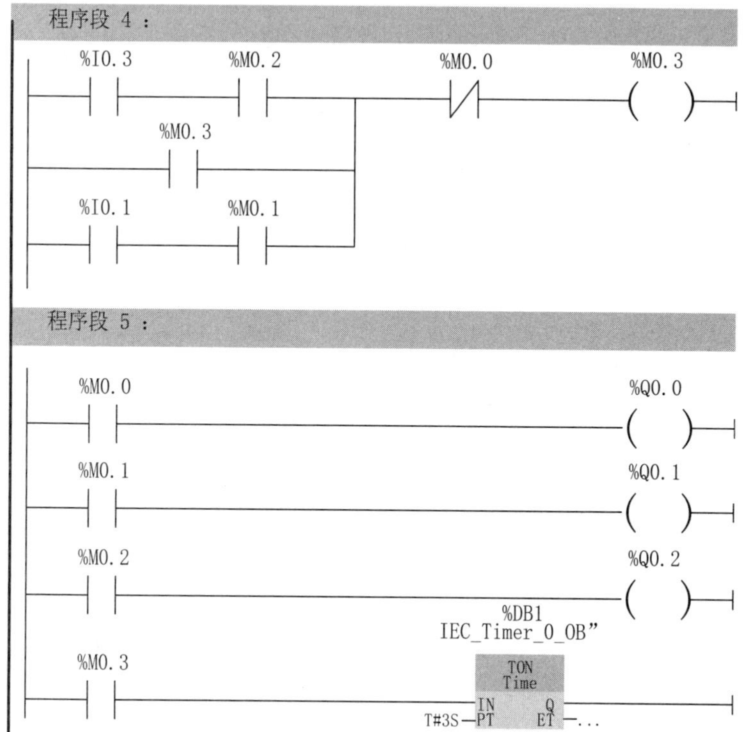

图 5-17　选择序列梯形图（续图）

单序列设计不同之处在于M0.0处于活动步时，下一步的进行可以到M0.1，也可以到M0.2，取决于转换条件，当触点 I0.0 闭合时由 M0.0 转换到 M0.1，当触点 I0.2 闭合时由 M0.0 转换到 M0.2；在程序段 4 中是选择合并的处理，M0.3 成为活动步的条件可以由 M0.1 转换来，也可以由 M0.2 转换而来，在各分支中的编程方法与单序列的编程方法是相同的。

5.2.2.3　并行序列顺序功能图的转化

如图 5-18 所示并行序列功能图，在 M0.0 步，当条件 I0.0 满足时，会同时转到 M0.1 和 M0.4 步，分步运行结束时，如果条件 I0.2 满足，会合并到 M0.3 步。采用起保停设计的梯形图如图 5-19 所示。

当 M0.0 为活动步，转换条件 I0.0 满足时，M0.1 和 M0.4 同时变成活动步，如程序段 3 和 4 所示，然后进入不同分支，在各个分支中程序的进行与单序列相同；当 M0.2 和 M0.5 两个分支完成时，转向下一步 M0.3，M0.3 成为活动步的条件必须是 M0.2 和 M0.5 均执行完，其转换条件为 M0.2 和 M0.5 串联且 I0.2 触点闭合。

在并行序列顺序功能图转化中，如果某一转换所有的前级步都是活动步，并满足相应的转换条件，则转换实现，即该转换所有的后续步都变为活动步，该转换所有的前级步都变为不活动步。

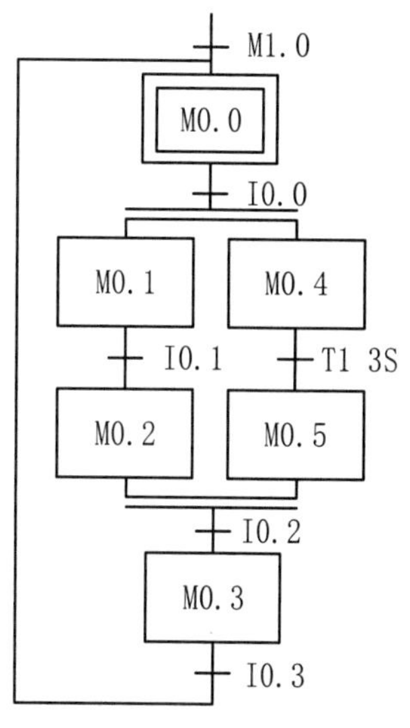

图 5-18　并行序列功能图

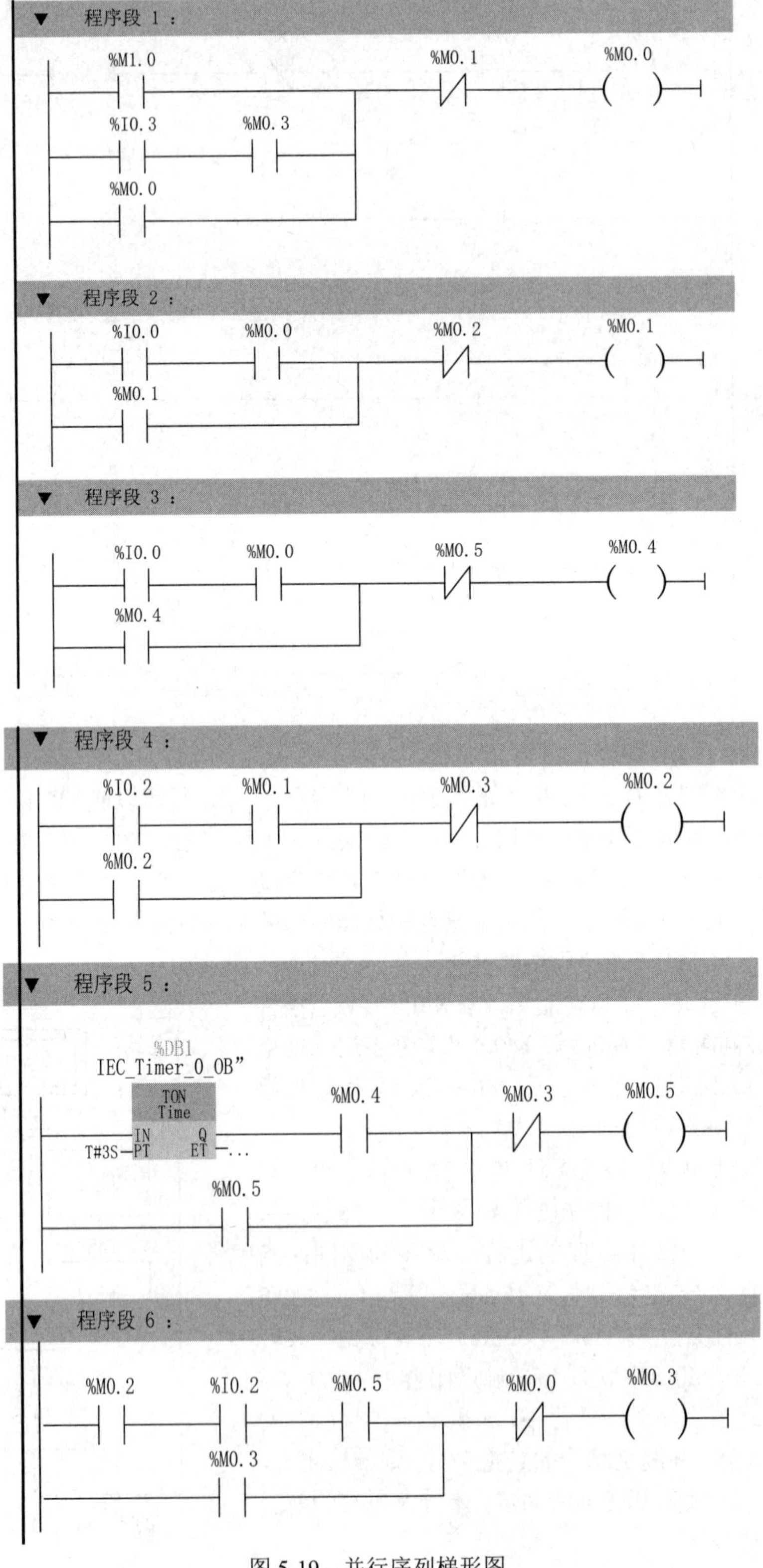

图 5-19 并行序列梯形图

5.2.3　置位复位指令实现顺序控制设计

利用置位复位指令具有记忆保持功能这个特点来进行功能图转化梯形图，可以去掉起保停设计方法中的自锁和互锁触点，减少了程序的代码，提高了程序设计的效率，对于复杂功能图的设计该方法更能显现便利性。

设计思路：用前级步对应的存储器位的常开触点与转换条件对应的触点或电路串联，当转换条件具备时，前级步把后续步对应的存储器位置位，同时把前级步对应的存储器位复位，也就是说在每一个转换对应一个置位和复位的电路块，从而完成步的转换。

5.2.3.1　单序列

对前述单序列小车往复运动顺序功能图 5-14，采用置位复位指令设计的梯形图程序如图 5-20 所示。

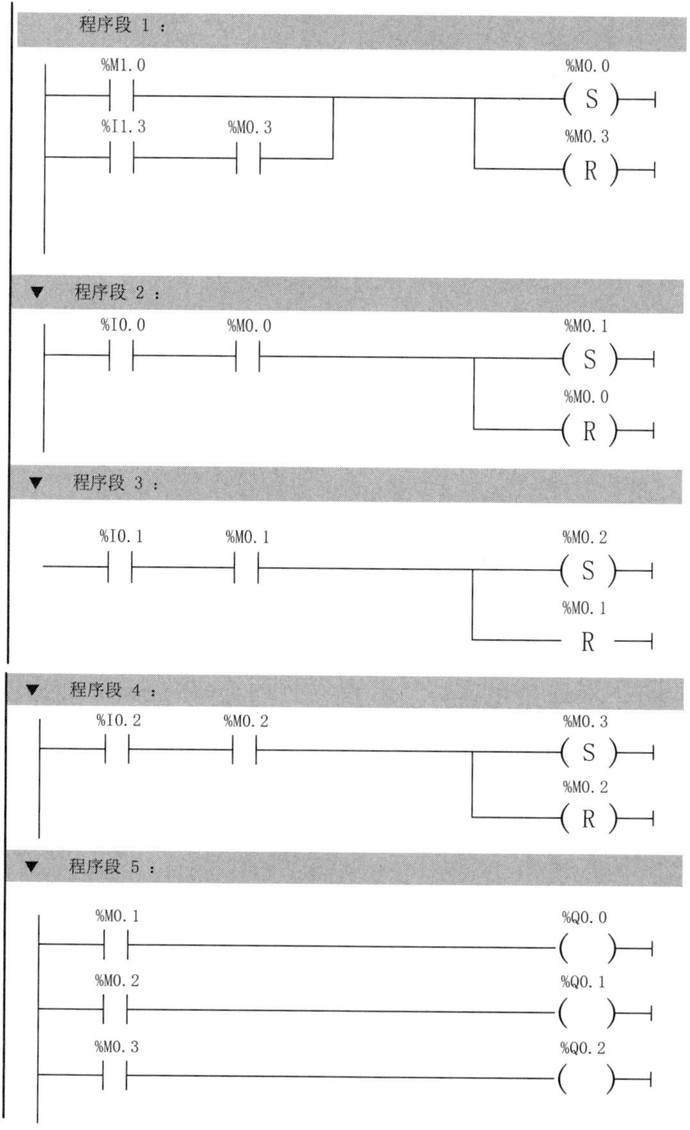

图 5-20　单序列顺序梯形图

程序段 1 中，当上电运行首次扫描时 M1.0 闭合或 M0.3 为活动步且 I1.3 条件满足时，M0.0 被置位，同时对前状态步 M0.3 实现复位。同样，M0.0 为活动步且当转换条件 I0.0 有效时，M0.1 变为活动步，同时把 M0.0 步进行复位，如程序段 2 所示。其他程序段的设计思路类似。

5.2.3.2 选择序列

对于选择序列顺序功能图 5-16，采用置位复位指令设计的梯形图程序如图 5-21 所示。

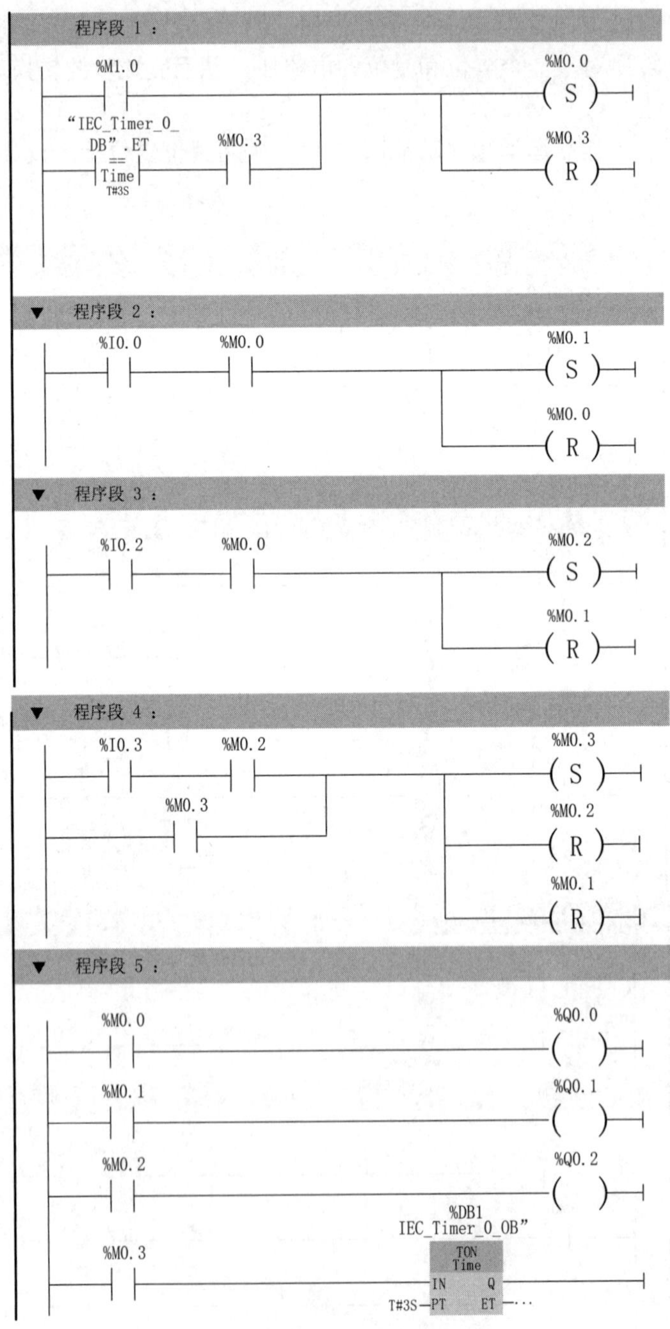

图 5-21 选择序列顺序梯形图

在合并的程序段 4 中，当 M0.3 处于活动步时，要对 M0.1 和 M0.2 同时执行复位操作。

5.2.3.3　并行序列

对于并行序列顺序功能图 5-18，采用置位复位指令设计的梯形图程序如图 5-22 所示。

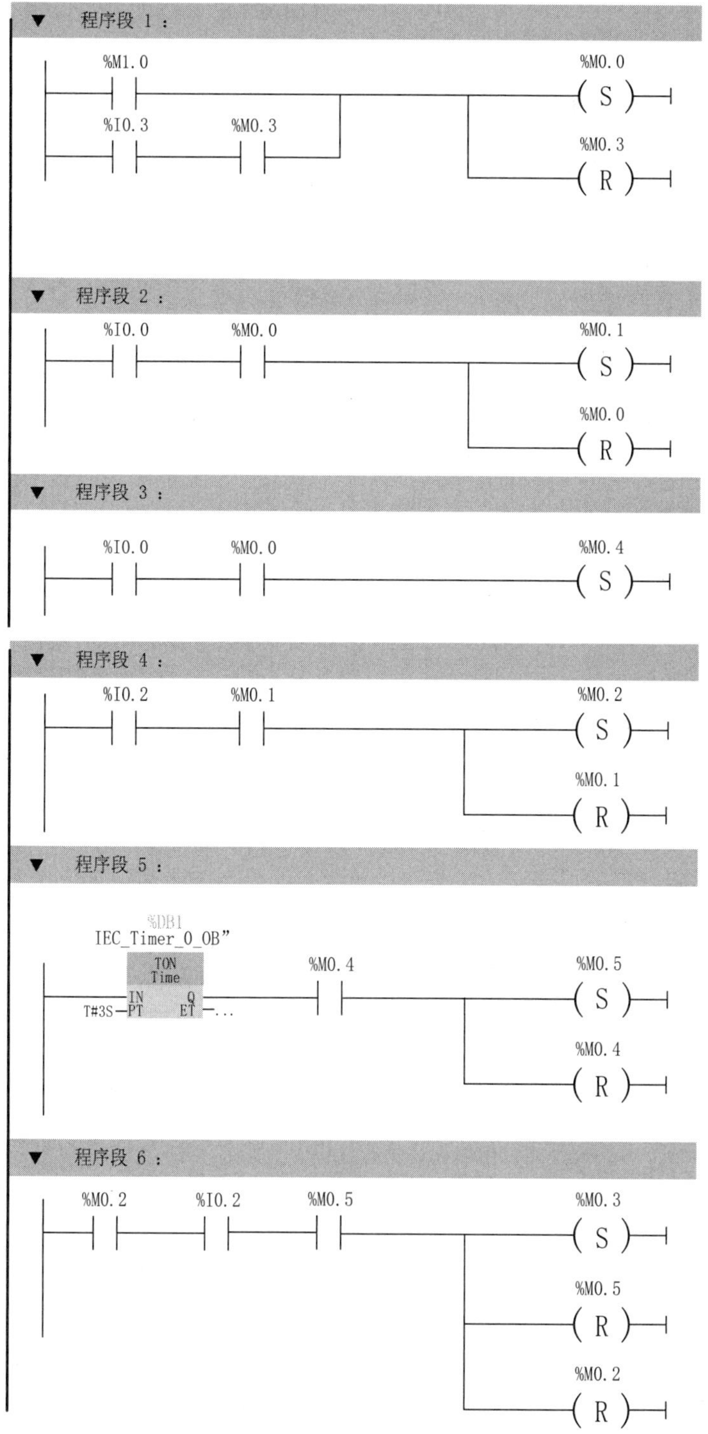

图 5-22　并行序列顺序梯形图

在程序段 2 中，活动步 M0.1 已经对 M0.0 进行了复位，所以在程序段 3 中可以略去对 M0.0 的复位；在程序段 6 中，M0.3 成为活动步后，要对 M0.2 和 M0.5 两个步进行复位。

5.3 模块化编程

5.3.1 模块化程序构建

在 S7-1200 PLC 中线性化编程就是将整个用户程序放在主程序 OB1 中，在 CPU 循环扫描时执行 OB1 中的全部指令。其特点是结构简单，但程序结构不清晰，会造成管理和调试的不方便，不利于大型化程序设计。

模块化编程是将程序根据功能分为不同的逻辑块，类似子程序，且每一逻辑块完成的功能不同，通用的数据和代码可以实现共享，模块化编程更能体现 S7-1200 的块结构优势。

模块化编程中，将过程要求类似或相关的任务归类，形成通用的功能块，通过不同的参数调用相同的功能 FC 或通过不同的背景数据块调用相同的功能块 FB，这种通用块的使用可以大大缩减程序代码，编程时不需要重复编写类似的程序，只需将不同的设备位入不同的地址，就可以在一个块中写程序，用程序把参数（例如，要操作的设备或数据地址）传给程序块。这样，可以写一个通用模块，更多的设备或过程可以使用此模块。

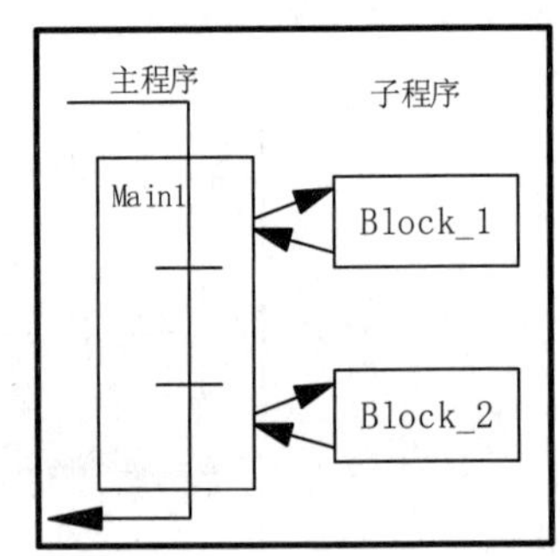

图 5-23 子程序的调用

如图 5-23 所示为模块化程序设计示意图，“Main1”程序循环组织块 OB1 依次调用一些子程序，它们执行所定义的子任务。

S7-1200 提供了不同的块类型来执行自动化系统中的任务，表 5-2 给出了可用的块类型。

表 5-2 S7-1200 块类型

块类型	简要描述
组织块	组织块定义用户程序的结构
功能（FC）	功能包含用于处理重复任务的程序例程。功能没有“存储器”
功能块（FB）	功能块是一种代码块，它将值永久地存储在背景数据块中，从而即使在块执行完后，这些值仍然可用
背景数据块	调用背景数据块来存储程序数据时，该背景数据块将分配给功能块
全局数据块	全局数据块是用于存储数据的数据区，任何块都可以使用这些数据

5.3.2 FC 和 FB 的使用

利用 FC 和 FB 编程，为模块化编程提供了便利，两者的主要区别在于 FC（功能）没有指定的数据块，因而不能存储信息；FB（功能块）是通过数据块参数而调用的，它们有一个放在数据块中的变量存储区，而数据块是与其功能块相关联的，称为背景数据块。

函数块 FB 和函数 FC 有三种不同接口类型：IN、IN/OUT、OUT。函数块和函数通过 IN

和 IN/OUT 接口类型接收参数，对这些数据进行处理，通过 IN/OUT 和 OUT 接口类型将返回值传回调用者。

用户程序采用以下两种方法中的某一种进行传递参数：

（1）传值。用户程序以“传值”（call-by-value）方式将参数传递给某个函数时，用户程序会将实际参数值复制给块的 IN 接口类型的输入参数，如图 5-24（a）所示。传值操作期间，被复制值使用额外存储空间存储，调用该块时会复制这些值。

（2）传引用。用户程序以“传引用”（call-by-reference）方式向某个函数传递参数时，用户程序将引用 IN/OUT 接口类型的实参地址，不进行值复制操作，如图 5-24（b）所示。该操作过程不需要额外的存储空间，程序调用该块时引用实际参数的地址。

（a）　　（b）

图 5-24　用户程序之间传值（a）和传引用（b）

对于可传递参数的块，在编写程序之前，必须在变量表中定义形式参数，表 5-3 列举了几种类型的参数及其使用特点。

表 5-3　形式参数的类型

参数类型	定义	使用特点
输入参数	INPUT	只能读
输出参数	OUTPUT	只能写
输入/输出参数	IN/OUT	可读/可写
返回参数	RETURN	只能写

通过设计 FB 和 FC 执行通用任务，可创建模块化代码块，然后调用这些可重复使用的模块来构建用户程序。调用块将设备特定的参数传递给被调用块，执行完被调用块后，CPU 会继续执行调用块，并继续执行该块调用之后的指令。在程序块之间可嵌套块调用，以实现更加模块化的结构。

5.3.2.1　功能（FC）的编程

功能（FC）是从另一个代码块进行调用时执行的子例程。FC 不具有相关的背景 DB，调用块将参数传递给 FC。如果用户程序的其他元素需要使用 FC 的输出值，则必须将这些值写入存储器地址或全局 DB 中。

FC 可以在程序中的不同位置多次调用，此重复使用简化了对经常重复发生的任务的编程，例如，可使用 FC 执行标准运算和可重复使用的运算（例如数学计算）或者执行工艺功能。

例 5-3：有两台电动机，控制模式是相同的：按下启动按钮（电动机 1 对应 I0.0，电动机 2 对应 I0.1），电动机起动运行（电动机 1 对应 Q0.0，电动机 2 对应 Q0.1），按下停止按钮（电动机 1 对应 I0.2，电动机 2 对应 I0.3），电动机停止运行。

分析：两台电机控制模式相同，可以使用同一个 FC，调用 FC 时把不同参数传递给 FC。

（1）首先，在项目视图项目树中单击添加新块①，选择添加 FC 功能，如图 5-25 所示。

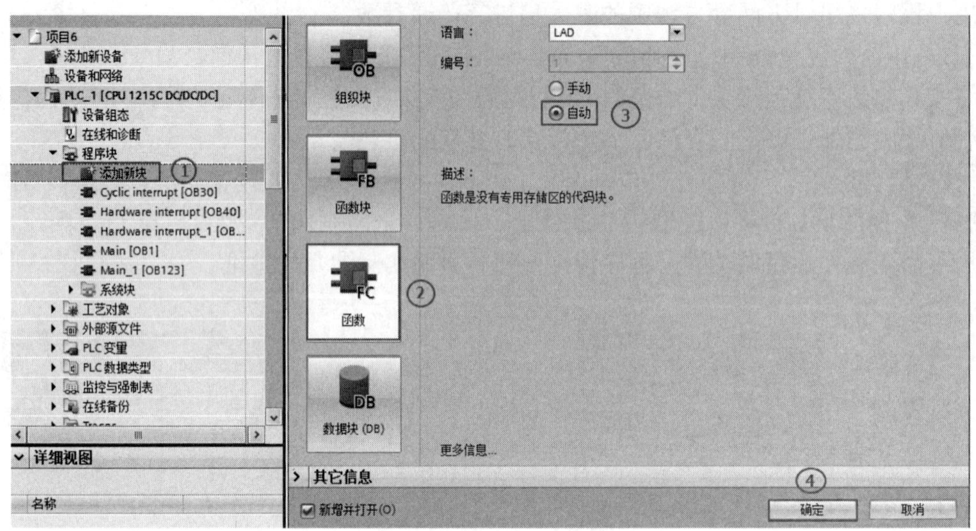

图 5-25　添加 FC 功能

（2）在 FC 中定义输入输出变量，编制梯形图程序，此处定义了两个输入变量，一个输入输出变量，均为局部变量，如图 5-26 所示。

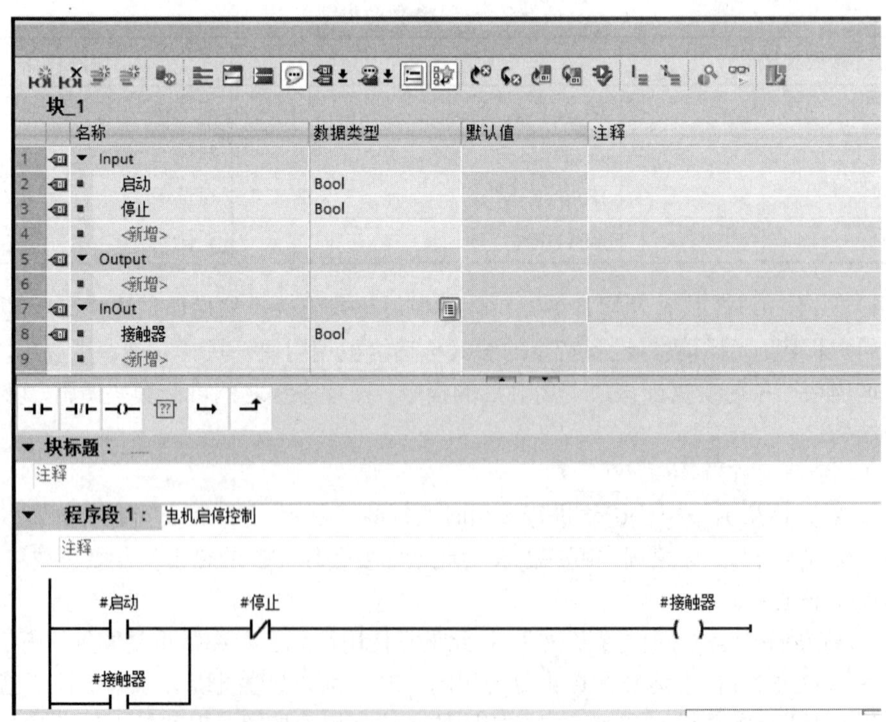

图 5-26　输入输出变量定义

（3）双击项目树中 OB1 组织块，返回到 OB1 程序编辑区域，把 FC1 拖曳到编辑区程序段，填写输入输出参数，如图 5-27 所示。

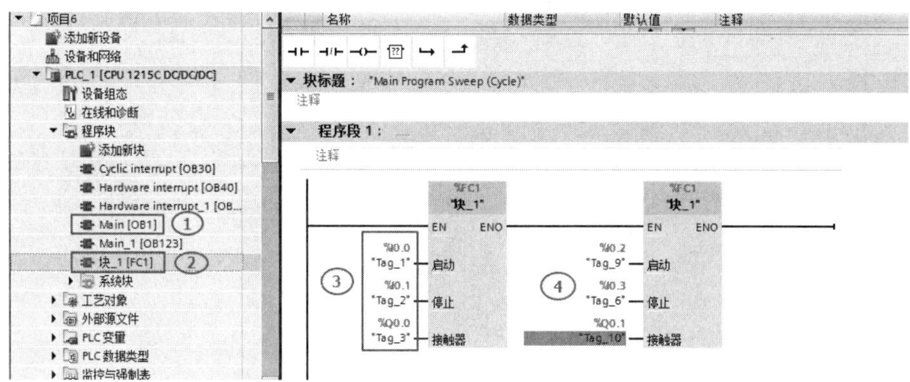

图 5-27　FC 参数添加

（4）编译程序，下载运行即可。

例 5-4：工业生产中，经常需要对采集的模拟量进行滤波处理，现在要求将最近两个采样值求和除以 2 的方式来进行软件滤波，模拟通道采样值最新值存储在 MD20 中，在 MD28 存储新采样数据，MD24 中存储较早的采样数据，滤波处理后的工程量存储在 MD40 中，为浮点数数据类型。

编程思路：将采集的最近的两个数保存在两个全局地址区域，每个扫描周期进行更新以确保是最新的两个数，二数相加求平均即可。

首先定义 FC 的形式参数，如图 5-28 所示。注意：定义的形式参数中，两个采集值 Value1、Value2 的参数类型为 IN_OUT 型，不能为 TEMP 型，否则将无法保存该数值。

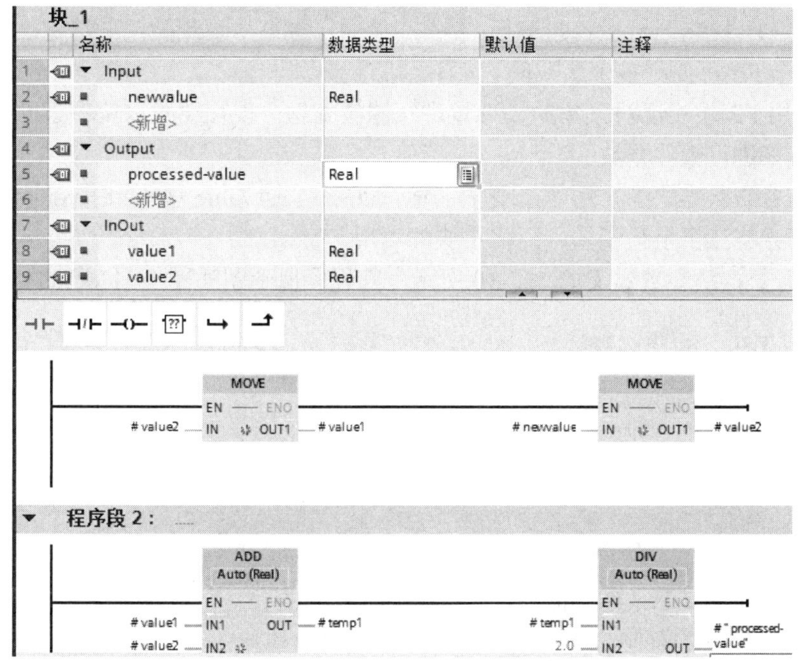

图 5-28　FC 输入输出参数定义

在程序组织快 OB1 中调用 FC1，如图 5-29 所示。

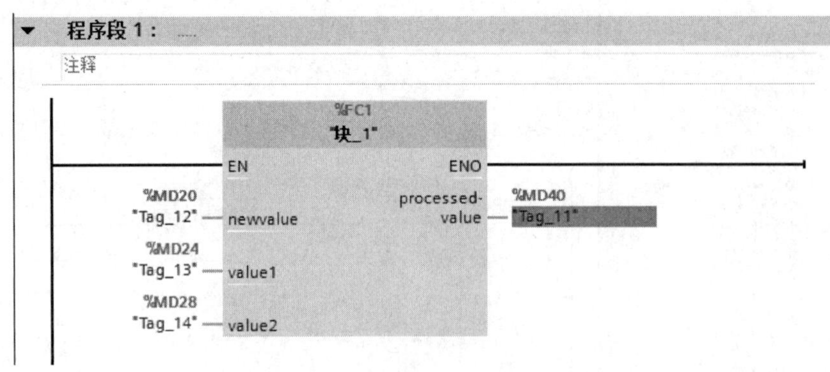

图 5-29　FC 的调用

上例在 FC 中用到了局部变量对 FC 传值，如果需要储存数值，那么需要用全局变量实现数据的存储。在程序编写中，调用 FC 时，需要为两个采样值寻找全局变量进行保存，如果采样值更多时需要在主程序进行更多的参数传递，易造成数据的存储混乱，如果采用具有数据保存功能的 FB 就可以解决这个问题。

5.3.2.2　功能块（FB）编程

功能块（FB）具有位于数据块（DB）或背景 DB 中的变量存储器，能够使用背景数据块保存其参数和静态数据的代码块。背景 DB 提供与 FB 的实例关联的一块存储区并在 FB 完成后存储数据，FB 将 Input、Output 和 InOut 以及静态参数存储在背景数据块中。

功能块 FB 是从另一个代码块 OB、FB 或 FC 进行调用时执行的子例程。调用块将参数传递到 FB，并标识可存储特定调用数据或该 FB 实例的特定数据块（DB）。更改背景 DB 可实现使用一个通用 FB 控制一组设备的运行。例如，借助包含每个泵或阀门的特定运行参数的不同背景 DB，一个 FB 可控制多个泵或阀。

例 5-5：用 FB 块实现对采集的模拟量进行滤波处理，现在要求以将最近两个采样值求和除以 3 的方式来进行软件滤波。

分析：在背景数据块中，用静态变量 EarlyValue、LastValue 和 LatestValue 来代替原来的形式参数，可省略三个全局变量，简化了块的调用。

FB 的背景数据块参数定义如图 5-30 所示，其程序梯形图如图 5-31 所示。

	名称	数据类型	默认值	保持性
1	▼ Input			
2	■ raw-value	Real	0.0	保持
3	▼ Output			
4	■ processed-value	Real	0.0	保持
5	▶ InOut			
6	▼ Static			
7	■ last-value	Real	0.0	保持
8	■ laster-value	Real	0.0	保持
9	■ lastest-value	Real	0.0	保持
10	▼ Temp			
11	■ temp1	Real		

图 5-30　FB 背景数据块定义

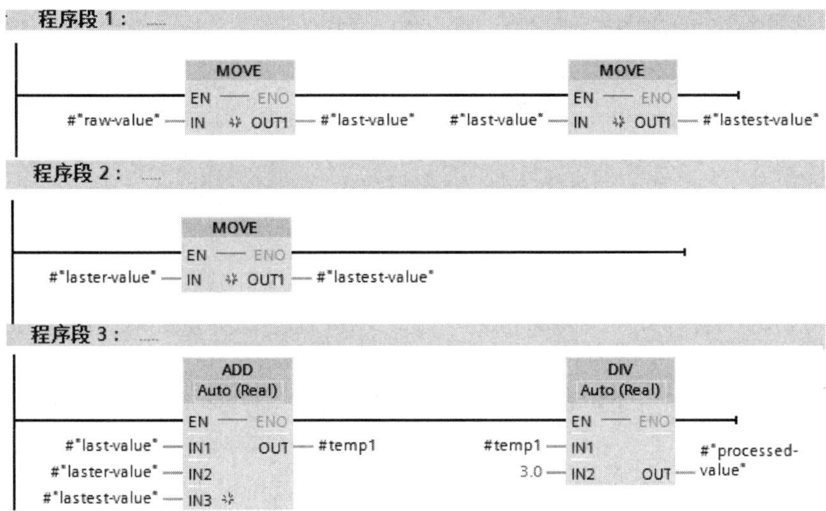

图 5-31　梯形图子程序

在 OB1 中调用 FB1 功能块如图 5-32 所示。

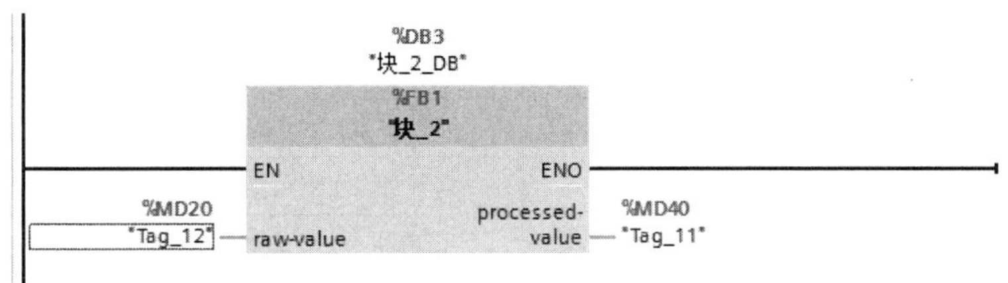

图 5-32　FB 的调用

从上面例子，我们看到，利用 FB 背景数据块的存储功能，大大简化了程序块的调用，设计思路更加简化清晰。FB 的优点如下：

- 当编写 FC 程序时，必须寻找空的标志区或数据区来存储需保持的数据，并且要自己编写程序来保存它们。而 FB 的静态变量可由 STEP 7 的软件来自动保存。
- 使用静态变量可避免两次分配同一存储区的危险。

此外，通过设计用于通用控制任务的 FB，为 FB 的不同调用选择不同的背景 DB，可对多个设备重复使用 FB，如图 5-33 所示。

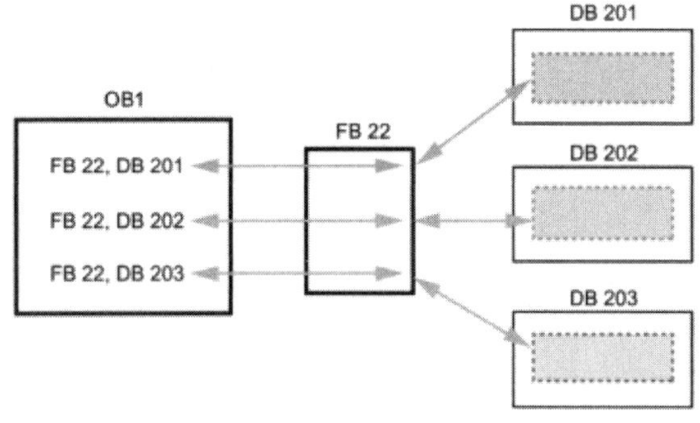

图 5-33　通用 FB 控制多个相似的设备

图 5-33 中显示了三次调用同一个 FB 的 OB1，FB22 控制三个独立的设备，其中 DB 201 用于存储第一个设备的运行数据，DB 202 用于存储第二个设备的运行数据，DB 203 用于存储第三个设备的运行数据。对每次调用使用一个不同的数据块，背景 DB 存储单个设备的数据。

5.4 组织块在程序设计中的使用

组织块是操作系统和用户程序之间的接口，组织块只能由操作系统来启动，各种组织块由不同的事件启动，且具有不同的优先级，某些 OB 预定义了起始事件和行为，事件（如诊断中断或时间间隔）会使 CPU 执行对应 OB，用户程序中可包含多个程序循环 OB。

循环执行的主程序在组织块 OB1 中，RUN 模式期间，程序循环 OB 以最低优先级等级执行，可被其他事件类型中断。对于许多应用来说，整个用户程序位于一个程序循环 OB 中，可创建其他 OB 以执行特定的功能，如用于处理中断和错误或用于以特定的时间间隔执行特定程序代码，这些 OB 会中断程序循环 OB 的执行。常用组织块类型见表 5-4。

表 5-4 组织块类型

事件类别	OB 号	OB 数目	启动事件
循环程序	1，≥123	≥1	启动或结束上一个循环 OB
启动	100，≥123	≥0	STOP 到 RUN 的转换
延时中断	≥20	最多 4 个	延迟时间结束
循环中断	≥30		等长总线循环时间结束
硬件中断	≥40	最多 50 个（DETACH 和 ATTACH 指令可使用更多）	上升沿（最多 16 个），下降沿（最多 16 个）
			HSC：计数值=参考值（最多 6 次） HSC：计数方向变化（最多 6 次） HSC：外部复位（最多 6 次）
诊断错误中断	82	0 或 1	模块检测到错误
时间错误	80	0 或 1	超出最大循环时间
			队列溢出 因中断负载过高而导致终端丢失

5.4.1 程序循环组织块

程序循环 OB 在 CPU 处于 RUN 模式时循环执行，用户在其中放置控制程序的指令依序地调用其他用户块。允许使用多个程序循环 OB，它们按编号顺序执行，0B1 是默认循环组块，其他程序循环 OB 必须标识为 OB200 或更大，需要连续执行的程序存在循环组织块中。

在 STEP7 中，使用“添加新块”（Add new block）对话框在用户程序中创建新的 OB。添加组织块如图 5-34 所示，单击选中②组织块后，可以填写组织块编号，也可以自动默认。

如果为用户程序创建了多个程序循环 OB，则 CPU 会按数字顺序从具有最小编号（例如 OB 1）的程序循环 OB 开始执行每个程序循环 OB。

在项目视图界面可以对组织块 OB 的属性进行修改，如图 5-35 所示，巡视窗口在常规属性中可查看组织块名称、类型或编程语言等信息。

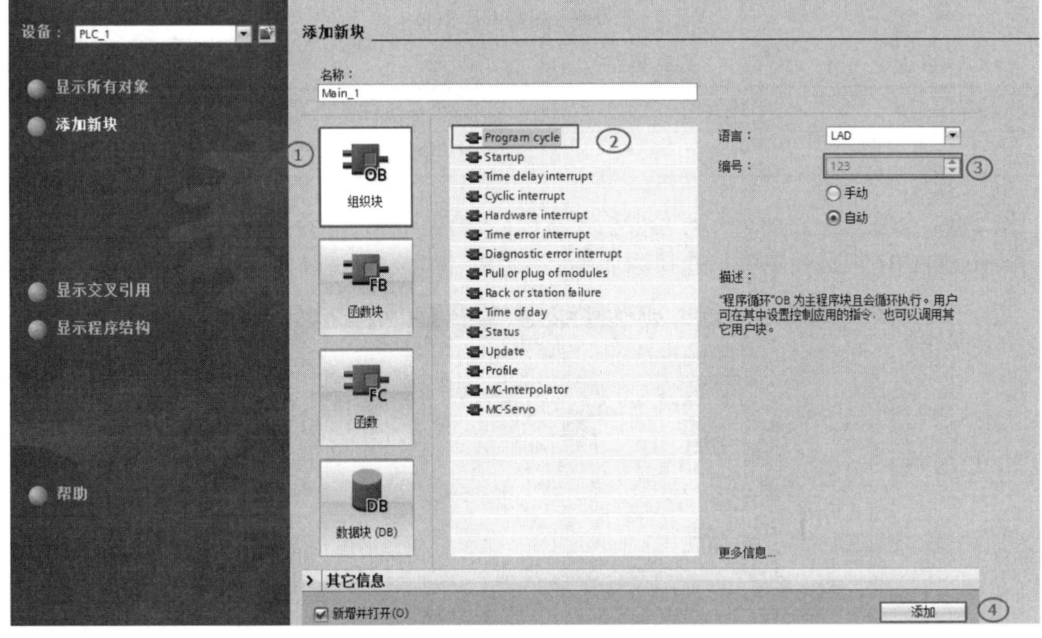

图 5-34　添加组织块

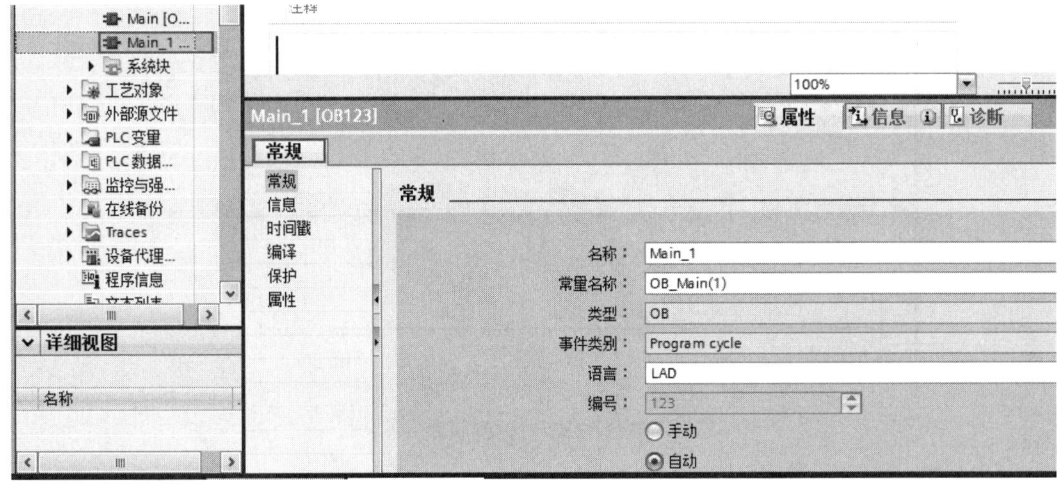

图 5-35　组织块的组态

5.4.2　启动组织块

启动组织块用于系统初始化，在 CPU 的工作模式从 STOP 切换到 RUN 时执行一次，此后将开始执行主“程序循环”OB，允许有多个启动 OB。OB100 是默认启动 OB，其他启功 OB 必须是 OB200 或更大。可以在启动组织块中编程通信的初始化设置。

启动例程的执行没有时间限制。因此，未激活扫描循环监视时间，不能使用时间驱动或中断驱动的组织块。启动 OB 具有以下启动信息，见表 5-5。

表 5-5　启动 OB 信息

变量	数据类型	说明
LostRetentive	BOOL	= 1，如果保持性数据存储区已丢失
LostRTC	BOOL	= 1，如果实时时钟已丢失

例 5-6：某系统，启动运行时需要检测实时时钟是否丢失，若丢失，则警示灯 Q0.0 亮。

（1）STEP7 项目视图中，选择添加新块，选择启动组织块，如图 5-36 所示。

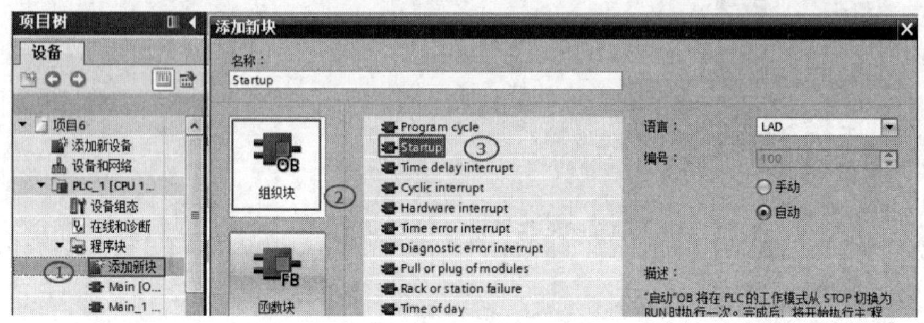

图 5-36　启动组织块添加

（2）在 OB100 中编写程序，如图 5-37 所示。当 PLC 从 STOP 切换到 RUN 模式时，如果实时时钟丢失则 Q0.0 灯亮。

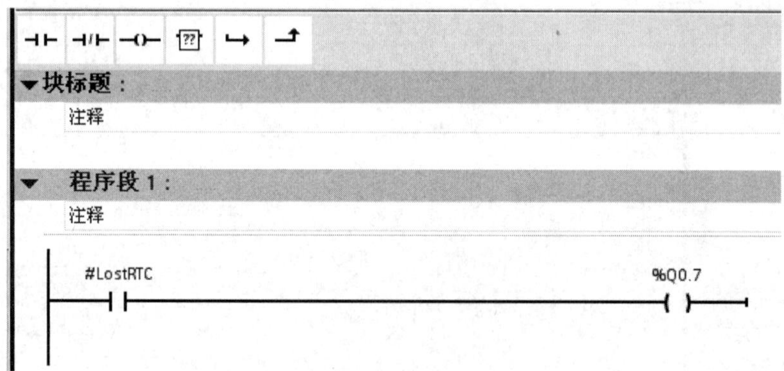

图 5-37 实时时钟检测

5.4.3　循环中断组织块

循环中断组织块用于按一定时间间隔循环执行中断程序，例如周期性地定时执行闭环控制系统的 PID 运算程序等。循环中断 OB 与循环程序执行无关，循环中断 OB 的启动时间通过循环时间基数和相位偏移量来指定。循环时间基数定义循环中断 OB 启动的时间间隔，是基本时钟周期 1 ms 的整数倍，循环时间的设置范围为 1 ms 至 60000 ms。相位偏移量是与基本时钟周期相比启动时间所偏移的时间。如果使用多个循环中断 OB，当这些循环中断 OB 的时间基数有公倍数时，可以使用该偏移量防止同时启动。

例 5-7：某工业控制系统，需要每隔 500 毫秒定时采集模拟信号。

（1）在 STEP7 项目视图中，选择添加新块，选择循环中断组织块，在④处改变设定循环时间为 500ms，单击确定，如图 5-38 所示。

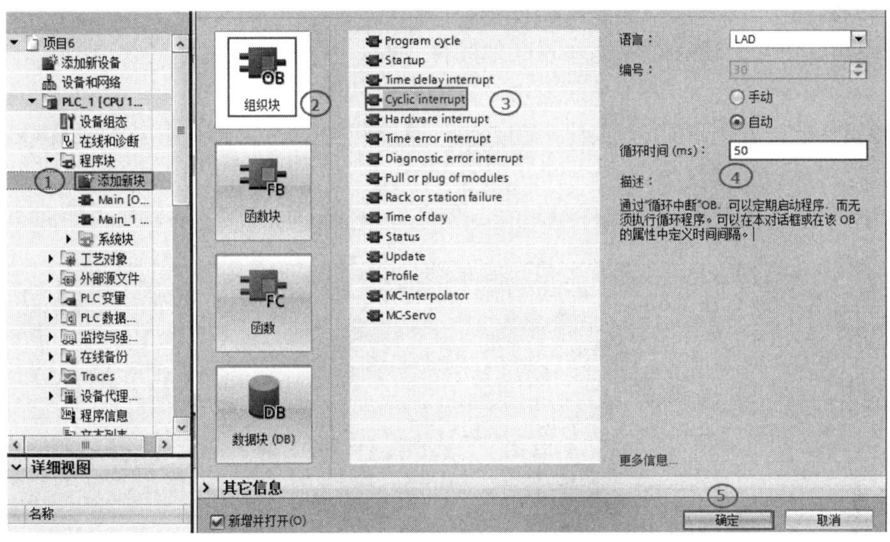

图 5-38　循环中断组织块添加

（2）在 OB30 中编写程序，如图 5-39 所示，每隔 500 毫秒，把模拟量数据从 IW64 端口读入，存储在 MW20 中。

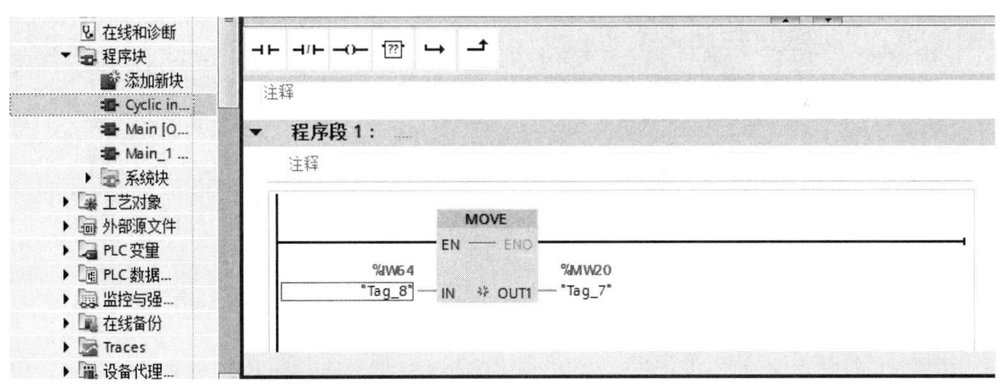

图 5-39　数据采集 OB30 程序

5.4.4　硬件中断组织块

可以使用硬件中断 OB 来快速响应特定事件，只有在 CPU 处于 RUN 模式时才会调用硬件中断 OB。只能将触发报警的事件分配给一个硬件中断 OB，而一个硬件中断 OB 可以分配给多个事件。

最多可使用 50 个硬件中断 OB，它们在用户程序中彼此独立。触发硬件中断后，操作系统将识别输入通道或高速计数器并确定所分配的硬件中断 OB。如果没有其他中断 OB 激活，则调用所确定的硬件中断 OB。如果已经在执行其他中断 OB，硬件中断将被置于与其同优先等级的队列中。所分配的硬件中断 OB 完成执行后，即确认了该硬件中断。

在对硬件中断进行标识和确认的这段时间内，如果在同一模块中发生了触发硬件中断的另一事件，则应用以下规则：

- 如果该事件发生在先前触发硬件中断的通道中，则不会触发另一个硬件中断。只有确认当前硬件中断后，才能触发其他硬件中断。
- 如果该事件发生在另一个通道中，将触发硬件中断。

例 5-8：新建一个硬件中断组织块 OB200，通过硬件中断在 I0.0 上升沿时将 Q0.0 置位，在 I0.1 下降沿时将 Q0.0 复位。

（1）在项目视图添加两个硬件组织块，编号可以自动也可以手动输入，如图 5-40 所示。

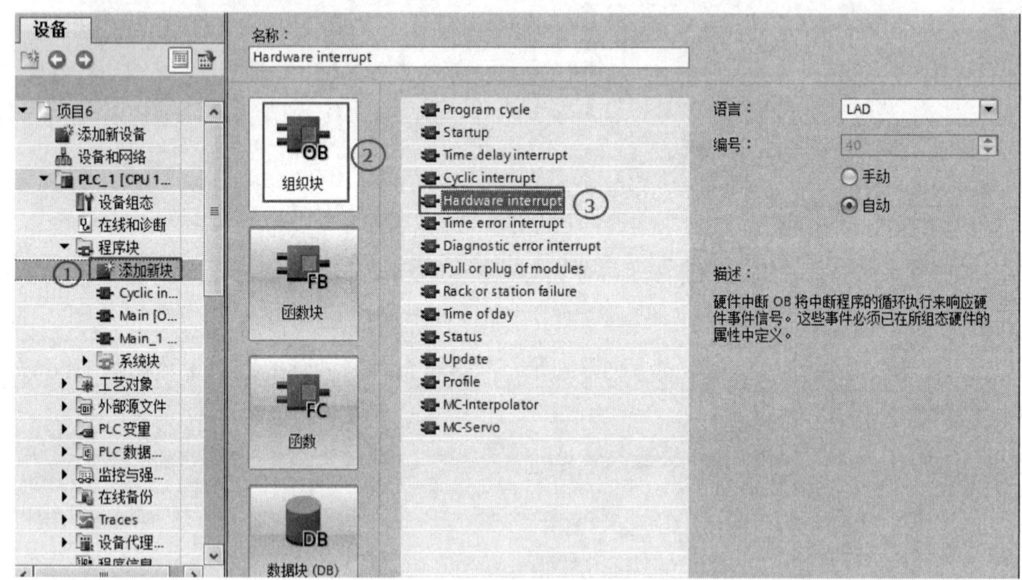

图 5-40　硬件中断块添加

（2）在循环中断组织块 40 和 41 中分别编写程序，如图 5-41 和图 5-42 所示。

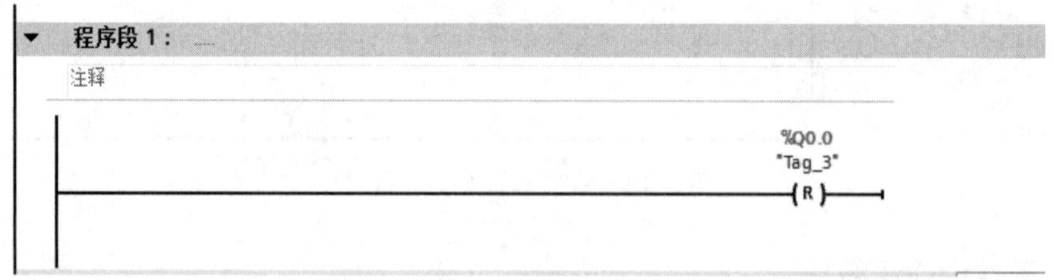

图 5-41　硬件中断块 OB40 程序

图 5-42　硬件中断块 OB41 程序

（3）在设备网络视图巡视窗口中，选择 CPU 属性，对输入点 I0.0 启用上升沿检测，选择硬件中断事件 41，如图 5-43 所示。

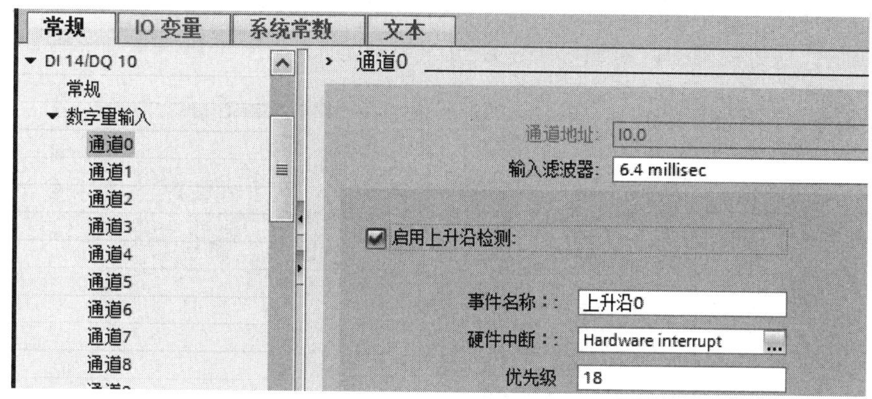

图 5-43　输入 I0.0 边沿设置

（4）在输入点 I0.1 启用下降沿检测，选择硬件中断事件 40，如图 5-44 所示。

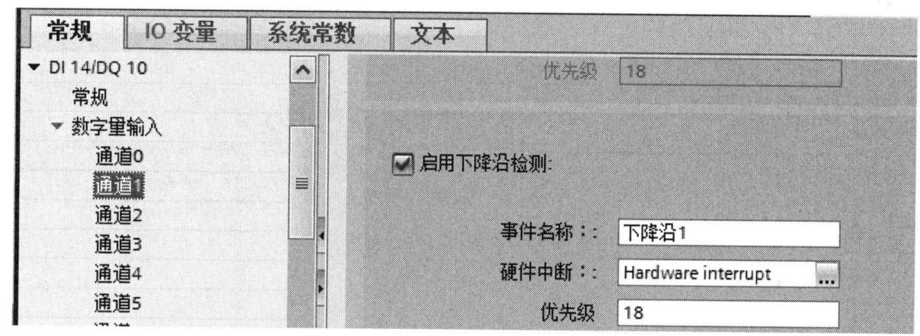

图 5-44　输入 I0.1 边沿设置

5.4.5　延时中断组织块

延时中断是在过程事件出现后延时一定的时间再执行中断程序。PLC 中的普通定时器的工作与扫描工作方式有关，其定时精度受到不断变化的循环扫描周期的影响，使用延时中断可以获得精度较高的延时，延时中断以毫秒（ms）为单位定时。

延时中断 OB 在经过操作系统中一段可组态的延时时间后启动。延时中断在完成将 OB 编号和标识符传送给 SRT_DINT 指令后，操作系统即会在延时时间过后启动相应的 OB。

延时时间的测量精度为 1ms，延时时间到达后可立即再次开始计时。只有在 CPU 处于 RUN 模式时才会执行延时中断，暖启动将清除延时中断 OB 的所有启动事件。

在用户程序中最多可使用 4 个延时中断 OB 或循环 OB（OB 编号大于等于 123）。例如，如果已使用 2 个循环中断 OB，则在用户程序中最多可以再插入 2 个延时中断 OB。

要使用延时中断 OB，必须执行以下任务：

- 必须调用指令 SRT_DINT。
- 必须将延时中断 OB 作为用户程序的一部分下载到 CPU。

可以使用 CAN_DINT 指令阻止执行尚未启动的延时中断，可以使用 DIS_AIRT 和 EN_AIRT 指令来禁用和重新启用延时中断。

例 5-9：新建一个延时中断组织块 OB20，在 I0.0 上升沿时启动 OB20，15s 后调用 OB20，在 OB20 中将 Q0.0～Q0.7 复位。

在博途软件项目视图中，添加延时中断组织块 OB20，如图 5-45 所示。

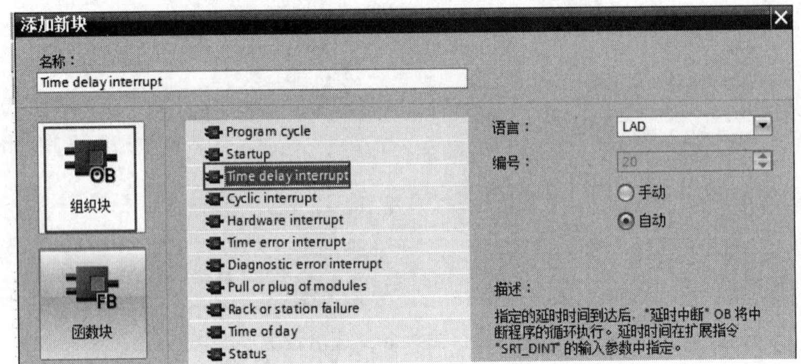

图 5-45　延时中断组织块的添加

（1）在 OB1 中使用编写调用延时中断组织块，如图 5-46 所示。

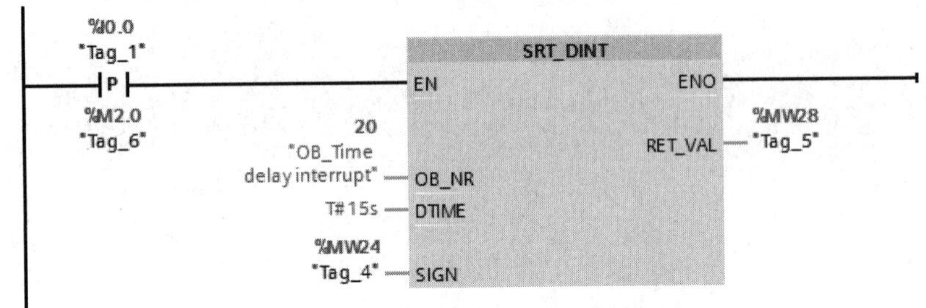

图 5-46　延时中断组织块的调用

（2）在 OB202 中编写复位指令，如图 5-47 所示，编译下载程序即可。

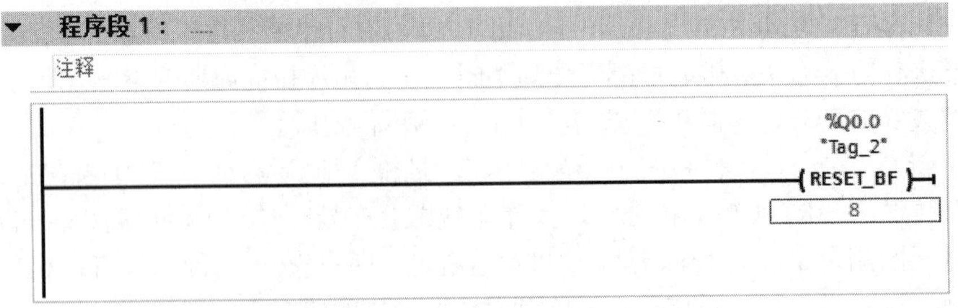

图 5-47　延时中断组织块中程序编写

5.4.6　时间错误组织块

时间错误中断组织块用于进行 PLC 的时间诊断，如果发生以下事件之一，则操作系统将调用时间错误 OB：

- 循环程序超出最大循环时间。
- 被调用的 OB 当前正在执行（对于延时中断 OB 和循环中断 OB 有这种可能）。

- 错过时间中断，因为时钟时间设置提前了超过 20 秒的时间。
- 中断 OB 队列发生溢出。
- 由于中断负载过大而导致中断丢失。

时间错误 OB 具有表 5-6 中的信息。

表 5-6　时间错误中断 OB 的信息

变量	数据类型	说明
fault_id	BYTE	• 0x01：超出最大循环时间 • 0x02：仍在执行被调用 OB • 0x05：由于时间跳变而导致时间中断超时 • 0x06：返回 RUN 模式时时间中断超时 • 0x07：队列溢出 • 0x09：因中断负载过高而导致中断丢失
csg_OBnr	OB_ANY	出错时要执行的 OB 的编号
csg_prio	UINT	出错时要执行的 OB 的优先级

例 5-10：在组织块 OB1 中编写梯形图如图 5-48 所示，用外接的开关使 I1.0 的常开触点闭合后马上断开，定时器输出 1 个宽度为 200ms 的脉冲，M20.0 的常开触点闭合。

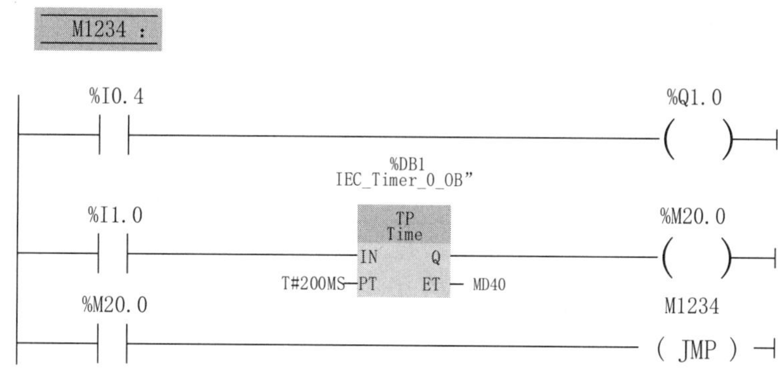

图 5-48　发生时间错误程序

在此期间，反复执行 JMP 指令，跳转到标号处。上述跳转过程是在一个扫描循环周期内完成的，因此扫描循环时间大于定时器的设定值 200ms，超过 S7-1200 CPU 默认的循环时间设定值 150ms，CPU 的红色故障指示灯闪烁 6 次后熄灭，仍然进入运行状态。

如果程序循环时间超过最大循环时间，并且下载了 OB80，CPU 将调用 OB80；如果没有下载 OB80 将忽略第一次超过循环时间的事件；如果循环时间超过最大循环时间的两倍，并且没有执行程序控制操作 RE-TRIGR（重新触发循环时间监视）指令，不管是否有 OB80，CPU 将立即进入 STOP 模式。

5.4.7　诊断中断组织块

可以为具有诊断功能的模块启用诊断错误中断功能，使模块能检测到 I/O 状态变化，在用户程序中只能使用一个诊断中断 OB。

模块会在发生以下情况时触发诊断错误中断：

- 出现故障（进入事件）。
- 故障不再存在（离开事件）。

如果没有激活其他中断 OB，则调用诊断中断 OB 82，如果已经在执行其他中断 OB，诊断错误中断将置于同优先级的队列中。

诊断中断 OB 具有以下启动信息，见表 5-7。

表 5-7　诊断中断 OB 启动信息

变量	数据类型	说明
IO_state	WORD	包含具有诊断功能的模块的 I/O 状态
laddr	HW_ANY	HW-ID
Channel	UINT	通道编号
multi_error	BOOL	= 1，如果有多个错误

表 5-8 列出了 IO_state 变量所能包含的可能 I/O 状态。

表 5-8　IO_state 变量状态

IO_state	说明
位 0	=1，如果组态正确；=0，如果组态不再正确
位 4	=1，如果存在错误；=0，如果错误不再存在
位 5	=1，如果组态不正确；=0，如果组态再次正确
位 6	=1，如发生了 I/O 访问错误，在这种情况下，laddr 包含存在访问错误的 I/O 的硬件标识符；=0，如果可以再次访问该 I/O

5.5　数据块的使用

5.5.1　数据块的类型

数据块（DB）用于保存程序执行期间写入的值，数据块仅包含变量声明，用变量声明定义数据块的结构，不包含任何程序段或指令。

S7-1200 有两种类型的数据块：

- 全局数据块：全局数据块不分配给指定的代码块，可以从任何代码块访问全局数据块的值；全局数据块仅包含静态变量，其结构可以任意定义。
- 背景数据块：背景数据块可直接分配给函数块（FB），背景数据块的结构不能任意定义，取决于函数块的接口声明；背景数据块只包含在该处已声明的那些块参数和变量，可以在背景数据块中定义实例特定的值，例如，声明变量的起始值。

访问数据块中的数据值有两种方式：

- 可优化访问的数据块（仅对 S7-1200）。可优化访问的数据块没有固定的定义结构。在声明中，仅为数据元素分配一个符号名称，而不分配在块中的固定地址，可通过符号名访问这些块中的数据值。

- 可标准访问的数据块（所有 CPU 系列）。可标准访问的数据块具有固定的结构，数据元素在声明中分配了一个符号名，并且在块中有固定地址，可通过符号名或地址访问这些块中的数据值。

5.5.2　数据块的创建

创建数据块步骤如图 5-49 所示。

（1）双击“添加新块”（Add new block）命令，打开“添加新块”（Add new block）对话框。

（2）单击“数据块（DB）”按钮。

（3）选择数据块类型。用户有以下选择：

– 要创建全局数据块，请选择列表条目“全局 DB”（Global DB）；

– 要创建一个 ARRAY 数据块，则需在列表中选择条目“ARRAY DB”；

– 要创建背景数据块，请从列表中选择要为其分配背景数据块的目标函数块。该列表只包含先前为 CPU 创建的函数块；

– 要创建基于 PLC 数据类型的数据块，从列表中选择 PLC 数据类型；

– 要创建基于系统数据类型的数据块，从列表中选择系统数据类型。

（4）输入数据块名称。

（5）输入新数据块的属性。

（6）要输入新数据块的其他属性，单击“其他信息”（Additional information）。将显示一个具有更多输入域的区域。

（7）输入所需的所有属性。

（8）若块在创建后并未打开，选中“添加新对象并打开”（Add new and open）框。

（9）单击“确定”（OK），确认输入。

图 5-49　数据块的添加

5.5.3 数据块声明表的结构

数据块的声明表结构如图 5-50 所示，其结构显示会因块类型和访问方式而不同。

	名称	数据类型	启动值	保持性	在 HMI 中可见	注释
1	▼ Static					
2	MyInput1	Bool	false	☑	☑	
3	▼ Static					
4	MyOutput1	Byte	0	☑	☑	
5	▼ Static					
6	▼ Static					

图 5-50　数据块的声明表结构

数据块表结构部分列的含义见表 5-9，可以根据需要显示或隐藏列，具体显示的列数与不同类型的 CPU 有关。

表 5-9　数据块表结构各列含义

列位置	说明
名称	变量名称
数据类型	变量的数据类型
启动值	在启动时变量采用的值。代码块中定义的默认值将用作数据块创建期间的启动值。之后可以使用背景特定的启动值来替换所用默认值
保持性	保持性变量的值将保留，即使在电源关闭后也是如此
在 HMI 中可见性	显示默认情况下，在 HMI 选择列表中变量是否显示

要防止在发生电源故障时数据丢失，可以将数据标记为保持性，此类数据存储在保持性存储区中。设置保持性的选项取决于所设置的数据块类型和块访问类型。

5.5.4 数据块在编程中的使用

使用数据块可以定义变量结构，对变量数据的存储，下面通过一个例子介绍全局数据块的使用。

例 5-11　计算 $c=\sqrt{ab+b^2+b}$，其中 a 为整数，存储在 MW0 中，b 为整数，存储在 MW2，c 为实数，存储在 MD4 中。

首先在数据块中定义变量如图 5-51 所示。

数据块_1

	名称	数据类型	启动值	保持性	可从 HMI ...	在 HMI ...	设置值	注释
1	▼ Static			☐	☐	☐	☐	
2	a1	Int	0	☐	☑	☑	☐	
3	b1	Int	0	☐	☑	☑	☐	
4	a2	Int	0	☐	☑	☑	☐	
5	b2	Real	0.0	☐	☑	☑	☐	

图 5-51　数据块中定义变量

编写程序，利用 MUL 指令实现乘法运算和平方运算，利用 ADD 完成加法运算，把加法和由整数转换为实数后开方运算，具体程序如图 5-52 所示。

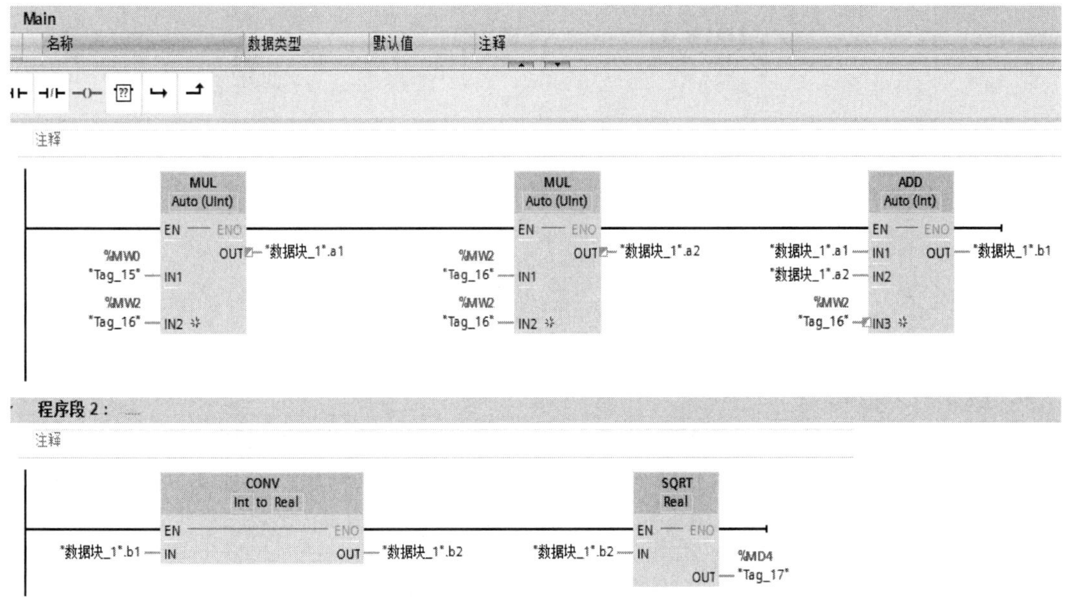

图 5-52　数学运算程序编写

在上面的程序中，我们用到数据块中的变量 a1、a2、b1、b2 来保存计算过程中的的数值，需要注意的是，在调用变量时，要保持数据块和程序中变量类型的一致性。

5.6　项目实训——材料分拣系统模块化设计

材料分拣系统是在工业生产线常用的装置，它涵盖了 PLC、气动控制、电机传动、电磁铁控制、位置控制、传感器检测等方面内容。本实训装置是实际工业现场生产设备的微缩装置，基于多种传感器的检测及旋转编码器的精确定位，实现对不同材质、不同颜色物体的分拣，可充分锻炼操作者系统接线、机械调试安装、软件编程、独立构建控制系统、反馈整定、故障检测及检修的能力。

1. 实训目的

（1）学会模块化程序结构设计方法。

（2）掌握功能、功能块和数据块的使用。

2. 系统组成

材料分拣实训装置由实训桌、气动部分、物料传送机构、料槽及电气控制等组成。气动部分由调压过滤阀、电磁阀和气缸组成；物料传送部分由单向交流电机及减速器、旋转编码器、同步传送带组成。电气控制由单向交流电机及减速器、电磁阀、气缸、旋转编码器、旋转电池铁、开关电源、磁性传感器、光电传感器、电容式传感器、电感式传感器、光电开关等组成。

3. 工艺流程

系统启动后，可编程控制器检测到物料时，把物料推到输送带上并启动输送带运行，在皮带一侧有相应的物料检测和推料装置，当检测到有符合要求的物料时，电磁阀延时动作，把物料推入相应的料仓，如图 5-53 所示。

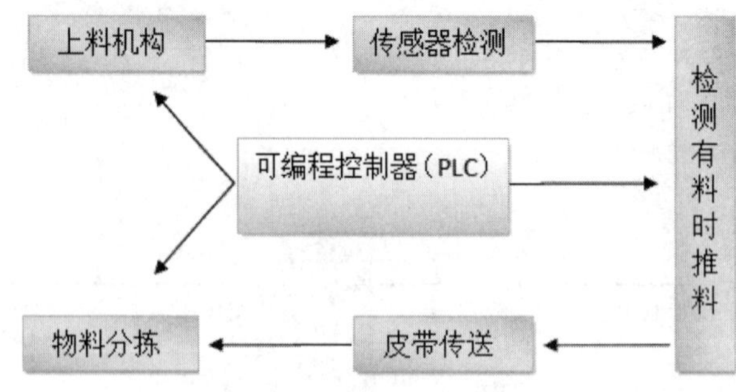

图 5-53　材料分拣系统结构图

4. 控制要求分析

（1）总体控制要求：落料机构有工件时，自动落料；落料完成电机起动带动传送带传动，工作依次经过电感传感器、电容传感器、光电传感器，气缸动作将铁质工件分拣到料槽一中，铝质工件分拣到料槽二中，白色尼龙工件分拣的料槽三中，旋转电磁铁旋转将黑色尼龙工件导入料槽四中。

（2）按下按钮盒上的“复位”按钮（黄色），电机带动传送带传动，旋转电磁铁旋转，将传送带上的工件导入料槽四中。

（3）复位完成，按下“启动”按钮（绿色），落料机构检测传感器检测到工件后进行落料，落料完成后电机转动传送工件，铁质工件经过电感传感器时，气缸动作将工件分拣到料槽一中；铝质工件经过电容传感器时，气缸动作将工件分拣到料槽二中；黑色尼龙工件经过光电传感器时，气缸动作将工件分拣到料槽三中；白色尼龙工件经过前三个传感器均无信号输出，旋转编码器跟踪工件，引导电磁铁旋转将工件导入料槽四中。

（4）运行过程中按下“停止”按钮（红色），工件分拣完成后停止；再按下“启动”按钮，则继续运行。在运行过程中遇紧急情况时按下“急停”按钮，机构立即停止，排除故障后按下“复位”按钮，装置复位。

5. 端子分配及功能表（见表 5-10）

表 5-10　PLC 输入输出端子定义

序号	PLC 地址（西门子）	功能说明
1	I0.0	编码器 A 相
2	I0.1	编码器 B 相
3	I0.2	物料检测光电传感器
4	I0.3	推料缩回检测传感器
5	I0.5	电感传感器
6	I0.6	分拣一伸出检测传感器
7	I0.7	电容传感器
8	I1.0	分拣二伸出检测传感器

续表

序号	PLC 地址（西门子）	功能说明
9	I1.1	光电传感器
10	I1.2	分拣三伸出检测传感器
11	I1.3	启动按钮
12	I1.4	复位按钮
13	I1.5	停止按钮
14	I1.6	急停按钮开关
15	Q0.0	交流电机正转继电器
16	Q0.1	推料气缸伸出电磁阀
17	Q0.3	分拣一伸出电磁阀
18	Q0.4	分拣二伸出电磁阀
19	Q0.5	分拣三伸出电磁阀
20	Q0.6	旋转电磁铁继电器

6. 模块化程序设计

采用模块化编程，包括主程序 OB1、三个物料检测子程序、复位子程序，系统程序结构及主要子程序如图 5-54 所示。

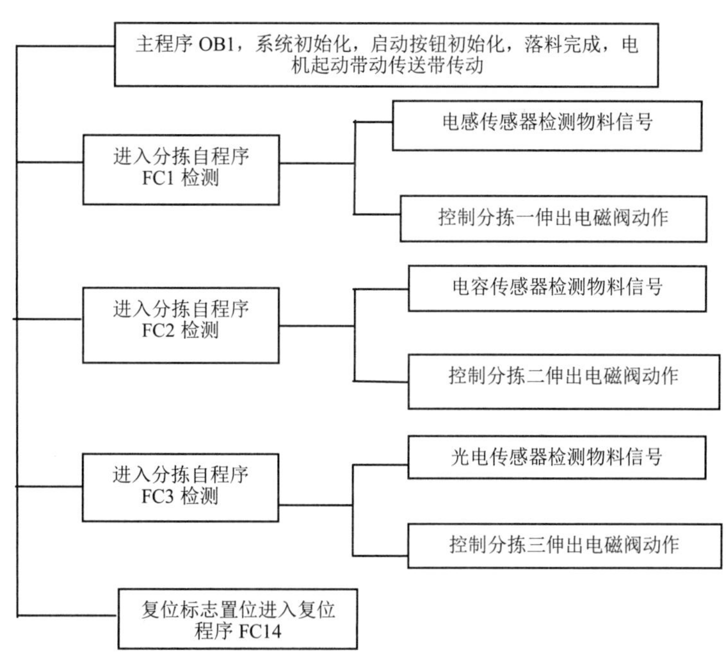

图 5-54 材料分拣系统程序结构

物料检测子程序一完成铁质工件的检测并推入相应物料箱，物料检测子程序二完成铝质工件的检测并推入相应物料箱，物料检测子程序三完成黑色工件的检测并推入相应物料箱。

输送带启动实现子程序如图 5-55 所示，当按下启动按钮时，输送带电机开始运行。

推动物料进入输送带程序如图 5-56 所示，当检测到料仓内有物料时或者输送带有料入库时，推料电磁阀动作，物料送到输送带上。

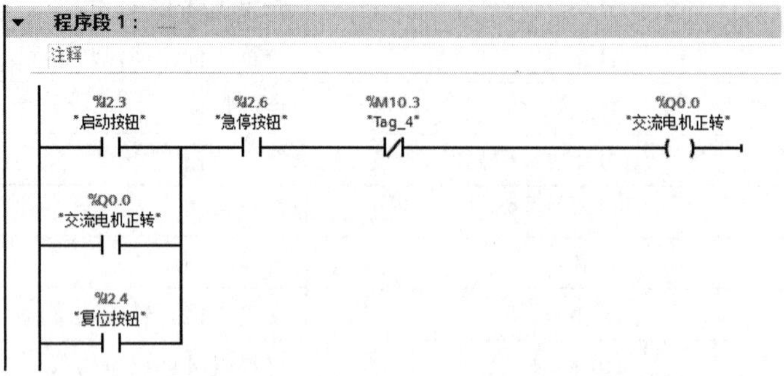

图 5-55　输送带启动运行程序

物料分拣进库子程序 FC 定义如图 5-57 所示，三种类型物料采用相同的子程序结构，当对应传感器检测到输送带上的不同物料后，延时一段时间，对应的动作电磁阀得电，把不同类型的物料推入库中。

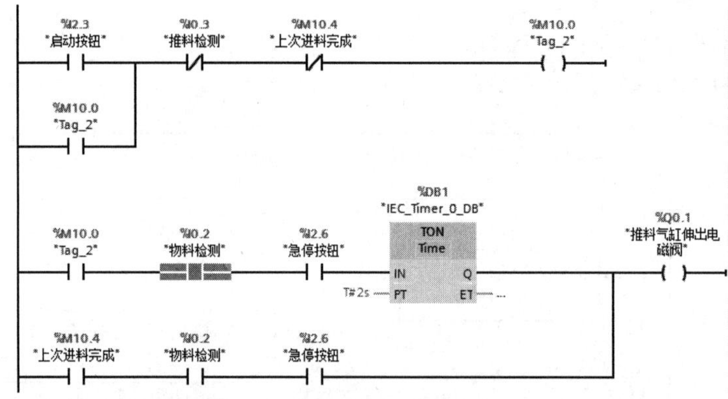

图 5-56　物料进入输送带运行程序

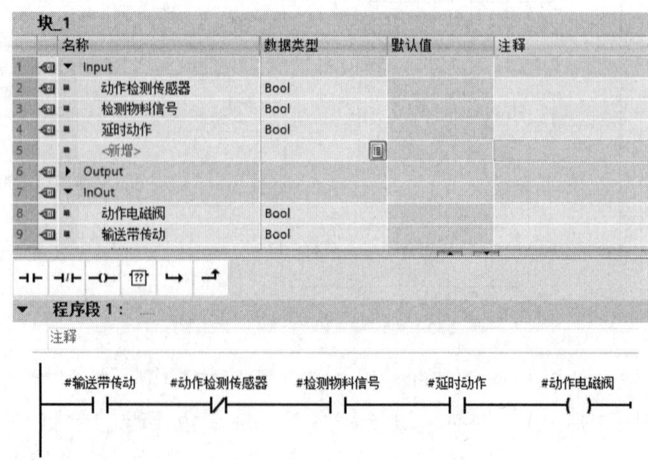

图 5-57　材料检测入库子程序

在 FC 中定义传感器为输入参数，电磁阀和输送带运转信号位输入输出参数，在调用程序中给 FC 参数传递实际值，实现模块化的程序设计，需要注意的是，延时动作是在不同传感器检测到不同材质物料时，动作电磁阀需要延迟动作的时间，这个时间与输送带的速度是相关联的，需要在实际运行中不断进行调整。

7. 实训步骤

（1）检查实训设备器材是否齐全。

（2）认真阅读 PLC 接线图，充分理解控制原理。

（3）根据控制要求、端子分配及功能表、接线图，编写控制程序；编译编写完成程序。

（4）用网线电缆连接 PLC 编程口和计算机网口，将程序下载到 PLC 中。

（5）根据控制要求，按下“启动”按钮、“停止”按钮、“急停”按钮观察步进电机的运动情况；适当修改控制程序，直至完全符合控制要求。

8. 实训思考

（1）分别简述铁质、铝制传感器的工作原理。

（2）在分拣子程序中，动作延时时间如何调整？

思考练习题

1. 什么是经验法编程，有什么特点？

2. 什么是顺序功能图，由哪几种元素构成。

3. 简述 S7-1200 块类型及各自作用。

4. 简述 S7-1200 两种常用类型的数据块及其作用。

5. S7-1200 常用组织块有哪些，各自实现什么功能？

6. 利用硬件中断 OB 设计程序：当闭合开关 I0.0 时将 MW20 中数值加 1 运算，当闭合开关 I0.1 时 MW20 中数值减 1 运算。

7. 利用 FC 编写电机 1、2、3 的起动停止程序，I0.0 为启动按钮，I0.1 为停止按钮，三台电机分别由 Q0.0、Q0.1、Q0.2 控制。

8. 某十字路口交通信号控制系统，东西方向红灯时间为 40 秒，绿灯时间 35 秒；南北方向红灯时间为 35 秒，绿灯时间 40 秒，两个方向绿灯向红灯转换时的黄灯时间均为 5 秒。利用结构法设计 PLC 实现程序。

9. 用顺序功能图设计锅炉鼓风机和引风机控制程序，控制要求：

（1）系统开始工作时，首先起动引风机，15s 后自动起动鼓风机。

（2）系统停止工作时，马上关断鼓风机，经 20s 后自动关断引风机。

10. 用 PLC 指令编写程序计算 $D = ABC + \frac{A+B}{B} - \sqrt{AB/C}$，其中 A、B 和 C 为正整数，D 为实数。要求建立数据块存储 A、B、C、D，并把结果取整后送到数码管显示。

第 6 章　S7-1200 PLC 通信设计

【本章导读】

西门子 S7-1200 PLC 具有丰富的网络通信功能，可以采用串口通信或以太网方式直接或通过通信模块与其他设备实现信息的交换。使用 S7-1200 PLC 通信功能可以完成现场设备的网络连接，把数据信息远传，构成分布式控制系统和信息管理系统，满足工厂信息化的需要。

【本章主要知识点】

- S7-1200 串口通信功能模块及其特点。
- S7-1200 以太网通信模式特点。
- S7-1200 MODBUS 通信指令与组态使用。
- S7-1200 USS 通信、自由口通信的特点与指令。
- S7-1200 以太网通信的组态设计及应用。

6.1　S7-1200 通信概述

西门子 S7-1200 除了传统的串口通信功能外，还具有以太网通信功能，使用 S7-1200 作为控制器构建网络结构，便于实现系统的网络集成。

6.1.1　S7-1200 串口通信模块

串行数据通信是以二进制的位为单位的数据传输方式，每次只传送一位。串行通信的优点在于需要的信号线少，最少的只需要两根线（双绞线），传输线既作为数据线又作为通信联络控制线。串行通信适用于距离较远的场合，在工业控制场合被广泛使用。

S7-1200 的串口通信是一种点对点的通信，使用标准 UART 来支持多种波特率和奇偶校验选项，使用 CM（Communication Module）和 CB（Communication Board）提供电气接口。CM 依次安装在 CPU 左侧，S7-1200 可支持三块 CM 模块，加上可安装于 CPU 插槽里的 CB 模板，总共最多四个通信接口。

串口通信模块 CM 有两种型号，分别为 CM1241 RS232 接口模块和 CM1241 RS485 接口模块。CM1241 RS232 接口模块支持基于字符的自由口协议和 MODBUS RTU 主从协议，CM1241 RS485 接口模块支持基于字符的自由口协议、MODBUS RTU 主从协议和 USS 协议。

串行通信接口具有以下特征：

- 具有隔离的端口；
- 支持点对点协议；
- 通过点对点通信处理器指令进行组态和编程；
- 通过 LED 显示传送和接收活动；

- 显示诊断 LED（仅限 CM）；
- 均由 CPU 供电，不必连接外部电源。

CM1241 RS232 接口模块集成一个 9 针的 D 型公接头，符合 RS-232 标准，RS 是英文“推荐标准”的缩写，232 为标识号，接口管脚定义见表 6-1。

表 6-1　RS232 管脚定义

RS232 连接头	引脚号	引脚名称	各引脚功能
6 7 8 9 / 1 2 3 4 5	1	DCD	数据载波检测
	2	RXD	接收数据：输入
	3	TXD	发送数据：输出
	4	DTR	数据设备准备好：输出
	5	GND	逻辑地
	6	DSR	数据设备准备好：输入
	7	RTS	请求发送：输出
	8	CTS	允许发送：输入
	9	RI	振铃指示（未使用）
	外壳		外壳地

CM1241 RS485 接口模块符合 RS485 标准，集成一个 9 针 D 型母接头，管脚及功能描述见表 6-2。

表 6-2　RS485 管脚及功能描述

RS232 连接头	插孔号	插孔名称	各插孔功能描述
9 8 7 6 / 5 4 3 2 1	1	GND	逻辑或通信地
	2		未连接
	3	TXD+	信号 B（RXD/TXD+）；输入/输出
	4	RTS	发送请求（TTL 电平）；输出
	5	GND	逻辑或通信地
	6	PWR	+5V，串联 100Ω 电阻；输出
	7		未连接
	8	RXD-	信号 A（RXD/TXD-）；输入/输出
	9		未连接
	外壳		外壳地

RS-485 采用平衡发送和差分接收，因此具有抑制共模干扰的能力。加上总线收发器具有高灵敏度，能检测低至 200mV 的电压，故传输信号能在千米以外得到恢复。

RS-485 采用半双工方式，任何时候只能有一点处于发送状态，因此，发送电路须由使能信号加以控制。用 RS-485 可以联网构成分布式系统，允许最多并联 32 台驱动器和 32 台接收器。

6.1.2 S7-1200 的以太网通信功能

S7-1200 CPU 具有一个集成的以太网接口，支持面向连接的以太网传输层通信协议。协议会在数据传输开始之前建立到通信伙伴的逻辑连接，数据传输完成后，这些协议会在必要时终止连接。面向连接的协议尤其适用于注重可靠性的数据传输，一条物理线路上可以存在多 8 个逻辑连接。

S7-1200 CPU 采用 PRIFNET 组成以太通信网络，PROFINET 支持 16 个最多具有 256 个子模块的 I/O 设备，作为采用 PROFINET I/O 的 I/O 控制器，CPU 可与本地 PN 网络上或通过 PN/PN 耦合器（连接器）连接的最多 16 台 PN 设备通信。

S7-1200 CPU 可使用标准 TCP 通信协议与其他 CPU、编程设备、HMI 设备和非 Siemens 设备通信。

S7-1200 CPU 的 PROFIENT 接口有两种网络连接方法：直接连接和网络连接。

当一个 S7-1200 CPU 与一个编程设备，或一个 HMI，或一个 PLC 通信时，也就是说只有两个通信设备时，实现的是直接通信，如图 6-1 所示。直接连接不需要使用交换机，用网线直接连接两个设备即可。

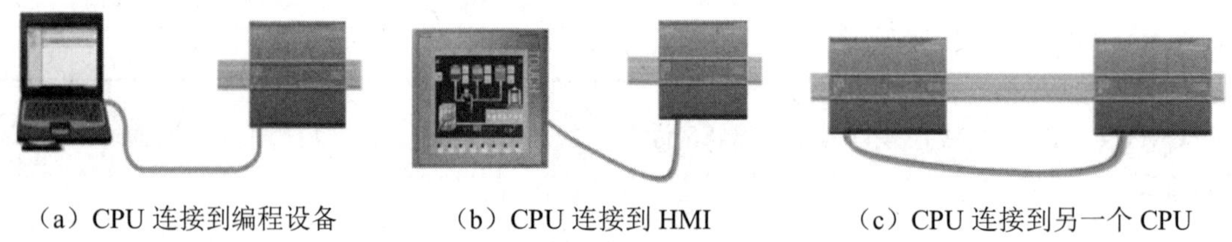

（a）CPU 连接到编程设备　（b）CPU 连接到 HMI　（c）CPU 连接到另一个 CPU

图 6-1　CPU 与设备之间的直接连接

当一个 S7-1200 CPU 同时与多个设备网络连接时，例如与一个编程设备、一个 HMI、一个 PLC 通信时，也就是说有多个通信设备时，需要具有两个及以上网口的 CPU，或者采用以太网交换机，如图 6-2 所示。

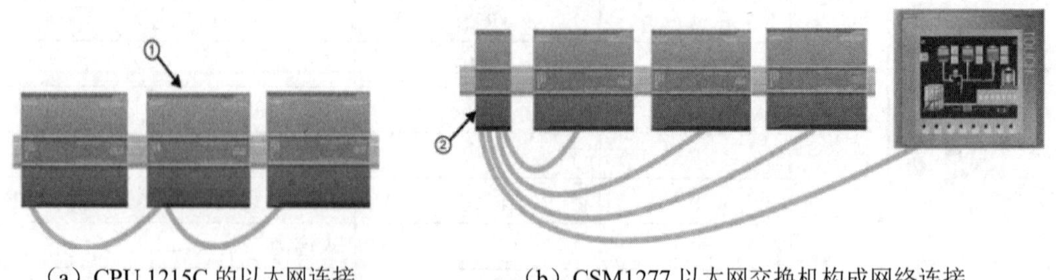

（a）CPU 1215C 的以太网连接　（b）CSM1277 以太网交换机构成网络连接

图 6-2　S7-1200CPU 以太网连接方式

CPU 1211C、1212C 和 1214C 拥有独立以太网接口并不包含集成以太网交换机，编程设备或 HMI 与 CPU 之间的直接连接不需要以太网交换机，但是当含有两个以上的 CPU 或 HMI 设备的网络需要以太网交换机。CPU 1215C 和 CPU 1217C 具有内置的双端口以太网交换机，可和另两个 S7-1200 CPU 网络连接，也可以使用安装在机架上的 CSM1277 4 端口以太网交换机来连接多个 CPU 和 HMI 设备。

S7-1200 CPU 的 PROFINET 通信口支持通信协议及服务：TCP、ISO on TCP、S7 通信（仅支持服务器端）。

（1）TCP 协议。TCP 是由 RFC 793 描述的一种标准协议——传输控制协议。TCP 的主要用途是在过程之间提供可靠、安全的连接服务。该协议有以下特点：

- 由于它与硬件紧密相关，因此它是一种高效的通信协议；
- 它适合用于中等大小或较大的数据量（最多 8K 字节）；
- 它为应用带来了更多的便利，比如错误恢复，流控制，可靠性；
- 一种面向连接的协议；
- 非常灵活地用于只支持 TCP 的第三方系统；
- 有路由功能；
- 应用固定长度数据的传输；
- 发送的数据报文会被确认；
- 使用端口号对应用程序寻址；
- 大多数用户应用协议（例如 TELNET 和 FTP）都使用 TCP。

（2）ISO-on-TCP 协议。ISO 传输协议最大的优势是通过数据包来进行数据传输，它与 TCP 协议的主要区别就是前者没有确认机制而后者有，而且前者只能应用与西门子的编程组态软件体系中（可以看作是西门子本身封装的协议），而后者可以应用于标准的 TCP/IP 场合。

该协议有以下特点：

- 与硬件关系紧密的高效通信协议；
- 适合用于中等大小或较大的数据量（最多 8K 字节）；
- 与 TCP 相比，它的消息提供了数据结束标识符并且它是面向消息的；
- 具有路由功能，可用于 WAN；
- 可用于实现动态长度数据传输；
- 由于使用 SEND/RECEIVE 编程接口的缘故，需要对数据管理进行编程；
- 通过传输服务访问点（TSAP，Transport Service Access Point），TCP 协议允许有多个连接访问单个 IP 地址，TSAP 可唯一标识与同一个 IP 地址建立通信的端点连接。

（3）S7 通信。所有的 SIMATIC S7 控制器都集成了用户程序可以读写数据的 S7 通信服务，不管使用哪种总线系统都可以支持 S7 通信服务，即以太网、PROFIBUS 和 MPI 网络中都使用 S7 通信。此外，使用适当的硬件和软件的 PC 系统也可支持通过 S7 协议的通信。

S7 通信协议具有如下特点：

- 独立的总线介质（PRC）FIBUS、工业以太网，多点接口 MPI（Multi Point Interface）；
- 可用于所有 S7 数据区；
- 一个任务最多传送 64KB 数据；
- 第 7 层协议可确保数据记录的自动确认；
- SIMATIC S7 通信的最优化处理，在传送大量数据时仅对处理器和总线产生低负荷。

6.2 S7-1200 的 MODBUS 通信设计

6.2.1 Modbus 通信模式

Modbus 通信协议是 Modicon 公司提出的一种报文传输协议，Modbus 协议在工业控制中被广泛地应用，它已经成为一种通用的工业标准。不同厂商生产的控制设备通过 Modbus 协议可以连成通信网络，进行集中监控。许多工控产品，例如 PLC、变频器、人机界面、自动化仪表等，都在使用 Modbus 协议。根据传输网络类型的不同，分为串行链路上的 Modbus 和基于 TCP/IP 的 Modbus。

Modbus 串行通信可以使用 RS-485 短距离点对点通信时也可以使用 RS-232 接口，Modbus 串行链路协议是主－从协议，总线上只有一个主站，最多可以有 247 个子站。主站发出带有从站地址的请求报文，指定的从站接收到后发出响应报文进行应答。子站没有收到来自主站的请求时，不会发送数据，子站之间也不会互相通信。

Modbus 协议有 ASC1I 和 RTU（远程终端单元）这两种报文传输模式，S7-1200 采用 RTU 模式，报文以字节为单位进行传输，采用循环冗余校验进行错误检查，报文最长为 256B。

MODBUS RTU 格式通信协议是以主从方式进行数据传输的，主站发送数据请求报文到从站，从站返回响应报文。MODBUS 系统间的数据交换式通过功能码来控制的，有些功能码是对位操作的，通信的用户数据是以位为单位的。

Modbus 特点：标准、开放，用户可以免费、放心地使用 Modbus 协议；灵活，支持多种物理层标准，如 RS-232、RS-485、以太网等；简单，帧格式简单、紧凑，通俗易懂。

6.2.2 Modbus 功能代码

S7-1200 CPU 作为 Modbus RTU 主站（或 Modbus TCP 客户端）运行时，可在远程 ModbusRTU 从站（或 Modbus TCP 服务器）中读/写数据和 I/O 状态，可在程序逻辑中读取并处理远程数据；CPU 作为 Modbus RTU 从站（或 Modbus TCP 服务器）运行时，监控设备可在 CPU 存储器中读/写数据和 I/O 状态，RTU 主站（或 Modbus TCP 客户端）可以将新值写入从站/服务器 CPU 存储器，以供用户程序逻辑使用。

Modbus 寻址支持最多 247 个从站（从站编号 1 到 247），每个 Modbus 网段最多可以有 32 个设备，具体取决于 RS485 接口的负载和驱动能力。当达到 32 个设备的限制时，必须使用中继器来扩展到下一个网段，需要七个中继器才能将 247 个从站连接到同一个主站接口。

在 Modbus 站点的数据交换是通过功能码来控制的，其读数据的功能码分别见表 6-3。

表 6-3　读取数据功能：读取远程 I/O 及程序数据

Modbus 功能代码	读取从站（服务器）功能 - 标准寻址
01	读取输出位：每个请求 1 到 2000 个位
02	读取输入位：每个请求 1 到 2000 个位
03	读取保持寄存器：每个请求 1 到 125 个字
04	读取输入字：每个请求 1 到 125 个字

Modbus 站点写数据的功能码分别见表 6-4。

表 6-4　写入数据功能：写入远程 I/O 及修改程序数据

Modbus 功能代码	写入从站（服务器）功能—标准寻址
05	写入一个输出位：每个请求 1 位
06	写入一个保持寄存器：每个请求 1 个字
15	写入一个或多个输出位：每个请求 1 到 1968 个位
16	写入一个或多个保持寄存器：每个请求 1 到 123 个字

6.2.3　Modbus RTU 功能指令与组态

Modbus 通信指令有：端口组态 Modbus_Comm_Load、主站通信 Modbus_Master 和从站通信 Modbus_Slave 三种指令，如图 6-3 所示。

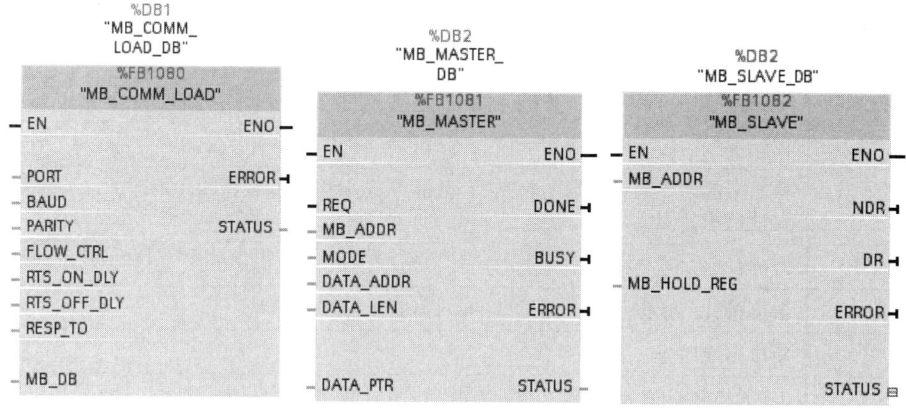

图 6-3　Modbus RTU 指令

6.2.3.1　Modbus_Comm_Load 指令

通过执行一次 Modbus_Comm_Load，可以设置端口参数，如波特率、奇偶校验和流控制。为 Modbus RTU 协议组态 CPU 端口后，该端口只能由 Modbus_Master、Modbus_Slave 指令使用。端口参数含义见表 6-5。

表 6-5　指令端口参数

参数	含义
PORT	端口标识符，出现在 PORT 功能框连接的参数助手下拉列表中，可进行选择
BAUD	波特率，300、600、1200、2400、4800、9600、19200、38400、57600、76800、115200
PARITY	奇偶校验设置，0 – 无，1 – 奇校验， 2 – 偶校验
FLOW_CTRL	流控制选择：0 –（默认）无流控制，1 – RTS 始终为 ON 的硬件流控制（不适用于 RS485 端口）2－带 RTS 切换的硬件流控制
RTS_ON_DLY	RTS 接通延时选择：0 –（默认）无延时；1 到 65535 –以毫秒表示的延时（不适用于 RS485 端口）

续表

参数	含义
RTS_OFF_TLY	RTS 关断延时选择：0 –（默认）无延时；1 到 65535 –从传送最后一个字符一直到 RTS 转入非活动状态之前以毫秒表示的延时（不适用于 RS485 端口）
RESP_TO	响应超时：5 ms 到 65535 ms（默认值 = 1000 ms）
MB_DB	对 Modbus_Master 或 Modbus_Slave 指令所使用的背景数据块的引用
ERROR	错误状态
STATUS	故障代码

6.2.3.2　Modbus_Master 指令

Modbus_Master 指令使 CPU 充当 Modbus RTU 主设备，并与一个或多个 Modbus 从设备进行通信。其参数含义见表 6-6。

表 6-6　指令端口参数

参数	含义
REQ	0－无请求，1－请求将数据传送到 Modbus 从站
MB_ADR	Modbus RTU 站地址：标准寻址范围（1 到 247），扩展寻址范围（1 到 65535）
MODE	模式选择：指定请求类型（读、写或诊断）
DATA_ADDR	从站中的起始地址：指定要在 Modbus 从站中访问的数据的起始地址。参见表 6-7 了解有效地址信息
DATA_LEN	数据长度：指定此请求中要访问的位数或字数。参见表 6-7 了解有效长度信息
DATA_PTR	数据指针：指向要写入或读取的数据的 M 或 DB 地址
NDR	新数据准备好
BUSY	0－无 Modbus_Master 操作正在进行；1－Modbus_Master 操作正在进行
ERROR	错误状态
STATUS	故障代码

DATA_ADDR 和 MODE 参数用于选择 Modbus 功能类型。DATA_ADDR 从站中的 Modbus 起始地址：指定要在 Modbus 从站中访问的数据的起始地址。Modbus_Master 指令使用 MODE 输入而非功能代码输入。MODE 和 Modbus 地址一起确定实际 Modbus 消息中使用的功能代码。表 6-7 列出了 MODE 参数、Modbus 功能代码和 Modbus 地址范围之间的对应关系。

表 6-7　MODE 参数、Modbus 功能代码和 Modbus 地址范围之间的对应关系

模式	Modbus 功能码	数据长度参数 DATA_LEN	地址类型和数据	Modbus 地址参数 DATA_ADDR
0	01	1 到 2000 1 到 1992	读取输出位，每个请求 1 到 1992 或 2000 个位	0001 到 9999
0	02	1 到 2000 1 到 1992	读取输入位，每个请求 1 到 1992 或 2000 个位	10001 到 19999

续表

模式	Modbus 功能码	数据长度参数 DATA_LEN	地址类型和数据	Modbus 地址参数 DATA_ADDR
0	03	1 到 125 1 到 124	读取保持寄存器，每个请求 1 到 124 或 125 个位	40001 到 49999 或 400001 到 465535
0	04	1 到 125 1 到 124	读取输入字，每个请求 1 到 124 或 125 个位	30001 到 39999
1	04	1 到 125 1 到 124	读取输入字，每个请求 1 到 124 或 125 个位	00000 到 65535
1	05	1	写入一个输出位，每个请求一位	0001 到 9999
1	06	1	写入一个保持寄存器，每个请求 1 个字	40001 到 49999 或 400001 到 465535
1	15	2 到 1968 2 到 1960	写入多个输出位，每个请求 2 到 1960 或 1968 个位	0001 到 9999
1	16	2 到 123 2 到 122	写入一个或多个保持寄存器，每个请求 2 到 122 或 123 个字	40001 到 49999 或 400001 到 465535
2	15	1 到 1968 2 到 1960	写入多个输出位，每个请求 1 到 1960 或 1968 个位	0001 到 9999
2	16	1 到 123 1 到 122	写入一个或多个保持寄存器，每个请求 1 到 122 或 123 个字	40001 到 49999 或 400001 到 465535
11	11	读取从站通信状态字和事件计数器，每成功完成一条消息，事件计数器的计数值递增，对于该功能，Modbus_Master 的 DATA_ADDR 和 DATA_LEN 操作数都将被忽略		
80	08	利用数据诊断代码 0X0000，检查从站状态，每个请求 1 个字		
81	08	利用数据诊断代码 0X000A，重新设置从站事件计数器，每个请求 1 个字		

应用 Modbus_Master 指令时遵守的通信规则：

- 必须执行 MB_COMM_LOAD 组态端口，然后 Modbus_Master 指令才能与该端口通信。
- 如果要将某个端口用于初始化 Modbus 主站请求，则 MB_SLAVE 不应使用该端口。Modbus_Master 执行的一个或多个实例可使用该端口，但是对于该端口，所有 Modbus_Master 执行都必须使用同一个 Modbus_Master 背景数据块。
- Modbus 指令不使用通信中断事件来控制通信过程，用户程序必须轮询 Modbus_Master 指令以了解传送和接收的完成情况。
- 对于给定的端口，从程序循环 OB 中调用所有 Modbus_Master 执行。Modbus_Master 指令只能在一个程序循环或循环/延时执行等级执行，不能同时在两种执行优先级中执行。如果一个 Modbus_Master 指令被另一个执行优先级更高的 Modbus_Master 取代，将导致不正确的操作。Modbus_Master 指令不能在启动、诊断或时间错误执行优先级执行。
- Modbus_Master 指令启动传输后，必须连续执行已启用 EN 输入，直到返回状态 DONE=1 或状态 ERROR=1 为止。在这两个事件其中之一发生前，一个特殊的 Modbus_Master 实例被视为已激活。原始实例激活后，调用已启用 REQ 输入的其他任何实例都将导致错误。

6.2.3.3 Modbus_Slave 指令

Modbus_Slave 指令使 CPU 充当 Modbus RTU 从站设备，并与一个 Modbus 主设备进行通信，其参数含义见表 6-8。

表 6-8 指令端口参数

参数	含义
MB_ADDR	Modbus RTU 站地址：标准寻址范围（1 到 247），扩展寻址范围（1 到 65535）
MB_HOLD_REG	指向 Modbus 保持寄存器 DB 的指针，Modbus 保持寄存器可以是 M 存储器或数据块
NDR	新数据就绪：0－ 无新数据；1－ 表示 Modbus 主站已写入新数据
DR	数据读取：0－ 无数据读取；1－ 表示 Modbus 主站已读取数据
ERROR	错误状态
STATUS	故障代码

Modbus 通信功能代码 1、2、4、5 和 15 可以在 CPU 的输入过程映像及输出过程映像中直接读写位和字，对于这些功能代码，MB_HOLD_REG 参数必须定义为大于一个字节的数据类型；Modbus 通信功能代码 3、6、16 可以完成读写字的操作。

表 6-9 给出了 Modbus_Slave 指令中 Modbus 地址与 CPU 过程映像的映射示例。

表 6-9 Modbus 地址与 CPU 过程映像的映射关系

Modbus 功能				S7-1200	
代码	功能	数据区	地址范围	数据区	CPU 地址
01	读位	输出	1～8192	输出过程映像	Q0.0 到 Q1023.7
02	读位	输入	10001～18192	输入过程映像	I0.0 到 I1023.7
04	读字	输入	30001～38192	输入过程映像	IW0 到 IW1022
05	写位	输出	1～8192	输出过程映像	Q0.0 到 Q1023.7
15	写位	输出	1～8192	输出过程映像	Q0.0 到 Q1023.7
03	读多个字	保持寄存器	40001～49999	数据块 MB_HOLD_REG	字 1～9999
			400001～465535		字 1～65534
06	写多个字	保持寄存器	40001～49999	数据块 MB_HOLD_REG	字 1～9999
			400001～465535		字 1～65534
16	写多个字	保持寄存器	40001～49999	数据块 MB_HOLD_REG	字 1～9999
			400001～465535		字 1～65534
08	0000H	返回请求数据测试，Modbus 从站返回收到的数据给主站			
08	000AH	清除通信事件计数器的值，Modbus 从站清除功能码 11 使用通信计数器的值			
11		读取通信事件计数器的值，Modbus 从站使用内部的通信事件计数器记录成功接收到的读和写请求的数量			

使用 Modbus_Slave 遵守的通信规则：

● 必须先执行 Modbus_Comm_Load 组态端口，Modbus_Slave 指令才能通过该端口通信。

- 如果某个端口作为从站响应 Modbus_Master，则请勿使用 Modbus_Master 指令对该端口进行编程。
- 对于给定端口，只能使用一个 Modbus_Slave，否则将出现不确定的行为。
- Modbus 指令不使用通信中断事件来控制通信过程，用户程序必须通过轮询 Modbus_Slave 指令以了解传送和接收的完成情况来控制通信过程。
- Modbus_Slave 指令必须以一定的速率定期执行，以便及时响应来自 Modbus_Master 的进入请求，建议每次扫描时都从程序循环 OB 执行 Modbus_Slave。

6.2.3.4　Modbus RTU 指令组态应用

两台安装 CM1241 RS232 通信模块的 S7-1200 之间采用的 MODBUS RTU 协议通信进行数据传输，实现功能：主站读取从站 DI 通道 I0.0 开始的 16 位的值，并把读取的值放到 mb_master_DB 数据块中；主站把保持寄存器数据块前 5 个字的值发送给从站。

（1）首先通过标准的 RS232C 电缆连接两台 CM1241 RS232 通信模块。

（2）进入博途软件，建立工程，添加两台 PLC。为 PLC1 添加 CM1241（RS232）通信模块；启用 CPU 的系统时钟寄存器，如图 6-4 所示；添加数据块 MB_MASTER，建立数组用于数据发送接收，如图 6-5 所示。

图 6-4　启用系统存储器

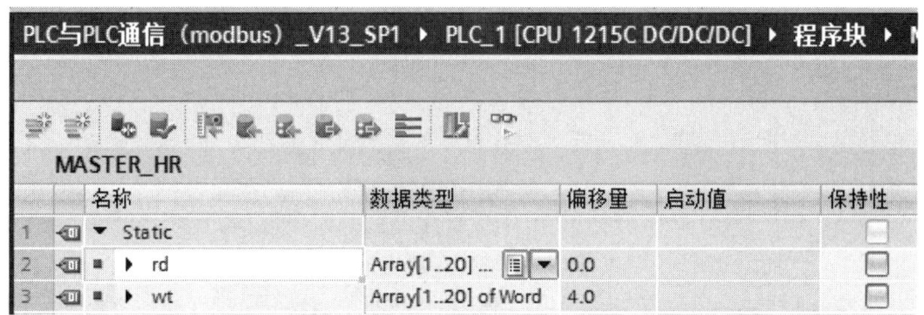

图 6-5　添加数据块 MB_MASTER

（3）Modbus RTU 主站程序的组态，如图 6-6 所示。程序段 1，启动期间通过第一个扫描标志 M10.0 上升沿启用 Modbus_Comm_Load，通过此方式执行 Modbus_Comm_Load 时，必须保证串口组态在运行时不会更改。程序段 2 的功能为读取从站地址 2 的 DI 通道 I0.0 开始的 16 位的值，并把读取的值放到 mb_master_DB 数据块中的 BOOL 型数组中；程序段 3 实现对从站的写功能，把主站保持寄存器数据块前 5 个字的值发送给从站。程序中分别用 M1.0 和 M2.0 的置位来控制主站的读、写通信。

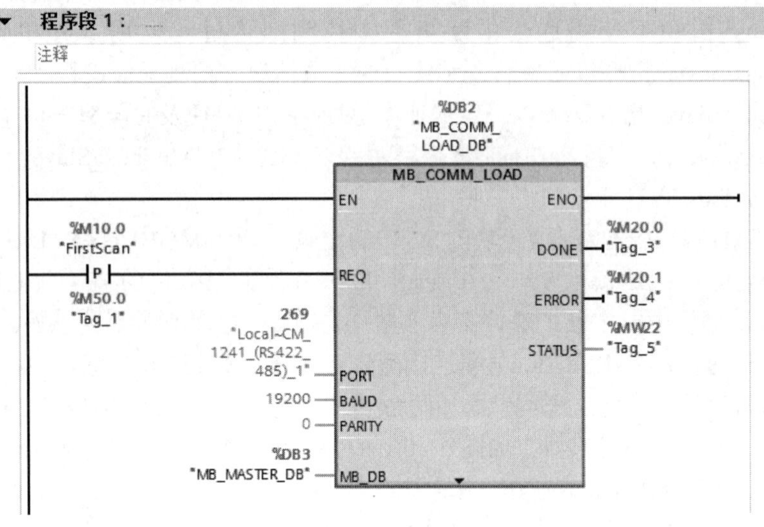

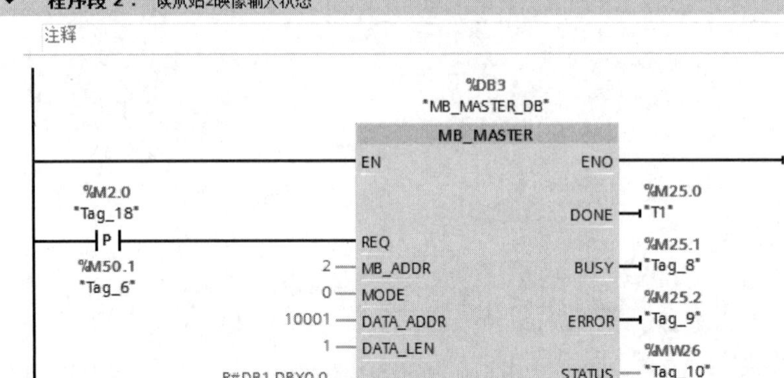

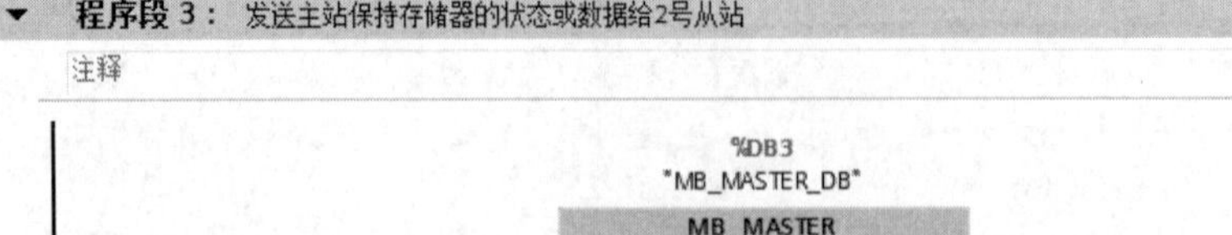

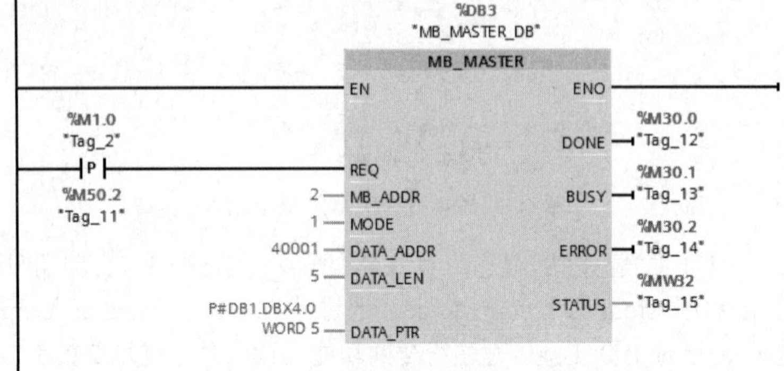

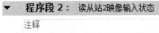

图 6-6 MODBUS 主站程序

（4）MODBUS 从站 PLC2 的通信模块与数据块的添加与主站类似。程序编写，程序段 1 是进行端口初始化，设置波特率等参数；程序段 2 的功能将从站地址设置为 2，设置从站保持寄存器数据块，接收主站传送来的数据，程序如图 6-7 所示。

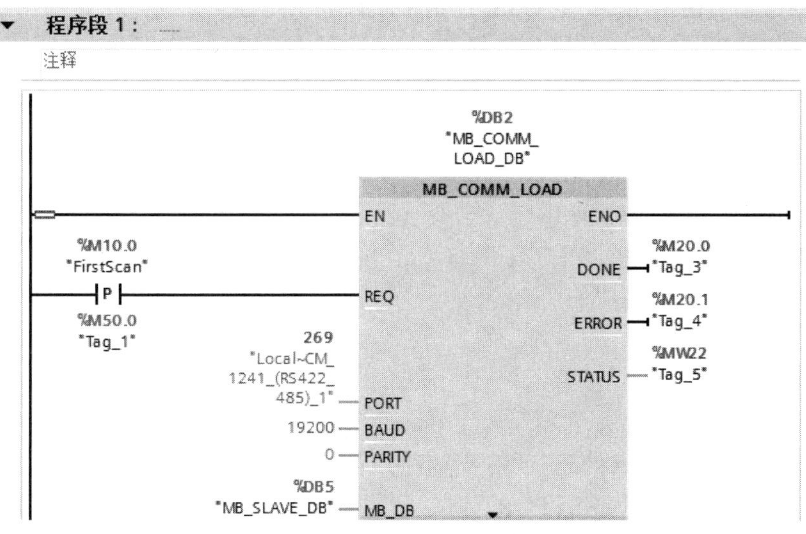

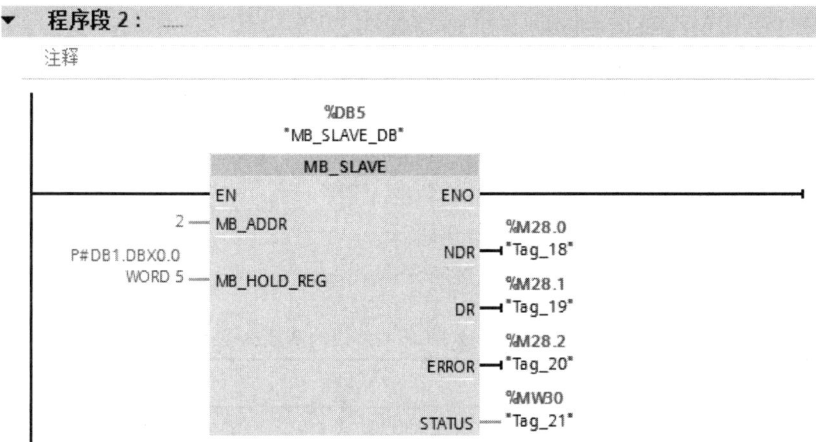

图 6-7 MODBUS 从站程序

6.3 S7-1200 的 USS 通信

6.3.1 通用串行通信的特点

通用串行通信接口（USS-Universal Serial Interface）是西门子专为驱动装置开发的通信协议，可以使用 USS 指令通过 CM 1241 RS485 通信模块或 CB 1241 RS485 通信板的 RS485 连接与多个驱动器通信。一个 S7-1200 CPU 中最多可安装三个 CM 1241 RS422/RS485 模块和一个 CB 1241 RS485 板，每个 RS485 端口最多操作十六台驱动器。

USS 协议的基本特点：支持多点通信；采用单主站的主从访问机制；每个网络上最多可以有 32 个节点；报文格式简单可靠，数据传输灵活高效；容易实现，成本较低。

USS 协议使用主从网络通过串行总线进行通信，USS 通信以半双工模式执行。USS 的工作机制是：通信总是由主站发起，USS 主站不断循环轮询各个从站，从站根据收到的指令，决定是否以及如何响应；从站不会主动发送数据，从站在接收到的主站报文没有错误且本从站在接收到主站报文中被寻址时应答，否则从站不会做任何响应；对于主站来说，从站必须在接收到主站报文之后的一定时间内发回响应，否则主站将视为出错；各从站之间无法进行直接消息传送。

S7-1200 提供的 USS 协议库中包含与变频器通信的常用指令：USS_DRV、USS_PORT、USS_RPM 和 USS_RPM 指令，PLC 可以通过这些指令编程来控制变频器运行、读写变频器的参数，连接到一个 RS485 端口的所有驱动器（最多 16 个）是同一个 USS 网络的一部分。

6.3.2 USS 指令

6.3.2.1 USS_ PORT 指令

USS_PORT 通过点对点处理 USS 网络的通信，在程序中每个 USS 网络仅使用一个 USS_PORT 指令，每次执行 USS_ PORT 指令仅处理与一个变频器的数据交换，所以必须频繁执行 USS_PORT 指令以防止变频器通信超时。与同一个 USS 网络和 PtP 通信端口相关的所有 USS 功能都必须使用同一个背景数据块，添加指令时 STEP7 自动创建背景数据块。

USS_PORT 通常在一个延时中断 OB 中调用以防止变频器通信超时，并给 USS_ DRV 提供最新的 USS 数据口，USS_ PORT 指令端子符号如图 6-8 所示。

USS_ PORT 端口参数的说明如表 6-10 所示。

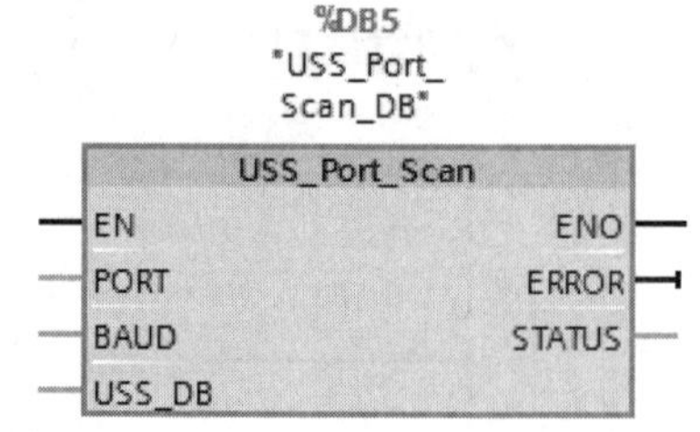

图 6-8 USS_ PORT 指令

表 6-10 USS_PORT 参数的数据类型

参数和类型		数据类型	说明
PORT	IN	Port	分配的 CM 或 CB 端口值为设备配置属性“硬件标识符”
BAUD	IN	DInt	用于 USS 通信的波特率
USS_DB	INOUT	USS_BASE	将 USS_Drive_Control 指令放入程序时创建并初始化的背景数据块的名称
ERROR	OUT	Bool	该输出为真时表示发生错误，STATUS 输出有效
STATUS	OUT	Word	请求的状态值指示扫描或初始化的结果

USS_PORT 功能块是 S7-1200 与 MM440 进行 USS 通信的接口，主要设置通信的接口参数，可在主 OB 或中断 OB 中进行调用。

6.3.2.2 USS_DRV 指令

指令 USS_DRV 用于访问 USS 网络上的驱动装置，应为每个驱动装置调用一条 USS_ DRV 指令，该功能块读取驱动装置的状态，其输出用于控制驱动装置。

USS_Drive 通过创建消息请求和解释从变频器来的响应消息来与变频器交换数据。每个变频器要使用一个单独的功能块，但在同一 USS 网络中必须使用同一个背景数据块；背景数据块中包含一个 USS 网络中所有变频器的临时存储区和缓冲区，必须在放置第一个 USS_Drive_Control 指令时创建 DB 名称，然后引用初次指令使用时创建的 DB；USSDRV 功能块的输入对应变频器的状态，输出对应对变频器的控制。USS_ DRV 指令如图 6-9 所示。

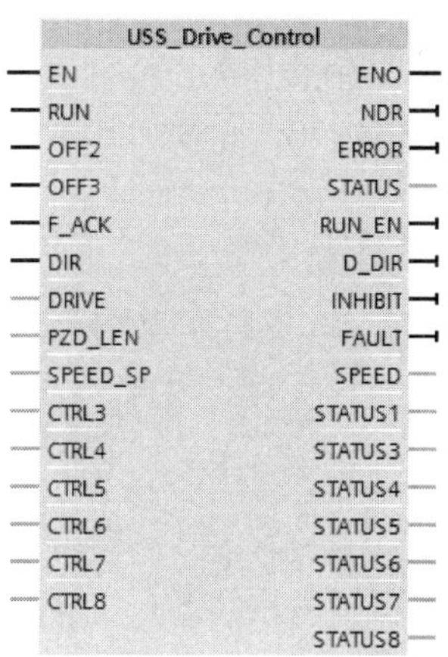

图 6-9　USS_ DRV 指令

USS_DRV 功能块是 S7-1200 USS 通信的主体功能块，读写 MM440 的信息和指令都是通过这个功能块来完成的，必须在主 OB 中调用。USS_ DRV 端口参数见表 6-11。

表 6-11　USS_DRV 参数的数据类型

参数和类型		数据类型	说明
RUN	IN	Bool	驱动器起始位：该输入为真时，将使驱动器以预设速度运行。如果在驱动器运行时 RUN 变为假，电机将减速直至停止。这种行为不同于切断电源（OFF2）或对电机进行制动（OFF3）
OFF2	IN	Bool	电气停止位：该位为假时，将使驱动器在无制动的情况下自然停止
OFF3	IN	Bool	快速停止位：该位为假时，通过制动的方式使驱动器快速停止
FACK	IN	Bool	故障确认位：设置该位以复位驱动器上的故障位。清除故障后会设置该位，以告知驱动器不再需要指示前一个故障
DIR	IN	Bool	驱动器方向控制：设置该位以指示方向为向前（对于正 SPEED_SP）
DRIVE	IN	USInt	该输入是 USS 驱动器的地址。有效范围是驱动器 1 到驱动器 16
PZD_LEN	IN	USInt	字长度：主从站通信的过程数据 PZD 的长度，2、4、6 或 8 个字
SPEED_SP	IN	Real	速度设定值：这是以组态频率的百分比表示的驱动器速度。正值表示方向向前（DIR 为真时）。有效范围是 200.00～-200.00
CTRL3-8	IN	Word	控制字：写入驱动器上用户可组态参数的值（可选参数）
NDR	OUT	Bool	新数据就绪：该位为真时，表示输出包含新通信请求数据
ERROR	OUT	Bool	出现错误：此参数为真时，表示发生错误，STATUS 输出有效。其他所有输出在出错时均设置为零
STATUS	OUT	Word	请求的状态值指示扫描的结果。这不是从驱动器返回的状态字
RUN_EN	OUT	Bool	运行已启用：该位指示驱动器是否在运行
D_DIR	OUT	Bool	驱动器方向：该位指示驱动器是否正在向前运行
INHIBIT	OUT	Bool	驱动器已禁止：该位指示驱动器上禁止位的状态
FAULT	OUT	Bool	驱动器故障：该位指示驱动器已注册故障
SPEED	OUT	Bool	驱动器当前速度：以组态速度百分数形式表示的驱动器速度值
STATUS1-8	OUT	Word	驱动器状态字 1：该值包含驱动器的状态位

6.3.2.3　USS_RPM 和 USS_WPM 指令

指令 USS_RPM、USS_WPM 用于读、写远程驱动装置的运行参数，程序可以多次调用这两个功能，但是在任意时刻对每个驱动装置只能激活一个读写请求，指令如图 6-10 所示。

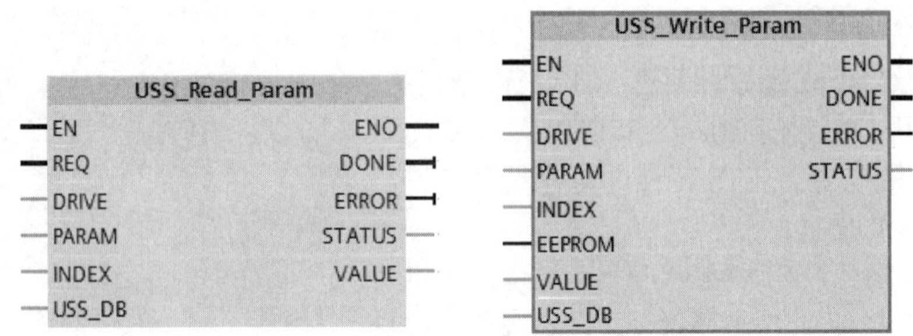

图 6-10　USS_ RPM 和 USS_ WPM 指令

USS_ PPM 端口参数见表 6-12。

表 6-12　USS_RPM 参数的数据类型

参数和类型		数据类型	说明
REQ	IN	Bool	发送请求：REQ 为真时，表示需要新的读请求。
DRIVE	IN	USInt	驱动器地址：有效范围是驱动器 1 到驱动器 16
PARAM	IN	UInt	要写入读取的驱动器参数号，范围为 0 到 2047
INDEX	IN	UInt	要写入的驱动器参数索引
USS_DB	INOUT	USS_BASE	背景数据块的名称
VALUE	IN	Word，Int，Real	已读取的参数的值，仅当 DONE 位为真时才有效
DONE	OUT	Bool	为 1 时表示 USS_DRV 接收到变频器对读请求的响应
ERROR	OUT	Bool	ERROR 为真时，表示发生错误，且 STATUS 有效
STATUS	OUT	Word	STATUS 表示读请求的结果

USS_ WPM 端口参数与 USS_ PPM 端口参数相比，多了 EEPROM，该参数为真时，写驱动器参数将存储在驱动器 EEPROM 中；如为假，则写操作是临时的，在驱动器循环上电后不会保留。其他参数如 VALUE，与 USS_ PPM 端口参数相比读状态改为写状态，在此不再详述。

对于 USS 的功能块在调用时要注意的是：

- USS_DRV 功能块是 S7-1200 USS 通信的主体功能块，必须在主 OB 中调用。
- USS_PORT 功能块是 S7-1200 进行 USS 通信的接口，可在主 OB 或中断 OB 中调用。
- USS_RPM 功能块是通过 USS 通信读取 MM440 的参数，必须在主 OB 中调用。
- USS_WPM 功能块是通过 USS 通信设置 MM440 的参数，必须在主 OB 中调用。

USS_ PORT 时间间隔为与每台变频器通信所需要的时间，表 6-13 给出了通信波特率与最小 USS_ PORT 时间间隔的对应关系。以小于 USS_ PORT 时间间隔的周期来调用 USS_ PORT 功能块并不会增加通信次数。变频器超时间隔是指当通信错误导致 3 次重试来完成通信时所需要的时间。默认情况下，USS 协议库在每次通信中自动重试最多 2 次。

表 6-13　通信波特率与最小 USS_ PORT 时间间隔的对应关系

波特率 /（bit/s）	最小 USS_PORT 调用间隔/ms	每台变频器的消息间隔超时/ms	波特率	最小 USS_PORT 调用间隔/ms	每台变频器的消息间隔超时/ms
1200	790	2370	19200	68.2	205
2400	405	1215	38400	44.1	133
4800	212.5	638	57600	36.1	109
9600	116.3	349	115200	28.1	85

6.4　S7-1200 的自由口通信

串口通信模块 CM 1241 RS232 和 CM 1241 RS422/485 都基于字符的支持自由口（即自由构建）协议，支持自由口协议的点对点通信（PtP）可提供最大的自由度和灵活性，但需要在用户程序中包含大量的实现，可用于实现多种可能性，能够将信息直接发送到外部设备，能够从其他设备（例如条码阅读器、RFID 阅读器、第三方其他设备）接收信息，能够与其他设备（例如 GPS 设备、无线调制解调器）交换信息（发送和接收数据）。

在 STEP7 中，自由路口通信指令有：PORT_CFG 设置端口指令、SEND_CFG 发送参数指令、RCV_CFG 接收参数指令，如图 6-11 所示。

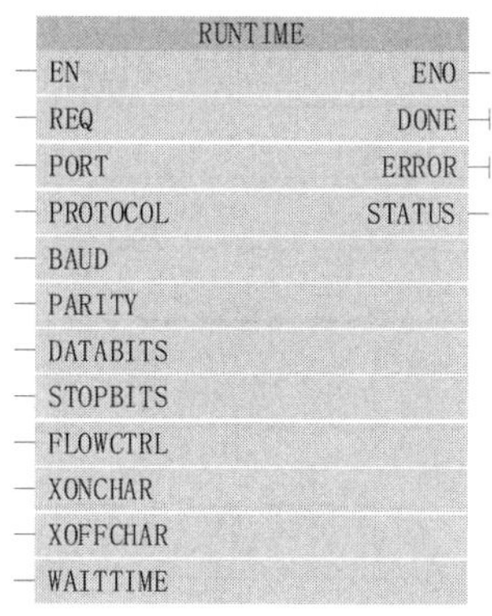

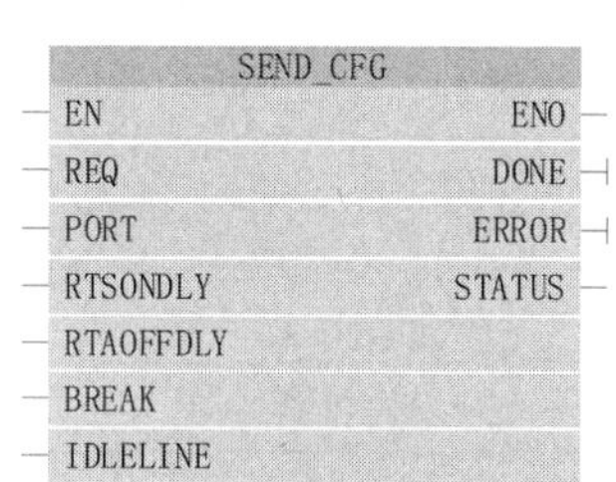

图 6-11　自由口通信指令

端口参数含义分别如表 6-14～表 6-16 所示。

表 6-14　PORT_CFG 参数含义

参数	数据类型	说明
REQ	BOOL	在上升沿激活组态更改
PORT	PORT(UINT）	通信端口的 ID（HW ID）
PROTOCOL	UINT	传输协议，0 表示点对点通信协议
BAUD	UINT	端口的波特率
PARITY	UINT	端口的奇偶校验
DATABITS	UINT	每个字符的位数

续表

参数	数据类型	说明
STOPBITS	UINT	停止位的数目
FLOWCTRL	UINT	数据流控制
XONCHAR	CHAR	指示用做 XON 字符的字符，默认设置是字符 DC1（11H）
XOFFCHAR	CHAR	指示用做 XOFF 字符的字符，默认设置是字符 DC3（13H）
WAITIME	UINT	指定开始传输后 XON 或 CTS 的等待时间，默认设置 2000ms
DONE	BOOL	状态参数，为 1 表示任务已完成且未出错
ERROR	BOOL	状态参数，为 1 表示出现错误
STATUS	WORD	指令状态

表 6-15　SEND_CFG 参数含义

参数	数据类型	说明
REQ	BOOL	在上升沿激活组态更改
PORT	PORT(UINT)	通信端口的 ID（HW ID）
RTSONDLY	UINT	激活 RTS 后到开始传输要经过的时间，该参数不适用于 RS485 模块
RTSOFFDLY	UINT	传输结束后到禁用 RTS 要经过的时间，该参数不适用于 RS485 模块
BREAK	UINT	指定中断的位时间数，在消息开始时发送这些位时间数
IDLELINE	UINT	指定在消息开始时发送的中断后线路空闲信号的位时间数
DONE	BOOL	状态参数，为 1 表示任务已完成且未出错
ERROR	BOOL	状态参数，为 1 表示出现错误
STATUS	WORD	指令状态

表 6-16　RCV_CFG 参数含义

参数	数据类型	说明
REQ	BOOL	在上升沿激活组态更改
PORT	PORT(UINT)	通信端口的 ID
CONDITIONS	CONDITIONS	用户自定义的数据结构，定义开始和结束条件
DONE	BOOL	状态参数，为 1 表示任务已完成且未出错
ERROR	BOOL	状态参数，为 1 表示出现错误
STATUS	WORD	指令状态

利用自由口进行通信时，首先进行通信端口设置、发送参数设置和接收参数设置，然后在 CPU 中编程调用通信功能块发送和接收数据。

6.5　S7-1200 与 S7-1200 之间的以太网通信

S7-1200 CPU 与 S7-1200 CPU 之间的以太网通信可以通过 TCP 或 ISO on TCP 来实现，使

用的通信指令是在双方 CPU 调用 T_block 指令实现的。

T_block 有两种指令，带连接的通信指令和不带连接的通信指令。带连接的通信指令有 TSEND_C 和 TRCV_C，用于发送和接收数据并集成了连接建立/终止功能的简化指令；不带连接的通信指令有四条，TCON、TDISCON、TSEND、TDISCON，指令单独用于发送或接收数据或者用于建立或终止连接的指令。TSEND_C 指令兼具 TCON、TDISCON 和 TSEND 指令的功能，TRCV_C 指令兼具 TCON、TDISCON 和 TRCV 指令的功能。

6.5.1　带连接管理的通信指令

6.5.1.1　指令功能调用过程

带连接管理的通信指令把发送或接收指令与端口设置功能集成在一起，包括：TSEND_C（连接建立/终止，发送）、TRCV_C（连接建立/终止，接收），带连接的通信指令的功能调用过程如图 6-12 所示。

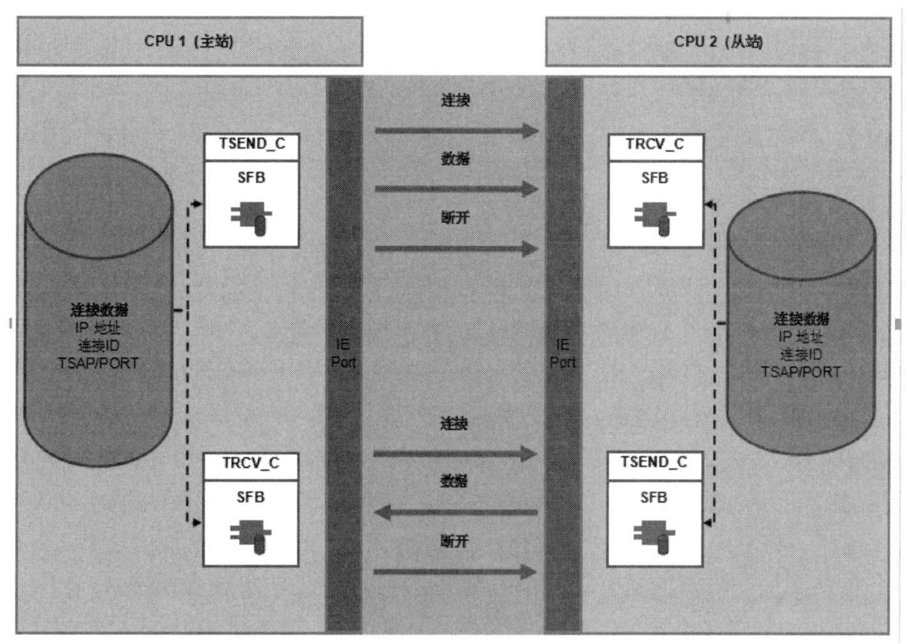

图 6-12　带连接管理的通信指令的功能调用过程

（1）TSEND_C 指令异步执行实现功能。

1）设置并建立通信连接。如果在参数 REQ 检测到上升沿并且尚不存在任何通信连接，则 TSEND_C 会设置并建立通信连接。设置并建立连接后，CPU 会自动保持和监视该连接。参数 CONNECT 中指定的连接描述用于设置通信连接。可以使用 TCP、ISO-on-TCP 和 UDP 协议的 TCON_Param 结构的连接类型。CPU 进入 STOP 模式时，将终止现有连接并移除所设置的相应连接，要再次设置并建立该连接，必须再次执行 TSEND_C。

2）通过现有的通信连接发送数据。在参数 REQ 中检测到上升沿时执行发送作业，用户使用参数 DATA 指定发送区。这包括要发送数据的地址和长度，使用参数 LEN 可指定通过一个发送作业发送的最大字节数。如果在 DATA 参数中使用符号名称，则 LEN 参数的值应为“0”，不能在 DATA 参数中使用数据类型为 BOOL 或 Array of BOOL 的数据区。在发送作业完成前不允许编辑要发送的数据。

3）终止通信连接。如果 REQ 参数处于上升沿时 CONT 参数的值为“0”则发送完数据后将终止通信连接，否则将保持通信连接；如果发送作业成功执行，则参数 DONE 将设置为“1”；参数 COM_RST 设置为“1”时，将复位 TSEND_C，如果此时传输数据，则数据可能会丢失。

（2）TRCV_C 指令异步执行实现功能。

1）设置并建立通信连接。如果 EN_R 参数=“1”并且不存在通信连接，则 TRCV_C 会设置并建立通信连接，建立连接后 CPU 会自动保持和监视该连接。参数 CONNECT 中指定的连接描述用于设置通信连接，可用 TCP、ISO-on-TCP 和 UDP 协议的 TCON_Param 结构的连接类型。

CPU 进入 STOP 模式时将终止现有连接并移除所设置的相应连接，要再次设置并建立该连接，必须使用 EN_R =“1”再次执行 TRCV_C。如果在建立通信连接前将 EN_R 设置为“0”，则即使 CONT=“0”仍将建立并保持该连接，但是不会接收任何数据。

2）通过现有的通信连接接收数据。参数 EN_R 设置为值“1”时，启用数据接收，接收到的数据将输入到接收区中。根据所用的协议选项，通过参数 LEN（如果 LEN <>0）或者通过参数 DATA（如果 LEN = 0）的长度信息指定接收区长度。如果在 DATA 参数中使用纯符号值，则 LEN 参数的值必须为“0”。如果在首次接收数据前将 EN_R 设置为“0”，即使 CONT = 0 仍将保持该通信连接，但是不会接收任何数据（DONE 将保持为“0”）。

3）终止通信连接。如果启动所建立的连接时 CONT 参数的值为“0”，数据接收完成后将终止通信连接，否则将保持通信连接。如果接收作业成功执行，则参数 DONE 将设置为“1”。置位参数 COM_RST 时，TRCV_C 将复位，如果再次执行该指令时正在接收数据，可能会导致数据丢失。

6.5.1.2　TSEND_C 和 TRCV_C 端口参数

TSEND_C 和 TRCV_C 指令符号如图 6-13 所示，TSEND_C 可与伙伴站建立 TCP 或 ISOon TCP 通信连接、发送数据，并且可以终止该连接，设置并建立连接后，CPU 会自动保持和监视该连接。TRCV_C 可与伙伴 CPU 建立 TCP 或 ISOon TCP 通信连接，可接收数据，并且可以终止该连接，设置并建立连接后，CPU 会自动保持和监视该连接。

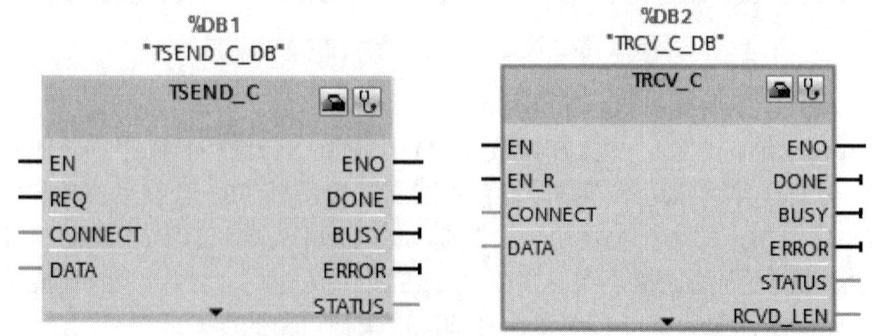

图 6-13　带连接管理的通信指令

TSEND_C 和 TRCV_C 参数的参数说明见表 6-17。

表 6-17　通信指令端口参数类型与说明

参数	数据类型	说明
REQ(TSEND_C)	BOOL	在上升沿启动发送作业
EN_R(TRCV_C)	BOOL	启用接收
CONT	BOOL	控制通信连接：0—数据发送完成后断开通信连接；1—建立并保持通信连接
LEN	UDInt	可选参数（隐藏），通过作业发送（或接收）的最大字节数。如果在 DATA 参数中使用纯符号值，则 LEN 参数的值必须为“0”
ADHOC(TRCV_C)	Bool	可选参数，TCP 连接类型的特殊模式请求
CONNECT	TCON_Param	指向与待描述连接结构对应的连接描述的指针
DATA	Variant	指向包含以下内容的发送区的指针：待发送数据的地址和长度(TSEND_C)或所接收数据的地址和最大长度（TRCV_C）
ADDR	Variant	可选参数（隐藏），指向连接类型为 UDP 的接收方地址的指针
COM_RST	Bool	重新启动该指令：0—不相关；1—完全重新启动该指令
DONE	Bool	0—发送作业尚未启动或仍在执行；1—发送作业已正确无误地执行
BUSY	Bool	状态参数：0—发送作业尚未开始或已完成；1—发送作业尚未完成
ERROR	Bool	状态参数：0—无错误；1—连接、传输数据或终止过程中发生错误
STATUS	Word	指令状态。出现通信错误时，指示错误代码
RCVD_LEN(TRCV_C)	Int	实际接收到的数据量（字节）

TSEND_C 指令需要通过 REQ 输入参数的上升沿来启动发送作业，BUSY 参数在处理期间会设置为 1。发送作业完成时，将通过 DONE 或 ERROR 参数被设置为 1 并持续一个扫描周期进行指示，此期间将忽略 REQ 输入参数的上升沿。

TSEND_C 指令传送的数据与 TRCV_C 指令的 DATA 参数大小相同，如果 TSEND_C 传输的数据大小不等于 TRCV_C DATA 参数大小，那么 TRCV_C 会保持在忙碌状态（状态代码：7006），直到从 TSEND_C 传输数据等于 TRCV_C DATA 参数大小。

可使用 BUSY、DONE、ERROR 和 STATUS 参数检查执行状态。参数 BUSY 表示作业正在执行，使用参数 DONE 可以检查发送作业是否已成功执行完毕，如果执行通信过程中出错则将置位 ERROR 参数，状态表示如表 6-18 所示。

表 6-18　BUSY、DONE、ERROR 参数状态表示

BUSY	DONE	ERROR	代表状态说明
1	0	0	正在处理发送作业
0	1	0	发送作业已成功完成
0	0	1	连接建立或发送作业已完成，但存在一个错误，出错原因在参数 STATUS 中指定
0	0	0	未分配新的发送作业

6.5.2 不带连接管理的通信指令

6.5.2.1 指令功能调用过程

不带连接的通信指令把发送或接收数据与建立或终止连接的指令分离开来，包括：TCON（连接建立）、TDISCON（连接终止）、TSEND（发送）、TRCV（接收）。TCON、TDISCON、TSEND 和 TRCV 异步运行，即作业处理需要多次执行指令来完成，如图 6-14 所示。

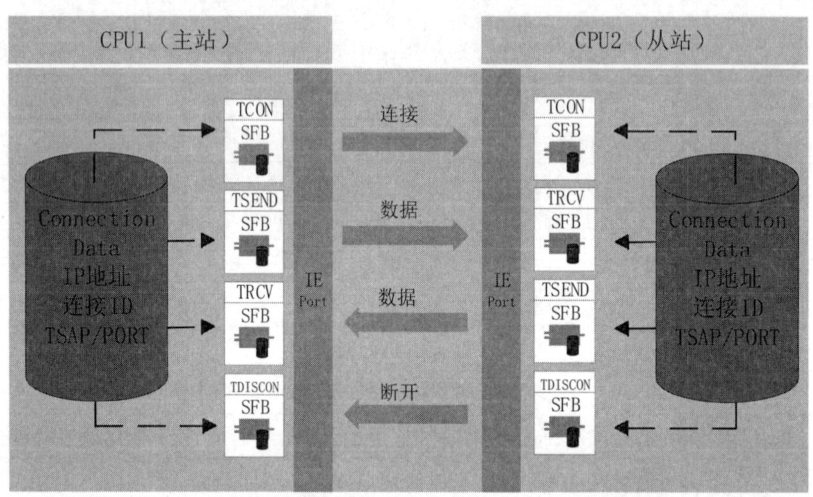

图 6-14 不带连接管理的通信指令的功能调用过程

6.5.2.2 不带连接通信指令端口参数说明

TCON 在客户机与服务器 CPU 之间建立 TCP/IP 连接，TSEND、TRCV 发送和接收数据，TDISCON 断开连接，指令符号分别如图 6-15 和图 6-16 所示。

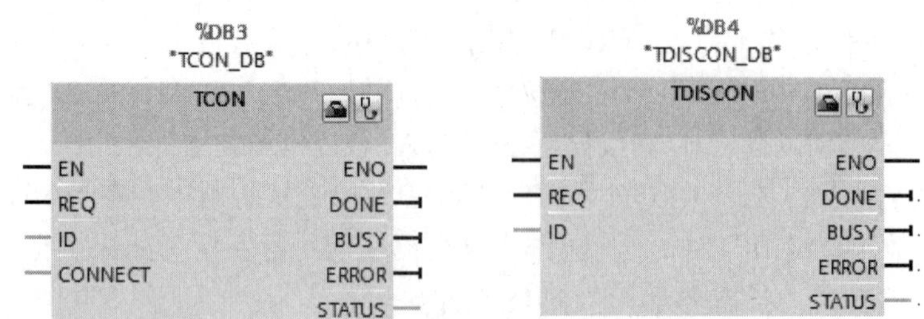

图 6-15 通信连接建立与断开通信指令

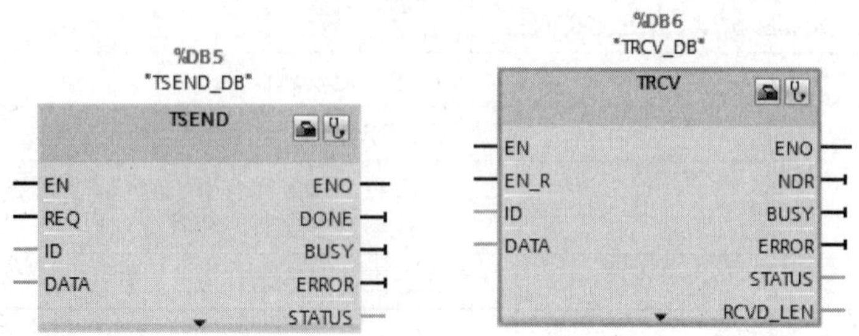

图 6-16 发送与接收通信指令

两个通信伙伴都执行 TCON 指令来设置和建立通信连接，用户使用参数指定主动和被动通信端点伙伴。设置并建立连接后，CPU 会自动保持和监视该连接；如果连接终止，主动伙伴将尝试重新建立组态的连接，不必再次执行 TCON；执行 TDISCON 指令或 CPU 切换到 STOP 模式后，会终止现有连接并删除所设置的连接，要设置和重新建立连接，必须再次执行 TCON。

TCON 和 TDISCON 参数的数据类型见表 6-19，TSEND 和 TRCV 参数的数据类型见表 6-20。

表 6-19 TCON 和 TDISCON 参数的数据类型

参数	数据类型	说明
REQ	BOOL	在上升沿时，启动相应作业以建立 ID 所指定的连接。
ID	Word	引用已分配的连接。值范围：W#16#0001 到 W#16#0FFF
CONNECT(TCON)	VARIANT	指向连接描述的指针
DONE	UDInt	状态参数：0-作业尚未启动或仍在执行；1-作业已成功执行
BUSY	Bool	状态参数：0-作业未启动或已完成；1-作业尚未完成
ERROR	Bool	状态参数 ERROR：0-无错误；1-已出错
STATUS	Word	指令状态

表 6-20 TSEND 和 TRCV 参数的数据类型

参数	数据类型	说明
REQ	BOOL	TSEND：在上升沿启动发送作业。
EN_R	BOOL	TRCV：允许 CPU 进行接收；EN_R = 1 时，TRCV 准备接收
ID	Word	指向相关连接的引用，必须与本地连接描述信息内的参数 ID 相同
LEN	UDInt	要发送（TSEND）或接收（TRCV）的最大字节数：默认= 0，DATA 参数确定要发送或接收的数据长度；特殊模式 = 65535，设置可变长度的数据接收（TRCV）
ADHOC(TRCV_C)	Bool	可选参数（隐藏），TCP 连接类型的特殊模式请求
NDR	Bool	对于 TRCV，NDR = 0：作业未开始或仍在运行；NDR = 1：作业已成功完成
DONE	Bool	对于 TSEND，0：作业尚未开始或仍在运行；1：无错执行作业
BUSY	Bool	状态参数：0-发送作业尚未开始或已完成；1-发送作业尚未完成
ERROR	Bool	ERROR = 1：处理期间出错。STATUS 提供错误类型的详细信息
STATUS	Word	包括错误信息的状态信息
RCVD_LEN(TRCV_C)	Int	实际接收到的数据量（字节）

6.5.3 S7-1200 以太网通信组态

实现两个 CPU 之间通信的具体操作步骤如下。

（1）建立硬件通信物理连接：由于 S7-1200 CPU 的 PROFIENT 物理接口支持交叉自适应功能，因此连接两个 CPU 既可以使用标准的以太网电缆也可以使用交叉的以太网线。两个 CPU 的连接可以直接连接，不需要使用交换机。

CPU 1215C 具有内置的双端口以太网交换机与另外两个 S7-1200 CPU 的网络，也可以使用安装在机架上的 CSM1277 4 端口以太网交换机来连接多个 CPU 和 HMI 设备。

（2）配置硬件设备：在“Device View”中配置硬件组态。使用设备配置的“网络视图”（Network view）在项目中的各个设备之间创建网络连接。创建网络连接之后，使用巡视窗口的“属性”（Properties）选项卡组态网络的参数。

（3）分配永久 IP 地址：为两个 CPU 分配不同的永久 IP 地址。如果编程设备使用板载适配器卡连接到工厂 LAN，那么编程设备和 CPU 必须存在于同一子网上，设备的 IP 地址和子网掩码的组合即可指定设备的子网。网络 ID 是 IP 地址的第一部分（前三个八位位组）（例如，211.154.184.16），它决定用户所在的 IP 网络。

子网掩码的值通常为 255.255.255.0；然而如果计算机处于工厂 LAN 中，子网掩码可能有不同的值（例如 255.255.254.0）以设置唯一的子网。在子网掩码以 AND 逻辑操作方式与设备 IP 地址组合时，可定义 IP 子网的边界。

（4）在网络连接中建立两个 CPU 的逻辑网络连接。使用设备配置的“网络视图”（Network view）在项目中的各个设备之间创建网络连接。创建网络连接之后，使用巡视窗口的“属性”（Properties）选项卡组态网络的参数。

（5）编程配置连接及发送、接收数据参数。本地/伙伴（远程）连接定义两个通信伙伴的逻辑分配以建立通信服务。连接定义了内容：涉及的通信伙伴（一个主动，一个被动）、连接类型（例如，PLC、HMI 或设备连接）、连接路径。

在两个 CPU 里分别调用 TSEND_C、TRCV_C 通信指令，或者不带连接的指令 TCON、TDISTON、TSEND、TRCV，并配置参数，使能双边通信。

通信伙伴执行指令来设置和建立通信连接，用户使用参数指定主动和被动通信端点伙伴。设置并建立连接后，CPU 会自动保持和监视该连接；如果连接终止（例如，因断线），主动伙伴将尝试重新建立组态的连接。不必再次执行通信指令。

下面通过一个简单例子演示 S7-1200 PLC 之间以太网通信的组态步骤。

例 6-1：利用以太网通信，将 PLC_1 的通信数据区 DB 块中的 100 字节的数据发送到 PLC_2 的接收数据区 DB 块中，PLC_1 的 QB0 接收 PLC_2 发送的数据 IB0 的数据。

（1）打开博途软件，创建新项目，添加两个 PLC，打开 PLC_1 与 PLC_2 设备视图，设置启用系统和时钟存储器，如图 6-17 所示。

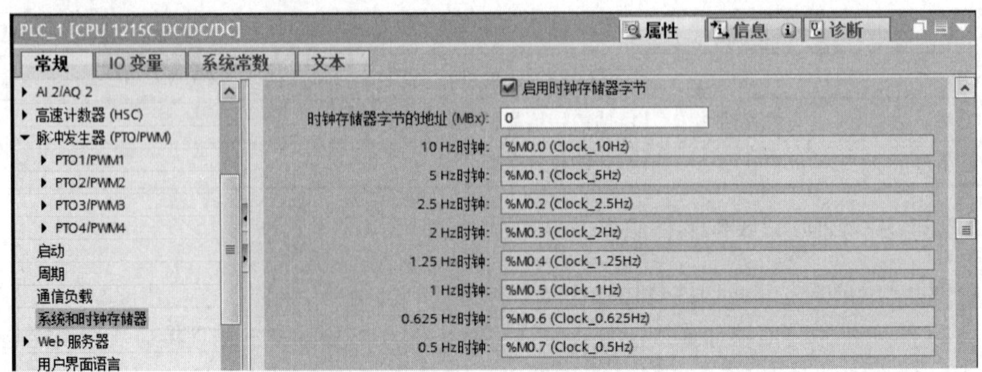

图 6-17　启用系统和时钟存储器

（2）打开 PLC_1 的 PROFINET 接口的常规属性，双击 PROFINET 地址栏，单击添加新子网按钮，添加一个新子网，自动生成子网名 PN/IE_1，修改地址，如图 6-18 所示。

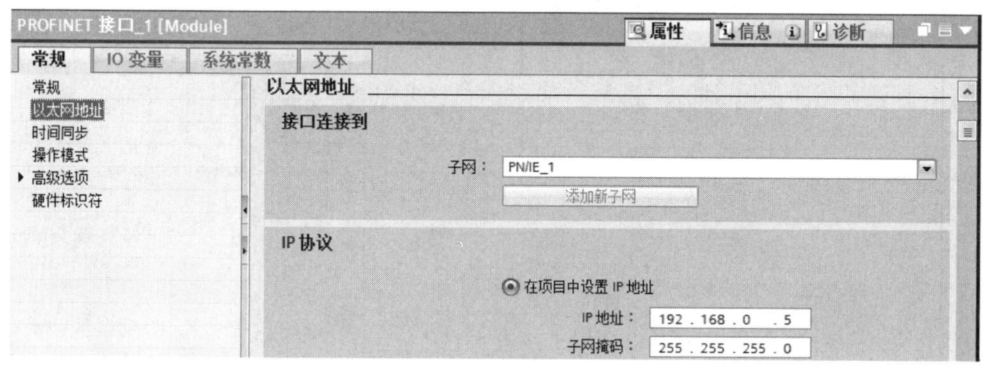

图 6-18　PLC_1 的网络设置

（3）在 PLC_2 设备视图，打开 PLC_2 的 PROFINET 接口的常规属性，双击 PROFINET 地址栏，单击子网右侧的下三角按钮，将 PLC_2 连接到建立的子网并修改地址，操作过程与 PLC_1 相同。

（4）打开拓扑视图，建立拓扑连接，如图 6-19 所示。

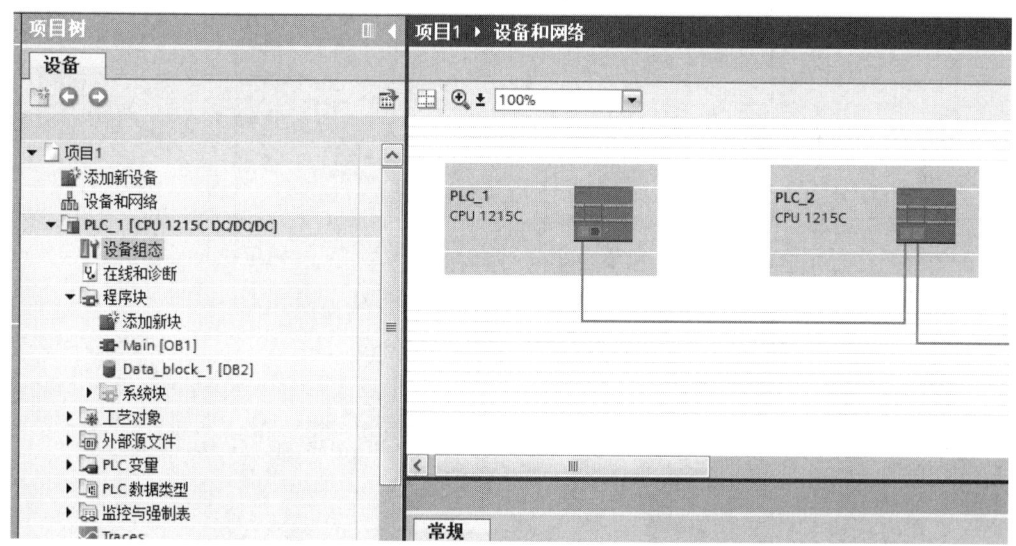

图 6-19　建立拓扑连接

（5）在 PLC_1 中调用 TSEND_C 指令，选中指令，打开属性对话框“连接参数”，定义 TSEND_C 连接参数，如图 6-20 所示。

（6）定义 PLC_1 的 TSEND_C 发送通信块接口参数。根据所使用的接口参数定义变量表，如图 6-21 所示；添加数据块，在数据块中定义 100 字节的发送数组，如图 6-22 所示；选中 TSEND_C 指令拖到编辑区，选择其属性对话框中的“块参数”项，设置参数，如图 6-23 所示；设置完块参数，程序编辑器中的指令参数将随之更新，如图 6-24 所示。

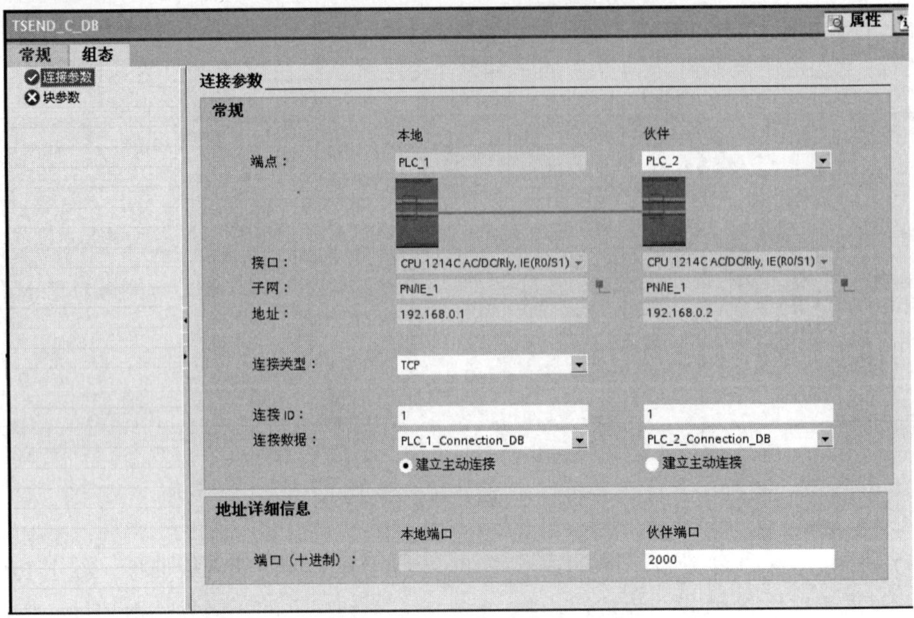

图 6-20　TSEND_C 参数定义

PLC 变量

	名称	数据类型	地址
1	2Hz时钟	Bool	%M0.3
2	输入数据	Byte	%IB0
3	T_C_COMR	Bool	%M10.0
4	TSENDC_DONE	Bool	%M10.1
5	TSEND_BUSY	Bool	%M10.2
6	TSENDC_ERROR	Bool	%M10.3
7	TSENDC_STATUS	Word	%MW12
8	输出数据	Byte	%QB0
9	TRCV_NDR	Bool	%M10.4
10	TRCV_BUSY	Bool	%M10.5
11	TRCV_ERROR	Bool	%M10.6
12	TRCV_RCVD_LEN	UInt	%MW16
13	TRCV_STATUS	Word	%MW14

图 6-21　PLC_1 中变量表定义

数据块_1

	名称	数据类型	启动值	保持性	可从 HMI ...	在 HMI ...	设置值
1	▼ Static			☐	☐	☐	☐
2	▼ send	Array[0..99] ...		☐	☑	☑	☐
3	send[0]	Byte	16#0	☐	☑	☑	☐
4	send[1]	Byte	16#0	☐	☑	☑	☐
5	send[2]	Byte	16#0	☐	☑	☑	☐
6	send[3]	Byte	16#0	☐	☑	☑	☐
7	send[4]	Byte	16#0	☐	☑	☑	☐
8	send[5]	Byte	16#0	☐	☑	☑	☐
9	send[6]	Byte	16#0	☐	☑	☑	☐
10	send[7]	Byte	16#0	☐	☑	☑	☐
11	send[8]	Byte	16#0	☐	☑	☑	☐
12	send[9]	Byte	16#0	☐	☑	☑	☐
13	send[10]	Byte	16#0	☐	☑	☑	☐
14	send[11]	Byte	16#0	☐	☑	☑	☐
15	send[12]	Byte	16#0	☐	☑	☑	☐
16	send[13]	Byte	16#0	☐	☑	☑	☐

图 6-22　发送数据块的数组定义

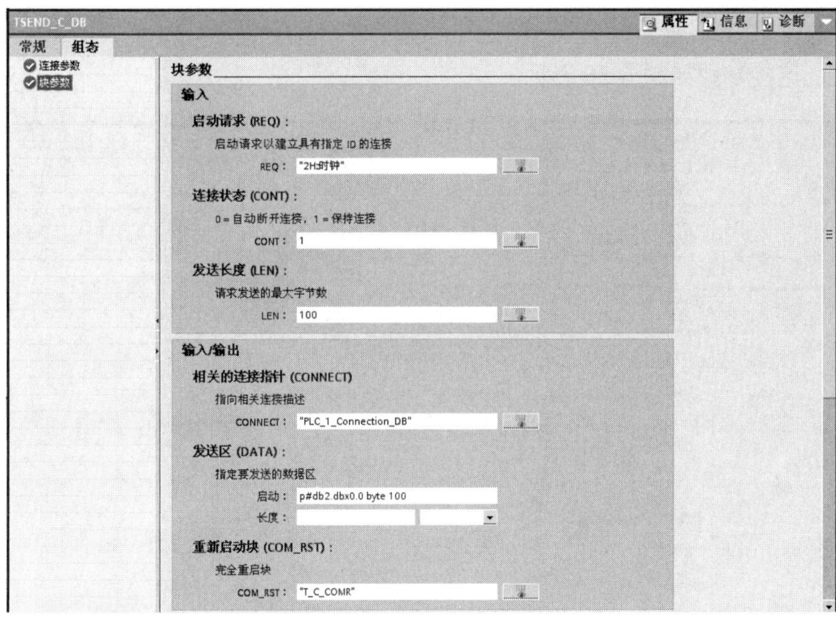

图 6-23　定义 TSEND_C 接口参数

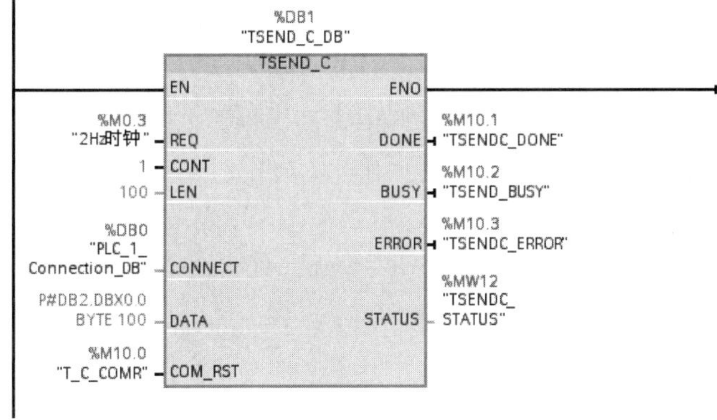

图 6-24　TSEND_C 接口参数

（7）在 OB1 中调用 TRCV 接收指令并配置基本参数，接口参数配置如图 6-25 所示。

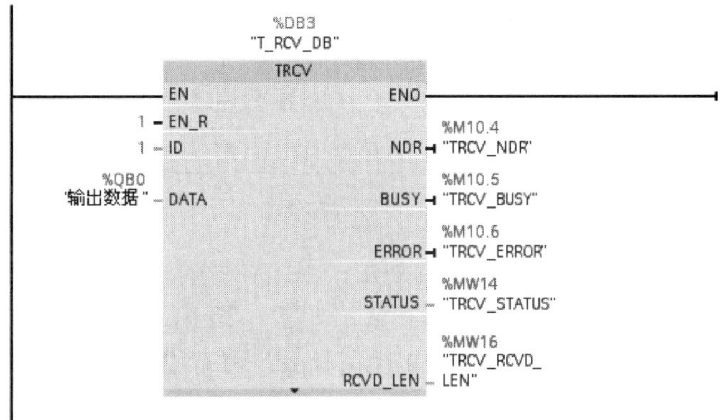

图 6-25　TRCV 接收指令并配置基本参数

（8）要实现前述通信要求，还需要在 PLC_2 中调用并配置 TRCV_C、T_SEND 通信指令。定义 TRCV_C 连接参数如图 6-26 所示。

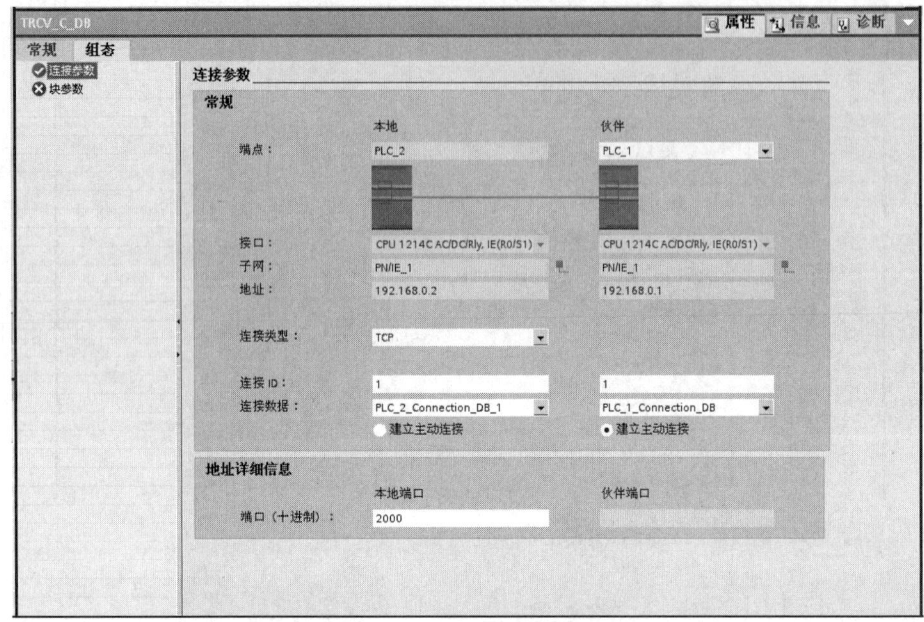

图 6-26　定义 TRCV_C 的连接参数

（9）在 PLC_2 中新加数据块，在数据块中定义接收数据区为 100 字节的数组，勾选保持性，如图 6-27 所示。

数据块_1

	名称	数据类型	启动值	保持性	可从 HMI ...	在 HMI ...	设置值
1	▼ Static			☐	☐	☐	☐
2	▪ ▼ recive	Array[0..100...		☑	☑	☑	☐
3	▪ recive[0]	Byte	16#0	☑	☑	☑	☐
4	▪ recive[1]	Byte	16#0	☑	☑	☑	☐
5	▪ recive[2]	Byte	16#0	☑	☑	☑	☐
6	▪ recive[3]	Byte	16#0	☑	☑	☑	☐
7	▪ recive[4]	Byte	16#0	☑	☑	☑	☐
8	▪ recive[5]	Byte	16#0	☑	☑	☑	☐
9	▪ recive[6]	Byte	16#0	☑	☑	☑	☐
10	▪ recive[7]	Byte	16#0	☑	☑	☑	☐
11	▪ recive[8]	Byte	16#0	☑	☑	☑	☐
12	▪ recive[9]	Byte	16#0	☑	☑	☑	☐
13	▪ recive[10]	Byte	16#0	☑	☑	☑	☐
14	▪ recive[11]	Byte	16#0	☑	☑	☑	☐
15	▪ recive[12]	Byte	16#0	☑	☑	☑	☐
16	▪ recive[13]	Byte	16#0	☑	☑	☑	☐

图 6-27　接收数组定义

（10）定义所使用的变量表，如图 6-28 所示。

（11）定义接收通信块 TRCV_C 数据参数，如图 6-29 所示。

（12）在 PLC_2 中调用并配置 TSEND 通信指令，PLC_2 将 I/O 数据 IB0 送到 PLC_1 的 QB0 中去，如图 6-30 所示。

PLC 变量

	名称	数据类型	地址
1	T_C_COMR	Bool	%M10.0
2	TRCVC_DONE	Bool	%M10.1
3	TRCVC_BUSY	Bool	%M10.2
4	TRCVC_ERROR	Bool	%M10.3
5	TRCVC_STATUS	Word	%MW12
6	TRCVC_RCVLEN	UInt	%MW14
7	输入字节0	Byte	%IB0
8	TSEND_DONE	Bool	%M10.4
9	TSEND_BUSY	Bool	%M10.5
10	TSEND_ERROR	Bool	%M10.6
11	TSEND_STATUS	Word	%MW16
12	2Hz时钟	Bool	%M0.3

图 6-28　PLC_2 中变量表定义

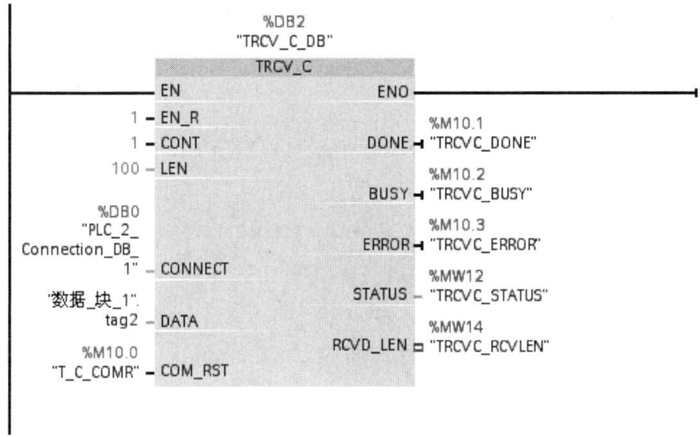

图 6-29　定义 TRCV_C 通信参数

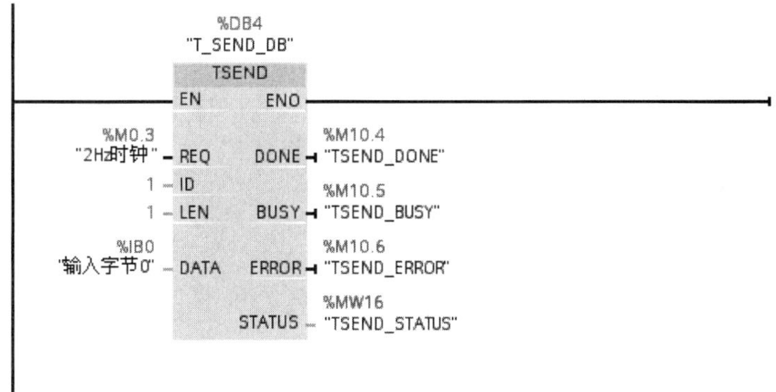

图 6-30　TSEND 通信指令参数定义

（13）下载程序并启动 PLC 运行，改变发送数据，观察现象。

以上讲述了 S7-1200 CPU 之间的以太网通信，对于 S7-1200 CPU 与 S7-200 CPU 之间的通信只能通过 S7 通信来实现，因为 S7-200 的以太网模块只支持 S7 通信。由于 S7-1200 的 PROFINET 通信接口只支持 S7 通信的服务器端，所以 S7-1200 CPU 与 S7-200 CPU 之间的通信的编程方面，S7-1200 CPU 不用做任何工作，只需为 S7-1200 CPU 配置好以太网地址并下载下去，主要编程工作都在 S7-200 CPU 一侧完成，需要将 S7-200 的以太网模块设置成客户端，并用 ETHx_XFR 指令编程通信，此处不再详述。

6.6　项目实训——PLC 与变频器通信设计

变频器是工业控制中必不可少的驱动装置，利用 PLC 的对变频器通信，可以实现对电机控制的远程和设备的网络化连接，变频器的 USS 通信控制在工业中有着广泛应用。

1. 实训目的

（1）掌握变频器 MM440 的参数设置方法。

（2）掌握 USS 通信指令的组态设计。

2. 实训设备

使用的设备包括 PLC、变频器和交流电机：

（1）控制器与通信模块：S6-1215C DC/DC/DC、CM1241 RS485（6ES7 241 -1CH30 -0XB0）、CSM 1277（6GK7276-1AA00-0AA0）。

（2）MM440 变频器：MM440（6SE6440 -2AB11-2AA1）、MICROMASTER 4 ENCODER MODULE（6SE6400-0EN00-0AA0）。

（3）电机：SIEMENS MOTOR（1LA7060-4AB10-Z）。

（4）通信介质：USS 通信电缆（6XV1830-0EH10）。

3. 硬件连接线路

MM440 接线端子与端子定义如图 6-31 所示。

端子号	名称	功能
1	-	电源输出 10 V
2	-	电源输出 0 V
29	P+	RS 485 信号 +
30	N-	RS 485 信号 -

图 6-31　变频器端子定义

4. 变频器参数设置

MM 440 的参数分为几个访问级别，与 S7-1200 连接时，需要设置的主要有“控制源”和“设定源”两组参数。要设置此类参数，需要“专家”参数访问级别，即首先需要把 P0003 参数设置为 3。

控制源参数设置：控制命令控制驱动装置的启动、停止、正/反转等功能，控制源由参数 P0700 设置，含义见表 6-21。

表 6-21　参数 P0700 取值含义

取值	功能说明
0	工厂缺省设置
1	BOP（操作键盘）控制
2	由端子排输入控制信号
4	BOP Link 上的 USS 控制
5	COM Link（端子 USS 接口）上的 USS 控制
6	COM Link 上的 CB（通信接口板）控制

设定源由参数 P1000 设置见表 6-22。

表 6-22　设定源由参数 P1000 取值含义

取值	功能说明
0	无主设定
1	MOP 设定值
2	模拟量输入设定值
3	固定频率
4	BOP Link 上的 USS 设定
5	COM Link 上的 USS 设定
6	COM Link 上的 CB 设定
7	模拟量输入 2 设定值

此处以控制源和设定源都来自 COM Link 上的 USS 通信为例，进行 USS 通信的参数设置。主要参数设置：

- P0700：设置 P0700[0]=5，即控制源来自 COM Link 上的 USS 通信。
- P1000：设置 P1000[0]=5，即设定源来自 COM Link 上的 USS 通信。
- P2009：决定是否对 COM Link 上的 USS 通信设定值规格化。为 0－设定为 MM440 中的频率设定范围的百分比形式；为 1－对 USS 通信设定值规格化，即设定值为绝对的频率数值。
- P2010：设置 COM Link 上的 USS 通信速率，支持的通信波特率见表 6-23。

表 6-23　通信速率的设置

4	2400 bit/s	8	38400 bit/s
5	4800 bit/s	9	57600 bit/s
6	9600 bit/s	12	115200 bit/s
7	19200 bit/s		

- P2011：设置 P2011[0] = 0 至 31，COM Link 上的 USS 通信口在网络上的从站地址。
- P2012：设置 P2012[0] = 2，即 USS PZD 区长度为 2 个字长。

- P2013：设置 P2013[0] = 127，即 USS PKW 区的长度可变。
- P2014：设置 P2014[0] = 0 至 65535，即 COM Link 上的 USS 通信控制信号中断超时时间，单位为 ms；如设置为 0，则不进行此端口上的超时检查。
- P0971：设置 P0971 = 1，上述参数将保存入 MM440 的 EEPROM 中。

5. USS 功能块编程设计

（1）在 OB1 组织块编写 USS_DRV 功能指令，读取 MM440 的状态以及控制 MM440 的运行，USS_DRV 功能块的编程如图 6-32 所示。

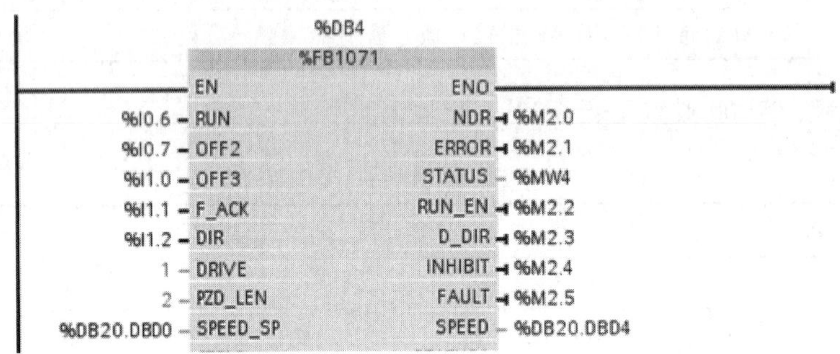

图 6-32　USS_DRV 功能块参数设置

USS_DRV_DB：进行 USS 通信的数据块。

RUN：指定 DB 块的 MM440 启动指令。

OFF2：紧急停止，该位为 0 时停车。

OFF3：快速停车，该位为 0 时停车。

F_ACK：MM440 故障确认。

DIR：MM440 控制电机的转向。

SPEED_SP：MM440 的速度设定值。

NDR：新数据就绪。

ERROR：程序输出错误。

RUN_EN：MM440 运行状态指示。

D_DIR：MM440 运行方向状态指示。

INHIBIT：MM440 是否被禁止的状态指示。

FAULT：MM440 故障。

SPEED：MM440 的反馈的实际速度值。

DRIVE：MM440 的 USS 站地址。

MM440 参数 P2011 设置。

PZD_LEN：PZD 数据的字数，有效值 2，4，6 或 8 个字，MM440 参数 P2012 设置。

（2）USS 通信接口参数功能块的编程。创建组织块 Cyclic Interrupt，编写 USS_PORT，参数设置如图 6-33 所示。

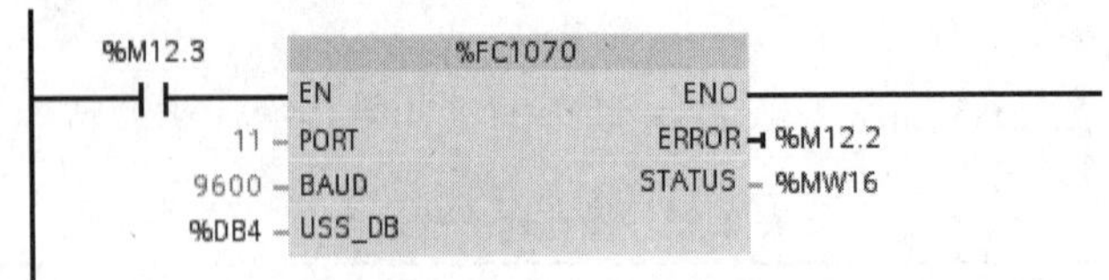

图 6-33　USS_PORT 功能块参数设置

PORT：通信模块标识符：在默认变量表的“常量”（Constants）选项卡内引用的常量。

BAUD：指的是和 MM440 进行通行的速率，MM440 在参数 P2010 中进行设置。

USS_DB：引用在用户程序中放置 USS_DRV 指令时创建和初始化的背景数据块。

（3）USS_RPM 功能块。在 OB1 中编写，读取 MM440 参数，编程如图 6-34 所示。

DRIVE：MM440 的 USS 站地址。

PARAM：MM440 的参数代码。

INDEX：MM440 的参数索引代码。
USS_DB：指定 MM440 进行 USS 通信的数据块。
DONE：读取参数完成。
ERROR：读取参数错误。
STATUS：读取参数状态代码。
VALUE：所读取的参数的值。

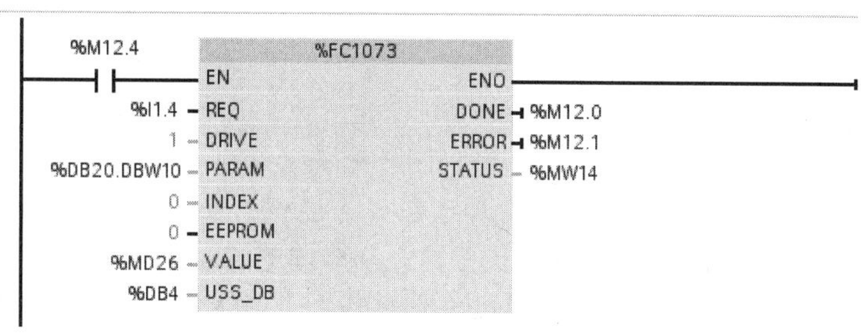

图 6-34　USS_RPM 功能块参数设置

（4）USS_WPM 功能块。在 OB1 块中编写指令，向 MM440 写入参数，编程如图 6-35 所示。

REQ：写参数请求。
DRIVE：MM440 的 USS 站地址。
PARAM：MM440 的参数代码。
INDEX：MM440 的参数索引代码。
VALUE：设置参数的值。
DONE：读取参数完成。
ERROR：读取参数错误状态。
STATUS：读取参数状态代码。
USS_DB：通信的数据块。
EEPROM：参数存储到 MM440 的 EEPROM。

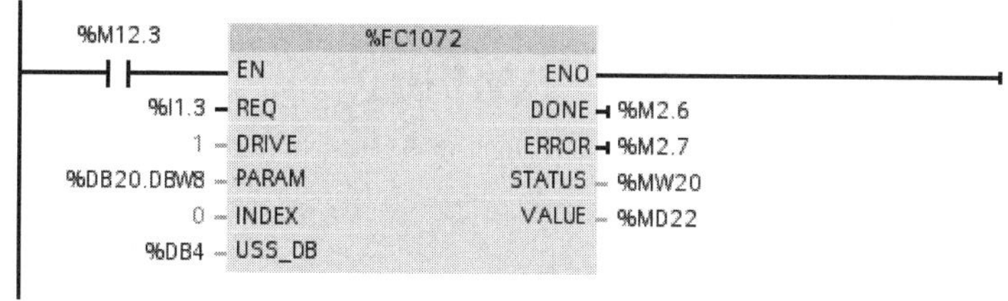

图 6-35　USS_WPM 功能块参数设置

6．实训思考

（1）S7-1200 与 MM440 进行 USS 通信控制时，如何设置变频器参数？

（2）USS 通信过程中，如果读写指令同时使能，是否可以正常通信？

思考练习题

1．简述 S7-1200 串口通信的种类。

2．编程实现 S7-1200 双机的以太网通信程序，要求 PLC1 中实时采集 1～5V 的电压模拟量数据传送到 PLC2 中存储，进行转换处理后把电压值显示在数码管上。

3．简述 MODBUS RTU 通信指令的类型和作用。

4．简述 USS 通信指令的类型及作用。

5．S71200 CPU 以太网通信有哪几种协议？简述其特点。

6．带连接管理的以太网通信指令有哪几种，简述其实现功能。

第 7 章　SIMATIC 精智面板的组态应用

【本章导读】

随着自动化技术的发展和进步，触摸屏已经成为现代工业控制领域中主要的人机交互工具。西门子公司推出的 SIMATIC 精致面板系列包括触摸型面板和按键型面板，具有丰富的图形功能，该面板操作简单、品种丰富、坚固可靠等特点。SIMATIC STEP 7 Basic 提供了直观易用的编辑器，用于对 SIMATIC S7-1200 和 SIMATIC HMI 精智面板进行高效组态，为自动化系统集成应用提供了一种简单的可视化解决方案。

【本章主要知识点】

- 人机界面的概念、作用和类型，西门子精致面板的型号、结构。
- 触摸屏使用的参数类型，画面的建立。
- 画面对象的组态，包括：按钮、开关的组态应用，图形和符号 I/O 域的组态，棒图和时间域组态，动画的组态。
- 报警的类别、构成，报警视图的组态及应用。

7.1　HMI 概述

7.1.1　HMI 的概念

在工业自动化控制系统中，操作人员需要实时改变某些系统参数，也需要了解、掌握控制系统中的一些实时信息。为实现这样的功能，就需要在“人”和“机器”之间架起一座桥梁，即需要一些设备来完成这些功能。这些能在“人”和“机器”之间实现数据交换的设备就是 HMI（Human Machine Interface），即人机界面或人机接口。

在 20 世纪 90 年代中期之前，完成人机之间数据交换的手段比较落后，如使用七段数码管组来显示所需要观测的实时数据；20 世纪 90 年代中期以后出现了设定显示单元，它们是一种物美价廉的人机界面，可以实现大部分的数据设定和显示、报警等功能，但图形功能较差；20 世纪 90 年代末期开始出现了触摸屏，它不仅可用于参数的设置、数据的显示和存储，还具有丰富的图形功能；进入 21 世纪后，随着触摸屏性价比不断提高，触摸屏已经是现代工业自动化控制领域中不可或缺的辅助设备。

现代的 HMI 大致有三类：

（1）文本显示设定单元（TD，Text Display），是一种小型的和廉价的 HMI，只能进行最基本的参数设定和文字信息显示，不能显示画面，而且处理的信息量也有限，主要用于对 HMI 要求较低的场合。

（2）操作员面板（OP，Operale Panel），由液晶显示屏和薄膜按键组成，有些产品上的按键有 30 个左右，满足在恶劣环境使用，非常可靠和安全，每个按键有一百万次的使用寿命。

（3）触摸屏（TP，Touch Panel），不需要键盘和鼠标，只须用手轻触屏幕的相应位置即可实现参数设定、发布命令等操作。触摸屏直观、美观，安装方便，占用位置少，是现在 HMI 的主流产品。用户在触摸屏的屏幕上可以生成满足自己要求的触摸式按键，使用直观方便，易于操作，画面上的按钮和指示灯可以取代相应的硬件元件，减少 PLC 需要的端点数，降低系统的成本，提高设备的性能和附加价值。

7.1.2 SIMATIC HMI 精智面板

SIMATIC HMI 精智面板是西门子公司全新研发的触摸型面板和按键型面板产品系列，该产品系列包括下列三大类别：

- 显示屏尺寸分别为 4"、7"、9"、12"和 15"的五种按键型面板（通过键盘操作）。
- 显示屏尺寸分别为 7"、9"、12"、15"、19"和 22"的触摸型面板（通过触摸屏操作）。
- 显示屏尺寸为 4"的按键型和触摸型面板（通过键盘和触摸屏操作）。

每个 SIMATIC HMI 精智系列面板除了丰富的功能，还具有集成的 PROFINET 接口，通过它可以与控制器进行通讯，并且传输参数设置数据和组态数据。

SIMATIC HMI 精智面板的具体型号和订货号见表 7-1。

表 7-1 SIMATIC HMI 精智系列面板具体型号

名称	型式	部件编号
SIMATIC HMI KP400 Comfort	4"按键式面板	6AV2124-1DC01-0AX0
SIMATIC HMI KTP400 Comfort	4"触摸式/按键式面板	6AV2124-2DC01-0AX0
SIMATIC HMI KP700 Comfort	7"按键式设备	6AV2124-1GC01-0AX0
SIMATIC HMI TP700 Comfort	7"触摸式面板	6AV2124-0GC01-0AX0
SIMATIC HMI KP900 Comfort	9"按键式面板	6AV2124-1JC01-0AX0
SIMATIC HMI TP900 Comfort	9"触摸式面板	6AV2124-0JC01-0AX0
SIMATIC HMI KP1200 Comfort	12"按键式面板	6AV2124-1MC01-0AX0
SIMATIC HMI TP1200 Comfort	12"触摸式面板	6AV2124-0MC01-0AX0
SIMATIC HMI KP1500 Comfort	15"按键式面板	6AV2124-1QC02-0AX0， 6AV2124-1QC02-0AX1
SIMATIC HMI TP1500 Comfort	15"触摸式面板	6AV2124-0QC02-0AX0， 6AV2124-0QC02-0AX1
SIMATIC HMI TP1900 Comfort	19"触摸式面板	6AV2124-0UC02-0AX0， 6AV2124-0UC02-0AX1
SIMATIC HMI TP2200 Comfort	22"触摸式面板	6AV2124-0XC02-0AX0， 6AV2124-0XC02-0AX1

SIMATIC HMI 精智面板结构紧凑，可靠性高，环境适应强，每个面板都具有完整的相关功能。如图 7-1 所示，分别为 7" 按键式面板 KP700 Comfort 和触摸式 TP700 Comfort 设备的正视外观图。

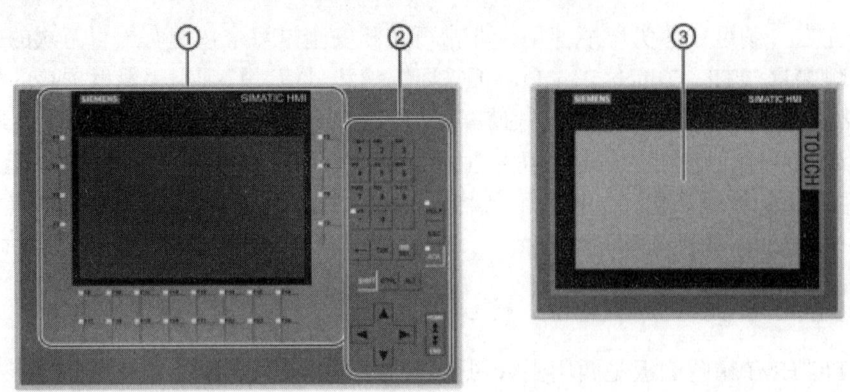

①带有功能键的显示屏；②键盘/系统按键；③触摸式显示屏

图 7-1　KP700 Comfort 和 TP700 Comfort 外观图

西门子 SIMATIC HMI 系列精智面板的装备见表 7-2。

表 7-2　精智系列面板装备

外壳	4" 型号是塑料外壳，所有 7" 及以上的设备型号都是铝外壳
安装形式	触摸型设备的安装和运行以横向和竖向形式进行组态操作界面时，必须选择相应的形式。此外，在 HMI 设备的 Start Center 中切换显示方向
接口	1～2 个 PROFINET 接口（KP400 Comfort 和 KTP400 Comfort 仅有 1 个 PROFINET 接口），15"及以上设备有另外的千兆位 PROFINET 接口，1 个 PROFIBUS 接口。USB2.0 主机接口（A 型），4"型号中 1 个，7"、9"和 12"型号中 2 个
显示屏	1600 万色宽屏格式的高分辨率 TFT 显示屏，超大可视角，亮度可任意调节
操作	按键型设备采用我们熟知的如移动电话应用的按键模式来输入文本和数字。所有可自由组态的功能键均有 LED。所有按键都有清晰的按压点，由此确保操作安全
软件	有 Internet Explorer 用于显示互联网页面，PDF、Excel 和 Word 文档的浏览器
数据保存	2 个存储卡插槽用来保存用户数据
控制器	从操作设备上可读取 SIMATIC 控制器的系统诊断，不需要附加编程设备

不同设备型号可用于有特殊要求的环境中：Comfort PRO Panels 防护等级满足 IP65 要求，可直接在机器上或恶劣环境下使用；Comfort Outdoor 系列面板可用于室内和户外应用，例如用于石油和天然气行业，船舶或冷却技术行业；Comfort INOX 系列面板用于有更高安全和卫生要求的领域，例如食品和饮料工业，制药行业和精细化学品行业。

7.2　触摸屏组态入门

7.2.1　HMI 工程的建立

使用 HMI 软件 WinCC 进行触摸屏组态，软件加装在“Totally Integrated Automation Portal”工程平台中，可以创建操作员用来控制和监视机器设备和工厂的画面。画面可以包含静态和动态元素：静态元素（例如文本或图形对象）在运行时不改变它们的状态；动态元素根据过程改变它们的状态，显示从 PLC 的存储器中输出或者以字母数字、趋势视图和棒图的形式显示 HMI 设备存储器中输出的过程值。

要使用触摸屏，必须在 TIA Portal 建立工程项目，添加触摸屏硬件，设置触摸屏显示样式，然后才能进行画面编辑工作，其步骤如下：

（1）首先打开 TIA Portal V13 软件，选择“创建新项目”，填写项目名称等信息，添加 PLC1215DC/DC/DC 后，然后添加触摸屏，这里选择精简面板 7 寸 TP700 为例，对应触摸屏型号（6AV2 124-0GC01-0AX0），该面板 7.0" TFT 显示屏，800×480 像素，16M 色。单击添加按钮后添加触摸屏，如图 7-2 所示。

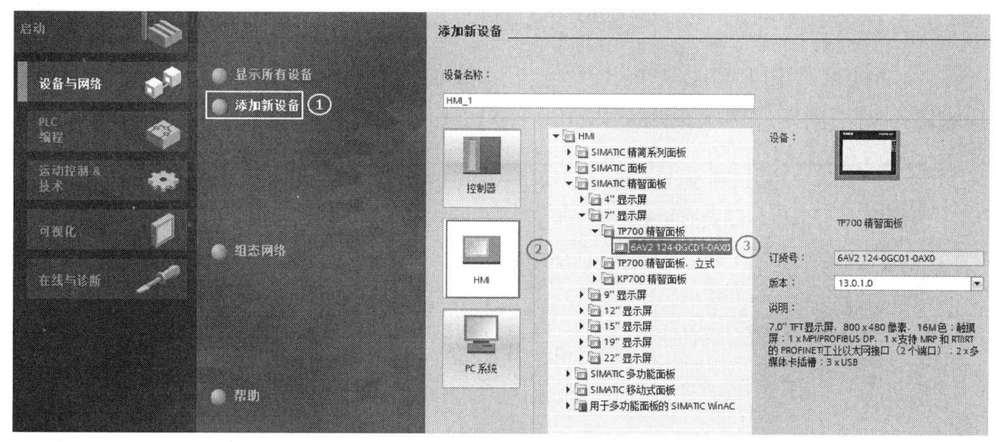

图 7-2　添加触摸屏

（2）在弹出的画面中选择“创建新设备”，选择对应的 PLC 设备进行连接，对触摸屏画面布局、报警、画面类型及按钮位置等参数进行设置，如果不需要设置画面布局和改变面板布置，可以直接单击缺省界面，如图 7-3 所示。

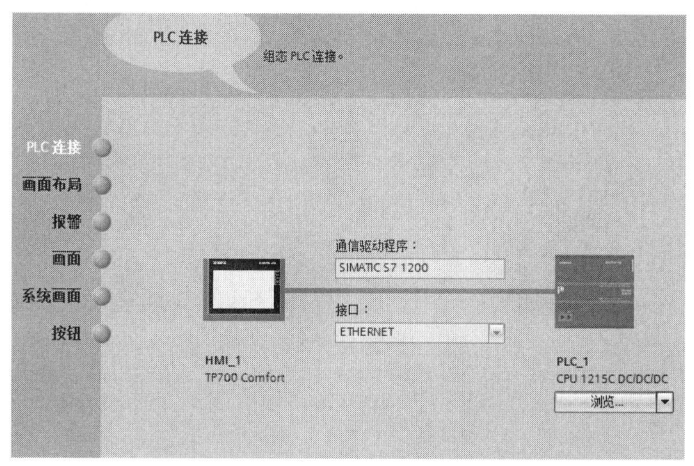

图 7-3　触摸屏画面参数设置

（3）单击设备和网络，进入网络设备画面，我们看到添加的触摸屏和相对应的 PLC 已经通过以太网连接起来，如图 7-4 所示。

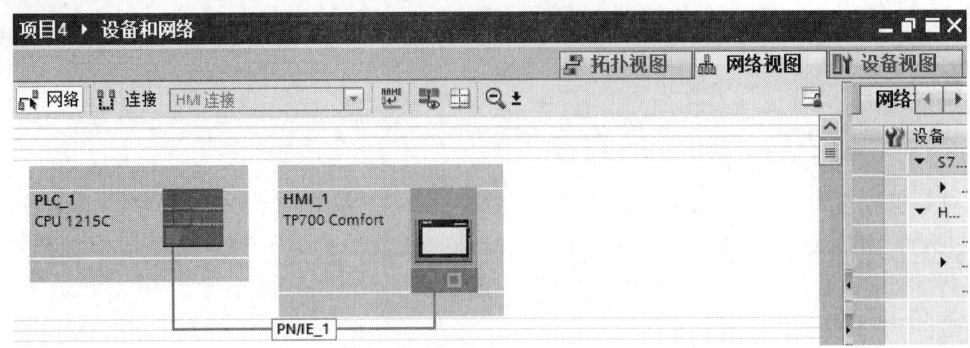

图 7-4　触摸屏以太网连接

（4）对触摸屏和 PLC 的以太网的网址进行设定，二者网址不可冲突。双击对触摸屏，单击网口设置网址，例如此例我们设置为 192.168.0.50，如图 7-5 所示。

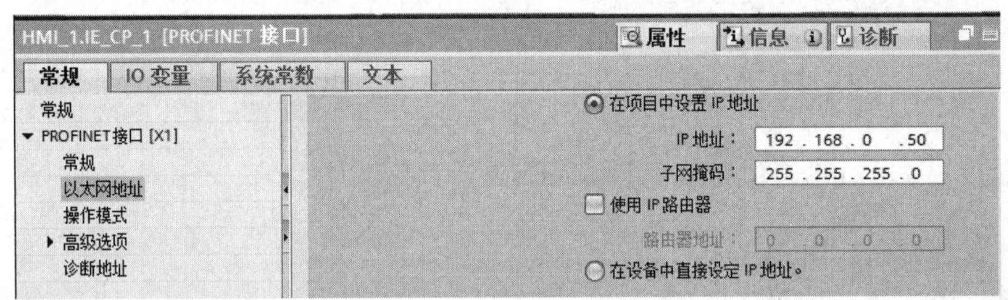

图 7-5　触摸屏地址设置

（5）至此对触摸屏硬件组态已经完成，下面需要做的就是根据项目设计的需求进行画面、元素的添加制作了，如图 7-6 所示。

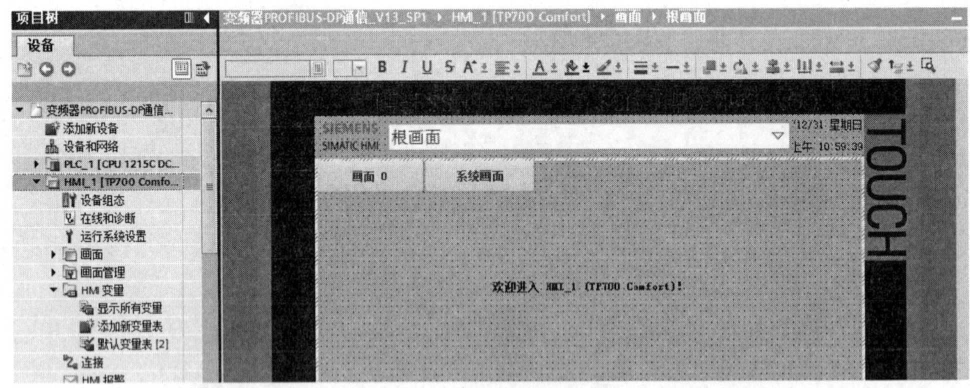

图 7-6　触摸屏编辑画面

7.2.2　组态变量

在触摸屏中使用变量来传送数据，触摸屏组态中使用两种类型的变量：过程变量和内部变量。过程变量是由 PLC 控制器提供过程值的变量，也称为外部变量，也就是说外部变量是来源于可编程控制器程序中；内部变量是仅在触摸屏使用而不连接到 PLC 控制器的变量，也就是说内部变量存贮在 HMI 设备的内存中，只有这台 HMI 设备能够对内部变量进行读写访问。

触摸屏使用的内部变量类型见表 7-3。

表 7-3　触摸屏中内部数据变量类型

数据类型	数据格式	数据类型	数据格式
SByte	有符号 8 位数	Float	32 位 IEEE754 浮点数
UByte	无符号 8 位数	Double	64 位 IEEE754 浮点数
Short	有符号 16 位数	Bool	二进制变量
UShort	无符号 16 位数	WString	文本变量，16 位字符
Long	有符号 32 位数	DateTime	格式为：“DD.MM.YYYY hh:mm:ss”
ULong	无符号 32 位数		

触摸屏如果要读取或传送值到外部变量，必须要和 PLC 中的变量建立连接。如图 7-7 所示，在项目视图中，双击触摸屏，选择①HMI 变量表或者新建立变量表，在变量表里②输入变量名称和类型，如果需要和 PLC 通信，那么选择③PLC 及其相应变量即可，这样就完成了变量的添加和链接。需要注意的是，HMI 变量要和 PLC 中变量的类型一致，否则链接错误。

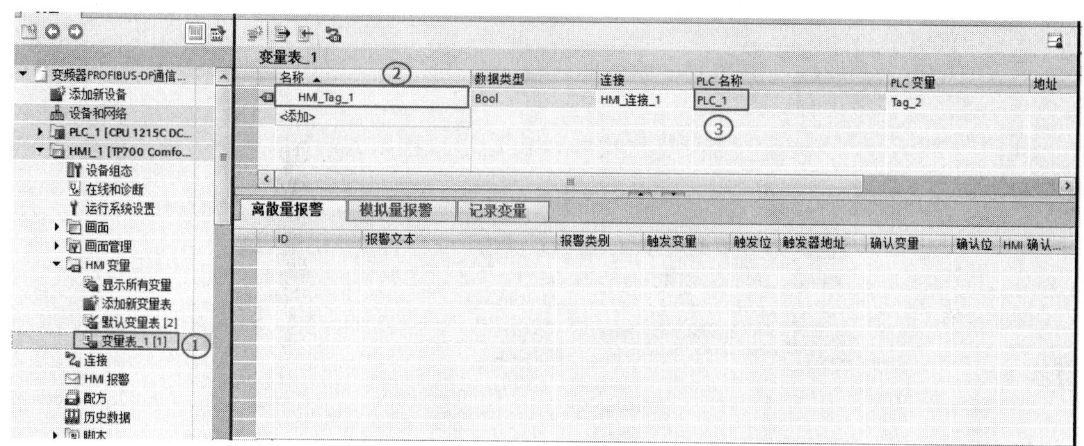

图 7-7　触摸屏变量和外部变量的连接

由于触摸屏的主要作用就是动态显示过程变量或者发出控制指令给控制器，所以说，多数情况下，触摸屏内部变量是需要和外部变量链接的。

7.2.3　画面的编辑窗口

画面编辑窗口可以完成触摸屏显示画面的创建及组态。

在项目视图项目树中，选择触摸屏下的画面，添加画面后就出现了画面编辑窗口，如图 7-8 所示。双击 HMI 设备的“画面”项下的①“添加新画面”可以添加新的画面，双击项目树中的画面名称可以打开画面编辑器，可以对画面进行编辑。单击③处可以设定画面的显示比例，在画面的上方区域④是编辑菜单，可以对画面内的字体、大小、颜色、格式等进行编辑。画面右侧是⑤控件工具箱，可以选择需要添加的基本对象和各种元素。画面下方⑥是画面或其他画面内元件的属性、信息、诊断及事件的编辑区，可以完成对画面或画面对象的常规状态查看、文本编辑、动画设置和事件设置等任务。

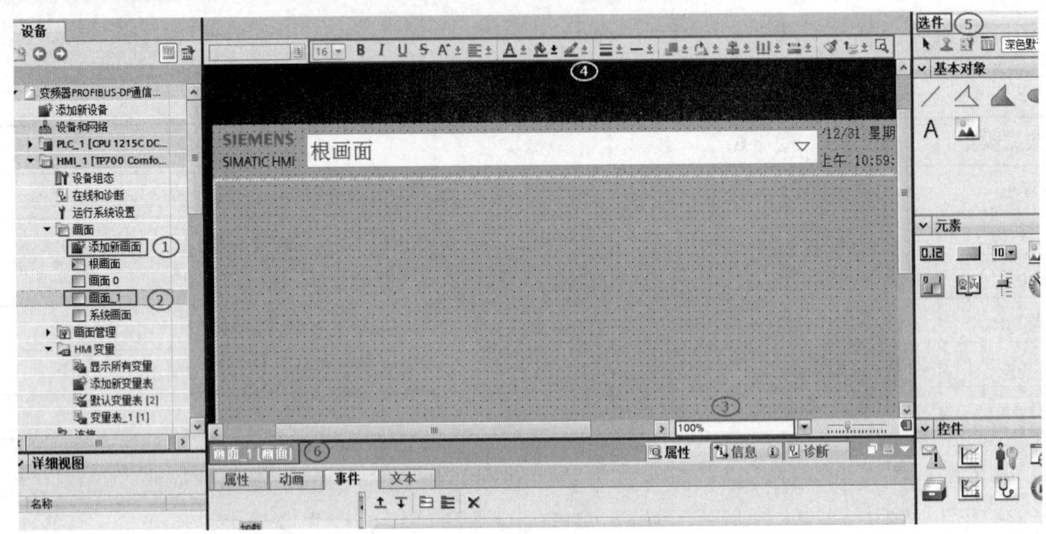

图 7-8　触摸屏编辑画面的窗口

7.2.4　触摸屏的在线运行与仿真模拟

设计好触摸屏画面进行编译后，可以选择触摸屏进行下载运行，也可以利用 STEP 7 的模拟仿真功能进行模拟运行。

（1）下载运行。在线运行需要把触摸屏和 PLC 端口用以太网连接起来，选择在线菜单进行下载，如图 7-9 所示。

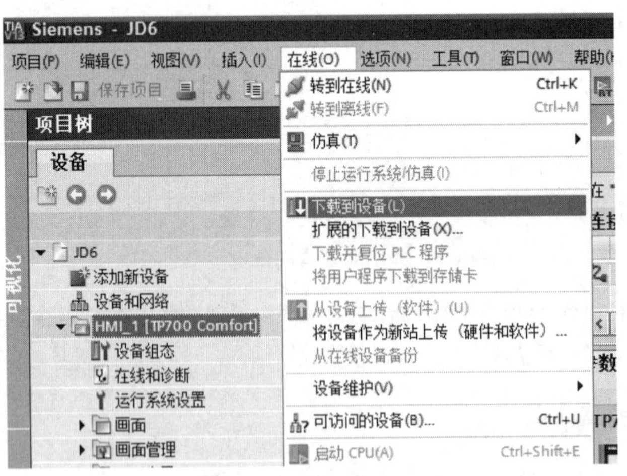

图 7-9　触摸屏程序下载菜单操作

在项目树中选中触摸屏设备，此处以“TP700 Comfort”为例进行选择，单击工具栏中下载图标 或单击菜单“在线→下载到设备”，出现下载界面如图 7-10 所示。

在本例中 PLC 和触摸屏采用以太网连接，所以选择 PG/PC 接口的类型“PN/IE”（或者选择“以太网”，PG/PC 接口“Ethernet”），软件将以该接口对项目中所分配的 IP 地址进行扫描，如参数设置及硬件连接正确，将在数秒钟后扫描结束，找到相应的触摸屏，此时“下载”按钮被使能，单击该按钮进行项目下载，下载预览窗口将会自动弹出。

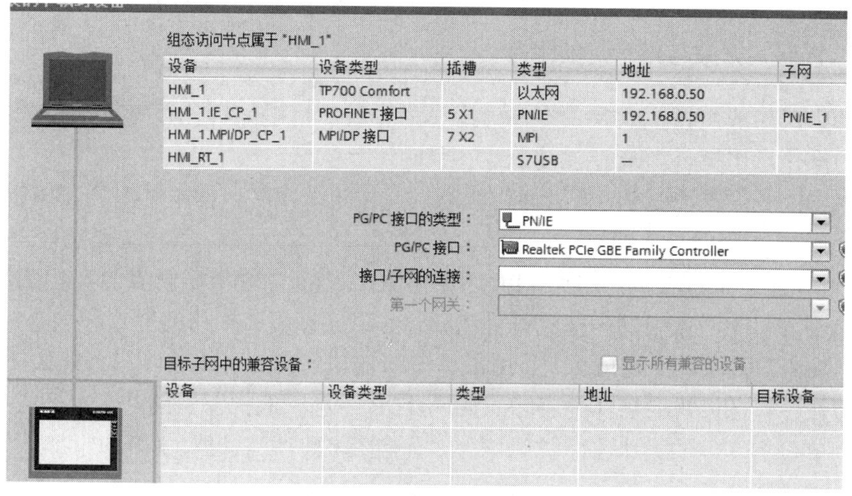

图 7-10　触摸屏程序下载

需要注意，如果在操作面板中分配的 IP 地址与项目中分配的不一致，将导致无法扫描到设备，此时在该对话框中可选择“使用其他 IP”并按照操作面板中所分配的地址进行填写，同样能够实现下载。

（2）仿真运行。WinCC 的运行系统（Runtime）用来在计算机上运行用 WinCC 的工程系统组态的项目，在没有 HMI 设备的情况下，可以用运行系统来对 HMI 设备仿真。有下列 3 种方法：

1）使用变量仿真器仿真。如果手中既没有 HMI 设备，也没有 PLC，可以用变量仿真器来检查人机界面的部分功能。因为没有运行 PLC 的用户程序，这种仿真方法只能模拟实际系统的部分功能，是最简单快捷的一种。通过菜单命令“在线----模拟运行系统----使用变量模拟器”，也可以启动带变量器的 HMI 项目运行系统，在变量仿真器中观察相应变量值。

2）使用 S7-PLCSIM 和运行系统的集成仿真。用 WinCC 的运行系统对 HMI 设备仿真，用 S7-PLCSIM 对 S7-300/400/1200/ 1500 仿真，不需要 HMI 设备和 PLC 的硬件，接近真实控制系统的运行情况。

3）连接硬件 PLC 的仿真。如果有硬件 PLC，在建立起计算机和 S7 PLC 通信连接的情况下，用计算机模拟 HMI 设备的功能，这种仿真的效果与实际系统基本上相同。

7.3　画面对象的组态

在 HMI 画面中可以添加多种画面对象进行编辑，主要画面对象包括：基本对象、元素、控件、图形和库。其中基本对象包括图形对象（各种线、矩形、圆）和标准控制元素（如文本域、图形显示）；元素包括标准控制元素，如“按钮”“I/O 域”“图形 I/O 域”“符号 I/O 域”“开关”“符号库”等；控件用于提供高级功能，也动态的代表过程操作，主要有“报警视图”“趋势图”“用户视图”等；图形以目录树结构的形式分解为各个主题，如机器和工厂区域、测量设备、标志和建筑物等；库包含预组态的管道、泵或按钮等图形对象，也可以将库对象的多个实例集成到项目中，提高效率。丰富的对象可以根据需要制作出友好的人机界面，下面结合实例讲解画面对象的组态使用方法。

7.3.1 按钮、开关与指示灯的组态

在画面中，一般用按钮或开关将各种操作命令发送给触摸屏执行一定动作或发送给 PLC 执行一定的操作，用指示灯来显示设备或参数的运行状态。

例 7-1：用一个按钮来控制指示灯的状态，当按钮按下时，指示灯点亮，按钮松开时指示灯熄灭。

（1）首先建立工程项目，添加 PLC 和触摸屏，进入触摸屏编辑界面，如图 7-11 所示，选择工具箱中③基本对象中的圆拖到画面编辑区，用鼠标调节按钮的位置和大小；再将工具箱元素中的“按钮”图标拖放到画面上，用鼠标调节按钮的位置和大小，在①处快捷工具栏可以更改颜色等属性，在按钮上字体内容输入为“开关”，选中巡视窗口的“文本格式”，可以定义以像素点为单位的文字的大小；字体为宋体，不能更改，可以设置字形和附加效果。

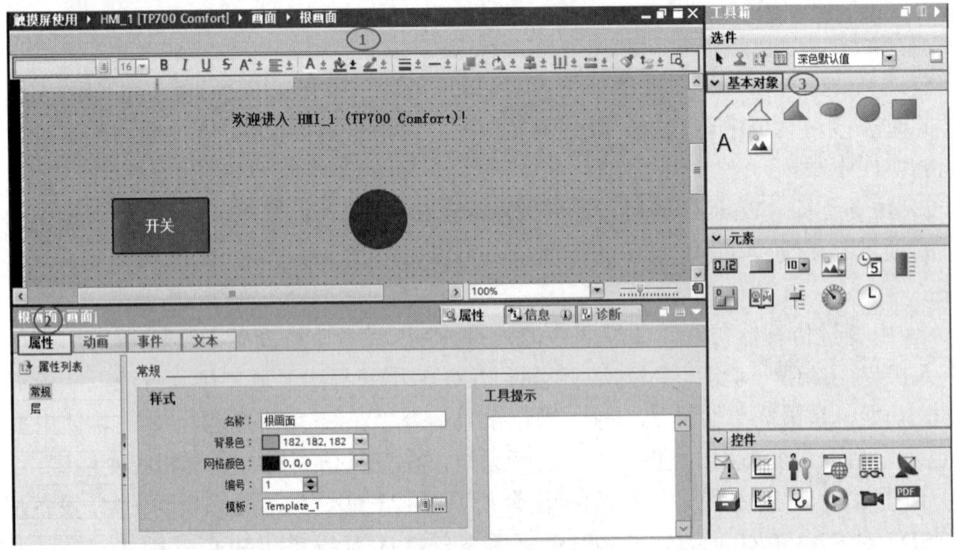

图 7-11　开关的属性设置

（2）在项目树 HMI 变量中添加变量表，填写 BOOL 型内部变量，如图 7-12 所示。

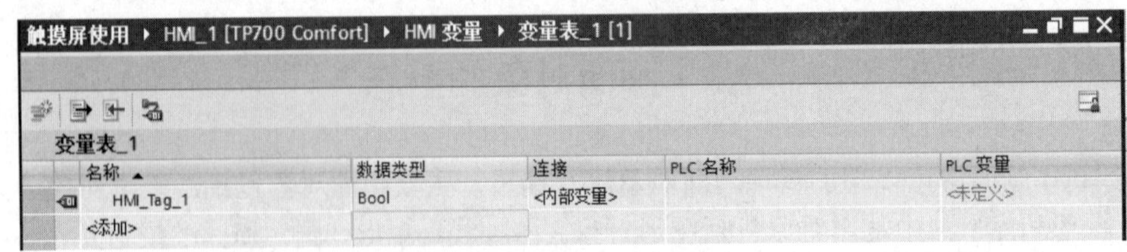

图 7-12　HMI 添加内部变量

（3）在项目树中选择并打开根画面，在画面编辑区单击选中放置的按钮，如图 7-13 所示，依次选中巡视窗口中的①事件→②按下→③添加函数中选择按键置位功能，选择变量表中 HIM_Tag_1 变量，将按键动作与 HIM_Tag_1 变量连接起来。

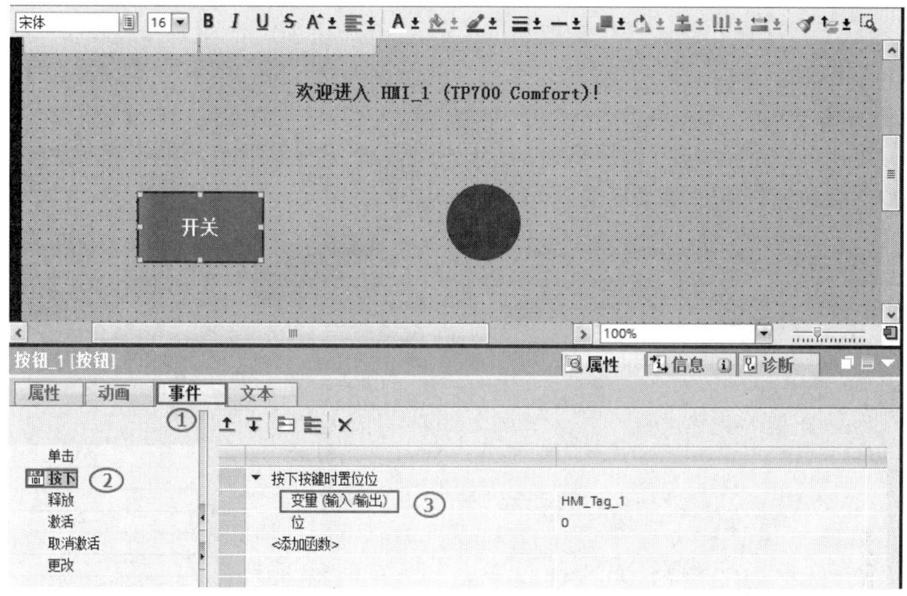

图 7-13　开关事件组态

（4）单击编辑画面中放置的圆，如图 7-14 所示，选中巡视窗口的①动画→显示中的②外观→③选择变量表中 HIM_Tag_1 变量→④类型处选择“范围”→在⑤处选择 0 对应的颜色→在⑥处选择 1 对应的颜色，可以分别设置背景色、边框色及是否闪烁。

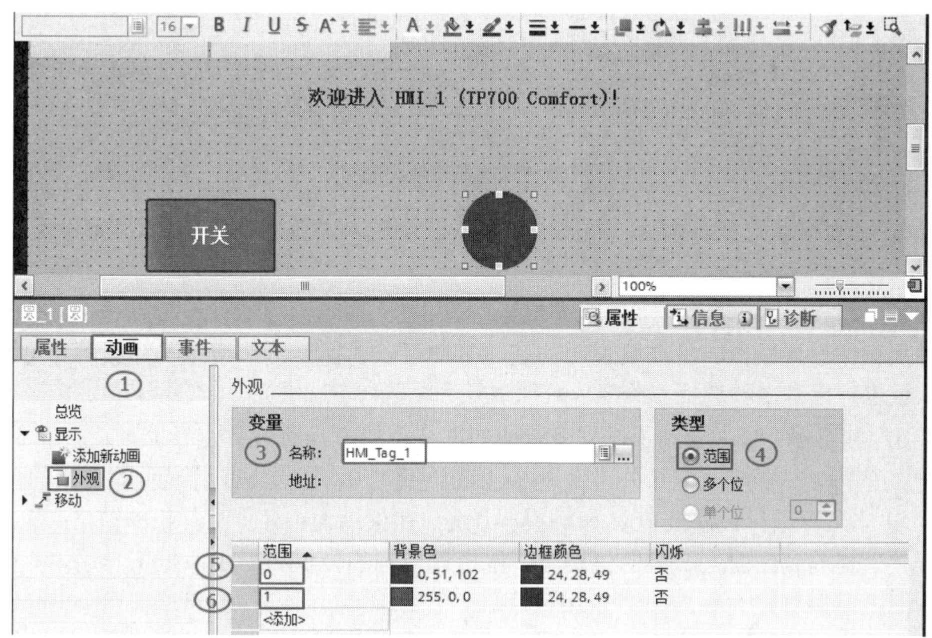

图 7-14　圆外观属性设置

（5）编译完成后，画面下载到触摸屏或模拟运行，单击按钮，观察指示灯的颜色随着按钮状态而变化。

例 7-2：画面之间可以进行切换，用按钮来实现在 2 个或多个画面之间的切换。

（1）建立工程项目，添加 PLC 和触摸屏设备。在根画面中，将工具箱的窗格“基本对象”中的“按钮”拖放到画面上希望的位置，在属性处设置外观样式，用鼠标调位置和大小，在按钮上输入文字“去画面 1”。

（2）如图 7-15 所示，选择巡视窗口的③属性→④按下→添加函数中的⑤激活屏幕→在⑥画面名称中选择按钮按下时要激活的画面。

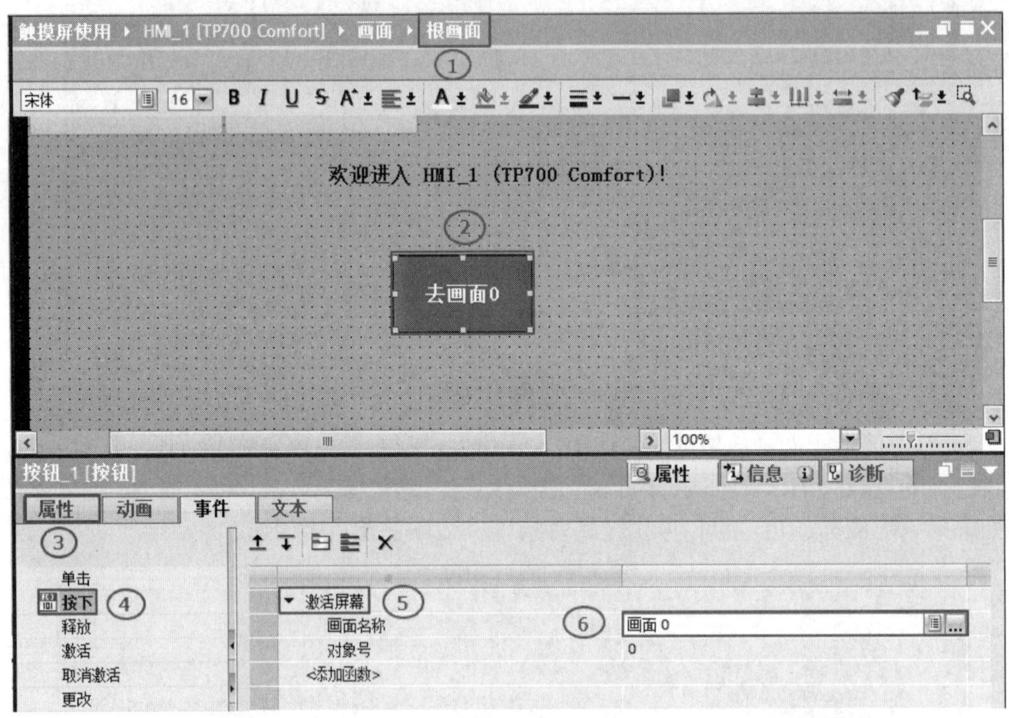

图 7-15　画面属性组态

（3）在项目树中选择画面 0，添加按钮，按钮上输入“返回根画面”，其余操作与步骤 2 类似。

（4）对项目编译完成后，下载或模拟运行。

在以上按钮设置操作中，需要说明的是，事件可以选择单击、按钮、释放等都可以，对于添加函数也可以有多种选择操作。

例 7-3：利用 I/O 域可以显示过程变量或内部变量的值，对参数进行监控。按一下开关，变量 tag1 的值为 1，再按一下开关，变量 tag1 的值变为 0，通过 I/O 域显示该变量的值。

（1）建立工程项目，添加 PLC 和触摸屏设备。在根画面中，将工具箱的窗格“基本对象”中的“开关”拖放到画面上希望的位置，用鼠标调节圆的位置和大小；把工具箱中“I/O 域”拖放到画面上，调节好大小，如图 7-16 所示。

（2）在“开关”属性的常规选项中连接变量，如果需要控制过程变量的值，在 PLC 变量中选择相应过程变量即可，如图 7-17 所示。

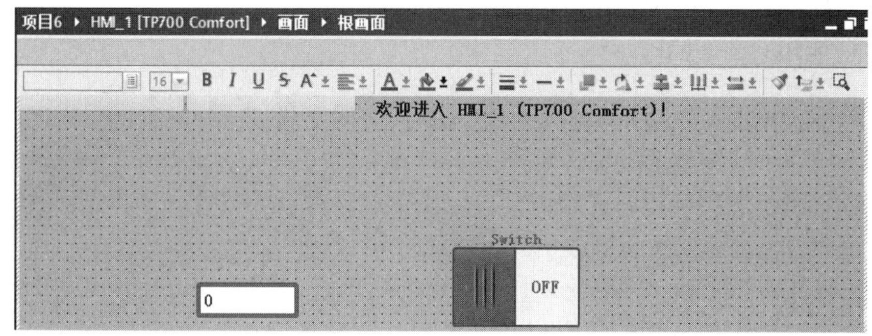

图 7-16　画面属性组态

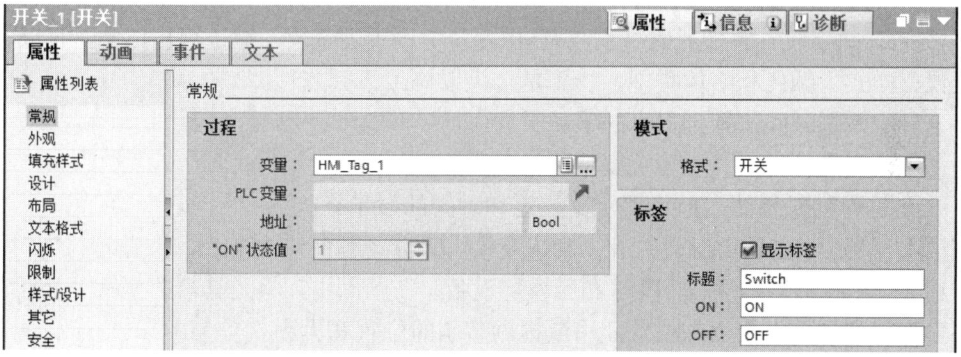

图 7-17　开关参数组态

（3）选择画面中“I/O 域”，单击右键选择属性，在巡视窗口中常规项设置变量连接与格式类型等，如图 7-18 所示。

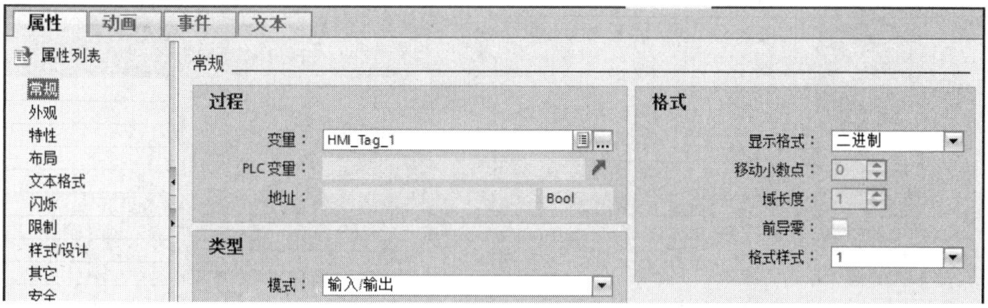

图 7-18　“I/O 域”参数组态

（4）对项目编译完成后，下载或模拟运行，开关状态变化，可以看到 I/O 域的值随之发生变化，如图 7-19 所示。

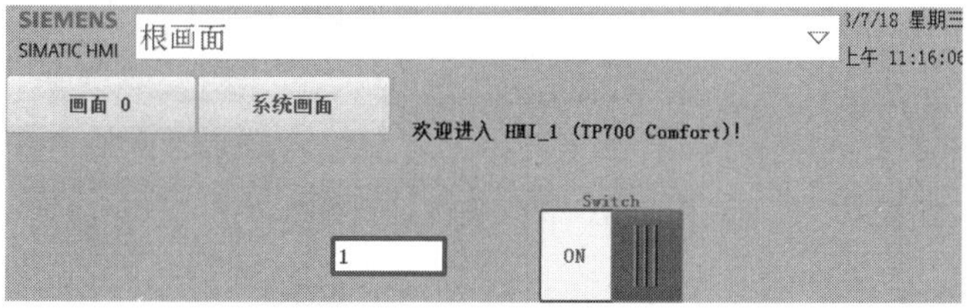

图 7-19　“I/O 域”与开关的运行演示

7.3.2 棒图和时间域的组态

在触摸屏中，棒图可以更形象的表示过程参数值的变化，实现参数的动态显示，还可以在触摸屏组态日期时间域显示系统时间。

棒图通过刻度值进行标记，在巡视窗口中，自定义对象的位置、形状、样式、颜色和字体类型等设置。具体地说，可以修改下列属性：

- 颜色转变：指定超出限制值后显示颜色的变化。
- 显示限制线/限制标记：将组态的限制显示为线条或标记。
- 定义棒图分段：定义棒图比例尺分级。
- 定义比例尺分级：定义棒图比例尺的细分、刻度标记和间隔。

“日期/时间字段”的外观取决于在 HMI 设备中设置的语言。在巡视窗口中，可以定制对象的位置、样式、颜色和字体类型。特别是，可以修改下列属性：

- 显示系统时间：指定显示的系统时间。
- 包括变量：指定显示连接变量的时间。
- 日期/时间长格式：此设置定义日期和时间的显示格式。

例 7-4：通过棒图显示当前的液位值，液位值来自过程变量 MW20，并显示日期时间。

（1）建立工程项目，添加 PLC 和触摸屏设备，在画面中，将工具箱的窗格“元素”中的“棒图”拖放到画面上希望的位置，用鼠标调节圆的位置和大小。

（2）在属性的常规选项中连接变量，在①和②处分别输入需要显示的最大最小值，根据需要在③和⑤处输入最大最小值对应的变量，在④处输入如果需要控制过程变量的值，在连接变量中选择相应过程变量即可，如图 7-20 所示。

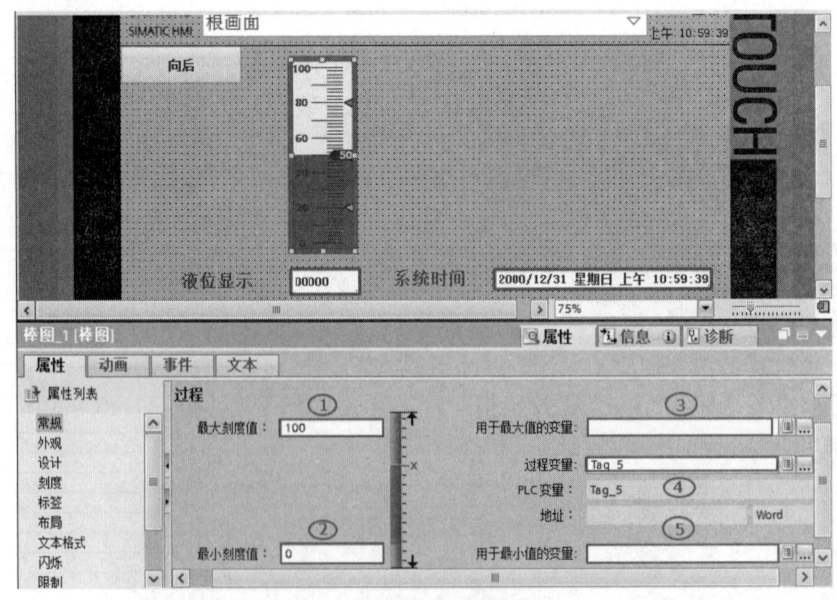

图 7-20 棒图属性设置组态

（3）把工具箱中的“日期时间域”元素拖放到画面编辑区上希望的位置，调整大小，设置属性，选择系统时间也可以选择显示连接变量的时间，如图 7-21 所示。

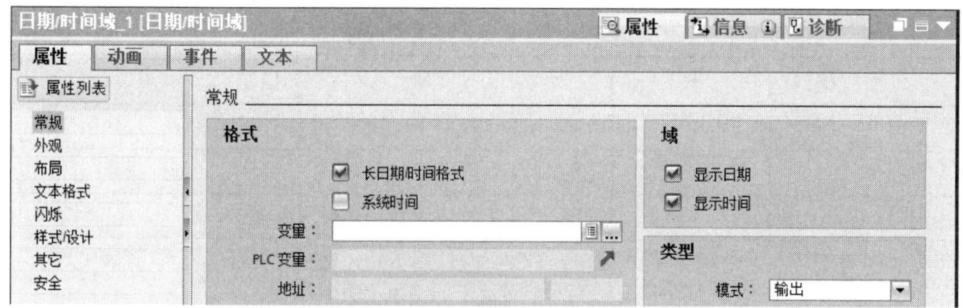

图 7-21 日期时间域属性设置

（4）项目编译完成下载到触摸屏运行，利用监控表改变 MW20 的值，观察棒图的变化。

7.3.3 组态符号 I/O 域

符号 I/O 域用变量来切换不同的文本符号，用“符号 I/O 字段”（Symbolic I/O field）对象来组态运行系统中用于文本输入和输出的选择列表。例如需要在触摸屏某个位置显示多个参数温度，就可以用符号 I/O 域来切换不同的参数，减少温度显示占用的画面面积。

在巡视窗口中，可以自定义对象的位置、形状、样式、颜色和字体类型，也可以修改下列模式、过程、文本列表属性，如图 7-22 所示。

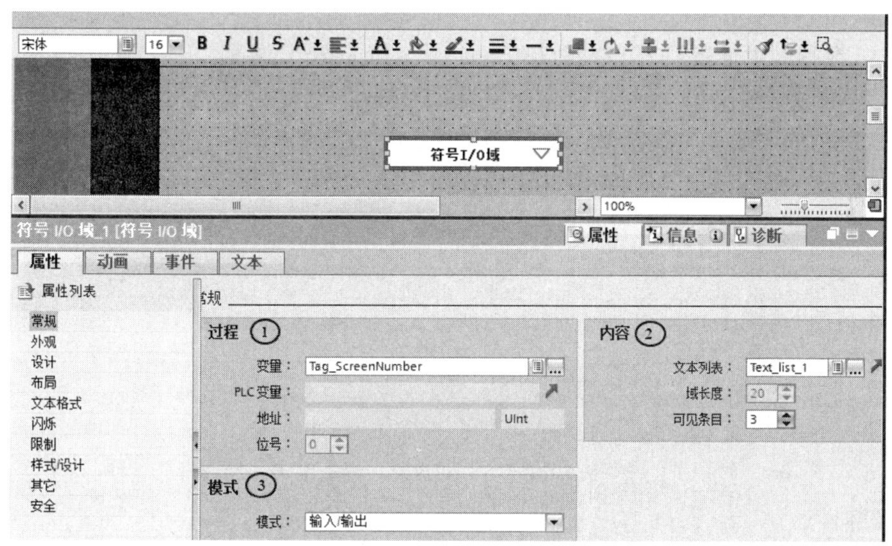

图 7-22 符号 I/O 域属性设置

①过程：符号域连接需要 HMI 变量或这 PLC 变量，将变量的值对属性进行更新。

②模式：指定在运行系统中对象的响应。

在“巡视”窗口的“属性→常规→模式”（Properties→Properties > General→Type）中，可以指定符号 I/O 字段的响应，模式如表 7-4 所示。

③内容：指定链接到对象的文本列表。在文本列表中，文本被分配给变量的值。例如，在组态中将文本列表分配给符号 I/O 字段，这样将为对象提供要显示的文本。可在使用文本列表的对象上组态该文本列表和变量之间的接口。

表 7-4 符号 I/O 域模式描述

模式	描述
“输出”	符号 I/O 字段用于输出数值
“输入”（Input）	符号 I/O 字段用于输入数值
“输入/输出”（Input/output）	符号 I/O 字段用于数值的输入和输出
“两种状态”（Two states）	符号 I/O 字段仅用于输出数值，且最多可具有两种状态。该字段在两个预定义的文本之间切换

文本列表的范围有三种：

- 取值范围，此设置会将文本列表中的文本条目分配给整数值或变量值范围。可根据需要选择文本条目的数量。条目的最大数量取决于正在使用的 HMI 设备。可指定一个默认值，在变量值超出定义范围时显示该值。
- 位（0、1），此设置会将文本列表中的文本条目分配给二进制变量的两个状态。可为二进制变量的每个状态都创建一个文本条目。
- 位号（0 - 31），此设置会将文本列表中的文本条目分配给变量的各个位。文本条目的最大数量为 32。例如，顺序控制时，当处理只能设置所用变量中的一个位的序列时，可使用此格式的文本列表。设置位中的最低有效位和默认值会对位号（0 - 31）的行为产生影响。

例 7-5：在画面中通过符号 I/O 域实现三个温度值的切换显示。

（1）变量指针化。新建三个过程 SInt 型变量 temp1、temp2、temp3 用于显示三个温度值；新建 SInt 型变量内部变量“温度值”和 USInt 型变量“温度指针”；在变量“温度值”属性巡视窗口中，选择①指针化→勾选②指针化→索引变量③为温度指针→索引变量④为 temp1、temp2、temp3，如图 7-23 所示。

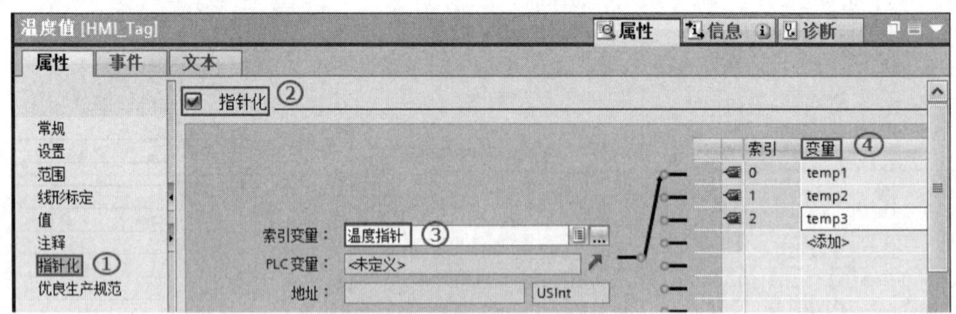

图 7-23 参数“温度值”属性设定

（2）组态文本列表。在项目树中触摸屏选项下双击“文本和图形列表”，在①处新添加一个名为“温度值”的变量，设置选择②为范围，在文本列表条目③处输入数值和对应条目，如图 7-24 所示。

（3）组态画面。新建并打开画面 1，从工具箱拖动“符号 I/O 域”到画面中，如图 7-25 所示。选中“符号 I/O 域”设置其②常规属性，选择变量③为“温度值”，内容栏文本列表④选“温度值”，模式⑤为输入输出；然后再在画面 1 中加入一个 I/O 域，过程变量连接“温度值”。为了便于模拟实验对比，在画面 1 中加入了 3 个 I/O 域⑦，过程变量分别连接 temp1、temp2 和 temp3，用于与 I/O 域⑥的内容对比。

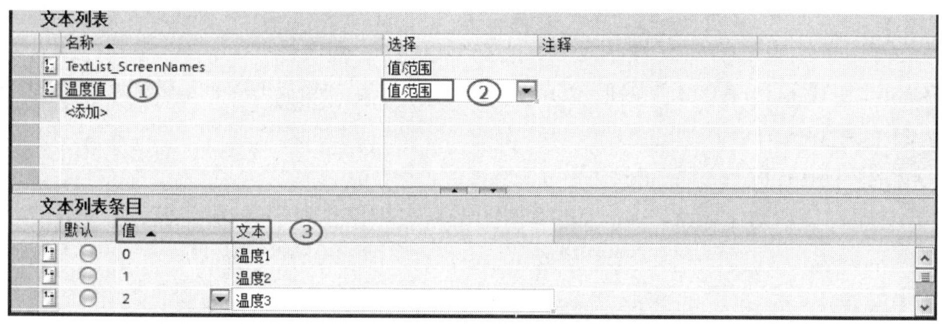

图 7-24　组态文本列表

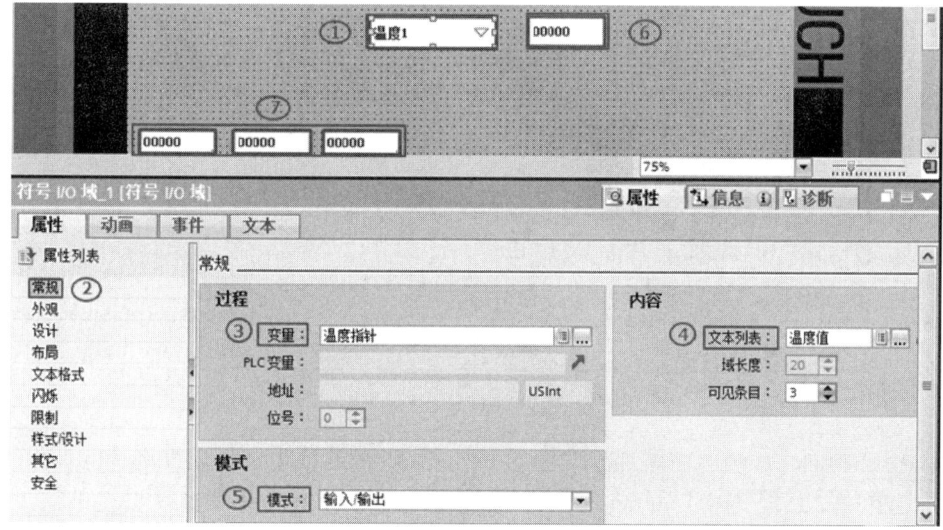

图 7-25　画面元素组态

（4）编译运行。项目编译完成后，下载或模拟运行，如图 7-26 所示。在 I/O 域③输入 3 个温度值，在“符号 I/O 域”①选择不同参数，在对应 I/O 域②显示参数值。

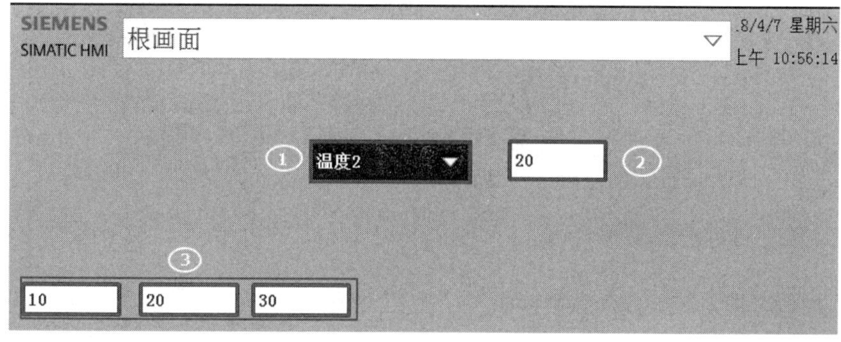

图 7-26　画面模拟运行

7.3.4 组态图形 I/O 域

在生产过程中，有时需要用不同的图形指示不同的含义，“图形 I/O 字段”（Graphic I/O field）对象可用于组态一份实现图形文件的显示和选择的列表。

例 7-6: 当变量 tag1=0 时，在图形 I/O 域显示左向箭头；当 tag1=1 时，显示右向箭头；tag1=2 时，显示向上箭头。

（1）新建 USInt 过程变量 tag1。

（2）在项目树 HMI1 设备下的“文本和图形列表”单击打开文本列表，单击图 7-27 右上角的①“图形列表”，新建一个图形列表名称为 Txt1，②除设置选择为“值/范围”，在图形列表条目③中设定不同值对应的图形。

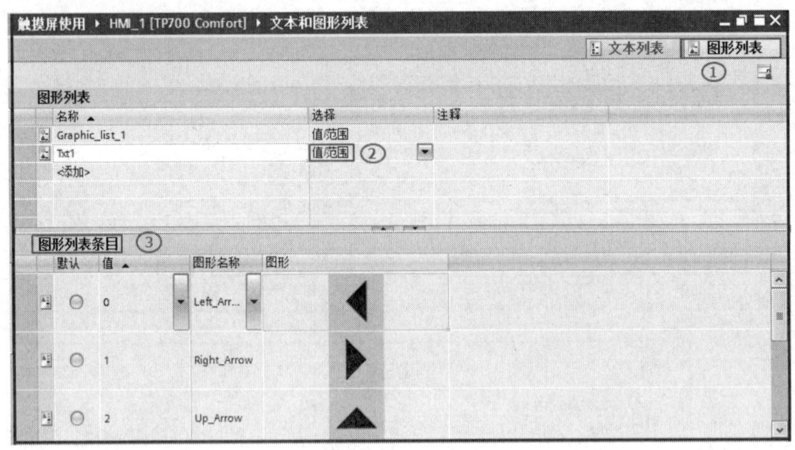

图 7-27 图形列表组态

（3）组态画面，在画面中添加一个图形 I/O 域①，在巡视窗口的属性选择③“图形列表”为 Txt1，选择②“过程变量”为 tag1，“模式”④为输入输出。为便于修改 tag1 的值，再添加一个 I/O 域⑤连接 tag1，用于修改 tag1 的值，如图 7-28 所示。

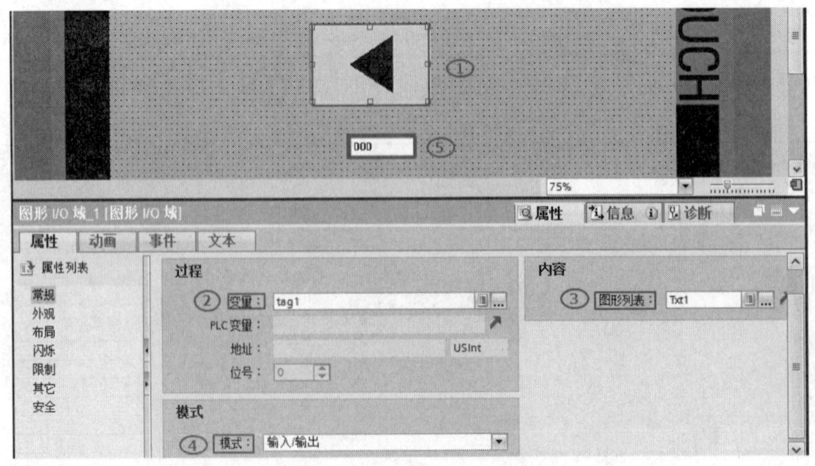

图 7-28 图形列表画面组态

（4）项目编译完成后，下载或模拟运行，修改 tag1 的值，观察图形 I/O 显示的内容。

7.3.5　动画功能的使用

利用 WinCC flexible 强大的动画功能，可以对画面中组态的画面对象进行动态化，可使用的动态化功能和事件取决于设备和所选的对象。

如果要对对象进行动画处理，首先应使用工具箱中的工具或在对象的巡视窗口中组态期望的动画，然后在巡视窗口中根据项目要求自定义动画。

例 7-7：设计在触摸屏上实现小车的水平移动动画，要求小车的位置根据过程变量的变化跟随移动。

（1）项目中新建一个 USInt 型过程变量 tag1，用于实现小车位置的控制。

（2）在画面工具箱的元素栏中，选择符号库①“符号库”中的一个小车图像，单击小车②，在巡视栏中选择动画中的水平移动③，连接变量④，设置小车起始位置⑤和终止位置⑥，在画面中添加 I/O 域⑦并连接变量 tag1，用于实现小车位置的控制，如图 7-29 所示。

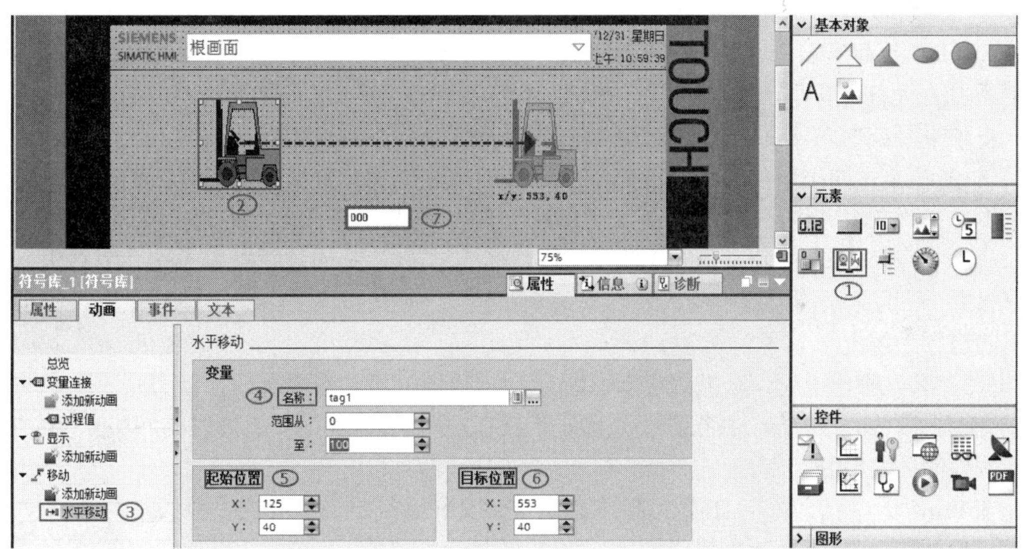

图 7-29　小车动画参数设置

（3）下载或模拟运行，修改 tag1 的值，观察小车位置的变化，如图 7-30 所示。

图 7-30　小车动画模拟演示

7.4 画面对象的报警组态

报警功能是 HMI 的重要组成部分，触摸屏中的报警系统主要用来采集、显示和记录来自 PLC 过程数据或系统状态导致的报警消息。

7.4.1 HMI 报警基础知识

7.4.1.1 HMI 报警类别

报警系统允许在 HMI 设备上显示和记录运行状态和工厂中出现或发生的故障，WinCC flexible 中报警系统分为两大类：自定义报警和系统报警。

自定义报警是在 HMI 设备上组态的由外部变量引起的报警，用以反映生产过程中参数超出或状态发生，包括模拟量参数和离散量参数两类报警。

系统报警是在设备中预定义的特定系统状态的报警，包括 HMI 系统报警和 PLC 触发的系统报警，系统报警指示系统状态以及 HMI 设备和系统之间的通信错误。系统定义的控制器报警随 STEP 7 一起安装，并且只有在 STEP 7 环境中操作 WinCC 时才可用，显示 SIMATIC S7 控制器中的状态和事件。

下列报警类别为项目定义报警的状态机和显示：

（1）预定义的报警类别：不能删除预定义的报警类别，并且只能在有限的范围内对其进行编辑。在“HMI 报警→报警类别”下为每个 HMI 设备创建了预定义的报警类别。

（2）自定义报警类别：可在“HMI 报警→报警类别”下创建新报警类别，组态想要如何显示报警，并为此报警类别中的报警定义确认模型。自定义报警类别的可能数量取决于项目中使用的运行系统。

（3）公共报警类别：公共报警类别显示在项目树的“共享数据→报警类别”下，并且可用于 HMI 设备的报警。公共报警类别源于 STEP 7 中的报警组态，如果需要，可在 WinCC 中创建额外的公共报警类别。

在 WinCC 中已为每个 HMI 设备创建用户定义和系统定义报警的报警级别：

（1）用户定义报警的报警级别：

- “警告”报警，用于显示过程中的非常规状态以及例程，用户不需要确认来自此报警类别的报警。
- “错误”报警，用于显示过程中的关键/危险状态或者越限情况，用户必须确认来自此报警类别的报警。

（2）系统定义报警的报警级别：

- “系统”报警，包含显示 HMI 设备和 PLC 的状态的报警。“System”报警类别的报警属于系统报警。
- “诊断事件”报警，包含显示 SIMATIC S7 控制器中的状态和报警的报警，用户不需要确认来自此报警类别的报警。
- “Safety Warnings”报警，包含故障安全操作的报警，属于系统报警，用户不需要确认来自此报警类别的报警。

7.4.1.2 HMI 报警的状态与确认

WinCC flexible 中的自定义报警分为下面几种状态：

（1）满足了触发报警的条件时，该报警的状态称为“已激活”或“到达”。

（2）满足了触发报警的条件且操作员确认了报警，称为“已激活/已确认”或“确认”。

（3）当触发报警的条件消失时而操作员尚未确认该报警，该报警的状态称为“已激活/已取消激活”或“（到达）离开”。

（4）如果操作员确认了已取消激活的报警，该报警的状态称为“已激活/已取消激活/已确认”或“（到达确认）离开”。

报警的确认是一个可加以记录和报告的事件，确认报警可将报警状态从“到达”更改为“已确认”。操作员确认报警时，表明确认他已处理了触发报警的状态，在运行系统中可通过多种方式触发报警确认：

（1）授权的用户在 HMI 设备上确认。

（2）无需操作员操作的系统自动确认，例如通过变量、PLC、函数列表中的系统函数或脚本实现确认。

7.4.1.3 HMI 报警的组成

组态报警的组成部分见表 7-5。

表 7-5 报警的组成部分

报警类别	报警编号	时间	日期	报警状态	报警文本	报警组	工具提示	触发变量	限值
警告	1	11:09:14	06.07.2017	I/O	达到最大值	2	此报警是...	speed_1	27
系统	11001	11:25:58	06.07.2017	I	切换到“在线”模式	0	此报警是...	PLC-Variable_1	–

- 报警类别，如“Warnings”或“Errors”，可定义报警在运行系统中的外观、状态等。
- 报警编号，通过唯一报警编号标识报警，可以将报警编号更改为连续的报警编号，以标识项目中相关联的报警。
- 时间和日期，每个报警都有一个时间戳，显示触发报警的时间和日期。
- 报警状态，报警具有事件“到达”“离去”和“确认”。针对每个事件，都输出一个新报警和报警的当前状态。
- 报警文本，说明报警的原因。报警文本可包含当前值的输出域，可插入的值取决于正在使用的运行系统，报警状态变化时保留值。
- 报警组，报警组将单个报警捆绑在一起。
- 工具提示，可为每个报警组态单独的设置工具提示；用户可以在运行系统中显示该提示。
- 触发变量，将为每个报警分配一个变量作为触发器，当该触发变量满足定义的条件时（例如，其状态超出限值时）输出该报警。
- 限值，模拟量报警指示超出限值，触发变量超出或低于限值时立即输出模拟量报警。

7.4.1.4 HMI 报警的显示

WinCC flexible 提供几种选项将报警显示在 HMI 设备上：

（1）报警视图，可在某个画面上组态。

（2）报警窗口，在画面中组态的报警窗口将成为项目中所有画面上的一个元素。

（3）附加信号：报警指示器，是当有报警激活时显示在画面上的组态好的图形符号。

7.4.2 变量报警

利用 HMI 项目树中的 HMI 报警功能可以对离散量或模拟量添加报警。如图 7-31 所示，在变量报警类别选择位置，可以选择离散量报警、模拟量、控制器报警、系统事件等类别，在编辑区可以添加相应的报警参数。

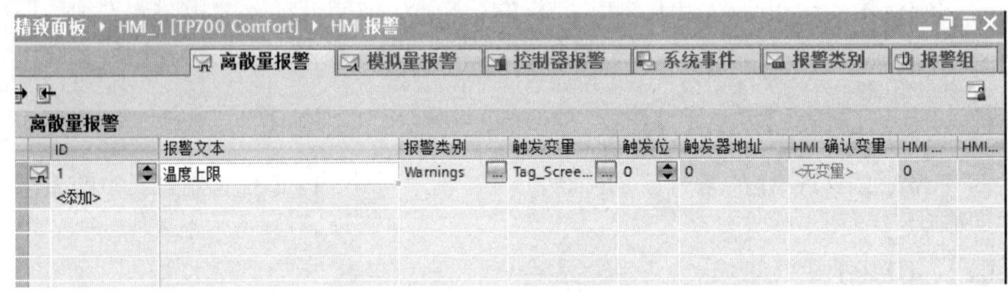

图 7-31 参数报警组态

在 HMI 报警中，可以打开报警类别进行组态，如图 7-32 所示。对于相关多个报警，也可以单击报警组对报警统一管理。

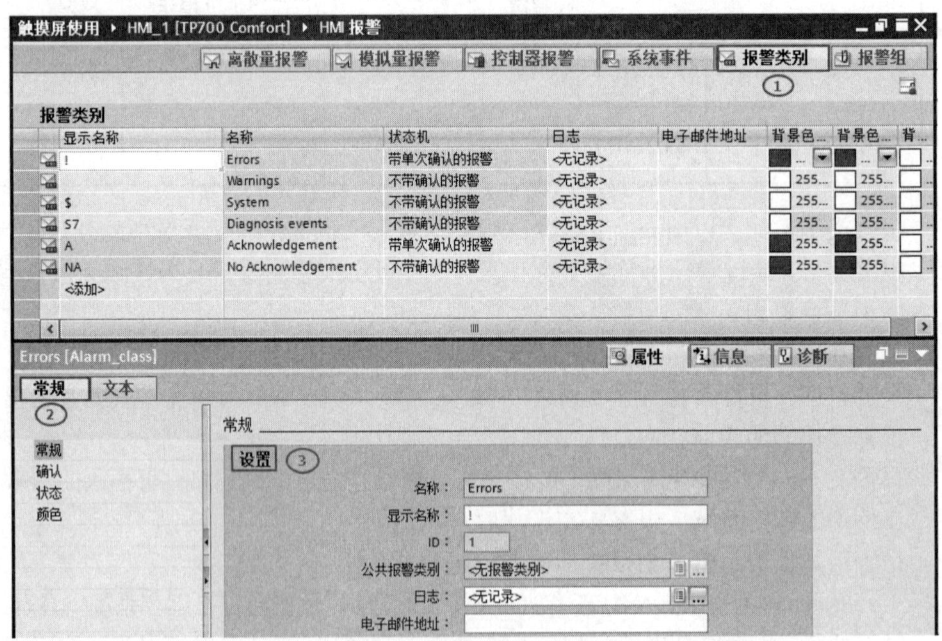

图 7-32 报警类别设定

7.4.3 报警视图

可以通过在报警视图中进行组态报警，在巡视窗口中可以自定义对象的位置、形状、样式、颜色和字体类型，如图 7-33 所示。

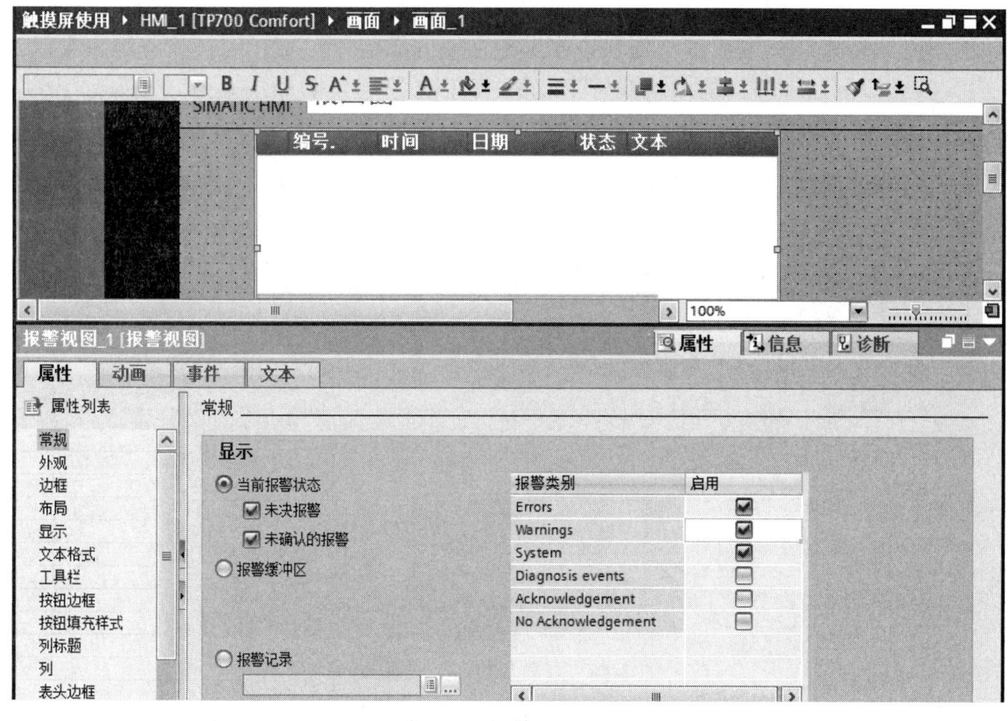

图 7-33　报警视图组态

可以修改下列属性：

- 常规栏：定义报警类别、当前报警状态、报警缓冲区、报警记录等。
- 外观：此设置定义了报警和报警视图中各部分颜色。
- 边框：用来设置边框的宽度、样式、颜色等。
- 布局：设置报警视图的位置、模式。
- 显示：设置报警视图中相关对象的显示。
- 文本格式：进行字体设置。
- 列：用来设置报警视图中的可见列及其排序等。
- 过滤器：定义仅显示报警文本中包含特定字符串的报警。
- 安全：此设置设定是否允许操作员控制。

7.5　用户管理组态

用户管理是用来对不同的操作级别设定相应的权限，某些关键的操作或访问只允许特定的人群进行访问，通过用户管理可以实现不同级别的安全设置。

用户管理的组态步骤包括：

（1）添加所需要的组并分配组的相应权限。

（2）添加用户指明其所属的用户组，分配各自的登录名称和口令。

（3）设置画面对象的操作权限。

（4）组态登录对话框和用户视图，如果需要的话。

例 7-8：假设画面中的温度 I/O 域只有具有工程师权限的王厂长和刘厂长可以输入某温度参数数值，而具有操作员授权的小张和小李则无法输入该温度参数，用触摸屏组态实现。

（1）新建画面，在项目树中触摸屏下，添加 HMI 变量实数型 temp01，在画面中从工具栏添加一个 I/O 域到画面 1 中，把 I/O 域和变量 temp01 连接，如图 7-34。

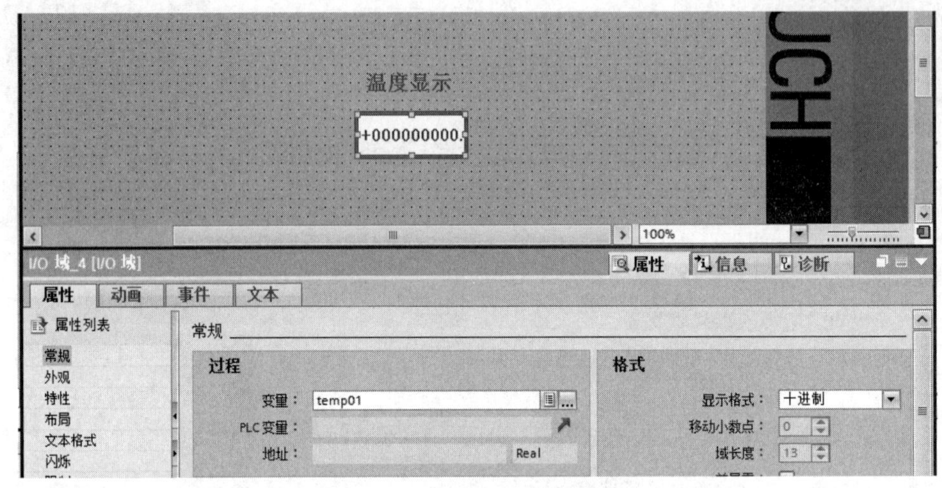

图 7-34　画面参数 I/O 域添加

（2）双击项目树 HMI 设备下的用户管理项①，打开用户管理编辑器，单击②用户栏，在③用户栏输入用户并在④处选择相应的组别，设置组员的登入密码，如图 7-35 所示。

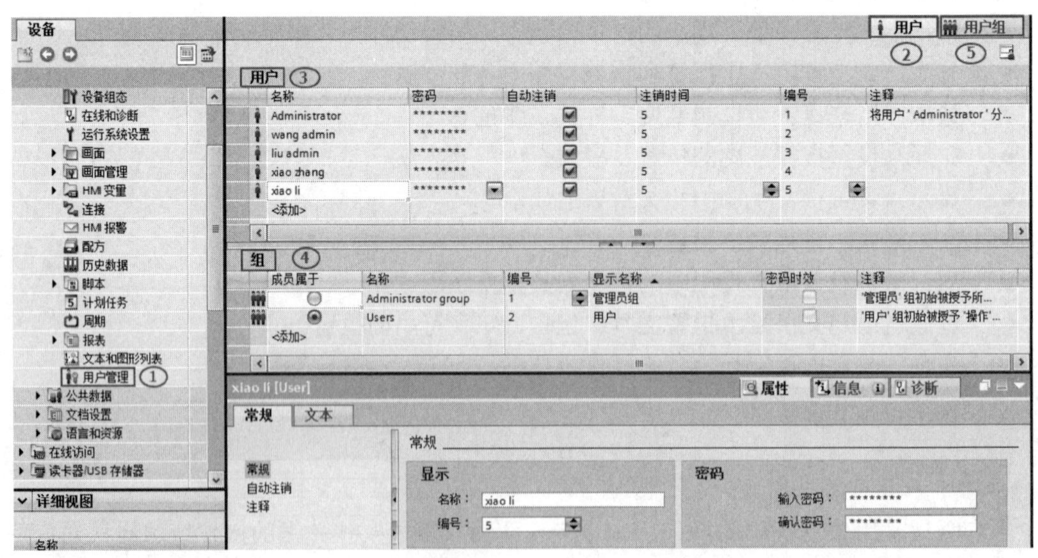

图 7-35　用户管理组态

（3）单击图 7-34 中用户组⑤处进行用户组的操作权限设置，如图 7-36 所示，设置管理员组和用户组不同组别的权限，此处设置用户组仅有监视权限，管理员组具有用户管理、监视和操作三个权限。

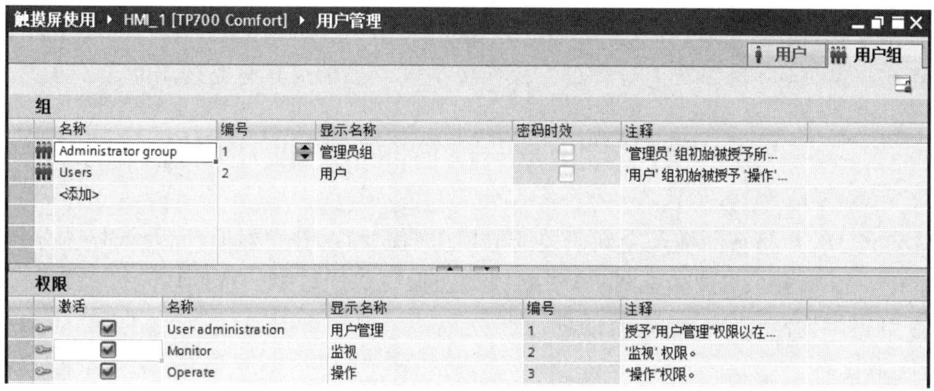

图 7-36　用户组设置

（4）打开画面，选中 I/O 域，在属性窗口的安全项设置运行该参数时操作权限为“Operate”，表示具有操作权限的才能更改此参数，如图 7-37 所示。

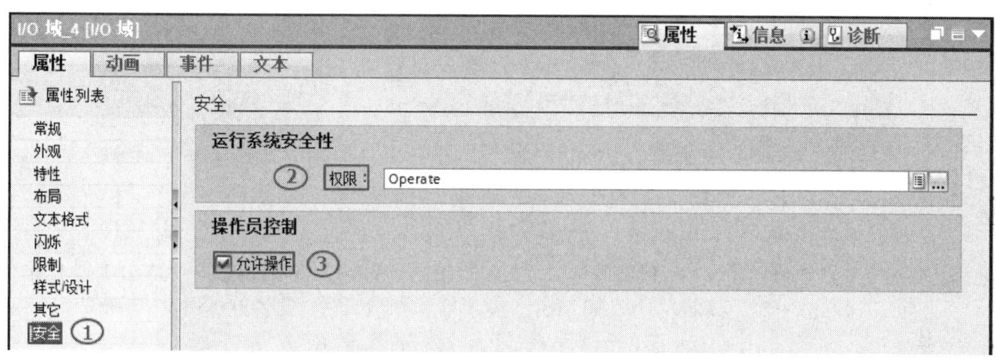

图 7-37　用户操作权限设置

（5）为了运行时用户登录，在画面中还要组态登录按钮和注销按钮。如图 7-38 所示，在画面中添加一个按钮，输入文本“登录”，在其属性窗口中添加单击事件，选择用户管理下的“登录”函数；再添加一个按钮，输入“注销”文本，在其属性窗口中添加单击事件，选择用户管理下的“注销”函数。此处也可以选择触摸屏编辑画面右侧的“工具箱”栏下“控件”中的“用户视图”功能来进行登录管理。

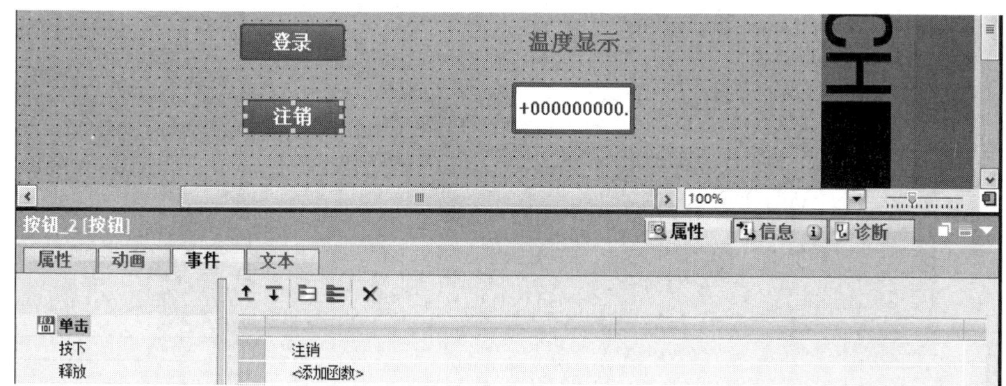

图 7-38　用户登录界面设置

（6）编译下载运行或模拟仿真运行，单击 I/O 域，自动弹出登录对话框，分别输入不同用户名测试。更改 I/O 域参数进行验证，操作员小张、小李只具有监视功能，无法更改参数。

7.6 项目实训——精智面板的使用设置

SIMATIC HMI 精智面板是全新研发的触摸型面板和按键型面板产品系列，显示屏尺寸分别为 7"、9"、12"、15"、19"和 22"的六种触摸型面板可以通过触摸屏操作进行参数设置，这里以 TP700 触摸屏为例进行参数设置的训练。

1. 实训目的

（1）掌握触摸屏的结构，学会 TP700 Comfort 参数设置方法。

（2）训练实际工程设计的应用能力。

2. TP700 触摸屏硬件结构

触摸屏 TP700 Comfort 操作设备的接口如图 7-39 所示。

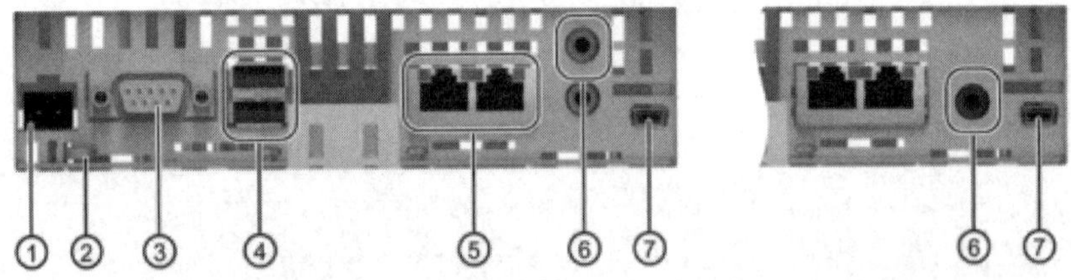

①X80 电源接口；②电位均衡接口（接地）；③X2 PROFIBUS（Sub-D RS422/485）；④X61/X62 USB A 型 ⑤X1 PROFINET（LAN），10/100 MBit；⑥X90 音频输出线；⑦X60 USB 迷你 B 型

图 7-39 TP700 Comfort 操作设备的接口

3. 面板的基本调试操作

（1）接通和测试设备。接通电源，首次调试时，操作设备上无项目，会立即显示桌面，如图 7-40 所示。

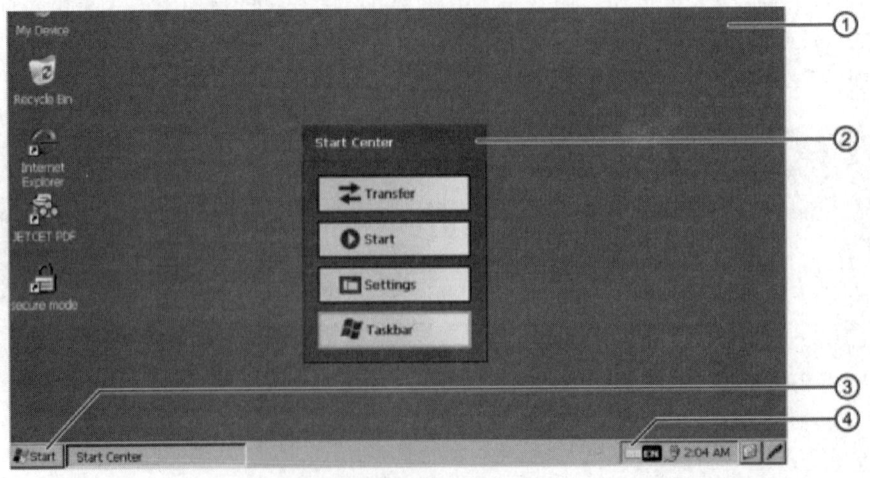

①桌面；②启动中心；③“开始”（Start）菜单；④屏幕键盘的图标

图 7-40 触摸屏启动桌面

“启动中心”具有功能：Transfer—将 HMI 设备切换到“传送”模式；Start—启动 HMI 设备中的项目；Settings—启动“控制面板”；Taskbar—打开任务栏和 Start 菜单。

（2）操作控制面板功能介绍。可通过 Start Center 的“Settings”按钮打开控制面板，也可以在开始菜单中通过“Settings→Control Panel”。图 7-41 为 TP700 显示器的 HMI 设备的控制面板。

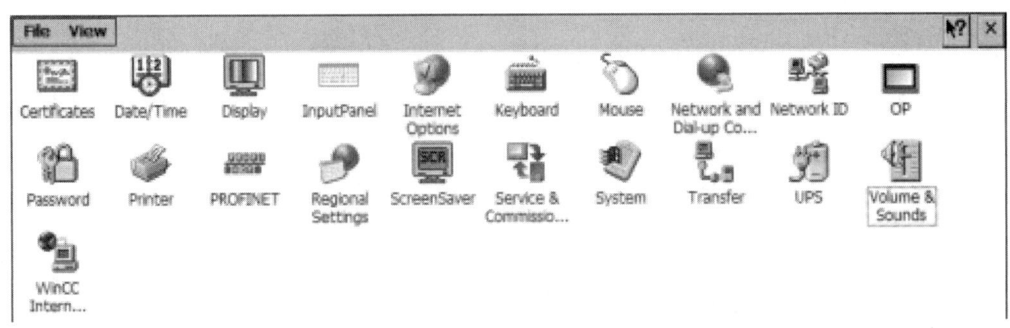

图 7-41　触摸屏控制面板

上图中控制面板上的图标从第一行第一个图标序号为 1，到第二行、第三行依次排列，对应功能说明见表 7-6。

表 7-6　控制面板图标功能说明

图标	功能说明	图标	功能说明
1	导入、显示和删除证书	12	更改打印机属性
2	设置日期和时间	13	启用 NTP、激活 PROFINET
3	更改显示屏亮度、屏幕显示方向	14	区域和语言设置
4	屏幕键盘参数设置	15	设置屏幕保护程序
5	更改常规设置、设置代理服务器、更改互联网安全设置、激活加密协议	16	备份至外部存储介质上、从外部存储介质恢复、操作系统升级、从外部存储介质加载项目、使用自动备份、分配 IP 地址和设备名
6	设置屏幕键盘的字符重复率	17	设置音量和声音
7	设置双击	18	显示一般信息、显示存储器的分配、指定 HMI 设备的计算机名称
8	输入 IP 地址和名称服务器	19	组态传送、设置项目存储位置和启动延迟
9	指定登录数据	20	不间断电源（UPS）的状态、设置不间断电源
10	备份注册表信息和临时数据、示关于精智面板的信息、重新启动 HMI 设备、校准触摸屏	21	组态电子邮件、组态 Telnet 以实现远程控制、Smart Server 参数设置、网络服务器参数化设置
11	更改密码保护		

（3）精智面板参数设置步骤：

1）使用“Settings”按钮打开“控制面板”（Control Panel）。

2）双击任一图标。将显示相应的对话框。

3）选择某个选项卡。

4）进行所需设置。导航至输入字段时，屏幕键盘将打开。

5）单击 OK 按钮将应用设置。如要取消输入，请按下“×”按钮。对话框随即关闭。

6）如要关闭“控制面板”（Control Panel），请使用“×”按钮。

（4）面板显示属性的设置。

1）更改显示屏亮度操作。

使用“Display”图标打开“Display Properties”对话框，如图 7-42 所示。

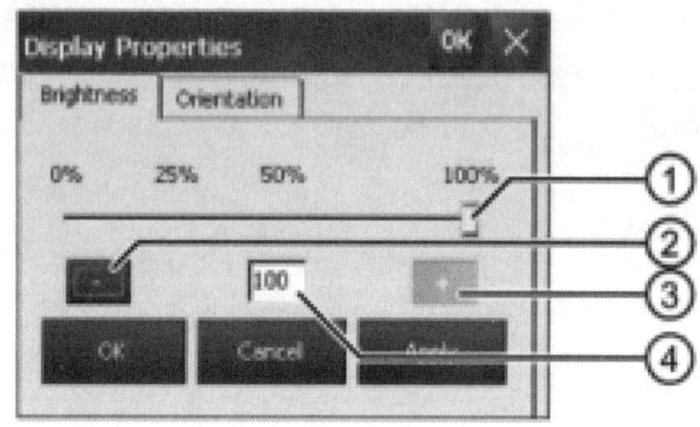

①滑块；②降低亮度；③调高亮度；④指示设置的值

图 7-42　触摸屏控亮度调整

要增加亮度，按下“+”键，每次按下该键，亮度会调高 5%；要降低亮度，按下“–”键，可设置的最小值为 25%；要检查设置，可按下“Apply”键，将应用设置好的亮度值；使用“OK”键确认输入，对话框随即关闭。

2）更改屏幕显示方向。通过“Display”图标打开“Display Properties”对话框，切换到“Orientation”选项卡可以更改显示方向，如图 7-43 所示。

3）更改屏幕键盘的显示方式和位置。通过“InputPanel”图标打开“Siemens HMI Input Panel”对话框，如图 7-44 所示，单击按钮“Open Input Panel”打开屏幕键盘，单击按钮“Save”保存屏幕键盘的设置。

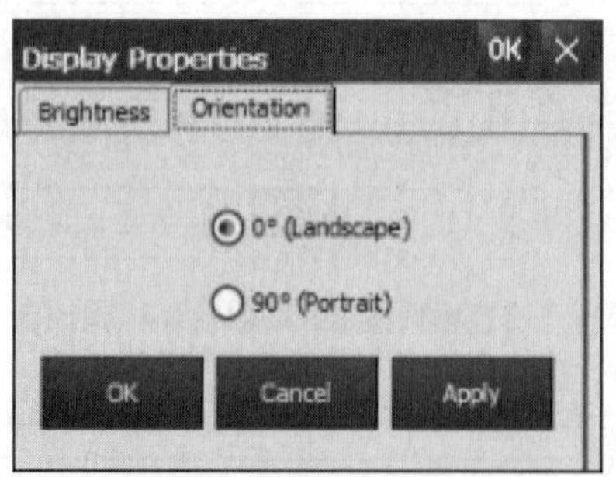

图 7-43　触摸屏屏幕方向调整

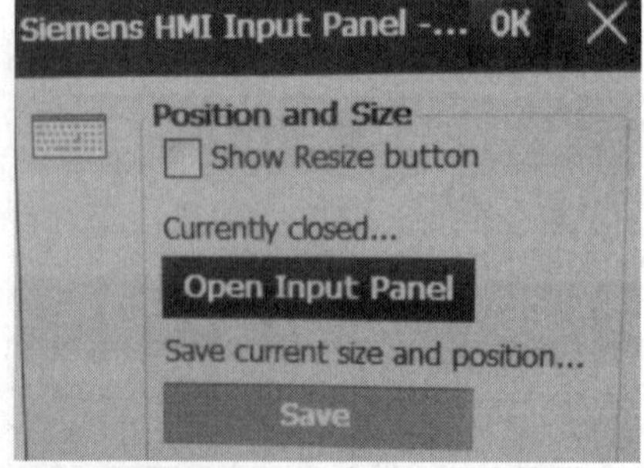

图 7-44　触摸屏显示方式和位置调整

4）校准触摸屏。视安装位置和视角而定，触摸屏上可能会出现视差，为避免由此造成操作失误，必要时必须校准触摸屏。

通过“OP Properties”图标打开“OP”对话框，切换到“Touch”选项卡，单击“Recalibrate”按钮，触摸屏出现校准十字线，触摸校准十字准线的中心，直到校准十字准线在下一个位置上显示，在显示的时间内触摸触摸屏，保存校准。

5）重新启动 HMI 设备。使用“OP”图标打开“OP Properties”对话框，切换至“Device”选项卡，单击“Reboot”按钮出现重启对话框，如图 7-45 所示，按下“Reboot”可以重新启动 HMI；按下“Prepare for Reset”将 HMI 恢复出厂设置；按下“No”表示不执行重启，关闭对话框。

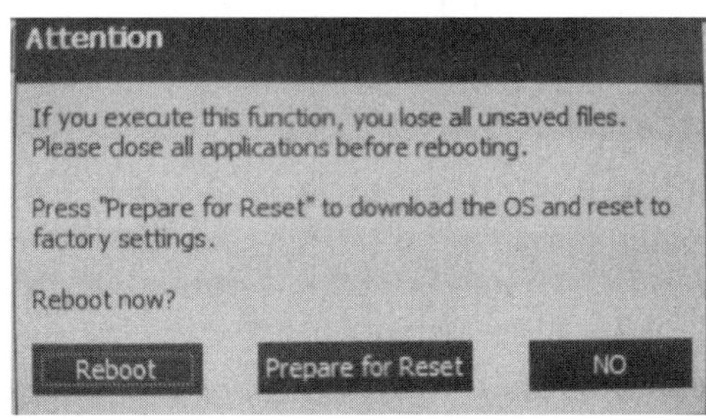

图 7-45　触摸屏重启对话框

4. 面板的常规设置

面板的常规设置包括组态传送、区域和语言、日期和时间、密码保护、内存管理等，这里仅讲述组态传送的设置，其他操作较为简单，不再累述。

当 HMI 设备上至少组态并启用了一个数据通道时，项目才能从组态 PC 传送到 HMI 设备。按以下操作步骤组态传送模式：

（1）打开控制面板，使用“Transfer”图标打开“Transfer Settings”对话框，如图 7-46 所示。

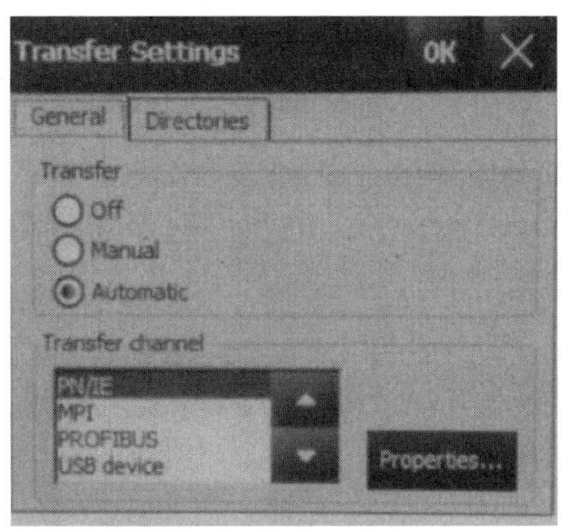

图 7-46　触摸屏传输对话框

（2）切换至“General”选项卡。

（3）在“Transfer”组中，选择是要启用还是禁用“传送”模式。选择下列选项之一：

– Off ：无法进行传送。

– Manual：手动传送，如果要启动传送，关闭激活的项目并按下“启动中心”（Start Center）

的“Transfer”按钮。

– Automatic：自动传送，可以通过组态 PC 或编程设备远程触发传送。

（4）“Digital signatures”组。要选择在传送 HMI 设备映像期间检查签名，选中“Validate Signatures”复选框，该功能适用于与 WinCC（TIA Portal）V14 或更高版本兼容的 HMI 设备映像。如果是低于 V14 的版本兼容的无签名映像，取消选中“Validate Signatures”复选框。

（5）在“Transfer channel”组中选择所需数据通道。方式包括：PN/IE，通过 PROFINET 或工业以太网实现传送；MPI；PROFIBUS；USB device（Comfort V1/V1.1 设备）；Ethernet。

（6）要调用 HMI 设备的寻址，按下“Properties”。

– PN/IE：输入 IP 地址和名称服务器。

– MPI 或 PROFIBUS 设置。

（7）使用“OK”键确认输入，对话框随即关闭。传送的数据通道组态完毕。

5. 激活 PROFINET

HMI 设备通过 PROFINET 与控制器相连或在项目中将功能键或按钮组态为 PROFINET I/O 直接键时必须激活 HMI 设备上的 PROFINET 服务，操作步骤：

（1）打开控制面板，通过“Profinet”图标打开“Profinet”对话框，如图 7-47 所示。

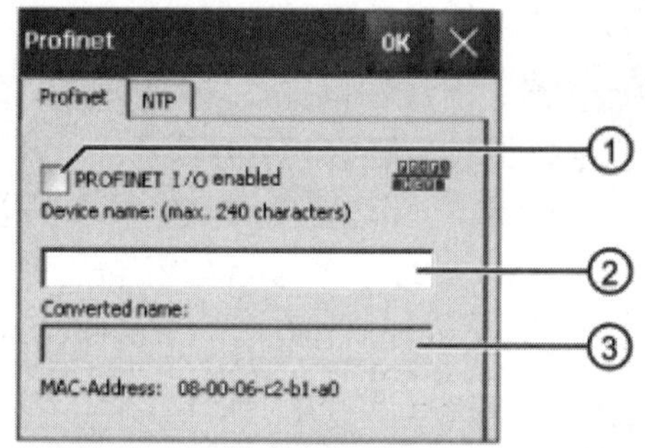

①激活或禁用 PROFINET I/O 直接键；②设备名输入栏；③HMI 设备的 MAC 地址

图 7-47　触摸屏以太网激活对话框

（2）激活“PROFINET I/O enabled”复选框。

（3）输入 HMI 设备的 PROFINET 设备名称。在本地网络范围内，设备名称必须是唯一的，名称的长度限制在 240 个字符内（小写字母、数字、连字符或点）。

（4）单击确认输入，对话框关闭。

（5）重启 HMI 设备，PROFINET 激活。

6. 网络运行参数设置

网络运行之前，必须配置操作设备设置网络参数，主要包括设置操作设备的名称、配置网络地址、设置登录信息等。也可在 WinCC 的“设备和网络”编辑器中配置网络地址。

（1）指定 HMI 设备名称。设备名称可用于标识本地网络中的 HMI 设备，名称必须唯一，操作步骤：

1）在控制面板中使用“System”图标打开“System Properties”对话框。

2）切换至“Device Name”选项卡，如图 7-48 所示。

3）在“Device name”文本框中为 HMI 设备输入名称，输入不含空格的名称。

4）如果需要，在“Device description”文本框中输入 HMI 设备的说明。

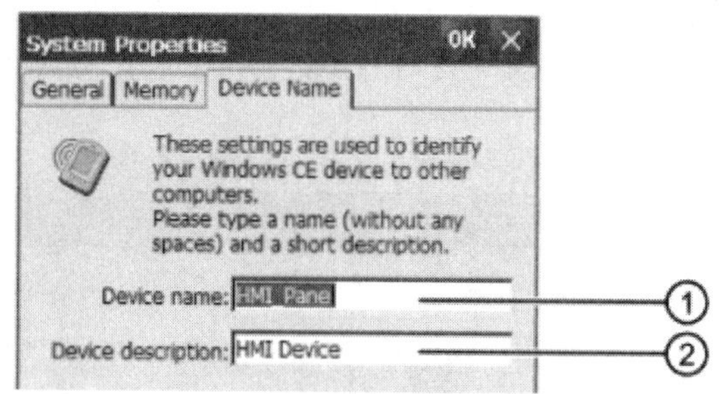

①HMI 设备的名称；② HMI 设备的简要描述（可选）

图 7-48　触摸屏设备选项框

5）使用“OK”键确认输入，对话框随即关闭。

（2）输入 IP 地址和名称服务器。

1）打开控制面板，通过“Network&Dial-Up Connections”图标打开网络适配器视图，如图 7-49 所示。

图 7-49　触摸屏网络适配图

2）打开条目“PN_X1”，打开“'PN_X1' Settings”对话框。

3）切换至选项卡“IP Address”。

4）选择地址分配方式：

– 激活“Obtain an IP address via DHCP”，以便自动确定地址。

– 激活“Specify an IP address”，手动确定地址。

5）如果选择手动分配，在“IP Address”“Subnet Mask”下输入地址，如图 7-50 所示。

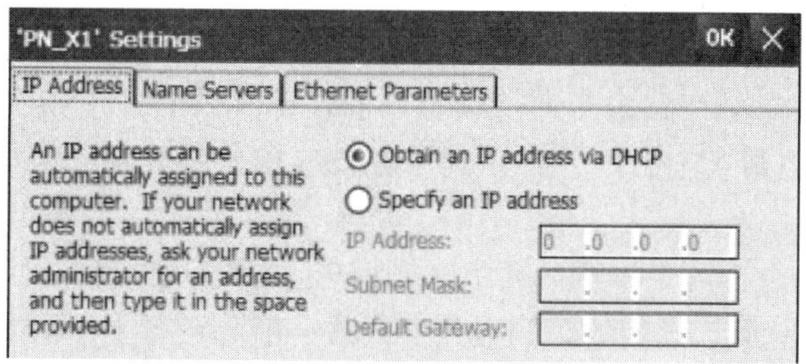

图 7-50　触摸屏网络地址设置

6）在网络中使用名称服务器时，切换至“Name Servers”选项卡，输入相关地址。

7）确定辅助以太网的参数时，切换至“Ethernet Parameters”选项卡。

8）默认自动设置传输模式和以太网接口速度。必要时选择传输模式和以太网接口速度。

9）需要时，激活“Port 1”和“Port 2”以太网接口限制。通过“OK”键确认输入。

（3）更改 MPI/PROFIBUS DP 设置。在 HMI 设备的项目中定义 MPI 或 PROFIBUS DP 的通信设置，在第一次传送项目时或对项目进行了更改需更改传送设置，按以下步骤：

在控制面板上，使用“Properties...”按钮打开“MPI”或“PROFIBUS”属性对话框，如图 7-51 所示。

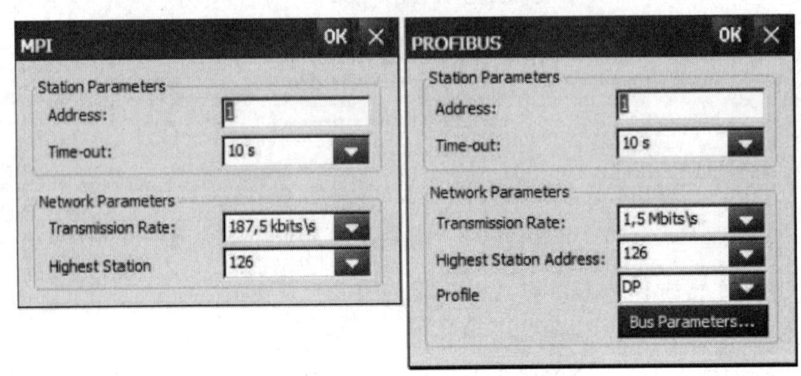

图 7-51　触摸屏 MPI/PROFIBUS DP 设置

然后在“Address”下的框中输入 HMI 设备的总线地址，地址在网络中必须唯一；在“Transmission Rate”下选择传输率；在“Highest Station Address”或“Highest Station”下输入总线的最高站地址；在“Profile”下选择所需配置文件（仅限 PROFIBUS）。

7. 实训思考

（1）触摸屏的“启动中心”具有什么功能？

（2）触摸屏的网络地址是否可以和编程电脑重复，应如何进行设置？

思考练习题

1．什么是 HMI，有哪几种常用类型？

2．在 HMI 中，什么是内部变量和外部变量？

3．简述 WICC 中报警的类别。

4．简述 HMI 设备模拟仿真的方式和特点。

5．在触摸屏中制作十字路口交通灯模拟画面，并利用 PLC 中定时器实现红灯、绿灯的转换，要求红灯、绿灯各亮 15s，并可以利用触摸屏按钮或外部开关两种方式实现系统的启停控制。

6．PLC 对某液位进行测量检测，要求在触摸屏上画出液位罐，液面来自于外界模拟输入电压（0～5V），实时指示，当液位达到最大值或最小值时进行上下限报警。

第 8 章　PLC 系统设计与工艺功能应用

【本章导读】

利用 PLC 进行工程设计，必须掌握 PLC 系统的设计原则，进行硬件系统设计和软件系统设计；设计中充分利用 S7-1200 PLC 的工艺功能，能够方便地进行工程项目中的 PID、高速计数、运动控制等功能任务，提高程序设计的快速性和可靠性。

【本章主要知识点】

- PLC 系统设计的实现过程。
- S7-1200 的高速计数器功能及应用设计。
- S7-1200 的 PID 控制功能及应用设计。
- S7-1200 的运动控制功能及应用设计。

8.1　PLC 的系统设计

利用 PLC 进行控制任务设计与通常的电气控制系统所要完成的控制任务设计具有相似性，要满足被控对象（生产控制设备、自动化生产线、生产下艺过程等）提出的各项性能指标，提高劳动生产率，保证产品质量，保证系统的安全可靠，减轻劳动强度和危害程度，提升自动化水平。此外，要充分利用 PLC 易于扩充的特点，在选择 PLC 的容量（包括存储器的容量、机架插槽数、I/O 点的数量等）时，应留有适当的余量，为以后系统的扩容做好预留。

由于 PLC 的工作方式和通用微机不完全一样，因此设计 PLC 自动系统与计算机控制系统的开发过程也不完全相同，需要根据 PLC 的特点进行系统设计；PLC 控制系统与继电器控制系统也有本质的区别，其中硬件和软件可分开进行设计是 PLC 的一大特点。当设计一个 PLC 控制系统时，要全面考虑许多因素，不管所设计的控制系统规模的大小，PLC 控制系统设计流程参照图 8-1 的步骤进行。

8.1.1　设计任务分析

在使用 PLC 进行控制系统设计时，必须要对设备或装置性能指标、工艺流程详细了解，根据生产中提出来的问题，确正系统所要完成的任务。与此同时，拟定出设计任务书，明确各项设训要求、约束条件及控制方式。

设计任务书是整个系统设计的依据，分析出采用 PLC 组成控制系统具有的优点和设计难点，评估控制方案的科学性、可行性。

在进行系统设计前，设计人员首先应该对被控对象进行深入的调查和分析，并熟悉工艺流程及设备性能。要了解工艺过程和机械运动与电气执行元件之间的关系和对电控系统的控制要求，例如机械运动部件的传动与驱动，仪表、传感器等的连接与驱动。归纳出电气执行元件的动作节拍表，电控系统的根本任务就是正确实现这个节拍表。

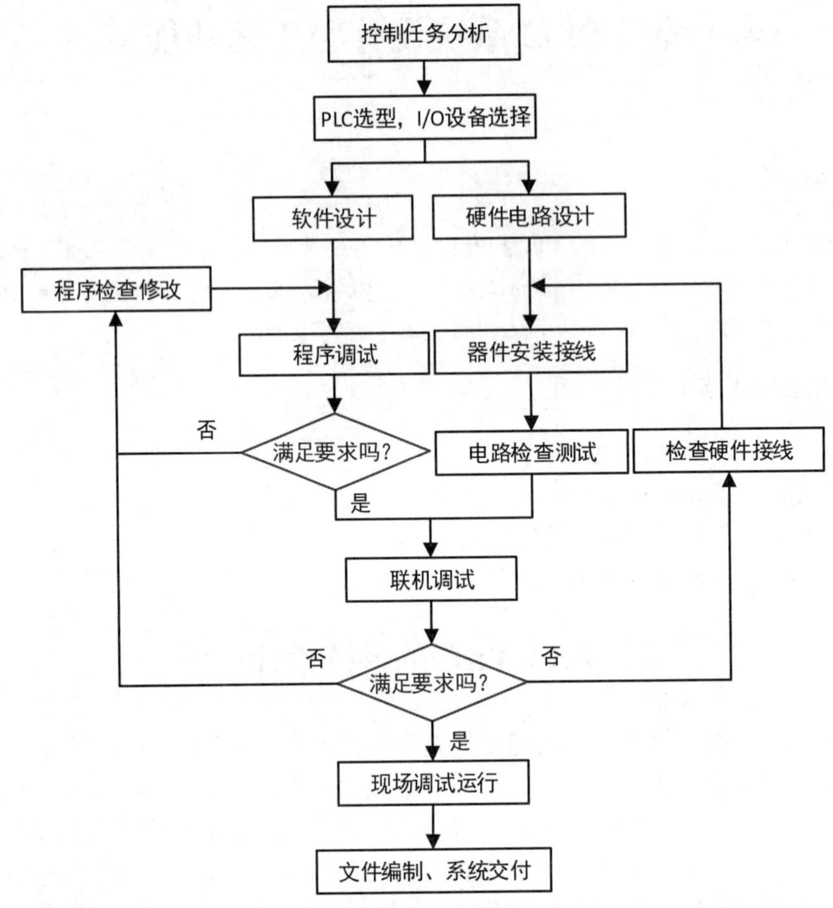

图 8-1 PLC 控制系统设计流程

8.1.2 PLC 选型

当某一个控制任务决定由 PLC 来完成后，选择 PLC 就成为首先进行的工作。目前，国内外 PLC 品种已达数百个，其性能各有特点，价格也不尽相同，主要从机型和容量进行考虑。

选择 PLC 机型，一般应考虑下列因素：

（1）功能方面，所有 PLC 一般都具有常规的功能；但对某些特殊要求，就要知道所选用的 PLC 是否有能力完成控制任务。如对 PLC 开放标准的通信联网要求，或对 PLC 的计算速度、用户程序容量等有特殊要求，或对 PLC 的位置控制有特殊要求等。

（2）价格方面，不同厂家的 PLC 产品价格相差很大，有些功能类似、质量相当、I/O 点数相当的 PLC 的价格却能相差 40%以上。特别是在系统规模较大，使用 PLC 较多的情况下，价格是必须考虑的因素。

（3）售后服务及可持续方面，一般应选择具有一定规模、培训服务较好的厂家，产品具有较好的拓展性和延续性。

要确定选定 PLC 的容量，包括以下几方面工作：

（1）CPU 能力。主要从处理器的处理速度、存储器容量及可扩展性等方面考虑。

（2）I/O 点的性质及扩展能力。I/O 点的性质主要指它们是直流信号还是交流信号，它们的电源电压，以及输出是用继电器型还是晶体管型。要对控制任务进行详细的分析，把所有的 I/O 点找出来，包括开关量 I/O 和模拟量 I/O 以及这些 I/O 点的性质，确定使用 I/O 的类型。

（3）响应速度。对于以数字量控制为主的通用 PLC 控制系统，PLC 的响应速度都可以满足。而对于含有多个模拟量的 PLC 控制系统、运动控制系统等场合必须考虑 PLC 的响应速度。

8.1.3 硬件电路设计

硬件设计主要包括 PLC 及外围线路设计、电气线路设计、安全电路设计和抗干扰措施设计等，最主要的任务是绘制控制系统原理图、安装接线图，如果需要还需绘制元器件布置图。

电气元器件的选择主要是根据控制要求选择按钮、开关、传感器、保护电器、接触器、指示灯和电磁阀等。

通过研究工艺过程或机械运动的各个步骤，确定哪些信号需要输入 PLC，哪些信号要由 PLC 输出或者哪些负载要由 PLC 来驱动，分类统计出各输入输出量的性质及参数，进行 I/O 地址分配时要把 I/O 点的名称、代码和地址以表格的形式清晰列写出来。

输入/输出信号在 PLC 接线端子上的地址分配是进行控制系统设计的基础。对软件设计来说确定 I/O 地址分配以后才可进行编程；对控制柜及 PLC 的外围接线来说，只有根据 I/O 地址才能绘制电气接线图、装配图，根据线路图和安装图安装控制柜。

输出点设计要考虑负载类型的问题。要尽可能选择相同等级和种类的负载，比如使用交流 220V 的指示灯等。一般情况下继电器输出的 PLC 使用最多，但对于要求高速输出的情况，如运动控制时的高速脉冲输出，就要选择无触点的晶体管输出触点。

为了提高 PLC 控制系统运行的可靠性，在系统设计时必须选择合理的抗干扰措施，消除或减小干扰的影响。为控制来自电源方面的干扰，可采用隔离变压器、UPS（不间断电源）、晶体管开关电源或分离供电系统等方法。

8.1.4 软件设计

软件系统设计主要指编制 PLC 控制程序和 HMI 的组态画面，满足控制需要。控制系统软件设计的难易程度因控制任务而异。在小规模系统设计中，可以根据经验积累进行线性化程序设计；在系统规模较大，设计程序任务繁重时，需要团队协作完成，采用模块化程序设计。

HMI 组态画面逐渐成为控制系统的一个需求，要实现的功能主要包括实时画面和数据显示、参数设置、报警处理等。除要具备一定的美术方面的特长以保证画面美观外，正确配置 HMI 和 PLC 之间交换数据所使用的变量就显得非常重要。

在 PLC 程序设计时，除 I/O 地址列表外，有时还要把在程序中用到的中间继电器、定时器、计数器和存储单元以及它们的作用或功能列写出来，以便编写程序和阅读程序。

8.1.5 系统调试

（1）模拟调试。

设计好用户程序后，一般先作模拟调试。用 PLC 的硬件来调试程序时，用接在输入端的小开关或按钮来模拟 PLC 实际的输入信号，例如用它们发出操作指令。或者在适当的时候用它们来模拟实际的反馈信号，例如限位开关触点的接通和断开。通过输出模块各输出点对应的发光二极管，观察输出信号是否满足设计的要求。

在编程软件中，可以用程序状态监视功能或状态表来监视程序的运行。

硬件部分的模拟调试可在断开主电路的情况下进行，主要试一试手动控制部分是否正确；软件部分的模拟调试可借助于模拟开关和 PLC 输出端的输出指示灯进行；需要模拟量信号 I/O 时，可用电位器和万用表配合进行，或使用信号发生器来进行模拟。

（2）联机调试。

联机调试时，可把编制好的程序下载到现场的 PLC 中。有时 PLC 也许只有这一台，这时就要把 PLC 安装到控制柜相应的位置上。通过现场联调信号常常还会发现软硬件中的问题，有时还需要对某些控制功能进行改进，要经过反复调试系统后，才能最后交付使用。

8.1.6 文件编制

系统完成后一定要及时整理技术材料并存档，根据调试的最终结果整理出完整的技术文件，提供给用户，以便系统的维护与改进。需要编制的文档主要有：

（1）系统设计方案包括总体设计方案、分项设计方案、系统结构等。

（2）PLC 的外部接线图和其他电气图样。

（3）系统元器件清单。

（4）软件系统结构和组成包括流程图、带有详细注释的程序、各变量的名称、地址等。

（5）系统使用说明书。

8.2 PLC 高速计数器功能与应用

生产实践中经常遇到需要检测高频脉冲进行计数的场合，普通计数器受限于扫描周期的影响，无法计量频率较高的脉冲信号。S7-1200 CPU 中有专用的高速计数器可以实现此功能。

S7-1200 CPU 提供了最多 6 个高速计数器，其独立于 CPU 的扫描周期进行计数，可测量的单相脉冲频率最高为 100kHz，双相或 A/B 相最高为 30kHz，除用来计数外还可用来进行频率测量；高速计数器还可用于连接增量型旋转编码器，用户通过对硬件组态和调用相关指令块来使用此功能；在高速计数器中提供了中断功能，用以在某些特定条件下触发程序，共有三种中断条件：当前值等于预置、外部信号复位、带有外部方向控制时计数方向发生改变。

8.2.1 高速计数器工作模式

每种高速计数器有外部复位和内部复位两种复位方式，高速计数器有 5 种工作模式：单相计数器，外部方向控制；单相计数器，内部方向控制；双相增/减计数器，双脉冲输入；A/B 相正交脉冲输入；监控 PTO 输出。

计数器无需启动条件设置，在硬件向导中设置完成后下载到 CPU 中即可启动高速计数器，在 A/B 相正交模式下可选择 1X（1 倍）和 4X（4 倍）模式，高速计数功能支持的输入电压为 24V DC，目前不支持 5V DC 脉冲。

表 8-1 列出了 S7-1200 CPU 高速计数器的输入定义和工作模式。

表 8-1 高速计数器输入定义和工作模式

描述			输入点定义			功能
HSC	HSC1	使用 CPU 集成 I/O 或信号板或监控 PTO 0	I0.0 I4.0 PTO 0	I0.1 I4.1 PTO 0 方向	I0.3	
	HSC2	使用 CPU 集成 I/O 或监控 PTO 0	I0.2 PTO 1	I0.3 PTO 1 方向	I0.1	
	HSC3	使用 CPU 集成 I/O	I0.4	I0.5	I0.7	
	HSC4	使用 CPU 集成 I/O	I0.6	I0.7	I0.5	
	HSC5	使用 CPU 集成 I/O 或信号板	I1.0 I4.0	I1.1 I4.1	I1.2	
	HSC6	使用 CPU 集成 I/O	I1.3	I1.4	I1.5	
模式	单相计数，内部方向控制		时钟			
					复位	
	单相计数，外部方向控制		时钟	方向		计数或频率
					复位	计数
	双向计数，外部方向控制		增时钟	减时钟		计数或频率
					复位	计数
	A/B 相正交计数		A 相	B 相		计数或频率
					Z 相	计数
	监控 PTO 输出		时钟	方向		计数

高速计数器的输入使用与普通数字量输入相同的地址，当某个输入点已定义为高速计数器的输入点时，就不能再应用于其他功能，但在某个模式下，没有用到的输入点还可以用于其他功能的输入。监控 PTO 的模式只有 HSC1 和 HSC2 支持，使用此模式时，不需要外部接线，CPU 在内部已作了硬件连接，可直接检测通过 PTO 功能所发脉冲。

8.2.2 高速计数器的寻址

CPU 将每个高速计数器的测量值，存储在输入过程映像区内，数据类型为 32 位双整型有符号数，用户可以在设备组态中修改这些存储地址，在程序中可直接访问这些地址，见表 8-2。高速计数器中的实际值有可能会在一个周期内变化，用户可通过读取外设地址的方式，读取到当前时刻的实际值。以 ID1000 为例，其外设地址为“ID1000:P”。

表 8-2 高速计数器寻址列表

高速计数器号	数据类型	默认地址	高速计数器号	数据类型	默认地址
HSC1	DINT	ID1000	HSC4	DINT	ID1012
HSC2	DINT	ID1004	HSC5	DINT	ID1016
HSC3	DINT	ID1008	HSC6	DINT	ID1020

8.2.3 高速计数器指令参数

高速计数器指令块如图 8-2 所示，需要使用背景数据块进行参数存储。

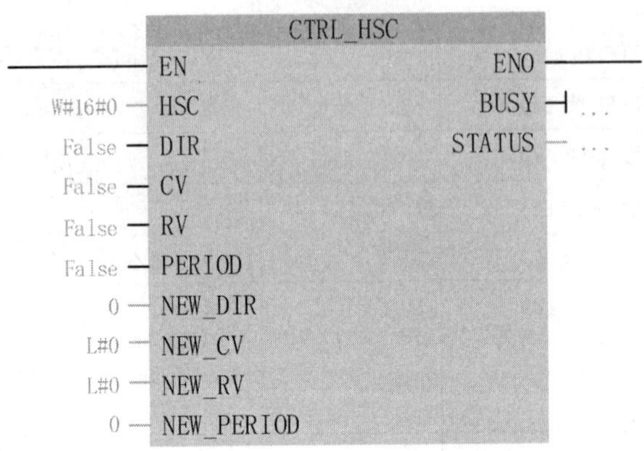

图 8-2　高速计数器指令块

高速计数器指令端子参数类型及作用说明见表 8-3。

表 8-3　高速计数器指令参数

参数名称	数据类型	参数说明
HSC	HW_HSC	高速计数器硬件识别号
DIR	BOOL	TRUE＝ 使能新方向
CV	BOOL	TRUE＝ 使能新初始值
RV	BOOL	TRUE＝ 使能新参考值
PERIODE	BOOL	TRUE＝ 使能新频率测量周期
NEW_DIR	INT	方向选择：1=正向，0=反向
NEW_CV	DINT	新初始值
NEW_RV	DINT	新参考值
NEW_PERIODE	INT	新频率测量周期

8.2.4 高速计数器的组态应用

高速计数器的应用步骤主要包括：

（1）先在设备与组态中，选择 CPU，单击属性，激活高速计数器，并设置相关参数。此步骤必须实现执行，1200 的高速计数器功能必须要先在硬件组态中激活。

（2）添加硬件中断块，关联相对应的高速计数器所产生的预置值中断。

（3）在中断块中添加高速计数器指令，编写修改预置值程序，设置复位计数器等参数。

（4）将程序下载，执行功能。

例 8-1：假设在旋转机械上有单相增量编码器作为反馈，接入到 S7-1200 CPU，要求在计数 100 个脉冲时，计数器复位，并重新开始计数，周而复始执行此功能。

根据题目要求，此处选择 PLC 为 CPU1215C/DC/DC/DC，订货号 6ES7 215-1AG40-0XB0，使用高速计数器为：HSC1。模式为：单相计数，内部方向控制，无外部复位。据此，脉冲输入应接入 I0.0，使用 HSC1 的预置值中断（CV=RV）功能实现此应用。

第 1 步，硬件组态。新建项目工程项目，添加 CPU 控制器型号 1215C/DC/DC/DC。在设备视图①中选中 PLC→打开属性窗口②→选择并单击高速计数器③→单击打开④HSC1→选择⑤启用该高速计数器，如图 8-3 所示。

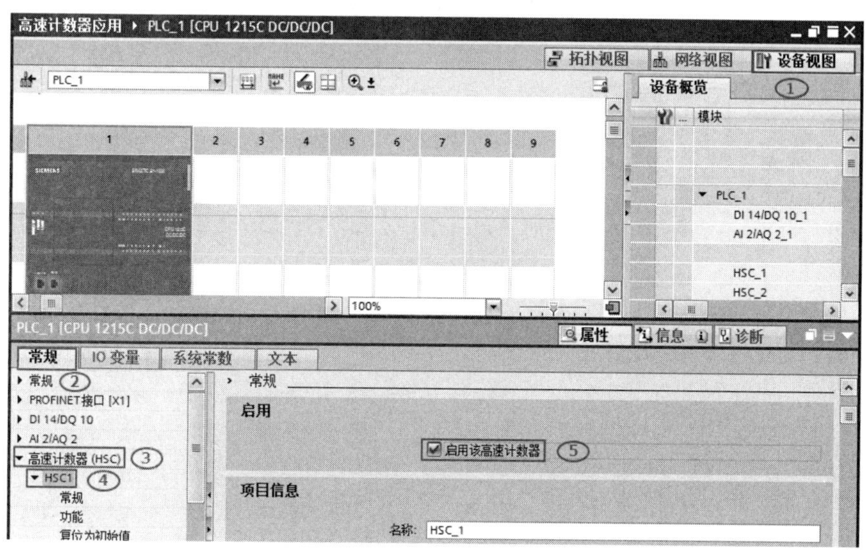

图 8-3　高速计数器硬件组态

第 2 步，计数器功能和初始值设置，如图 8-4 所示，设置复位值如图 8-5 所示。

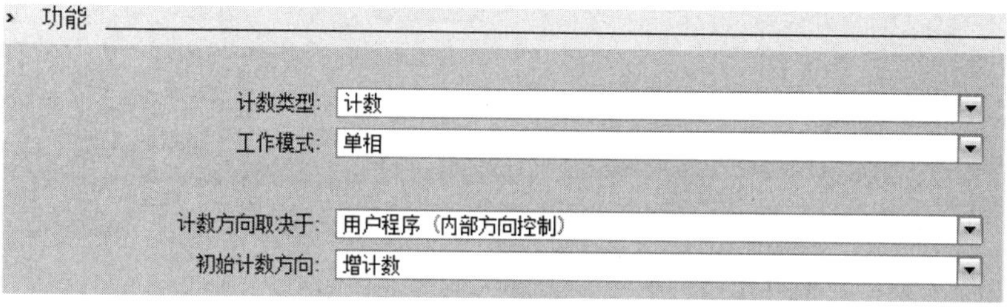

› 功能

计数类型: 计数

工作模式: 单相

计数方向取决于: 用户程序（内部方向控制）

初始计数方向: 增计数

图 8-4　高速计数器硬件组态设置

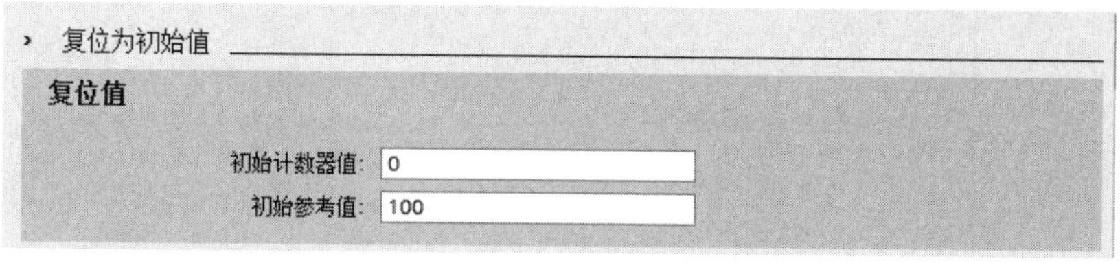

› 复位为初始值

复位值

初始计数器值: 0

初始参考值: 100

图 8-5　高速计数器初始值设置

第 3 步，进行中断组态，选择事件名称和硬件中断如图 8-6 所示；添加中断组织块，如图 8-7 所示。

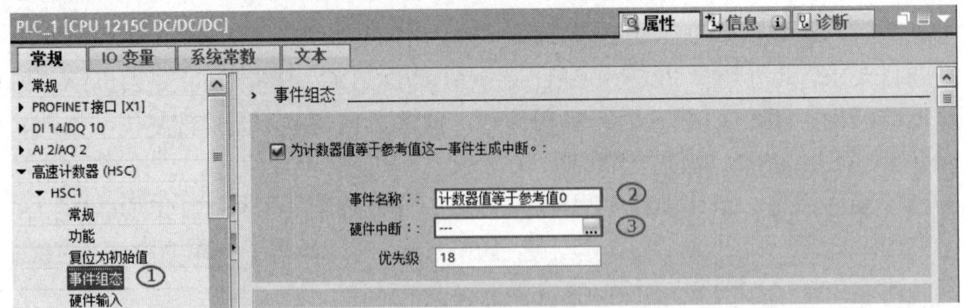

图 8-6　高速计数器事件组态

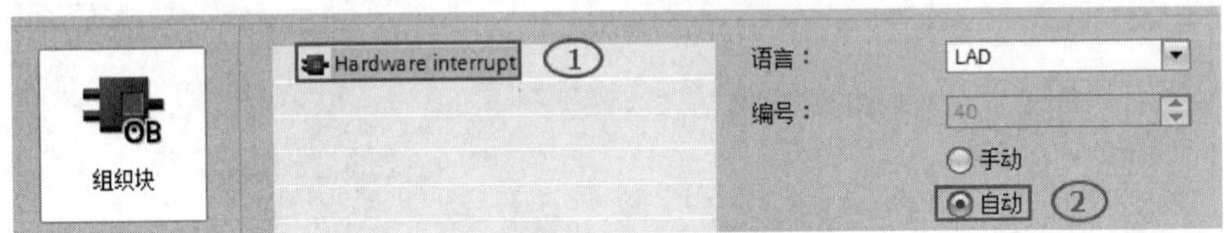

图 8-7　为高速计数器添加硬件中断

第 4 步，输入端子启用及地址设置。如图 8-8 所示，硬件输入选择 I0.0；输入起始地址 1000，如图 8-9 所示。

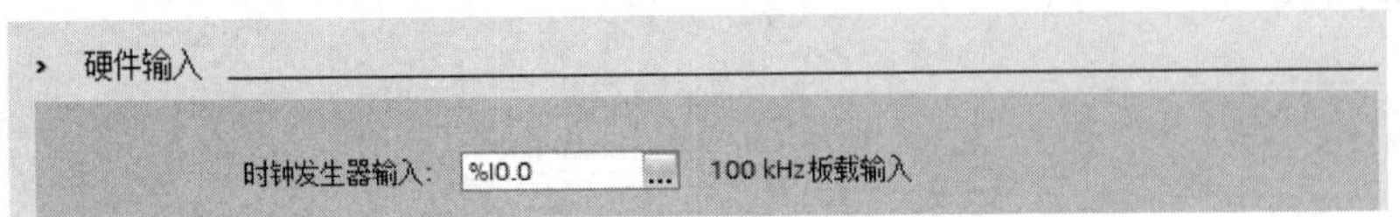

图 8-8　为高速计数器输入端子启用

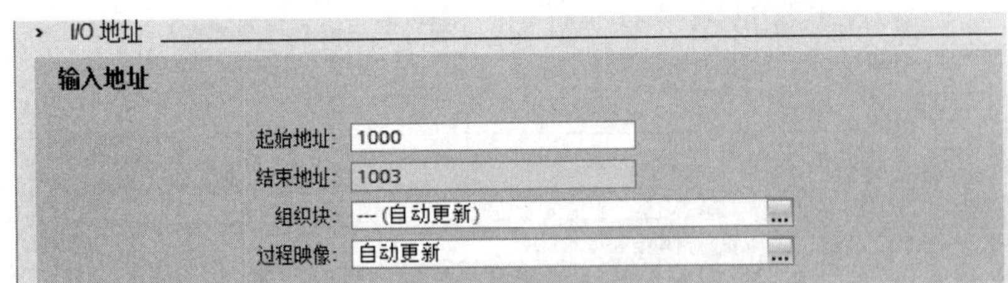

图 8-9　为高速计数器设置输入地址

第 5 步，程序编写。将高速计数指令块添加到硬件中断中，如图 8-10 所示。

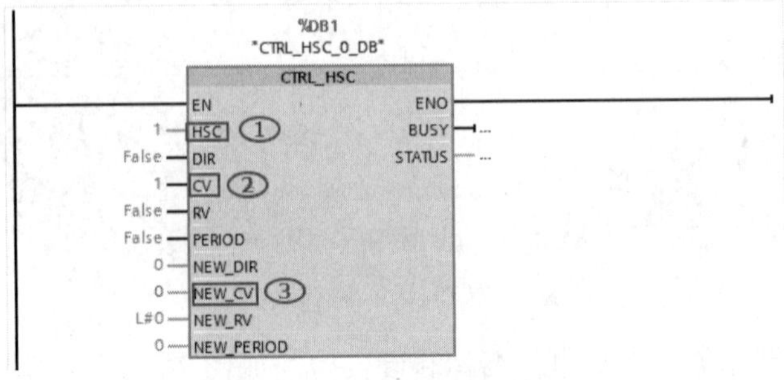

图 8-10　添加高速计数器指令

图中①是高速计数器硬件识别号，这里填“1”；在②处填写“1”为使能更新初值；③处新初始值为“0”。

至此程序编制部分完成，将完成的组态与程序下载到 CPU 后即可执行，当前的计数值可在 ID1000 中读出。对于高速计数器指令块，若不需要修改硬件组态中的参数，可不需要调用，系统仍然可以计数。

8.3 PID 控制功能与应用

PID 控制适用于温度、压力、流量等物理量，是工业现场中应用最为广泛的一种控制方式。S7-1200 CPU 提供的 PID 控制器回路数量受到 CPU 的工作内存及支持 DB 块数量限制。严格上说 S7-1200 CPU 并没有限制具体数量，但实际应用推荐客户不要超过 16 路 PID 回路。可同时进行回路控制，用户可手动调试参数，也可使用自整定功能调试参数。

8.3.1 PID 控制器结构

PID 控制器功能主要依靠三部分实现：循环中断块、PID 指令块、工艺对象背景数据块。用户在调用 PID 指令块时需要定义其背景数据块，而此背景数据块需要在工艺对象中添加，称为工艺对象背景数据块。PID 指令块与其相对应的工艺对象背景数据块组合使用，形成完整的 PID 控制器，如图 8-11 所示。

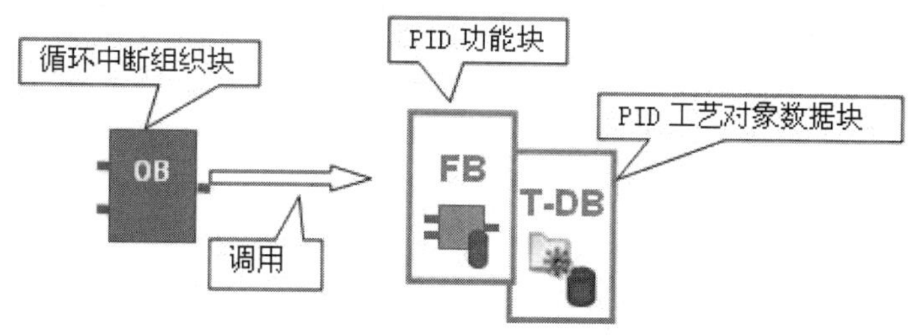

图 8-11　PID 控制器调用结构

循环中断块可按一定周期产生中断，执行其中的程序。PID 指令块定义了控制器的控制算法，其背景数据块用于定义输入输出参数，调试参数以及监控参数。此背景数据块并非普通数据块，需要在目录树视图的工艺对象中才能找到并定义。

8.3.2 PID 控制指令

8.3.2.1 PID 控制指令类型

在 TIA Protal 中软件提供的 PID 控制器具有抗积分饱和功能并且能够对比例作用和微分作用进行加权，提供了三种 PID 控制指令：PID_Compact 指令及其相关工艺对象，提供具有调节功能的通用 PID 控制器，工艺对象中包含控制环的所有设置；PID_3 Step 指令及其相关工艺对象，为通过电机驱动的阀门提供具有特定设置的 PID 控制器，工艺对象中包含控制环的所有设置；PID_Temp 指令，提供了一种可对温度过程进行集成调节的 PID 控制器，是一种具有抗积分饱和功能并且能对比例作用和微分作用进行加权的控制器。

下面的讲解以通用 PID_Compact 指令为例进行，其他两种使用可参照进行。

8.3.2.2　背景数据块的添加

在 TIA Protal 软件中使用 PID 功能，有两种方式选择 PID 的指令背景数据块。

方式一，通过在工艺对象中添加新对象，在弹出的“新增对象”对话框中，项目树左侧竖列选择“PID”后，对“Compact PID”版本选择，如图 8-12 所示。

图 8-12　添加 PID 功能并选择指令版本

工艺对象 PID_Compact 提供一个集成了调节功能的通用 PID 控制器，它相当于 PID_Compact 指令的背景数据块，调用 PID_Compact 指令时必须传送该数据块。

PID_Compact 中包含针对一个特定控制回路的所有设置，打开该工艺对象时，可以在特定的编辑器中组态该控制器。

方式二，当程序处于编程界面时，右侧指令栏中在工艺→PID 控制 → Compact PID 指令，如图 8-13 所示，可以在②处选择或新建背景数据块。

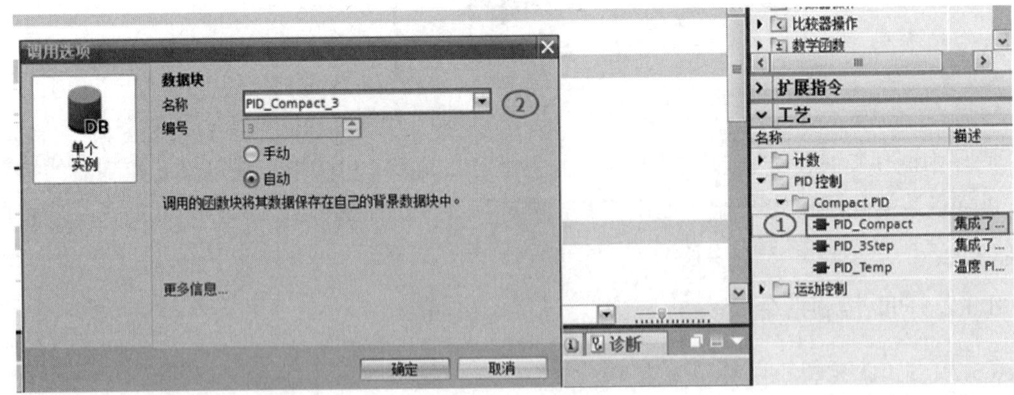

图 8-13　指令栏添加 Compact PID

8.3.2.3　PID Compact 参数介绍

PID 指令块的参数分为输入参数和输出参数，指令块的视图分为扩展视图和集成视图。在不同的视图下所能看见的参数是不一样的，在集成视图中可看到的参数为最基本的默认参数，如给定值、反馈值、输出值等，定义这些参数可实现控制器最基本的控制功能；在扩展视图中，可看到更多的相关参数，如自动切换、模式切换等，使用这些参数可设置控制器具有更丰富的功能，指令的集成视图和扩展视图如图 8-14 所示。

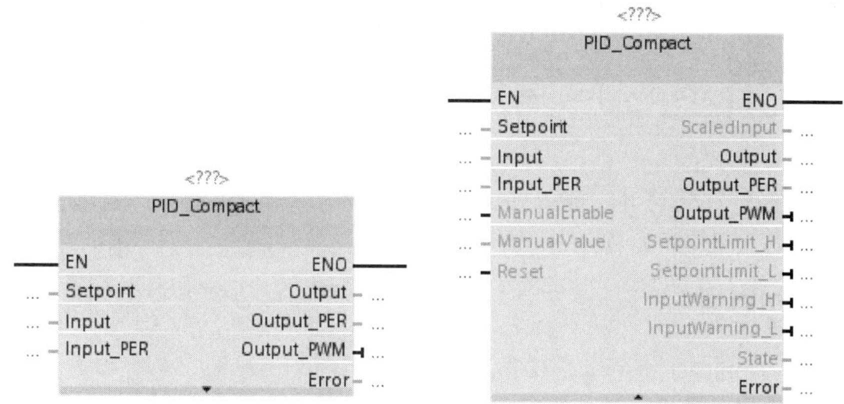

图 8-14　PID 指令块的集成视图和扩展视图

PID_Compact V2 的输入参数定义见表 8-4，输出参数定义见表 8-5。

表 8-4　输入参数

参数	数据类型	说明
Setpoint	REAL	PID 控制器在自动模式下的设定值
Input	REAL	PID 控制器的反馈值（工程量）
Input_PER	INT	PID 控制器的反馈值（模拟量）
Disturbance	REAL	扰动变量或预控制值
ManualEnable	BOOL	出现 FALSE→TRUE 上升沿时会激活“手动模式”
ManualValue	REAL	用作手动模式下的 PID 输出值，须在上下限值之间
ErrorAck	BOOL	FALSE→TRUE 上升沿时，错误确认，清除错误信息
Reset	BOOL	重新启动控制器，清除积分作用（保留 PID 参数）
ModeActivate	BOOL	切换到保存在 Mode 参数中的工作模式

表 8-5　输出参数

参数	数据类型	说明
ScaledInput	REAL	标定的过程值
Output	REAL	PID 的输出值（REAL 形式）
Output_PER	INT	PID 的输出值（模拟量）
Output_PWM	BOOL	PID 的输出值（脉宽调制）
SetpointLimit_H	BOOL	如果 SetpointLimit_H=TRUE，说明已达到设定值的绝对上限
SetpointLimit_L	BOOL	如果 SetpointLimit_L=TRUE，说明已达到设定值的绝对下限
InputWarning_H	BOOL	如果 InputWarning_H=TRUE，说明过程值已达到或超出警告上限
InputWarning_L	BOOL	如果 InputWarning_L=TRUE，说明过程值已达到或低于警告下限
State	INT	State 参数显示了 PID 控制器的当前工作模式

续表

参数	数据类型	说明
Error	BOOL	如果 Error=TRUE，此周期内至少有一条错误消息处于未决状态
ErrorBits	DWORD	ErrorBits 参数显示处于未决状态的错误消息

State 参数工作模式：

State =0：未激活；State=1：预调节；State=2：精确调节；State=3：自动模式；State=4：手动模式；State=5：带错误监视的替代输出值。

8.3.3 组态 PID 控制器

8.3.3.1 PID_Compact 指令组态过程

为保证以恒定的采样时间间隔执行 PID 指令，使用 PID 功能必须先添加循环中断，需要在循环中断中添加 PID 指令，这里以 PID_Compact 指令为例讲解组态过程。

（1）在项目树中添加新块如图 8-15 所示，选择循环中断组织快，设置其循环时间。

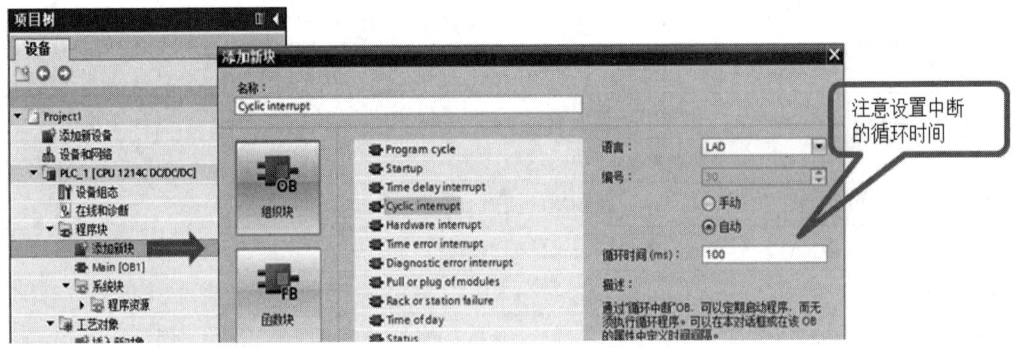

图 8-15　添加循环中断并修改循环时间

（2）在“指令→工艺→PID 控制→Compact PID”下，将 PID_Compact 指令添加至循环中断，如图 8-16 所示。当添加完 PID_Compact 指令后，在项目树→工艺对象文件夹中，会自动关联生成 PID_Compact_x[DBx]，包含其组态界面和调试功能。

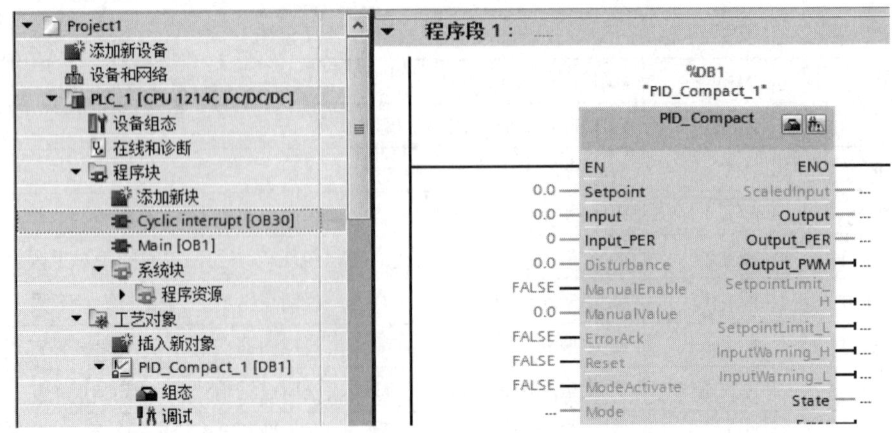

图 8-16　工艺对象中关联生成 PID_Compact[DBX]

（3）使用 PID 控制器前，需对其进行组态设置如图 8-17 所示。

分为基本设置、过程值设置、高级设置等部分，在项目树中单击背景数据块①→单击②组态图标即可进入组态画面。

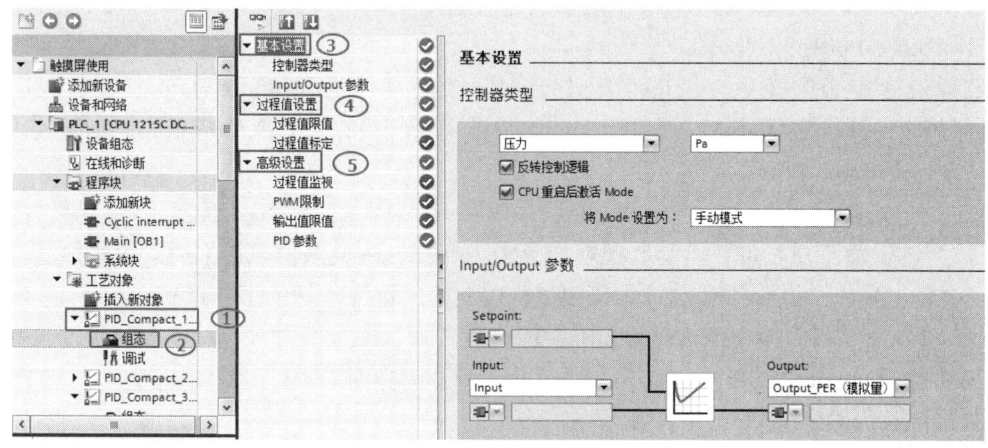

图 8-17　PID_Compact 组态界面

8.3.3.2　基本设置

单击图 8-17 中图标③可以进行基本设置。

（1）控制器类型设置。

- 包括：为设定值、过程值和扰动变量选择物理量和测量单位。
- 正作用：随着 PID 控制器的偏差增大，输出值增大；反作用：随着 PID 控制器的偏差增大，输出值减小。反作用时，可以勾选“反转控制逻辑”，或者用负比例增益。
- 要在 CPU 重启后切换到保存的工作模式，勾选“CPU 重启后激活 Mode”。

（2）定义 Input/Output 参数。

定义 PID 过程值和输出值的内容，选择 PID_Compact 输入、输出变量的引脚和数据类型，如图 8-18 所示。

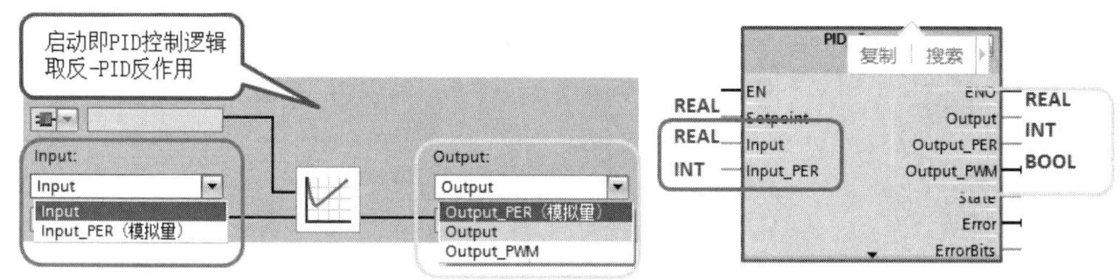

图 8-18　定义 Input/Output 参数

注意：Setpoint 选择设定值源，可选来自指令或来自背景数据块，仅在程序编辑器的巡视窗口可用；过程值源可选来自指令或来自背景数据块，过程值源 Input_PER 来自输入模拟量，Input 过程值来自用户程序的变量或实数值；输出值源可选来自指令或来自背景数据块，仅在程序编辑器的巡视窗口可用，Output 是 REAL 格式输出值，Output_PER 是模拟量输出值，Output_PWM 是脉冲宽度调制的输出值，开关时间构成输出值。

8.3.3.3　过程值设置

在“过程值设置”（Process value settings）组态窗口中，组态过程值的标定并指定过程值的绝对限值。

过程值限值，必须满足过程值下限小于过程值上限。如果过程值超出限值，就会出现错误（ErrorBits = 0001h）。

过程值标定必须满足范围的下限小于上限。当且仅当在 Input/Output 中输入选择为“Input_PER”时，才可组态过程值标定；如果过程值与模拟量输入值成正比，则将使用上下限值对来标定 Input_PER。

8.3.3.4　高级设置

（1）过程值监视。过程值的监视限值范围需要在过程值限值范围之内。过程值超过监视限值，会输出警告；过程值超过过程值限值，PID 输出报错，切换工作模式。

（2）PWM 限制。输出参数 Output 中的值被转换为一个脉冲序列，该序列通过脉宽调制在输出参数 Output_PWM 中输出。在 PID 算法采样时间内计算 Output，在采样时间 PID_Compact 内输出 Output_PWM。

（3）输出值限值。在“输出值的限值”窗口中，以百分比形式组态输出值的限值；手动模式下的设定值 ManualValue 必须介于输出值的下限与输出值的上限之间；如果在手动模式下指定了一个超出限值范围的输出值，则 CPU 会将有效值限制为组态的限值；d. PID_compact 可以通过组态界面中输出值的上限和下限修改限值。最广范围为-100.0 到 100.0，如果采用 Output_PWM 输出时限制为 0.0 到 100.0。

（4）手动输入 PID 参数。如图 8-19 所示，在 PID Compact 组态界面可以修改 PID 参数，通过此处修改的参数对应工艺对象背景数据块→Static→Retain→PID 参数；通过组态界面修改参数需要重新下载组态并重启 PLC，建议直接对工艺对象背景数据块进行操作。

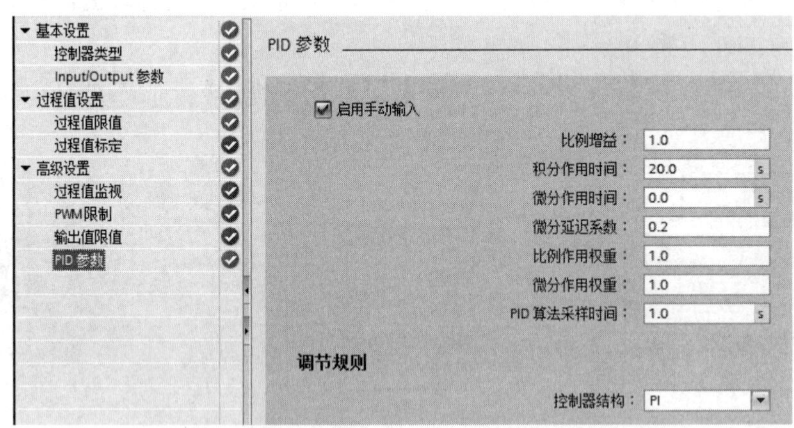

图 8-19　PID 组态高级设置－手动输入 PID 参数

8.3.3.5　工艺对象背景数据块查看

PID Compact 指令的背景数据块属于工艺对象数据块，打开方式：选择项目树→工艺对象→ PID_Compact_x[DBy]，操作步骤如图 8-20 所示。

工艺对象数据块主要部分：1-Input、2-Output、3-Inout、4-Static、5-Config、6-CycleTime、7-CtrlParamsBackUp、8-PIDSelfTune、8-PIDCtrl、10-Retain，其中 1、2、3 这部分参数在

PID_Compact 指令中有参数引脚。

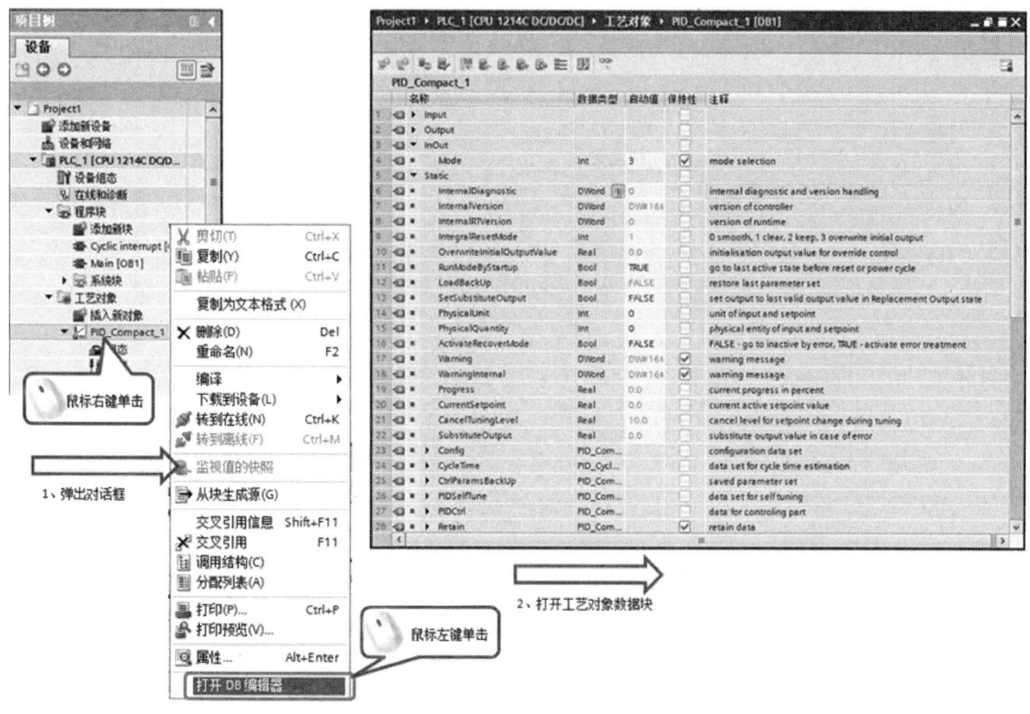

图 8-20　打开 PID Compact 工艺对象数据块

8.3.4　PID Compact 的调试

PID 控制器能否正常运行，需要符合实际运行系统及工艺要求的参数设置，由于每套系统都不完全一样，所以，每套系统的控制参数也不相同。用户可通过参数访问方式手动调试，在调试面板中观察曲线图后修改对应的 PID 参数；也可使用系统提供的参数自整定功能，通过外部输入信号，激励系统，并根据系统的反应方式来确定 PID 参数。

8.3.4.1　参数整定方式

S7-1200 PID 不支持仿真功能。S7-1200 提供了两种整定方式：预调节、精确调节，可在执行预调节和精确调节时获得最佳 PID 参数。

（1）预调节。预调节功能可确定对输出值跳变的过程响应并搜索拐点，根据受控系统的最大上升速率与时间计算 PID 参数。过程值越稳定，PID 参数就越容易计算，结果的精度也会越高。启动预调节的必要条件：

1）已在循环中断 OB 中调用“PID_Compact”指令。

2）ManualEnable = FALSE 且 Reset = FALSE。

3）PID_Compact 处于下列模式之一：“未激活”“手动模式”或“自动模式”。

4）设定值和过程值均处于组态的限值范围内。

5）| 设定值 – 过程值 |> 0.3×| 过程值上限 – 过程值下限 | 。

6）| 设定值 – 反馈值 |> 0.5×| 设定值 | 。

如果执行预调节时未产生错误消息，则 PID 参数已调节完毕，PID_Compact 将切换到自动模式并使用已调节的参数。如果无法实现预调节，PID_Compact 切换到“未激活”模式。

（2）精确调节。精确调节将使过程值出现恒定受限的振荡。将根据此振荡的幅度和频率为操作点调节 PID 参数，所有 PID 参数都根据结果重新计算。精确调节得出的 PID 参数通常比预调节得出的 PID 参数具有更好的主控和扰动特性。

启动精确调节的必要条件：

1）已在循环中断 OB 中调用“PID_Compact”指令。

2）ManualEnable = FALSE 且 Reset = FALSE。

3）PID_Compact 处于下列模式之一：“未激活”“手动模式”或“自动模式”。

4）设定值和过程值均处于组态的限值范围内。

5）| 设定值 – 过程值 |< 0.3× | 过程值上限–过程值下限 | 。

8.3.4.2　PID Compact 调试面板

调试面板可以启动预调节和精确调节，并观察 PID 控制器参数的运行曲线。若不启动调节功能，仅启用在线测量功能，仍然可以观察运行曲线，但不可直接记录导出测量曲线。通过：项目树→PLC 项目→工艺对象→PID_Compact→调试打开整定界面，如图 8-21 所示。

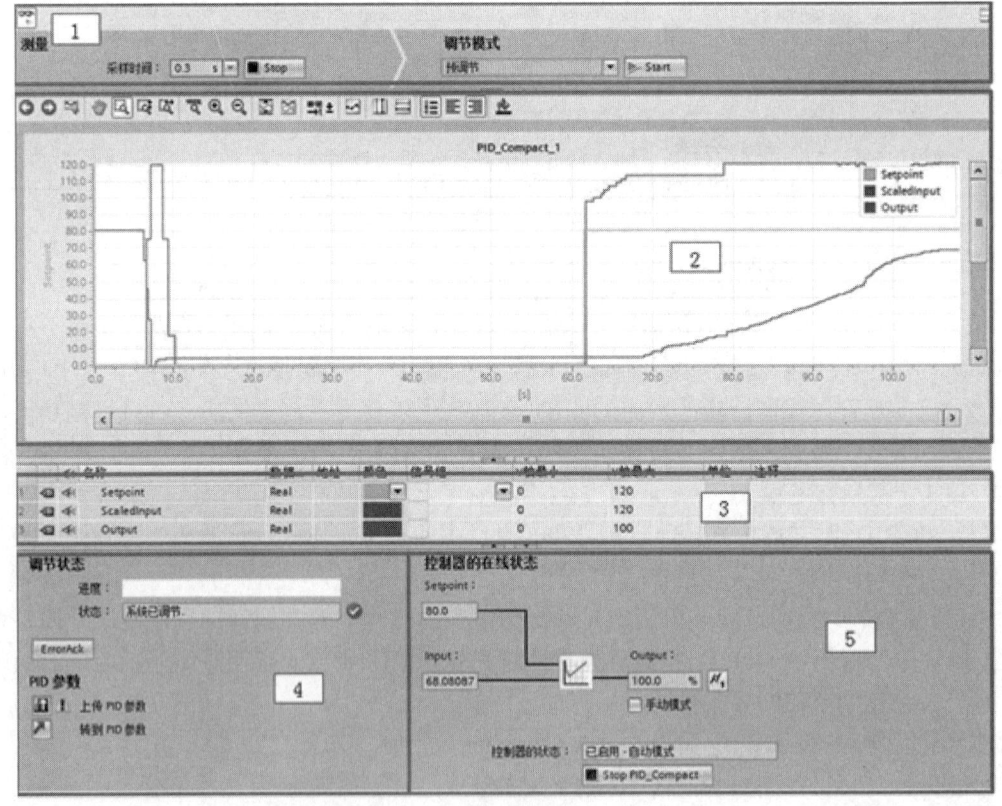

图 8-21　PID Compact 调试面板

（1）采样时间：选择调试面板测量功能的采样时间；启动：激活 PID Compact 趋势采集功能。调节模式：选择整定方式；启动：激活调节模式。

（2）实时趋势图显示：显示 Setpoint（给定值）、Input（反馈值）、Output（输出值）。

（3）标尺：更改趋势中曲线颜色和标尺中的最大/最小值。

（4）调节状态：显示进度条与调节状态；ErrorAck：确认警告和错误；上传 PID 参数：将调节出的参数更新至初始值；转到 PID 参数：转换到组态界面→高级设置→PID 参数；精确调节成功完成后，单击“上传 PID 参数”按钮，可将 PID 参数上传到离线的项目中。

（5）可监视给定、反馈、输出值的在线状态，并可手动强制输出值。Stop PID_Compact：禁用 PID 控制器至非活动状态。

8.3.5　PID 组态应用

某温室控制系统，加热源采用脉冲控制的白炽灯泡。降温是依靠室内风扇运转循环风，白炽灯亮时会使灯泡附近的温度传感器温度升高，风扇运转时可给传感器周围降温。设定值为 0～10V 的电压信号送入 PLC，使用传感器测量系统的温度，温度传感器信号 0～10V，作为反馈接入到 PLC 中。

PID 组态与程序设计：

（1）硬件组态。新建项目工程，添加 PLC 设备，此处添加型号为 CPU1215C/DC/DC/DC。IW64 作为温度反馈值，IW66 作为温度给定值，Q0.0 作为 PWM 输出。在项目树添加变量表并定义变量，如图 8-22 所示。

变量表_1

	名称	数据类型	地址	保持	在 H...	可从 ...	注释
1	set_temp	Int	%IW66	☐	☑	☑	
2	current_temp	Int	%IW64	☐	☑	☑	
3	PWM_OUT	Bool	%Q0.2	☐	☑	☑	
4	PIDtemp_error	DWord	%MD40	☐	☑	☑	
5	set_temp02	Real	%MD44	☐	☑	☑	
6	<添加>			☐	☑	☑	

图 8-22　定义变量表

（2）添加指令。添加循环中断组织块，循环时间设定 100ms，其他采用默认，单击“确认”按钮，如图 8-23 所示。在项目视图，选择 PID_compact 指令拖到编辑区，数据块名称采用默认。如图 8-24 所示。

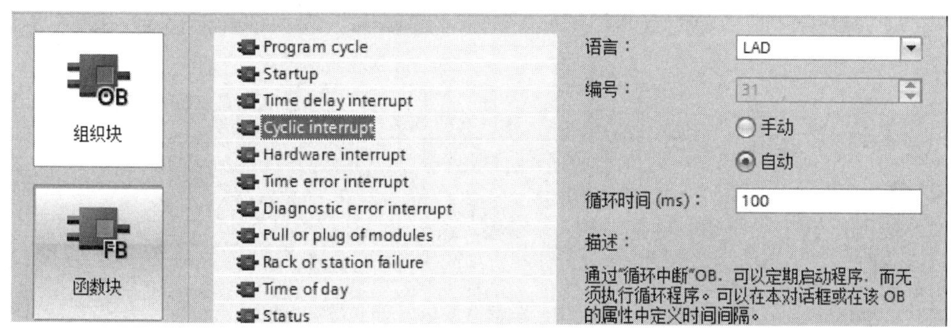

图 8-23　添加循环中断组织块

（3）组态基本参数。在巡视窗口，单击组态图标，进入基本参数设置和过程值设置。首先选择参数设置，进行控制器类型设置，如图 8-25 所示。

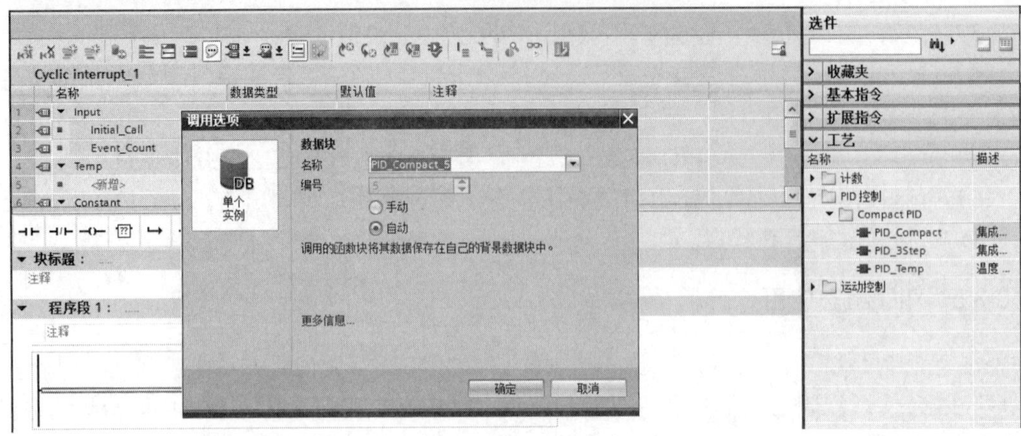

图 8-24　添加 PID 指令

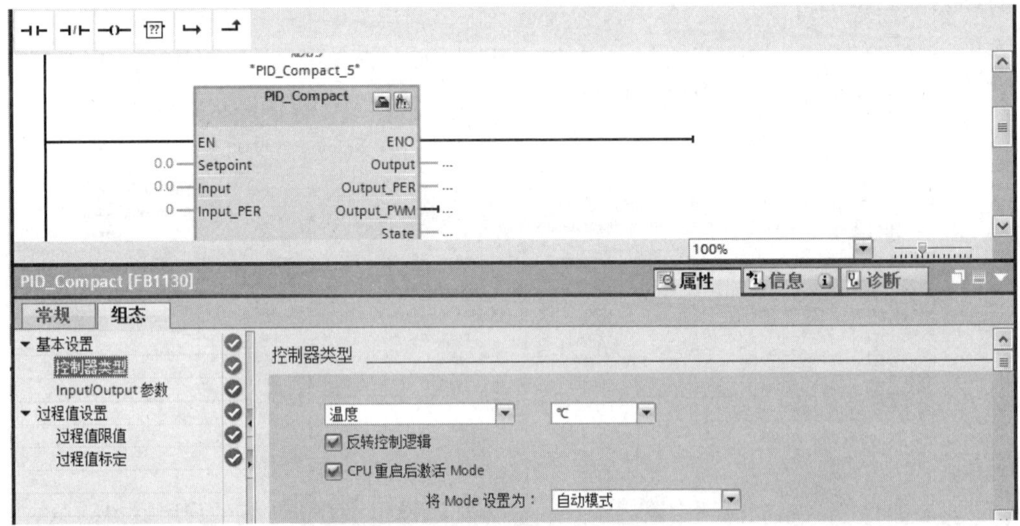

图 8-25　控制器类型设置

（4）进行 Input/Output 参数设置，设定值为“set_temp02”，输入值为“current_temp”，输出值为“PWM_OUT”，如图 8-26 所示。再进行过程值限值和过程值标定，如图 8-27 和图 8-28 所示。

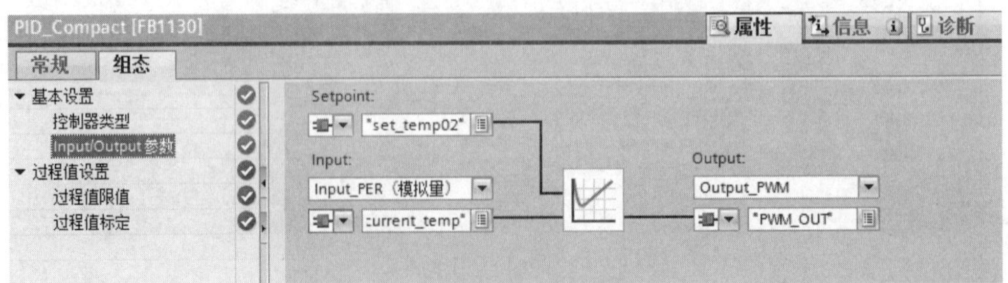

图 8-26　Input/Output 参数设置

（5）组态高级参数。选择项目树中工艺对象下面的 PID 背景数据块，进入高级设置。首先设定过程值监视，上限设定80，下限设定20，如图8-29所示。

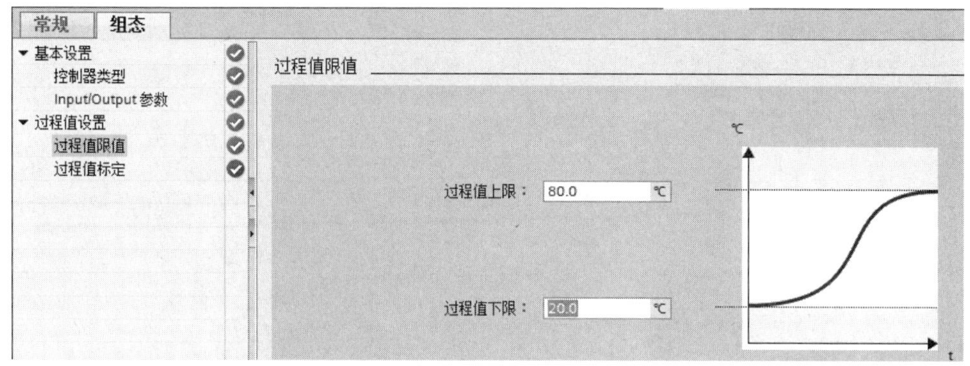

图8-27 过程值限值设定

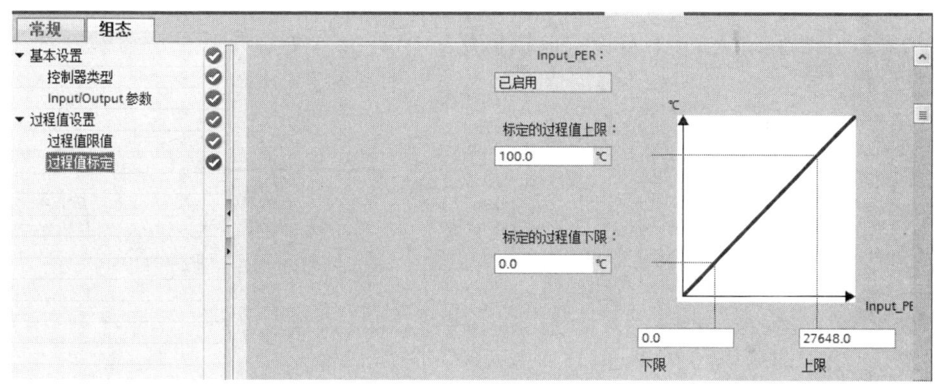

图8-28 过程值标定

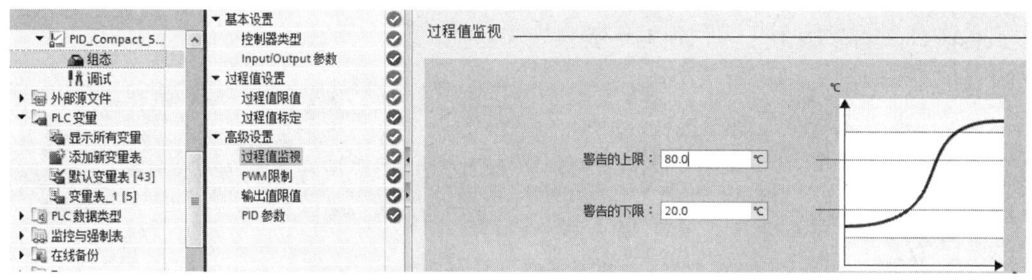

图8-29 设定过程值监视值

再进行PWM限制和输出值限制设定，如图8-30和图8-31所示。

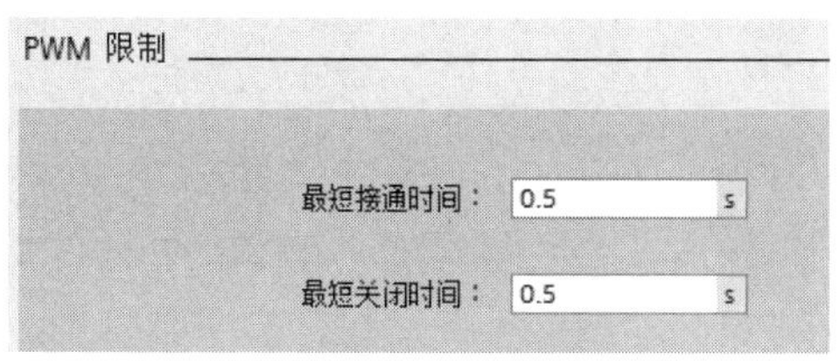

图8-30 PWM限制

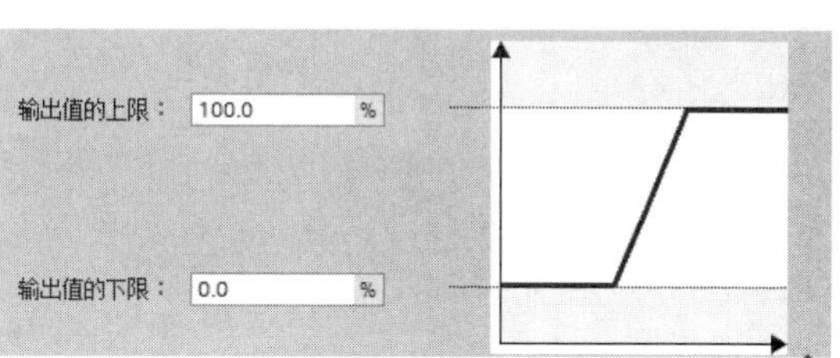

图8-31 输出值限制

然后是 PID 手动时的参数设定和调节规律设定，自动时不用更改，如图 8-32 所示。

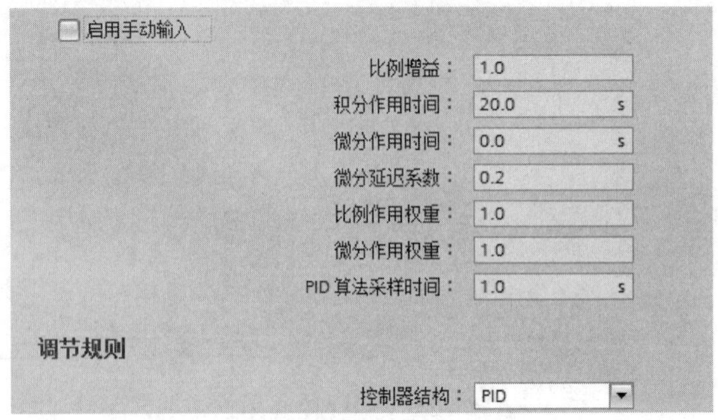

图 8-32　手动时参数设定和调节规律设定

（6）程序编制。进入 OB1 将设定值模拟量量化为 0～100℃范围，如图 8-33 所示。

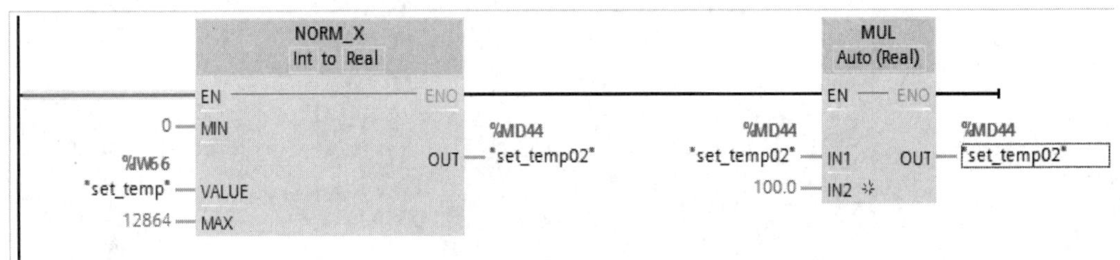

图 8-33　将设定值模拟量量化程序

（7）参数调试。单击项目树中 PID 背景数据块调试图标①进入调试面板，如图 8-34 所示。在自动调试状态下，采样时间②最小为 0.3s，单击 Start 图标③开始自动调试。在调试完毕后单击上传图标④将参数上传，在根据需要设定采样时间。

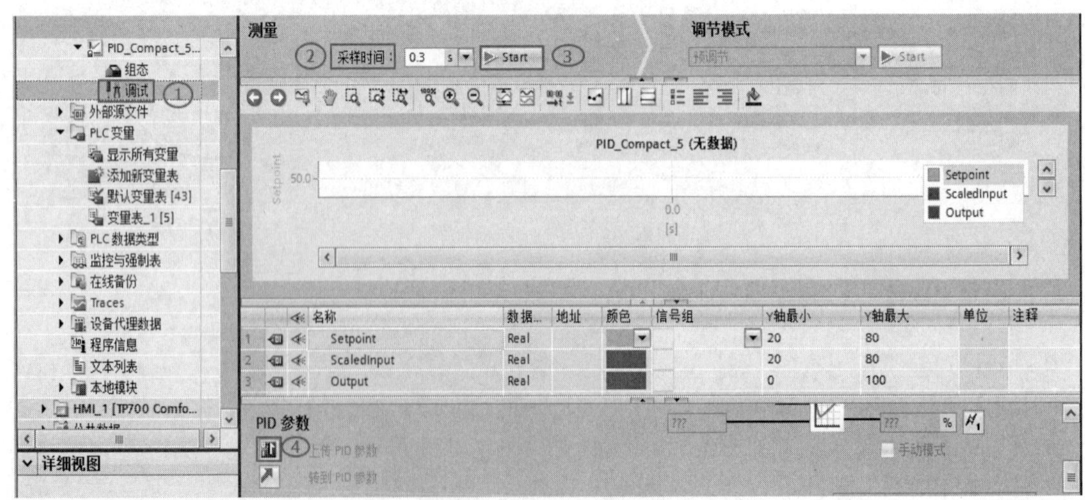

图 8-34　PID 调试面板

8.4　运动控制功能与应用

8.4.1　CPU S7-1200 运动控制功能

西门子 SIMATIC CPU S7-1200 兼具可编程逻辑控制器的功能和通过脉冲接口控制步进电机和伺服电机运行的运动控制功能，对运动控制进行监控。在 DC/DC/DC 型 CPU S7-1200 上配备有用于直接控制驱动器的板载输出，继电器型 CPU 则需要使用信号板控制驱动器，同时使用 DC/DC/DC 型 CPU S7-1200 和信号板时，可控制驱动器的最大数目为 4 个。

CPU S7-1200 提供一个脉冲输出和一个方向输出，通过脉冲接口对步进电机驱动器或伺服电机驱动器提供运动所需的脉冲，方向输出则用于控制驱动器的行进方向，脉冲输出和方向输出彼此互相分配的关系保持不变；板载 CPU 输出或信号板输出可用作脉冲输出和方向输出，在设备组态期间，可以在“属性”(Properties)选项卡的脉冲发生器(PTO/PWM)中，选择板载 CPU 输出或信号板输出。

PTO 的控制方式是目前为止所有版本的 S7-1200 CPU 都有的控制方式，该控制方式由 CPU 向轴驱动器发送高速脉冲信号（以及方向信号）来控制轴的运行，这种控制方式是开环控制，但是用户可以选择增加编码器，利用 S7-1200 高速计数功能采集编码器信号得到轴的实际速度或是位置实现闭环控制；对于 Firmware V4.1 的 S7-1200 CPU 还具有 PROFIdrive 的控制方式和模拟量控制方式，进行闭环控制。

S7-1200 在运动控制中使用了轴的概念，通过对轴的组态，包括硬件接口、位置定义、动态特性、机械特性等，与相关的指令块组合使用，可实现绝对位置、相对位置、点动、转速控制及自动寻找参考点的功能。

TIA Portal 结合 CPU S7-1200 的“运动控制”功能，可帮助用户实现通过脉冲接口控制步进电机和伺服电机：

- 在 TIA Portal 中，可以组态“轴”和“命令表”工艺对象，CPU S7-1200 可以使用这些工艺对象控制用于控制驱动器的脉冲和方向输出。
- 在用户程序中，可以通过运动控制指令来控制轴，也可以启动驱动器的运动作业。

8.4.2　运动控制的功能原理

CPU S7-1200 提供一个脉冲输出和一个方向输出，通过脉冲接口对步进电机驱动器或伺服电机驱动器进行控制，脉冲输出为驱动器提供电机运动所需的脉冲，方向输出则用于控制驱动器的行进方向。脉冲输出和方向输出彼此互相分配的关系保持不变，板载 CPU 输出或信号板输出可用作脉冲输出和方向输出。在设备组态期间，可以在“属性”（Properties）选项卡的脉冲发生器（PTO/PWM）中，选择板载 CPU 输出或信号板输出。

8.4.2.1　脉冲接口的工作原理

根据步进电机的设置，每个脉冲会使步进电机移动特定角度。例如，如果将步进电机设置为每转 1000 个脉冲，则每个脉冲电机移动 0.36°。步进电机的速度通过每单位时间的脉冲数来确定。

8.4.2.2 硬件和软件限位开关

硬件和软件限位开关用于限制轴工艺对象的“允许行进范围”和“工作范围”。这两者的相互关系如图 8-35 所示。

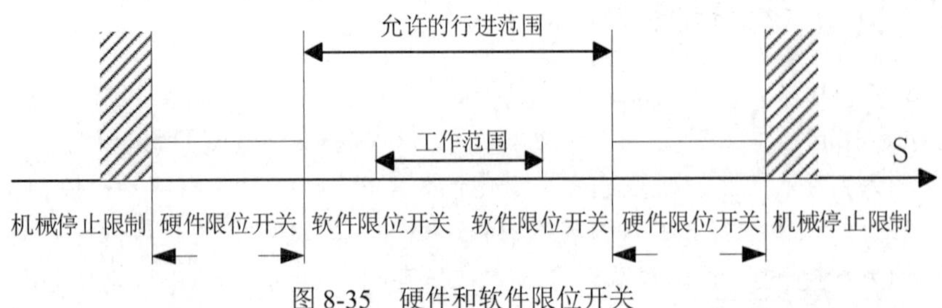

图 8-35 硬件和软件限位开关

硬件限位开关是限制轴的最大“允许行进范围”的限位开关。硬件限位开关是物理开关元件，必须与 CPU 中具有中断功能的输入相连接。

软件限位开关将限制轴的“工作范围”。它们应位于限制行进范围的相关硬件限位开关的内侧。软件限位开关的位置可以灵活设置，根据当前的运行轨迹和具体要求调整轴的工作范围。与硬件限位开关不同，软件限位开关只通过软件来实现，而无需借助自身的开关元件。

在组态中或用户程序中使用硬件和软件限位开关之前，必须先事先将其激活。只有在轴回原点之后，才可以激活软件限位开关。

8.4.2.3 冲击限制

利用冲击限制，可以降低在加速和减速斜坡运行期间施加到机械上的应力，产生“平滑”的轴运动速度轨迹，当冲击限制器处于激活状态时，加速度和减速度的值不会突然改变，而是逐渐增大和减小的，图 8-36 显示了不使用和使用冲击限制时的速度和加速度曲线。

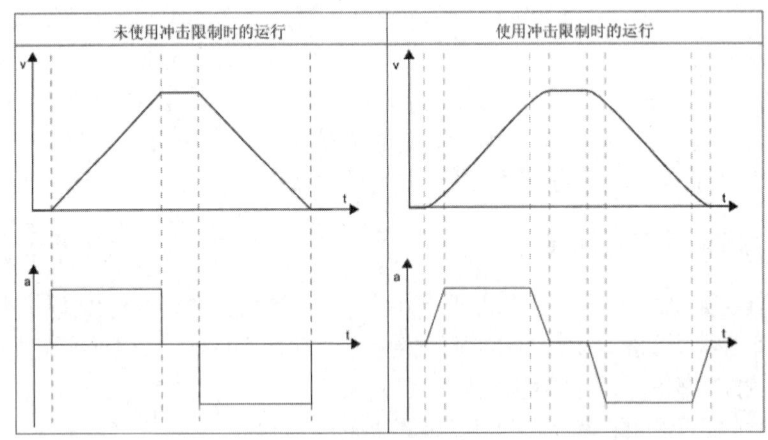

图 8-36 不使用和使用冲击限制时的速度和加速度曲线

8.4.2.4 回原点

回原点是指使工艺对象的轴坐标与驱动器的实际物理位置相匹配。对于位置控制的轴，位置的输入与显示完全参考轴的坐标，如果要确保通过驱动器也能准确到达轴的绝对目标位置，轴坐标必须与实际情形相一致。

在 S7-1200 CPU 中，使用运动控制指令“MC_Home”执行轴回原点。回到原点后轴的定位语句：新的轴位置 = 当前轴位置 +指令“MC_Home”中“Position”参数的值。

回原点模式有：

- 主动回原点。在主动回原点模式下，运动控制指令“MC_Home”将执行所需要的参考点逼近。检测到回原点开关时，将根据组态使轴回原点，同时终止当前的行进运动。
- 被动回原点。在被动回原点期间，运动控制指令“MC_Home”不会执行任何回原点运动。用户必须通过其他运动控制指令，执行这一步骤中所需的往返运动。检测到回原点开关时，将根据组态使轴回原点。被动回原点启动时，不会中止当前的行进运动。
- 绝对式直接回原点。轴位置的设置与回原点开关无关，同时终止当前的行进运动。立即将运动控制指令“MC_Home”中输入参数“Position”的值，设置为轴的参考点。
- 相对式直接回原点。轴位置的设置与回原点开关无关。同时终止当前的行进运动。

8.4.3　S7-1200 轴资源启用

8.4.3.1　轴资源

目前为止，S7-1200 的最大的轴个数为 4，如果需要控制多个轴，并且对轴与轴之间的配合动作要求不高的情况下，可以使用多个 S7-1200 CPU，这些 CPU 之间可以通过以太网通信。

S7-1200 运动控制轴的资源个数是由 S7-1200 PLC 硬件能力决定的，不是通过单纯地添加 I/O 扩展模块来扩展，不同 CPU 轴资源见表 8-6。

表 8-6　S7-1200 CPU 轴资源

<table>
<tr><th rowspan="2" colspan="2"></th><th>CPU 轴总资源数量</th><th>CPU 本体上最大轴数量</th><th>添加 SB 卡后最大轴数量</th><th>CPU 轴总资源数量</th><th>CPU 本体上最大轴数量</th><th>添加 SB 卡后最大轴数量</th><th>CPU 轴总资源数量</th><th>CPU 本体上最大轴数量</th><th>添加 SB 卡后最大轴数量</th></tr>
<tr><th colspan="3">Firmware：V1.0/2.0/2.1/2.2</th><th colspan="3">Firmware：V3.0</th><th colspan="3">Firmware：V4.0/4.1</th></tr>
<tr><td rowspan="3">CPU1211C</td><td>DC/DC/DC</td><td rowspan="3">2</td><td>2</td><td>2</td><td rowspan="3">4</td><td>2</td><td>4</td><td rowspan="3">4</td><td>4</td><td>4</td></tr>
<tr><td>DC/DC/Rly</td><td rowspan="2">0</td><td rowspan="2">2</td><td rowspan="2">0</td><td rowspan="2">2</td><td rowspan="2">0</td><td rowspan="2">4</td></tr>
<tr><td>AC/DC/Rly</td></tr>
<tr><td rowspan="3">CPU1212C</td><td>DC/DC/DC</td><td rowspan="3">2</td><td>2</td><td>2</td><td rowspan="3">4</td><td>3</td><td>4</td><td rowspan="3">4</td><td>4</td><td>4</td></tr>
<tr><td>DC/DC/Rly</td><td rowspan="2">0</td><td rowspan="2">2</td><td rowspan="2">0</td><td rowspan="2">2</td><td rowspan="2">0</td><td rowspan="2">4</td></tr>
<tr><td>AC/DC/Rly</td></tr>
<tr><td rowspan="3">CPU1214C</td><td>DC/DC/DC</td><td rowspan="3">2</td><td>2</td><td>2</td><td rowspan="3">4</td><td>4</td><td>4</td><td rowspan="3">4</td><td>4</td><td>4</td></tr>
<tr><td>DC/DC/Rly</td><td rowspan="2">0</td><td rowspan="2">2</td><td rowspan="2">0</td><td rowspan="2">2</td><td rowspan="2">0</td><td rowspan="2">4</td></tr>
<tr><td>AC/DC/Rly</td></tr>
<tr><td rowspan="3">CPU1215C</td><td>DC/DC/DC</td><td rowspan="3" colspan="3">…</td><td rowspan="3">4</td><td>4</td><td>4</td><td rowspan="3">4</td><td>4</td><td>4</td></tr>
<tr><td>DC/DC/Rly</td><td rowspan="2">0</td><td rowspan="2">2</td><td rowspan="2">0</td><td rowspan="2">4</td></tr>
<tr><td>AC/DC/Rly</td></tr>
<tr><td>CPU1217C</td><td>DC/DC/DC</td><td colspan="3">…</td><td colspan="3">…</td><td>4</td><td>4</td><td>4</td></tr>
</table>

添加 SB 信号板并不会超过 CPU 的总资源限制数。对于 DC/DC/DC 类型的 CPU 来说，添加信号板可以把 PTO 的功能移到信号板上,CPU 本体上的 DO 点可以空闲出来作为其他功能。而对于 Rly 类型的 CPU 来说如果需要使用 PTO 功能，则必须添加相应型号的 SB 信号板。

信号板提供 PTO 功能见表 8-7。

表 8-7　信号板提供 PTO 功能

SB 信号版类型		订货号	脉冲频率	高速脉冲输出点个数
DO	4×24V DC	6ES7 222-1BD30-0XB0	200kHz	可提供 4 个高速脉冲输出点
	4×5V DC	6ES7 222-1AD30-0XB0	200kHz	可提供 4 个高速脉冲输出点
DI/DO	2DI/2×24V DC	6ES7 223-DBD30-0XB0	20kHz	可提供 2 个高速脉冲输出点
	2DI/2×24V DC	6ES7 223-3BD30-0XB0	200kHz	可提供 2 个高速脉冲输出点
	2DI/2×5V DC	6ES7 223-3AD30-0XB0	200kHz	可提供 2 个高速脉冲输出点

8.4.3.2　CPU 硬件资源组态

要使用 S7-1200 CPU 进行运动控制，并按指定的顺序执行以下步骤：

（1）在 Portal 软件中对 CPU S7-1200 进行硬件组态。

（2）插入轴工艺对象，设置参数，下载项目。

（3）使用“调试面板”进行调试。S7-1200 运动控制功能的调试面板是一个重要的调试工具,使用该工具的节点是在编写控制程序前,用来测试轴的硬件组件以及轴的参数是否正确。

（4）调用“工艺”程序进行编程序，并调试，最终完成项目的编写。

在 Portal 软件中对 CPU S7-1200 进行硬件组态，在项目视图中打开设备视图，在 CPU 的属性对话框打开脉冲发生器，选择高速计数器，勾选“启用该脉冲发生器”，选择脉冲发生器类型为 PTO，输出 I/O 地址和硬件标识按默认选择，如图 8-37 所示。

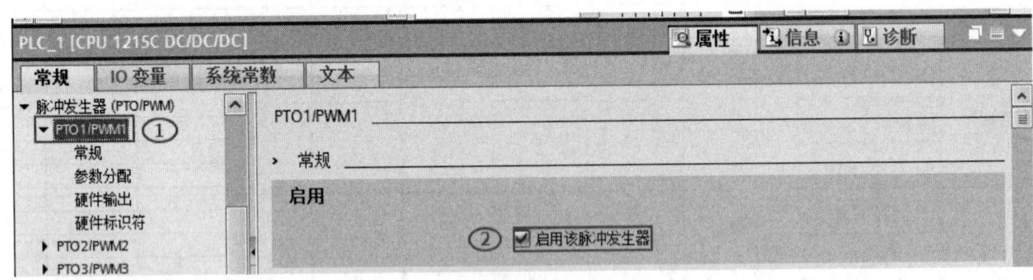

图 8-37　启用 PTO 方式

8.4.4　工艺对象“轴”组态

使用组态对话框组态轴工艺对象，在组态窗口中，组态工艺对象的属性。组态分为以下几类：

- 基本参数，基本参数包括必须为工作轴组态的所有参数。
- 扩展参数，高级参数包括适合特定驱动器或设备的参数。

8.4.4.1　基本参数组态

在项目树中打开所需工艺对象组，对基本参数组态，包括常规和驱动器两项。

（1）常规组态。在“常规”（General）组态窗口中，组态“轴”工艺对象的基本属性，如图 8-38 所示。

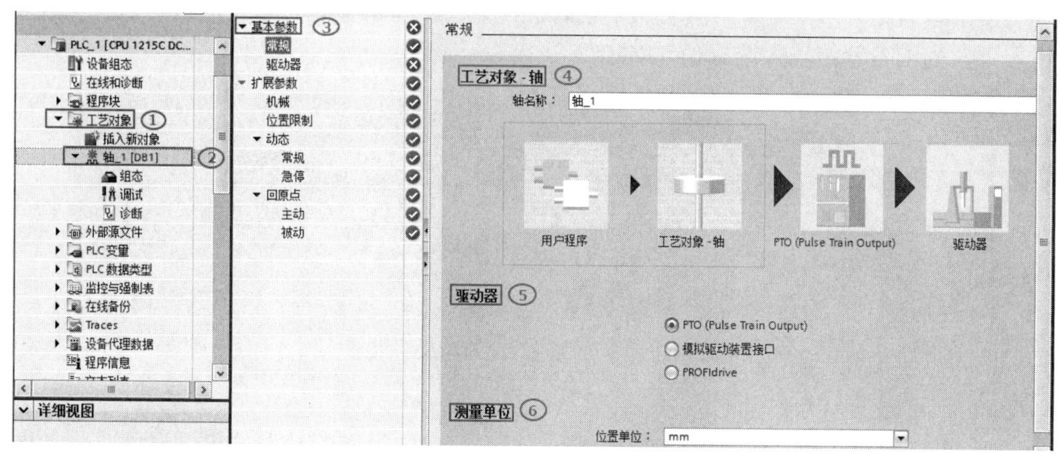

图 8-38　轴基本参数常规组态

在工艺对象－轴④处输入轴名称，该工艺对象以该名称列出在项目导航区中。硬件接口脉冲通过固定分配的数字量输出到驱动器的动力装置，驱动器⑤选择三种方式之一。测量单位⑥选择可从“位置单位”下拉菜单进行选择。

（2）驱动器参数组态。

1）单击基本参数下的驱动器，在驱动器的“硬件接口”进行接口参数设置，如图 8-39 所示。

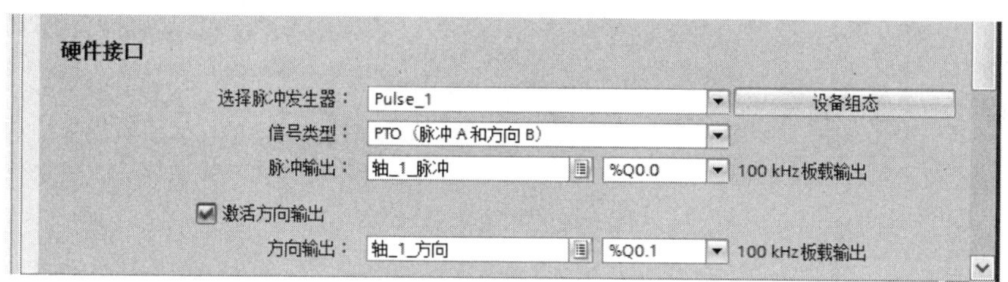

图 8-39　基本参数的驱动器组态

- 选择脉冲发生器，选择用于控制采用脉冲接口的步进电机或伺服电机的脉冲。
- 信号类型，可以使用类型：PTO（脉冲 A 和方向 B），使用一个脉冲输出和一个方向输出控制步进电机；PTO（向上计数 A，向下计数 B），分别使用一个正向和负向脉冲输出控制步进电机；PTO（A/B 相位偏移量），A 相和 B 相的两个脉冲输出在同一频率下运行，A 相和 B 相之间的相位偏移量决定了运动方向；PTO（A/B 相位偏移量－四重），A 相和 B 相的两个脉冲输出在同一频率下运行，A 相和 B 相之间的相位偏移量决定了运动方向。
- 脉冲输出（信号类型“PTO（脉冲 A 和方向 B）”），此域中选择需要用作脉冲输出的输出，可通过符号地址或将其分配给绝对地址选择。

2）在驱动器的“驱动装置的使能和反馈”对驱动器使能和反馈信号进行设置，如图 8-40 所示。

驱动器使能信号由运动控制指令“MC_Power”控制，可以启用对驱动器的供电，信号通过组态的输出提供给驱动器。

如果驱动器在接收到驱动器使能信号之后准备好开始进行行进，则驱动器会向 CPU 发送“驱动器准备就绪”信号。如果驱动器不包含任何这一类型的接口，则无需组态这些参数。这种情况下，为准备就绪输入选择值 TRUE。

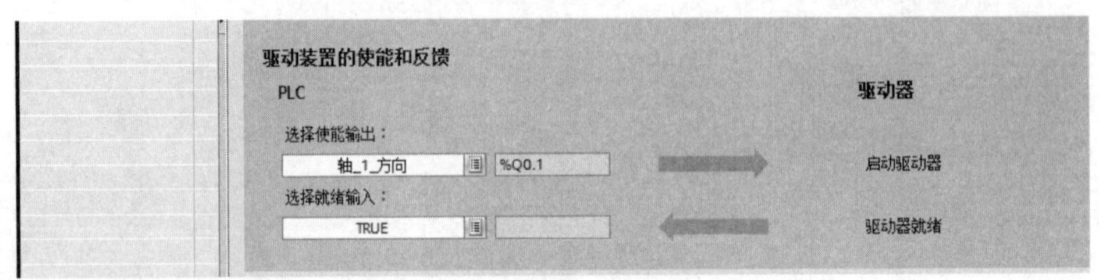

图 8-40　驱动装置的使能和反馈组态

8.4.4.2　扩展参数组态

（1）机械参数。在“机械”（Mechanics）组态窗口中组态驱动器的机械属性，包括电机每转的脉冲数、电机每转的负载位移、所允许的旋转方向，如图 8-4 所示。

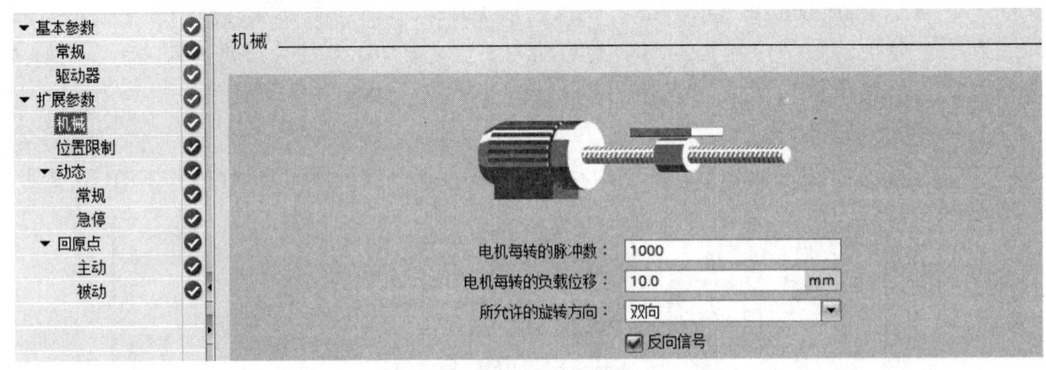

图 8-41　轴的扩展参数机械组态

（2）位置限制。启用硬件或者软件限制开关，并选择电平有效性，设置限位开关的位置。

（3）动态常规。可以在“常规动态”（General dynamics）组态窗口中组态轴的最大速度、启动/停止速度、加速度和减速度以及加加速度限值。

（4）动态急停。在“动态急停”组态窗口中，可以组态轴的急停减速度。

（5）主动回原点。在“主动归位”（Active homing）组态窗口中组态主动归位所需的参数，如图 8-42 所示。运动控制指令“MC_Home”的输入参数“Mode”=3 时，会启动主动归位。

- 归位开关输入：在此域中为归位开关选择数字量输入。
- 选择信号电平：在下拉列表中，选择归位时使用的归位开关电平。
- 允许在硬限位开关处自动反向：激活该复选框可将硬限位开关用作归位过程中的反向凸轮，只有启用硬限位开关才能实现反向控制。
- 逼近/归位方向：决定主动归位过程中搜索归位开关的逼近方向以及归位的方向。
- 归位开关侧：在此处可以选择轴是在归位开关的上侧还是下侧进行归位。
- 逼近速度：在该域中，可以指定归位期间搜索归位开关的速度。
- 逼近速度：在该域中，可以指定归位期间逼近归位开关的速度。

- 起始位置偏移值：如果指定的归位位置与归位开关的位置存在偏差，则可在此域中指定起始位置偏移量。如果该值不等于 0，轴在归位开关处归位后将执行以下动作：以归位速度使轴移动起始位置偏移值指定的一段距离；达到“起始位置偏移值”时，轴处于运动控制指令“MC_Home”的输入参数“Position”中指定的起始位置处。
- 参考点位置：将运动控制指令“MC_Home”中所组态的位置用作起始位置。

（6）被动归位组态。在“归位－被动”（Homing - Passive）组态窗口中，可以组态被动归位所需的参数，如图 8-43 所示。被动归位的移动必须由用户触发，运动控制指令“MC_Home”的输入参数“Mode”=2 时，会启动被动归位。

- 归位开关输入：在此域中为归位开关选择数字量输入。
- 选择信号电平：在下拉列表中，选择归位时使用的归位开关电平。
- 归位开关侧 ：在此处可以选择轴是在归位开关的上侧还是下侧进行归位。
- 起始位置：将运动控制指令“MC_Home”中所组态的位置用作起始位置。

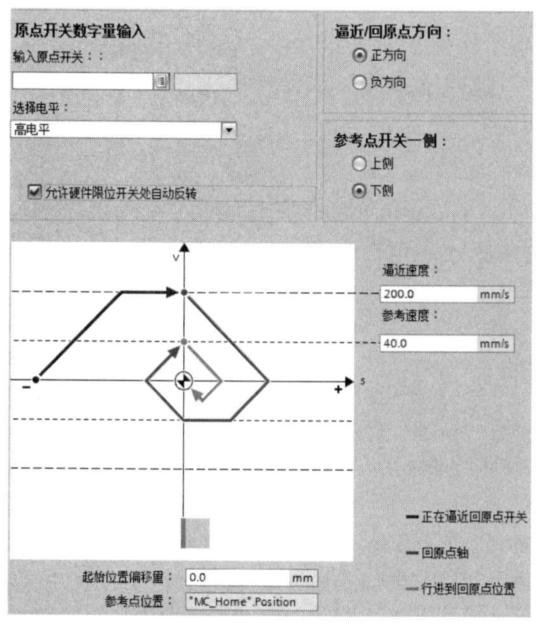

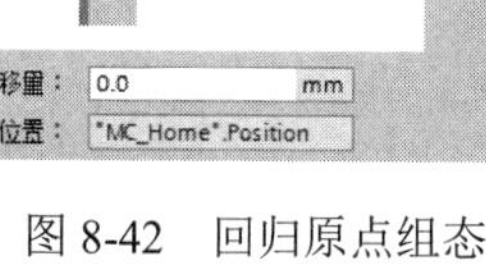

图 8-42　回归原点组态

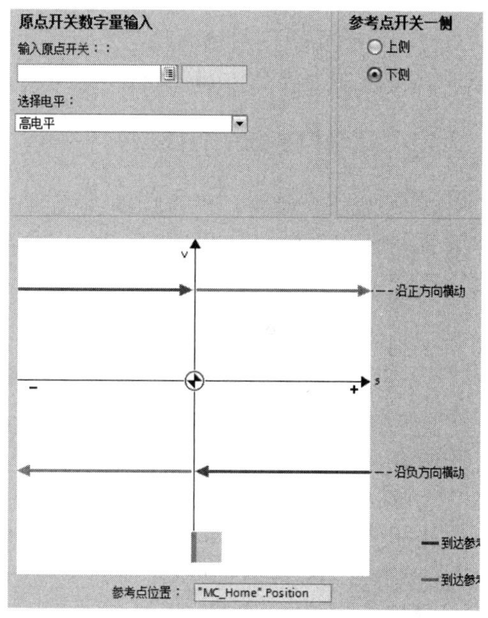

图 8-43　被动归位组态

8.4.4.3　轴控制面板

轴控制面板用于在手动模式下移动轴、优化轴设置和测试系统。只有与 CPU 建立在线连接后，才能使用轴控制面板，如图 8-44 所示。

- “手动控制”按钮：在“手动控制”模式下，轴控制面板对轴功能具有优先控制权。
- “自动模式”按钮：轴控制面板交回优先控制权，轴再次由用户程序控制。
- “启用”（Enable）按钮：单击“启用”可在“手动控制”模式下启用轴。
- “禁用”（Disable）按钮：如果要在“手动控制”模式下临时禁用轴，则单击“禁用”。
- “命令”区域：可以选择：点动，定位，归位操作。
- “轴状态”区域：如果激活“手动控制”模式，该区域中将显示当前的轴状态和驱动器状态，“过程值”中显示轴的当前轴位置和速度，单击“确认”可确认所有清除的错误。

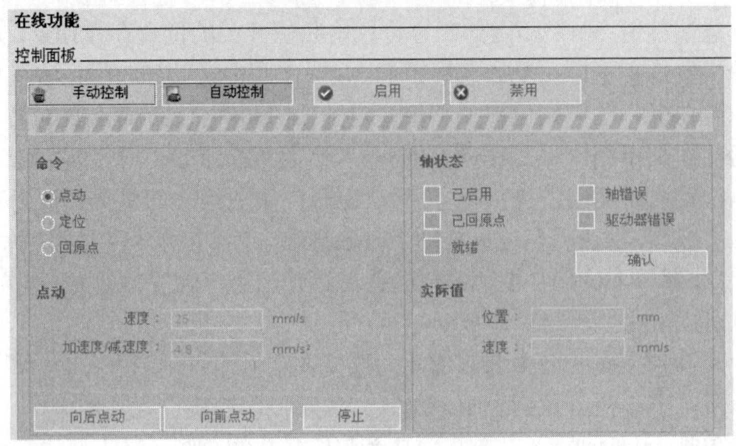

图 8-44　轴的控制面板

8.4.4.4　诊断功能

在 TIA Portal 中使用诊断功能“状态和错误位”可监视轴的最重要状态和错误消息。当轴激活时，可以在“手动控制”模式和“自动控制”模式下在线显示诊断功能。

8.4.5　运动控制指令

用户组态轴的参数，通过控制面板调试成功后，就可以使用运动控制指令根据工艺要求编写控制程序了，运动控制指令会启动执行所需功能的运动控制作业。

8.4.5.1　MC_Power 指令

MC_Power 指令端子如图 8-45 所示，该指令作用使能轴或禁用轴，使用要点：在程序里一直调用，并且在其他运动控制指令之前调用并使能。

（1）输入端：

1）EN：MC_Power 指令的使能端，不是轴的使能端。

2）Axis：轴名称。

3）Enable：轴使能端，Enable = 0：根据 StopMode 设置的模式来停止当前轴的运行；Enable = 1：如果组态了轴的驱动信号，则 Enable=1 时将接通驱动器的电源。

4）StopMode：轴停止模式。StopMode= 0：紧急停止，按照轴工艺对象参数中的“急停”速度或时间来停止轴；StopMode=1：立即停止；StopMode=2：带有加速度变化率控制的紧急停止。

（2）输出端：

1）ENO：使能输出。

2）Status：轴使能状态。

3）Busy：标记指令是否处于活动状态。

4）Error：标记指令是否产生错误。

5）ErrorID:；指令的错误号。

6）ErrorInfo：错误信息。

8.4.5.2　MC_Reset 指令

该指令用来确认“伴随轴停止出现的运行错误”和“组态错误”，如图 8-46 所示。使用要点：Execute 用上升沿触发。

（1）输入端：

1）EN：是 MC_Reset 指令的使能端。

2）Axis：轴名称。

3）Execute：指令的启动位，用上升沿触发。

4）Restart：①Restart = 0：用来确认错误；②Restart = 1：将轴组态从装载存储器下载到工作存储器。

（2）输出端：除了 Done 指令，其他输出管脚同 MC_Power 指令，这里不再赘述。

Done：表示轴的错误已确认。

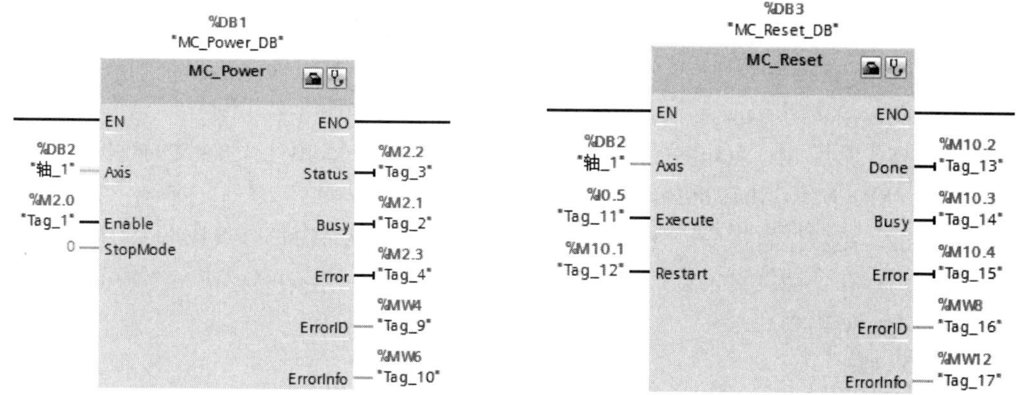

图 8-45　MC_Power 指令符号

图 8-46　MC_Reset 指令符号

8.4.5.3　MC_Home

指令如图 8-47 所示，功能：回原点指令，使轴归位，设置参考点，用来将轴坐标与实际的物理驱动器位置进行匹配。

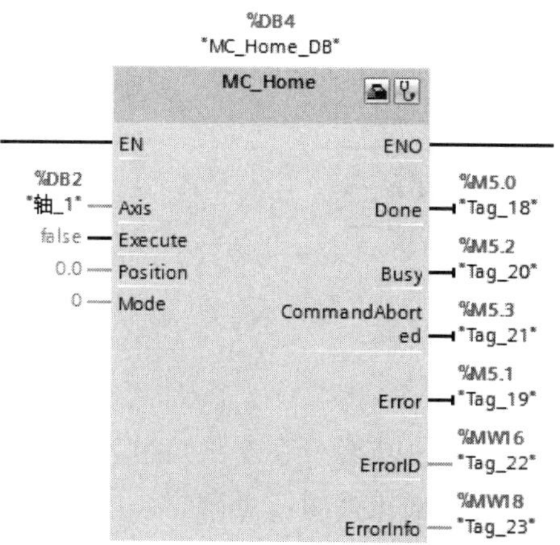

图 8-47　MC_Home 指令符号

使用要点：轴做绝对位置定位前一定要触发 MC_Home 指令。

部分输入/输出管脚请参考 MC_Power 指令中的说明，这里只介绍 Mode 和 Position 管脚的使用。

（1）Position：位置值。

Mode = 1 时：对当前轴位置的修正值。

Mode = 0,2,3 时：轴的绝对位置值。

（2）Mode：回原点模式值。

Mode = 0：绝对式直接回零点，轴的位置值为参数“Position”的值。该模式可以让用户在没有原点开关的情况下，进行绝对运动操作。指令执行后的结果是：轴的坐标值更直接新成新的坐标，新的坐标值就是 MC_Home 指令的“Position”管脚的数值。

Mode = 1：相对式直接回零点，轴的位置值=当前轴位置 +参数“Position”的值。

Mode = 2：被动回零点，轴的位置值为参数“Position”的值。

Mode = 3：主动回零点，轴的位置值为参数“Position”的值。

8.4.5.4　MC_Halt 指令

指令功能：停止所有运动并以组态的减速度停止轴，如图 8-48 所示。

使用技巧：常用 MC_Halt 指令来停止通过 MC_MoveVelocity 指令触发的轴的运行。

8.4.5.5　MC_MoveAbsolute 指令

指令功能：绝对位置指令，使轴以某一速度进行绝对位置定位，如图 8-49 所示。

使用技巧：在使能绝对位置指令之前，轴必须回原点。因此 MC_MoveAbsolute 指令之前必须有 MC_Home 指令。

指令输入端：

（1）Position：绝对目标位置值。

（2）Velocity：绝对运动的速度。

其他输入/输出端子请参考 MC_Power 指令中的说明，后面指令类似。

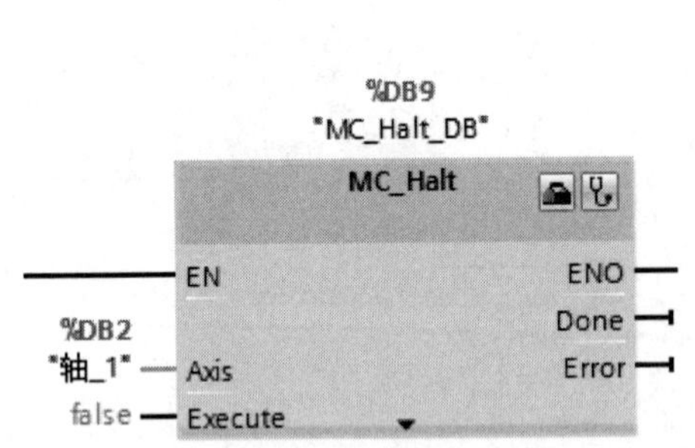

图 8-48　绝对位置指令符号

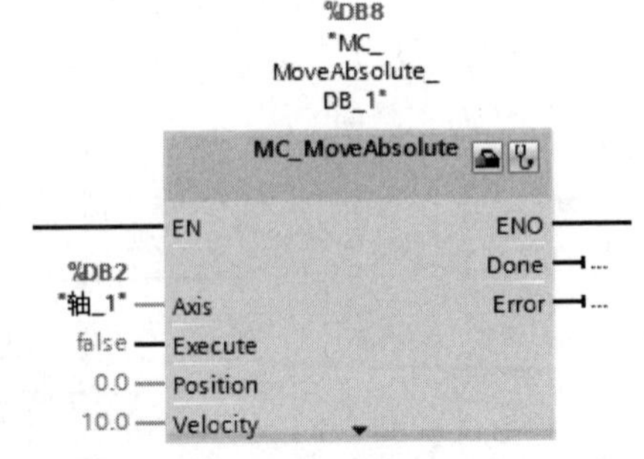

图 8-49　停止轴运行指令符号

8.4.5.6　MC_MoveRelative 指令

指令功能：相对距离指令，使轴以某一速度在轴当前位置的基础上移动一个相对距离，如图 8-50 所示。使用技巧：不需要轴执行回原点命令。

指令输入端：

（1）Distance：相对对轴当前位置移动的距离，该值通过正/负数值来表示距离和方向。

（2）Velocity：相对运动的速度。

8.4.5.7　MC_MoveVelocity

指令名称：速度运行指令。功能：使轴以预设的速度运行，如图 8-51 所示。

指令输入端：

（1）Velocity：轴的速度，可以设定“Velocity”为 0.0，轴会以组态的减速度停止运行。

（2）Direction：方向数值。Direction = 0：旋转方向取决于参数“Velocity”值的符号；Direction = 1：正方向旋转；Direction = 2：负方向旋转。

（3）Current：Current = 0：轴按照参数“Velocity”和“Direction”值运行；Current = 1：轴以当前速度运行。

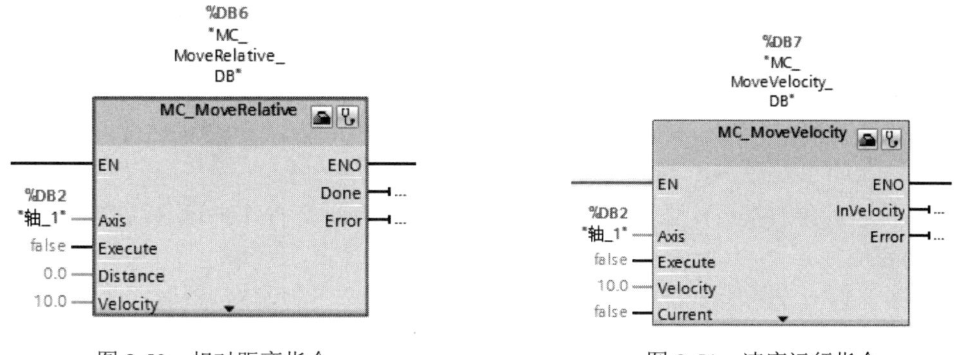

图 8-50　相对距离指令　　图 8-51　速度运行指令

8.4.5.8　MC_MoveJog

指令名称：点动指令，如图 8-52 所示。功能：在点动模式下以指定的速度连续移动轴。

使用技巧：正向点动和反向点动不能同时触发，Velocity 数值可以实时修改，实时生效。

（1）JogForward：正向点动，JogForward 为 1 时，轴运行；JogForward 为 0 时，轴停止。

（2）JogBackward：反向电动，使用方法参考 JogForward，保证和 JogForward 不同时触发。

（3）Velocity：点动速度。

8.4.5.9　MC_ChangeDynamic 指令

指令名称：更改动态参数指令，如图 8-53 所示。功能：更改轴的动态设置参数，包括：加速时间值 、减速时间值 、急停减速时间值、平滑时间值。

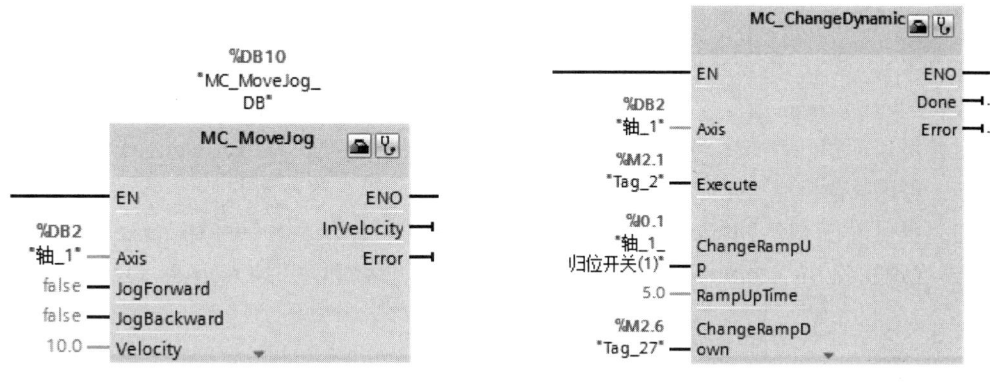

图 8-52　点动指令符号图　　图 8-53　更改动态参数指令

指令输入端：

（1）ChangeRampUp：更改“RampUpTime”参数值的使能端，该值为 1 时，进行“RampUpTime”参数的修改。

（2）RampUpTime：轴参数中的“加速时间”。

（3）ChangeRampDown：更改“RRampDownTime”参数值的使能端。

其余参数单击扩展标识后可看到，如：RampDownTime，轴参数中的“减速时间”；EmergencyRampTime，轴参数中的“急停减速时间”；JerkTime：轴参数中的“平滑时间”。

8.4.5.10　MC_WriteParam

指令名称：写参数指令，如图 8-54 所示。功能：可在用户程序中写入或是更改轴工艺对象和命令表对象中的变量。

（1）参数类型：与“Parameter”数据类型一致。

（2）Parameter：输入需要修改的轴的工艺对象的参数，数据类型为 VARIANT 指针。

（3）Value：根据“Parameter”数据类型，输入新参数值所在的变量地址。

8.4.5.11　MC_ReadParam 指令

指令名称：读参数指令，如图 8-55 所示。功能：可在用户程序中读取轴工艺对象和命令表对象中的变量。

Enable：可以一直使能读取指令。图 8-55 中读取的是轴的反转位置值，读到的数值放在“Value”中，参数 PARAMETER 指向要读取的参数的指针。

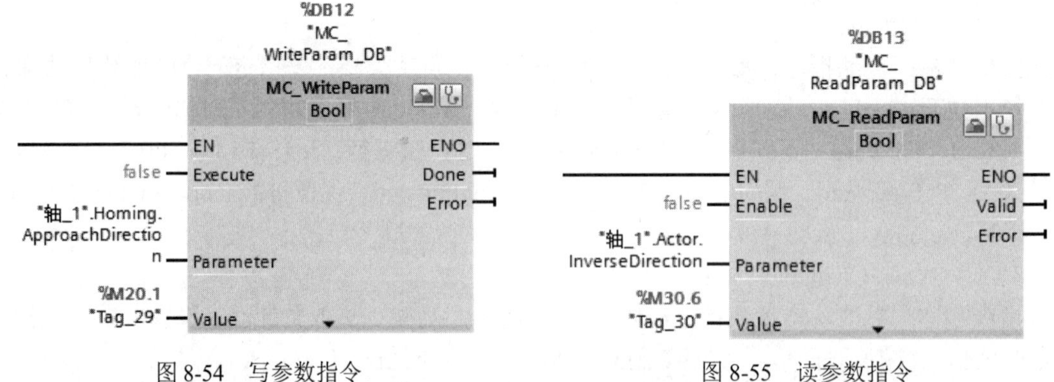

图 8-54　写参数指令　　　　图 8-55　读参数指令

8.4.5.12　超驰功能

S7-1200 运动控制指令之间存在相互覆盖和中止的情况，这种特性叫做“超驰”（Override）。基本上除了 MC_Power 指令，每种指令都有被 Override 的情况，其特点：

（1）可以用第二个 MC_MoveRelative 指令覆盖第一个 MC_MoveRelative 指令；

（2）可用其他指令，比如 MC_MoveJog、MC_Home 等来覆盖旧的 MC_MoveRelative 指令；

（3）也可以在 MC_MoveRelative 指令执行过程中，更新该指令的 Distance 和 Velocity 数值后，再次触发该 MC_MoveRelative 指令的 Execute 管脚实现实时 Override 的功能。

8.4.6　运动控制功能应用

设计要求：一个伺服电机带动滑块在轨道上左右滑行，伺服电机转速 3000 转/分钟，旋转编码器一圈为 1000 个脉冲，电机每转一圈滑块运行 10mm，左限位开关输入点 I0.1，右限位开关为输入点 I0.2，参考点输入为 I0.0。系统示意图如图 8-56 所示，要求运用控制指令设计程序，实现滑块从参考点位置向左极限方向运动 50mm。

左极限 I0.1
滑块目标位置
参考点 I0.0
右极限 I0.2
50mm
轨　道

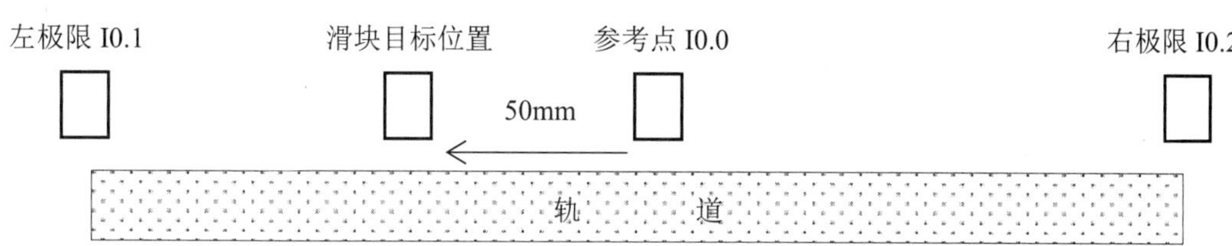

图 8-56　轨道滑块运动示意图

第 1 步：I/O 分配和变量定义，如图 8-57 所示。

	名称	数据类型	地址
1	限位左极限	Bool	%I0.1
2	限位右极限	Bool	%I0.2
3	参考点	Bool	%I0.0
4	急停	Bool	%I0.5
5	轴使能	Bool	%Q0.4
6	急停输出	Bool	%Q0.5
7	脉冲输出	Bool	%Q0.0
8	方向	Bool	%Q0.1
9	运行控制使能	Bool	%M50.0
10	原点模式	Int	%MW100
11	原点激活	Bool	%M102.0

图 8-57　参数分配定义

第 2 步：组态脉冲输出。在 CPU 属性中勾选激活脉冲发生器，脉冲输出类型选择 PTO，设置 Q0.0 为脉冲输出，Q0.1 为方向输出，HSC1 为脉冲发生器的高速计数器。

第 3 步：组态工艺对象，定义轴参数，硬件接口如图 8-58 所示；电机机械组态如图 8-59；位置限制如图 8-60；速度组态如图 8-61；急停减速如图 8-62；回参考点组态如图 8-63。

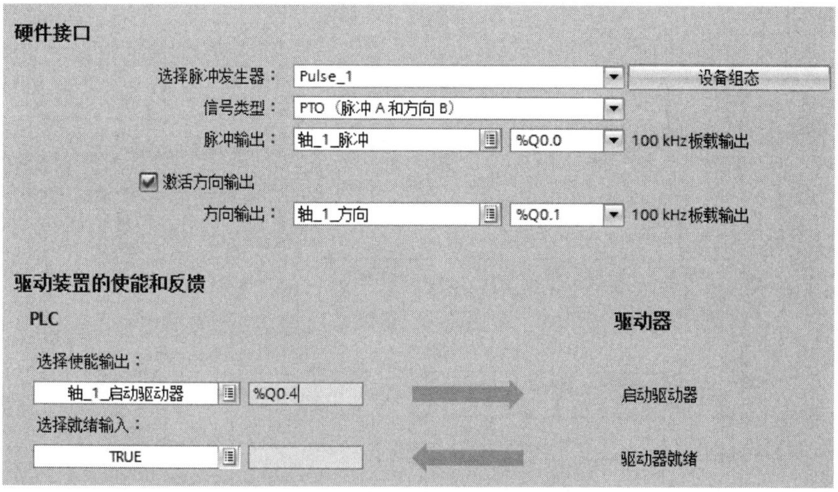

硬件接口
选择脉冲发生器：
Pulse_1
设备组态
信号类型：
PTO（脉冲 A 和方向 B）
脉冲输出：
轴_1_脉冲
%Q0.0
100 kHz 板载输出
激活方向输出
方向输出：
轴_1_方向
%Q0.1
100 kHz 板载输出
驱动装置的使能和反馈
PLC
驱动器
选择使能输出：
轴_1_启动驱动器
%Q0.4
启动驱动器
选择就绪输入：
TRUE
驱动器就绪

图 8-58　运动控制硬件接口

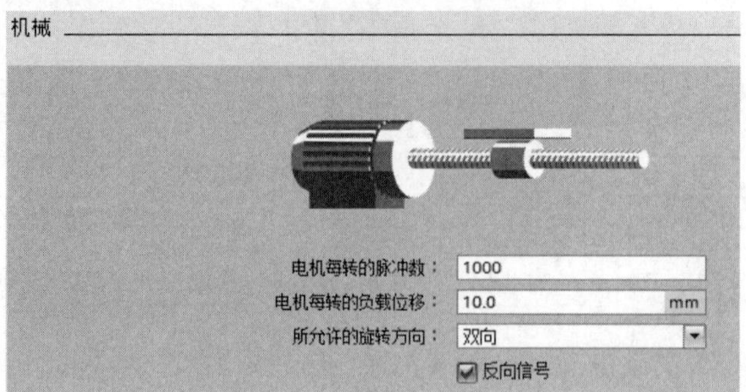

图 8-59　运动控制电机参数设置

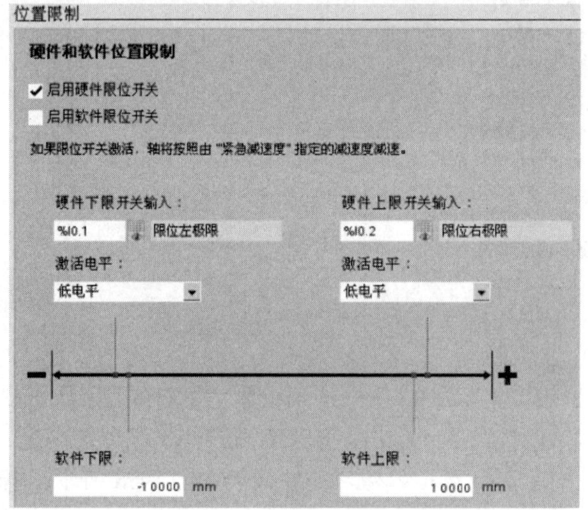

图 8-60　运动控制位置限制组态

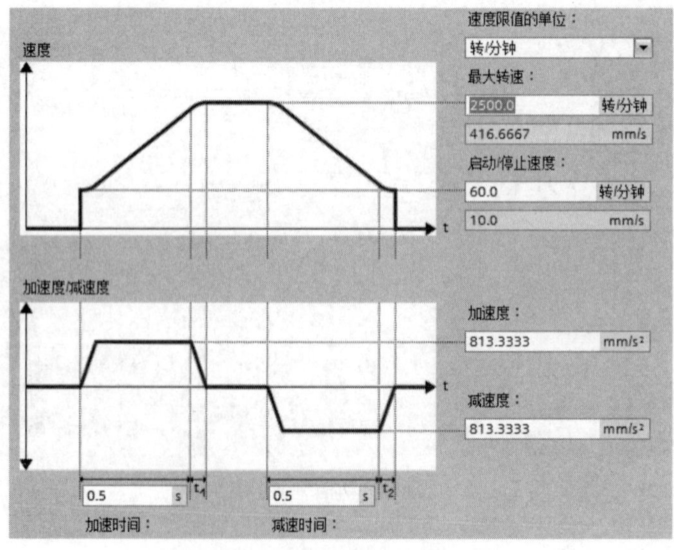

图 8-61　运动控制速度设置

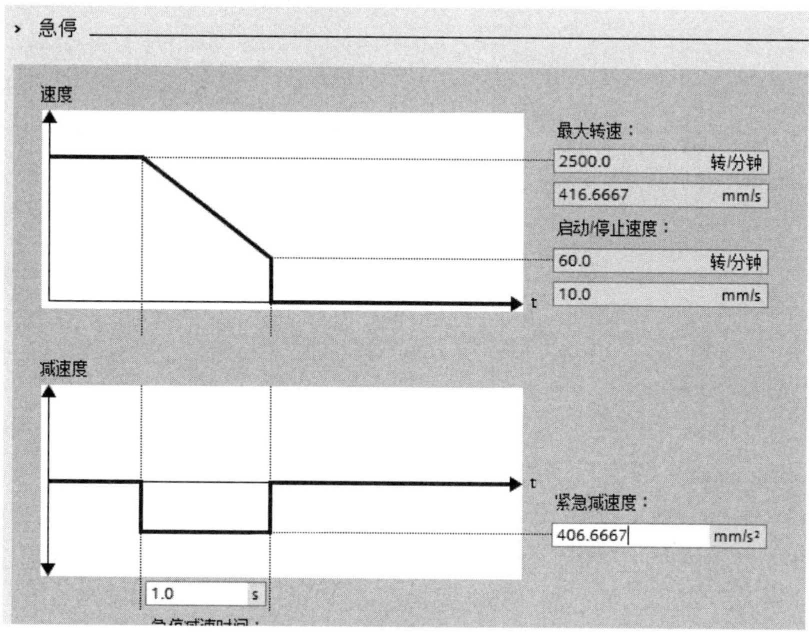

图 8-62　运动控制减速设置

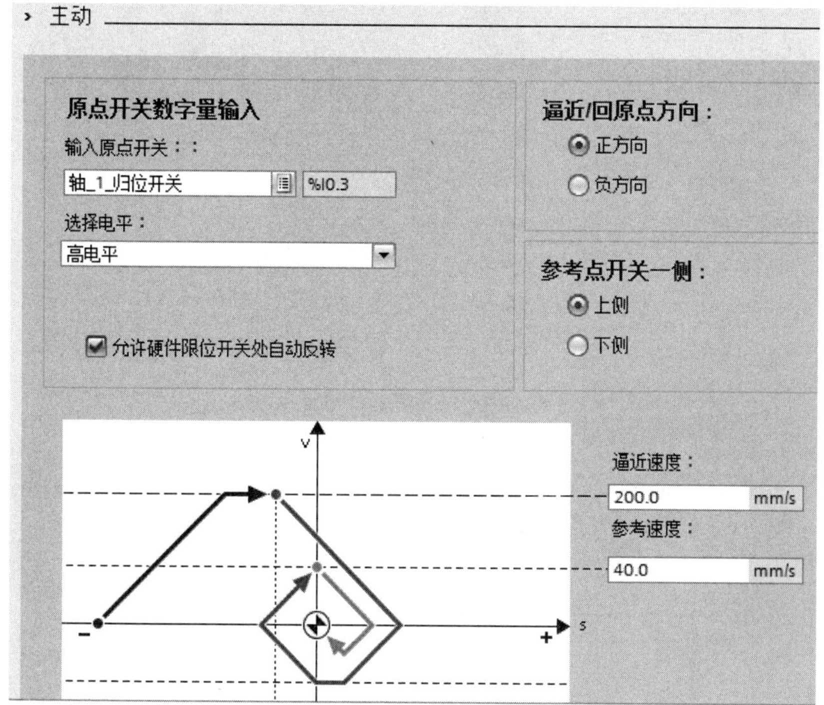

图 8-63　运动控制主动回原点设置

第 4 步：程序编写。添加全局数据块，建立控制变量和状态指示，如图 8-64 所示；添加程序块 FC，编写程序，在 OB1 中调用 FC 程序块，如图 8-65 所示。

Control Data					
	名称	数据类型	偏移量	初始值	保持性
1	▼ Static				
2	MC_enable	Bool	0.0	false	
3	Home_Active	Bool	0.1	false	
4	Halt	Bool	0.2	false	
5	Absolute_active	Bool	0.3	false	
6	Relative_active	Bool	0.4	false	
7	Velocity_active	Bool	0.5	false	
8	Reset_active	Bool	0.6	false	
9	Home_mode	Int	2.0	0	
10	Velocity_direction	Int	4.0	0	
11	Velocity_value	Real	6.0	0.0	
12	Relative_value	Real	10.0	0.0	
13	Absolute_value	Real	14.0	0.0	
14	Home_Position	Real	18.0	0.0	
15	MC_Power_Busy	Bool	22.0	false	
16	MC_Power_Error	Bool	22.1	false	
17	MC_Power_ErrorID	Word	24.0	0	
18	MC_Power_ErrorInfo	Word	26.0	0	
19	Home_Done	Bool	28.0	false	
20	Home_Error	Bool	28.1	false	
21	Halt_Done	Bool	28.2	false	
22	Absolute_Done	Bool	28.3	false	
23	Reset_Done	Bool	28.3	false	

图 8-64　运动控制参数设置

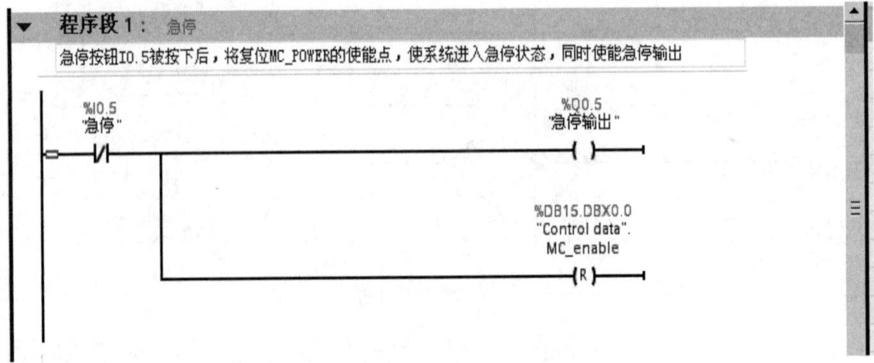

图 8-65　运动控制设计程序

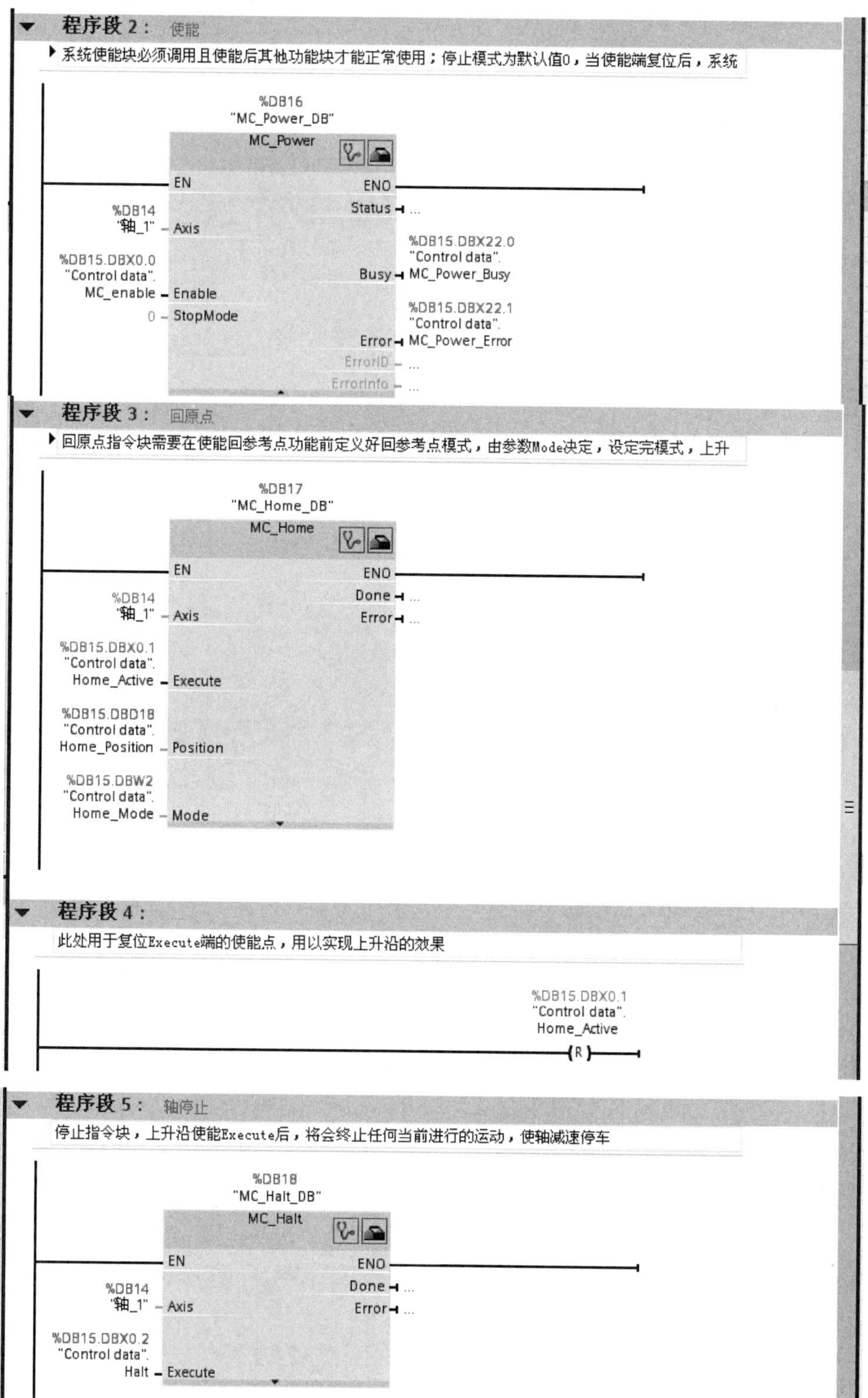

图 8-65　运动控制设计程序（续图）

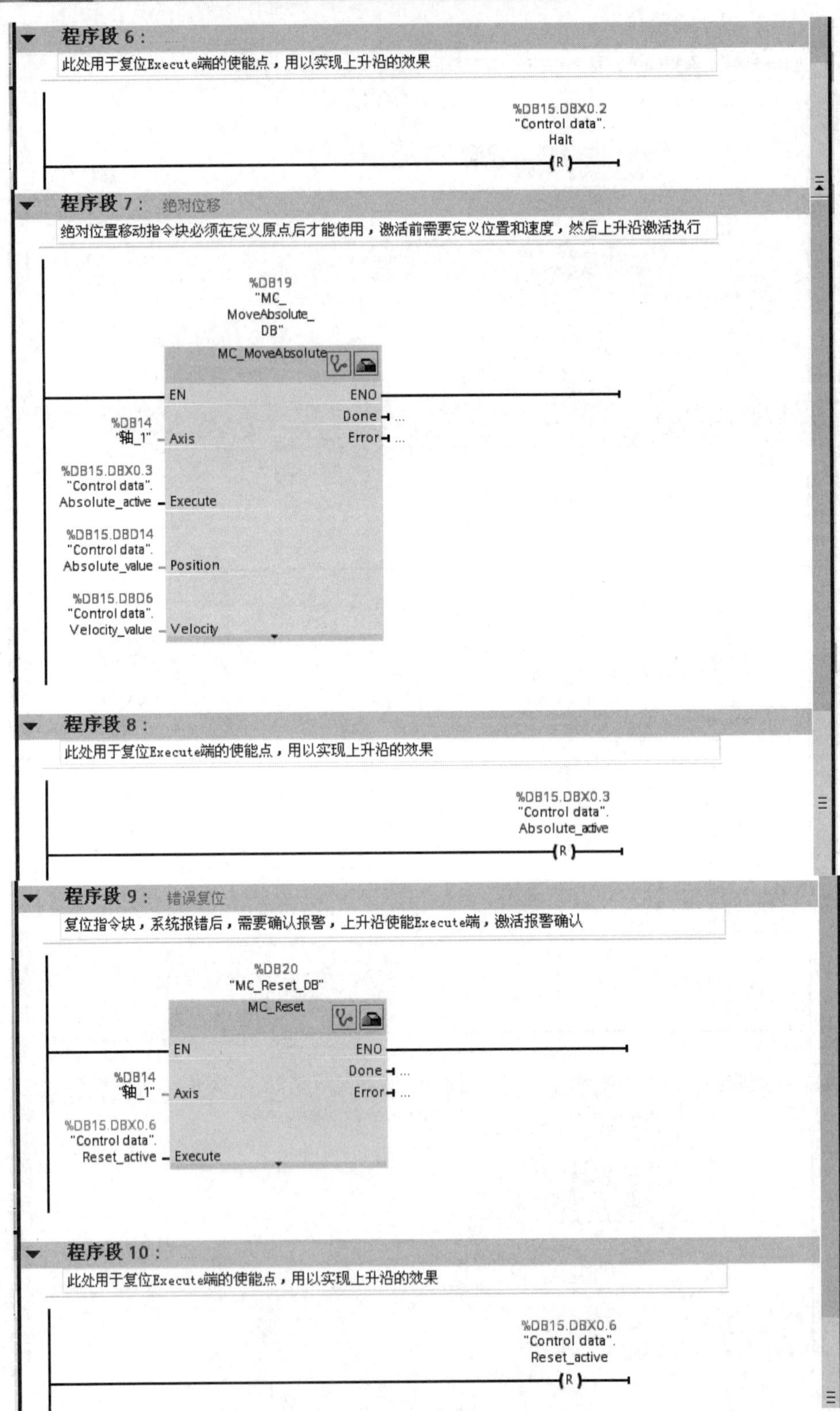

图 8-65 运动控制设计程序（续图）

第 5 步：编译下载项目到 PLC。利用监视表格，使能相关位，实现向左极限运动 50mm 的操作。设置 MC_enable=1，使能 MC_Power 指令块；设置 Home_mode=3，主动回原点；激活为 Home_active=1，执行回原点功能；Velocity+=120，设置移动速度；使 Absolute_value=-50，设置绝对位置；使 Absolute_active=1，激活绝对位置运动。

运行中可通过状态位监控程序运行，如果程序运行中出现错误，可以用 MC_Reset 复位错误。此例中，回参考点过程分以下三种情况：

第一种情况：滑块起始位置在参考点左侧，在到达参考点右边沿时，从接近速度减速至到达速度已经完成，如图 8-66 所示，轴按此速度移动到参考点右边沿并停止，此时位置计数器会将参数 Position 中的值设置为当前参考点。

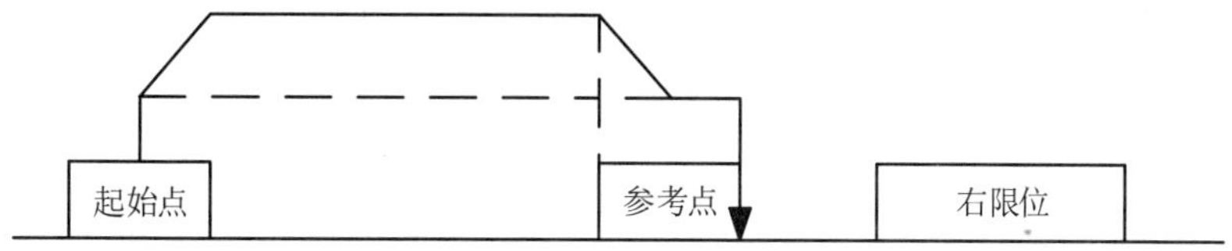

图 8-66　回参考点情况之一

第二种情况：滑块起始位置在参考点左侧，到达参考点右边沿时，从接近速度减速至到达速度的过程没有执行完，如图 8-67 所示，轴会停止当前运动并以到达速度反向运行，直到检测到参考点右边沿的上升沿，轴会再次停止然后以到达速度正向运动，直到检测到参考点右边沿的下降沿。

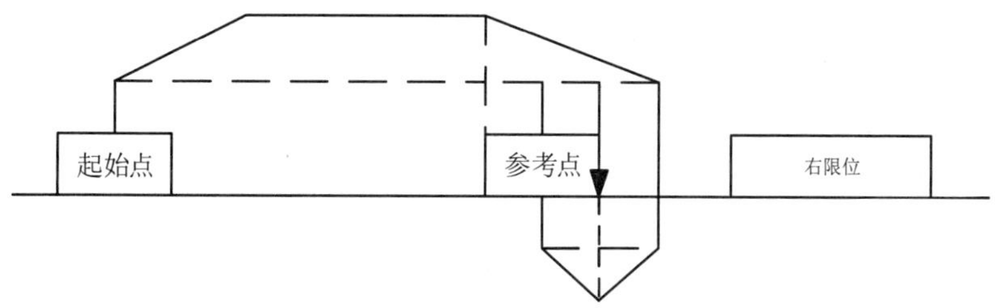

图 8-67　回参考点情况之二

第三种情况：滑块起始位置在参考点右侧，轴在正向运动中没有检测到参考点，直到碰到右限位点，此时轴减速至停止，并以接近速度反向运行，检测到参考点左边沿后，轴减速停止并以到达速度正向运行，直到检测到右边沿，回参考点过程完毕，如图 8-68 所示。

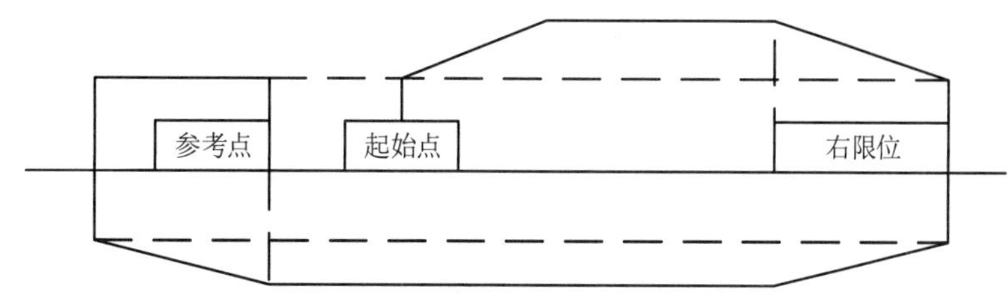

图 8-68　回参考点情况之三

如果需要获得当前位置及在线修改组态参数时，在编辑模式下从项目树中选择并双击打开工艺对象数据块可以查看或修改。

思考练习题

1．简述进行 PLC 控制系统设计的步骤。

2．对 PLC 输出端感性负载可干扰可采取什么方法？

3．对于 PLC 的信号布线，可采取什么措施提高系统抗干扰性能？

4．利用高速计数器编程实现功能：旋转机械上有单相增量编码器反馈输入到 PLC，要求在计数 30 个脉冲时，计数器复位，置位 M0.6，并设定新预设值为 70 个脉冲。当计数满 70 后复位 M0.6，并把预设值再改为 40 个脉冲，一个周期结束，反复运行。

5．某单容液位罐，进水有电磁阀控制，液位传感器输出信号 0～10，对应液位 0～80cm，液位罐输出有截止阀控制，采用 PID 指令设计实现液位控制在某一值。

6．在运动控制中，工艺对象“轴”的组态包括哪几部分，简述如何组态。

参考文献

[1] 李方园．图解西门子 S7-1200 PLC 入门到实践[M]．北京：机械工业出版社，2010．

[2] 王永华．现代电气控制及 PLC 应用技术[M]．3 版．北京：北京航空航天大学出版社，2014．

[3] 廖长初．S7-1200 编程及应用[M]．3 版．北京：机械工业出版社，2017．

[4] 李道霖，张仕军，李莉，等．电气控制与 PLC 原理及应用[M]．北京：电子工业出版社，2004．

[5] 刘华波，刘丹，赵岩岭，等．西门子 S7-1200 PLC 编程与应用[M]．北京：机械工业出版社，2015．

[6] 西门子（中国）有限公司工业业务领域工业自动化与驱动技术集团．深入浅出西门子 S7-1200 PLC[M]．北京：北京航空航天大学出版社，2009．

[7] 李伟，方宝义，施利春，等．电气控制与 PLC（西门子）[M]．北京：北京大学出版社，2009．

[8] 何波，于军琦，段中兴，等．电气控制及 PLC 应用[M]．北京：中国电力出版社，2008．

[9] 陈建明，王亭岭，孙标．电气控制与 PLC 应用[M]．3 版．北京：电子工业出版社，2014．

[10] 华满香，王玺珍，冯泽虎，等．电气控制及 PLC 应用（三菱系列）[M]．北京：北京大学出版社，2009．

[11] Siemens AG Division Digital Factory Postfach．SIMATIC S7-1200 可编程控制器系统手册，2016．

[12] Siemens AG Division Digital Factory Postfach．SIMATIC STEP 7 S7-1200 运动控制 V11 SP2 功能手册，2011．

[13] Siemens AG Division Digital Factory Postfach．SIMATIC S7-1200 入门手册，2014．

[14] Siemens AG Division Digital Factory Postfach．SIMATIC HMI 操作设备精智面板操作说明，2014．

[15] Siemens AG Division Digital Factory Postfach. SIMATIC TIA Portal STEP 7 Basic V10.5 入门指南，2010．